U0383840

线性代数

马 荣 编著

南京大学金陵学院

Linear Algebra

南京大学出版社

图书在版编目(CIP)数据

线性代数 / 马荣编著. —南京：南京大学出版社，2018.1

ISBN 978-7-305-19849-6

Ⅰ. ①线… Ⅱ. ①马… Ⅲ. ①线性代数—高等学校—教材 Ⅳ. ①O151.2

中国版本图书馆 CIP 数据核字(2018)第 009171 号

出版发行 南京大学出版社
社　　址 南京市汉口路 22 号　　　邮　　编 210093
出 版 人 金鑫荣

书　　名 线性代数
编　　著 马　荣
责任编辑 沈　洁　吴　汀　　　编辑热线 025-83593962

照　　排 南京理工大学资产经营有限公司
印　　刷 南京鸿图印务有限公司
开　　本 787×960　1/16　印张 19.25　字数 294 千
版　　次 2018 年 1 月第 1 版　2018 年 1 月第 1 次印刷
ISBN 978-7-305-19849-6
定　　价 40.00 元

网　　址：http://www.njupco.com
官方微博：http://weibo.com/njupco
官方微信号：njupress
销售咨询热线：(025)83594756

* 版权所有，侵权必究
* 凡购买南大版图书，如有印装质量问题，请与所购图书销售部门联系调换

前言

在我国的高等教育逐步由精英教育向大众化教育转变的过程中，独立学院应运而生，而教材的建设却没有跟上脚步，目前的独立学院多数还是沿用普通高等学校的专业教材，在教与学的过程中问题日益凸显，严重影响了独立学院的教育教学质量，也制约了独立学院的发展，因此独立学院的配套教材建设迫在眉睫。本书正是根据独立学院培养高素质应用型人才的目标，同时依据教育部高等学校大学数学课程教学指导委员会 2014 年颁布的《大学数学课程教学基本要求》中"经济和管理类本科数学基础课程教学基本要求"编写的，可以作为大学经济管理类学生和大专院校学生及自学者学习线性代数的教材和参考书。

随着我国经济的快速发展，经济数学方法的研究和应用日益受到广大经济研究者和经济工作人员的重视，也对经济管理类学生的专业知识提出了更高的要求。本书在编写过程中尽量与经济学各专业紧密贴合，更着重于线性代数基础课程在专业上的应用，重点培养学生的创新和实践能力。同时以经典的线性代数理论与经济学结合的案例来增强学生对这门课程的学习兴趣，让学生学会如何运用线性代数的基础知识来研究经济问题，对自身专业的学习有一个新的突破。

为了更有针对性，本书在编著时，尽量减少了理论性的推导，去掉一些繁琐复杂的证明，增加典型的易于理解的例题和具有实用性的与经济管理类相关的应用问题。全书共分五章，第 1 章行列式和第 2 章矩阵是线性代数的基本研究工具，第 3 章利用行列式和矩阵来研究线性方程组，第 4 章介绍在经济和工程中应用十分广泛的特征值理论，第 5 章介绍二次型。本书各小节后设有练习题，书末附有部分习题参考答案与提示，为贯彻循序渐进的原则，习题分 A、B 两组，可以供不同学习层次的读者选择。

感谢教研室主任黄卫华教授对全书的指导和非常仔细的审校，感谢南京大学金陵学院教务处和基础教学部领导的关心和支持，感谢数学教研室各位同仁的帮助，感谢魏云峰和邵宝刚两位老师对本课程的支持，感谢南京大学出版社吴汀和沈洁两位编辑认真负责的编校工作。

由于时间紧迫、水平有限，本书有不当及错误之处，敬请广大同行和读者朋友不吝赐教。

编著者

2018 年 1 月

目 录

第 1 章　行列式 …… 1
1.1　二阶、三阶行列式 …… 1
1.2　n 阶行列式 …… 6
1.3　行列式的性质 …… 15
1.4　行列式按行(列)展开 …… 27
1.5　行列式的计算 …… 36
1.6　克莱姆法则 …… 52
第 2 章　矩　阵 …… 61
2.1　矩阵的概念 …… 61
2.2　矩阵的运算 …… 63
2.3　矩阵的逆 …… 79
2.4　矩阵的分块 …… 90
2.5　矩阵的初等变换 …… 100
2.6　矩阵的秩 …… 113
第 3 章　线性方程组 …… 121
3.1　消元法 …… 121
3.2　向量与向量组的线性组合 …… 133
3.3　向量组的线性相关性 …… 148
3.4　向量组的秩 …… 162

3.5 线性方程组解的结构 ………………………………………… 174

第 4 章 矩阵的特征值与对角化 ………………………………… 194

4.1 向量的内积、长度与正交 ……………………………………… 194

4.2 矩阵的特征值与特征向量 ……………………………………… 206

4.3 矩阵的相似与对角化 …………………………………………… 219

4.4 实对称矩阵的相似对角化 ……………………………………… 229

第 5 章 二次型 ………………………………………………………… 240

5.1 二次型及其矩阵 ………………………………………………… 240

5.2 二次型的标准形 ………………………………………………… 246

5.3 二次型的规范形与正定性 ……………………………………… 252

附录 连加号"$\sum$" ………………………………………………… 263

部分习题参考答案 …………………………………………………… 266

第 1 章　行列式

线性代数是研究多变量之间线性关系的一门学科，其核心内容是线性方程组的求解问题，而行列式是来源于解线性方程组的一个数学概念，是一个重要的数学工具，它在数学领域以及其他许多学科中都有广泛的应用. 本章我们先研究二阶、三阶行列式的定义与计算，再推广到一般的 n 阶行列式.

1.1　二阶、三阶行列式

1.1.1　二元线性方程组与二阶行列式

用消元法解二元线性方程组

$$\begin{cases} a_{11}x_1 + a_{12}x_2 = b_1, & ① \\ a_{21}x_1 + a_{22}x_2 = b_2, & ② \end{cases}$$

为消去未知数 x_2，$①\times a_{22} - ②\times a_{12}$，得

$$(a_{11}a_{22} - a_{12}a_{21})x_1 = b_1a_{22} - a_{12}b_2,$$

类似地，为消去 x_1，$①\times(-a_{21}) + ②\times a_{11}$，得

$$(-a_{12}a_{21} + a_{11}a_{22})x_2 = -b_1a_{21} + a_{11}b_2,$$

若 $a_{11}a_{22} - a_{12}a_{21} \neq 0$，解得

$$x_1 = \frac{b_1a_{22} - a_{12}b_2}{a_{11}a_{22} - a_{12}a_{21}}, \quad x_2 = \frac{a_{11}b_2 - b_1a_{21}}{a_{11}a_{22} - a_{12}a_{21}}.$$

为了方便记忆，可将分母 $a_{11}a_{22} - a_{12}a_{21}$ 涉及的四个数按它们在原方程组中的位置，排成两行两列，如以下定义所示.

定义 1.1.1 用记号

$$D=\begin{vmatrix} a_{11} & a_{12} \\ a_{21} & a_{22} \end{vmatrix}$$

表示**二阶行列式**，a_{ij} 称为行列式的**元素**(element)**或元**，i 称为**行指标**(row index)，j 称为**列指标**(column index)，下标 ij 表示元素 a_{ij} 位于该行列式的第 i 行第 j 列.

二阶行列式的结果可以用**对角线法则**(diagonal rule)来记忆，如图 1.1 所示，从左上角 a_{11} 到右下角 a_{22} 的实连线称为**主对角线**，从右上角 a_{12} 到左下角 a_{21} 的虚连线称为**副对角线**，于是二阶行列式就等于主对角线上两元素的乘积减去副对角线上两元素的乘积.

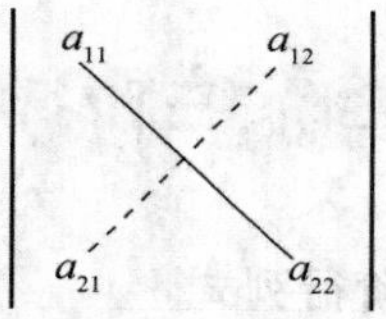

图 1.1 行列式的对角线法则

利用二阶行列式的概念，令

$$D_1=\begin{vmatrix} b_1 & a_{12} \\ b_2 & a_{22} \end{vmatrix}=b_1a_{22}-a_{12}b_2,$$

$$D_2=\begin{vmatrix} a_{11} & b_1 \\ a_{21} & b_2 \end{vmatrix}=a_{11}b_2-b_1a_{21},$$

于是二元线性方程组的解就可以表示为

$$x_1=\frac{D_1}{D},\quad x_2=\frac{D_2}{D}, \tag{1.1}$$

其中 D 是由方程组的系数所确定的行列式，称为**系数行列式**，$D_i(i=1,2)$是将 D 中的第 i 列换成方程组右边的常数项所得到的行列式.

【例 1.1.1】 解二元线性方程组

$$\begin{cases}3x-y=1,\\x+5y=3.\end{cases}$$

解　由于

$$D=\begin{vmatrix}3 & -1\\1 & 5\end{vmatrix}=15-(-1)=16\neq0,$$

$$D_1=\begin{vmatrix}1 & -1\\3 & 5\end{vmatrix}=5-(-3)=8,$$

$$D_2=\begin{vmatrix}3 & 1\\1 & 3\end{vmatrix}=9-1=8,$$

于是

$$x=\frac{D_1}{D}=\frac{8}{16}=\frac{1}{2},\quad y=\frac{D_2}{D}=\frac{8}{16}=\frac{1}{2}.$$

1.1.2　三元线性方程组与三阶行列式

对于三元线性方程组

$$\begin{cases}a_{11}x_1+a_{12}x_2+a_{13}x_3=b_1, & ①\\a_{21}x_1+a_{22}x_2+a_{23}x_3=b_2, & ②\\a_{31}x_1+a_{32}x_2+a_{33}x_3=b_3, & ③\end{cases}$$

同样利用消元法，①×$(a_{22}a_{33}-a_{23}a_{32})$+②×$(a_{13}a_{32}-a_{12}a_{33})$+③×$(a_{12}a_{23}-a_{13}a_{22})$，消去 x_2，x_3，得

$$(a_{11}a_{22}a_{33}+a_{12}a_{23}a_{31}+a_{13}a_{21}a_{32}-a_{13}a_{22}a_{31}-a_{12}a_{21}a_{33}-a_{11}a_{23}a_{32})x_1$$
$$=b_1a_{22}a_{33}+a_{12}a_{23}b_3+a_{13}b_2a_{32}-a_{13}a_{22}b_3-a_{12}b_2a_{33}-b_1a_{23}a_{32}.$$

为方便记忆，引入三阶行列式.

定义 1.1.2　用记号

$$D=\begin{vmatrix}a_{11} & a_{12} & a_{13}\\a_{21} & a_{22} & a_{23}\\a_{31} & a_{32} & a_{33}\end{vmatrix}$$

表示**三阶行列式**,其结果为代数和

$$a_{11}a_{22}a_{33}+a_{12}a_{23}a_{31}+a_{13}a_{21}a_{32}-a_{13}a_{22}a_{31}-a_{12}a_{21}a_{33}-a_{11}a_{23}a_{32}.$$

三阶行列式的结果,也可以用对角线法则来记忆,如图 1.2 所示,三条实连线的三个元素的乘积是结果中的正项,三条虚连线的三个元素的乘积是结果中的负项.

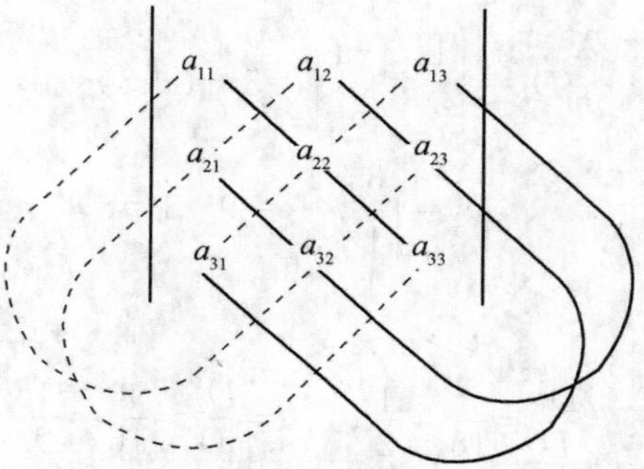

图 1.2

设三元线性方程组的系数行列式为 D, $D_i\,(i=1,2,3)$为将 D 中的第 i 列换成方程组右边的常数项所得到的行列式,即

$$D=\begin{vmatrix} a_{11} & a_{12} & a_{13} \\ a_{21} & a_{22} & a_{23} \\ a_{31} & a_{32} & a_{33} \end{vmatrix},\quad D_1=\begin{vmatrix} b_1 & a_{12} & a_{13} \\ b_2 & a_{22} & a_{23} \\ b_3 & a_{32} & a_{33} \end{vmatrix},$$

$$D_2=\begin{vmatrix} a_{11} & b_1 & a_{13} \\ a_{21} & b_2 & a_{23} \\ a_{31} & b_3 & a_{33} \end{vmatrix},\quad D_3=\begin{vmatrix} a_{11} & a_{12} & b_1 \\ a_{21} & a_{22} & b_2 \\ a_{31} & a_{32} & b_3 \end{vmatrix},$$

则三元线性方程组的解可表示为

$$x_1=\frac{D_1}{D},\quad x_2=\frac{D_2}{D},\quad x_3=\frac{D_3}{D}. \tag{1.2}$$

【例 1.1.2】 计算三阶行列式

$$D=\begin{vmatrix}1&2&3\\4&5&6\\7&8&9\end{vmatrix}.$$

解　按对角线法则,有

$$D=1\times5\times9+2\times6\times7+3\times4\times8-3\times5\times7-2\times4\times9-1\times6\times8=0.$$

【例 1.1.3】 解方程

$$\begin{vmatrix}3&1&1\\x&1&0\\x^2&3&1\end{vmatrix}=0.$$

解

$$\begin{aligned}\begin{vmatrix}3&1&1\\x&1&0\\x^2&3&1\end{vmatrix}&=3+3x-x^2-x=-x^2+2x+3\\&=-(x-3)(x+1)=0,\end{aligned}$$

故 $x=3$ 或 $x=-1$.

习题 1.1

A 组

1. 计算下列行列式:

(1) $\begin{vmatrix}1&-4\\2&3\end{vmatrix}$;　(2) $\begin{vmatrix}2&-3\\-1&6\end{vmatrix}$;

(3) $\begin{vmatrix}x&y\\y&x+y\end{vmatrix}$;　(4) $\begin{vmatrix}a^2&ab\\ab&b^2\end{vmatrix}$;

(5) $\begin{vmatrix}1&-1&2\\3&2&1\\0&1&4\end{vmatrix}$;　(6) $\begin{vmatrix}3&-1&2\\0&2&-4\\-3&4&1\end{vmatrix}$;

(7) $\begin{vmatrix} x & y & x+y \\ y & x+y & x \\ x+y & x & y \end{vmatrix}$；　　(8) $\begin{vmatrix} 1 & x & x \\ x & 2 & x \\ x & x & 3 \end{vmatrix}$.

2. 求解下列方程：

(1) $\begin{vmatrix} 1 & a & -2 \\ 8 & 3 & 5 \\ -1 & 4 & 6 \end{vmatrix}=87$；　　(2) $\begin{vmatrix} x-3 & -2 & 1 \\ 2 & x+2 & -2 \\ -3 & -6 & x+1 \end{vmatrix}=0$.

3. 当 a,b 满足什么条件时，行列式 $\begin{vmatrix} a & 1 & 1 \\ 2 & -4 & b \\ -1 & 2 & b \end{vmatrix}\neq 0$?

4. 行列式 $\begin{vmatrix} a & 1 & 1 \\ 0 & -1 & 0 \\ 4 & a & a \end{vmatrix}>0$ 的充分必要条件是什么?

5. 求解下列二元线性方程组：

(1) $\begin{cases} x_1+2x_2=9, \\ 2x_1-3x_2=4; \end{cases}$　　(2) $\begin{cases} 2x_1+4x_2=1, \\ 5x_1+7x_2=3. \end{cases}$

6. 求解下列三元线性方程组：

(1) $\begin{cases} x_1+x_2+x_3=0, \\ 4x_1+2x_2+x_3=3, \\ 9x_1-3x_2+x_3=28; \end{cases}$　　(2) $\begin{cases} 2x-z=1, \\ 2x+4y-z=1, \\ -x+8y+3z=2. \end{cases}$

B 组

1. 证明下列等式：

$$\begin{vmatrix} a_1 & b_1 & c_1 \\ a_2 & b_2 & c_2 \\ a_3 & b_3 & c_3 \end{vmatrix}=a_1\begin{vmatrix} b_2 & c_2 \\ b_3 & c_3 \end{vmatrix}-b_1\begin{vmatrix} a_2 & c_2 \\ a_3 & c_3 \end{vmatrix}+c_1\begin{vmatrix} a_2 & b_2 \\ a_3 & b_3 \end{vmatrix}.$$

1.2 *n* 阶行列式

式(1.1)和(1.2)分别用二阶和三阶行列式给出了二元和三元线性方程

组的解，明显地揭示出方程组的解与方程组的系数和常数项之间的关系，便于记忆. 很自然地想：这一结果能否推广到一般的 n 元线性方程组的情形，即 n 元线性方程组的解能否也用相应的行列式来表示？为此，首先要将二阶、三阶行列式进行推广. 为给出 n 阶行列式的定义，我们先来介绍排列和逆序数.

1.2.1　排列和逆序数

定义 1.2.1　由 $1,2,\cdots,n$ 这 n 个数组成的一个有序数组称为一个 **n 级排列.**

例如，25134 是一个 5 级排列. 全部的 3 级排列有 123，132，231，213，312，321，共 6 个. 同理，可推出全部的 n 级排列共有 $n(n-1)(n-2)\cdots 2\cdot 1$ 个，记作 $n!$，读作 **n 的阶乘.**

按自然数顺序从小到大的排列 $12\cdots n$ 称为**自然排列或标准排列.**

定义 1.2.2　在一个排列中，如果有大的数 i 排在小的数 j 的前面，则称 i 与 j 为一个**逆序**(reverse order). 一个排列中全部的逆序的总数称为这个排列的**逆序数**(number of reverse order).

排列 $i_1i_2\cdots i_n$ 的逆序数记作 $N(i_1i_2\cdots i_n)$.

例如，排列 12435 中，4 在 3 前面，构成一个逆序，因此 $N(12435)=1$. 求逆序数，可以先看 1 构成的逆序个数，再看 2 构成的逆序个数……最后加起来. 如排列 54321，1 构成的逆序个数为 4，2 构成的逆序个数为 3……因此 $N(54321)=4+3+2+1+0=10$. 自然排列没有逆序数，即逆序数为 0.

【例 1.2.1】　求排列 $n(n-1)(n-2)\cdots 21$ 的逆序数.

解　1 构成的逆序个数为 $n-1$，2 构成的逆序个数为 $n-2$，…，故

$$N(n(n-1)\cdots 21)=(n-1)+(n-2)+\cdots+2+1+0=\frac{n(n-1)}{2}.$$

定义 1.2.3　逆序数为奇数的排列称为**奇排列**，逆序数为偶数的排列称为**偶排列.**

例如，12435 是奇排列，54321 是偶排列. 特别地，自然排列的逆序数是零，因此是偶排列.

定义 1.2.4　在一个排列中将两个数 i,j 互换，称作一个**对换**(transposition)，记作 (i,j).

例如，$2431 \xrightarrow{(1,2)} 1432 \xrightarrow{(1,2)} 2431$，因此，我们很容易得到对换的第一个性质.

性质 1 一个排列连续作两次相同的对换，排列还原.

性质 2 两个不同的 n 级排列作同一个对换得到的仍然是不同的排列.

证 设 P_1, P_2 是两个不同的 n 级排列，作同一个对换 (i,j)，$P_1 \xrightarrow{(i,j)} P_1'$，$P_2 \xrightarrow{(i,j)} P_2'$，下证 $P_1' \neq P_2'$.

假设 $P_1' = P_2'$，再作对换 (i,j)，则由性质 1，$P_1' \xrightarrow{(i,j)} P_1$，$P_2' \xrightarrow{(i,j)} P_2$，故 $P_1 = P_2$，这与原条件矛盾，命题得证.

性质 3 一个对换把全部的 $n(n \geqslant 2)$ 级排列两两配对，且每一对的两个排列在这个对换下互变.

证 设所作的对换为 (i,j).

任取一个 n 级排列 $P: \cdots i \cdots j \cdots$，则 P 与 $P_1: \cdots j \cdots i \cdots$ 显然构成一对，且在对换 (i,j) 下互变.

若另有 P_2，$P_2 \neq P_1$，且 P_2 也与 P 在对换 (i,j) 下配成一对，则 $P_2 \xrightarrow{(i,j)} P$，$P_1 \xrightarrow{(i,j)} P$，这与性质 2 矛盾，所以排列 P 有且仅有一个排列在 (i,j) 下与之配对，从而全部的 n 级排列可以两两配对.

定理 1.2.1 对换改变排列的奇偶性.

证明略.

由此定理，很容易得到下述推论.

推论 1.2.1 作偶数次对换不改变排列的奇偶性，作奇数次对换改变排列的奇偶性.

推论 1.2.2 $n(n \geqslant 2)$ 级排列中奇偶排列各占一半，都等于 $\frac{n!}{2}$ 个.

证 对全部的 $n!$ 个 n 级排列作对换 (i,j)，由性质 3，它们可以两两配对，每对中的两个排列在 (i,j) 之下互变，故共有 $\frac{n!}{2}$ 对. 又由定理 1.2.1，每对中各有一个奇排列与偶排列，故结论成立.

定理 1.2.2 任一个 n 级排列都可以经过一系列对换与自然排列 $12\cdots n$ 互变，且所作对换个数的奇偶性与原排列的奇偶性一致.

证明略.

例如,4 级排列 4231,是奇排列,经过 1 次对换(1,4)可变为自然排列 1234,5 级排列 52314,是偶排列,经过两次对换(1,5),(4,5)可变为自然排列 12345.

1.2.2 *n* 阶行列式的定义

观察三阶行列式的结构,

$$D_3=\begin{vmatrix} a_{11} & a_{12} & a_{13} \\ a_{21} & a_{22} & a_{23} \\ a_{31} & a_{32} & a_{33} \end{vmatrix}$$

$$=a_{11}a_{22}a_{33}+a_{12}a_{23}a_{31}+a_{13}a_{21}a_{32}-a_{13}a_{22}a_{31}-a_{12}a_{21}a_{33}-a_{11}a_{23}a_{32},$$

我们发现,

(1) D_3 是 6 项的代数和;

(2) 每一项都是三个元素的乘积,且这三个元素分别位于不同行不同列;

(3) 所有位于不同行不同列的三个元素的乘积都在这个和式中,

$$a_{11}\left\langle\begin{matrix} a_{22}-a_{33} \\ a_{23}-a_{32} \end{matrix}\right. \qquad a_{12}\left\langle\begin{matrix} a_{21}-a_{33} \\ a_{23}-a_{31} \end{matrix}\right. \qquad a_{13}\left\langle\begin{matrix} a_{22}-a_{31} \\ a_{21}-a_{32} \end{matrix}\right.$$

(4) 符号的规律为:当行指标按自然顺序 123 排列后,观察列指标 $j_1j_2j_3$,带正号的列指标的排列是 123,231,312,这三个排列的共同之处是都是偶排列,带负号的列指标的排列是 321,213,132,这三个都是奇排列,因此,符号可统一表示为 $(-1)^{N(j_1j_2j_3)}$.

定义 1.2.5 将 n^2 个数排成 n 行 n 列

$$D_n=\begin{vmatrix} a_{11} & a_{12} & \cdots & a_{1n} \\ a_{21} & a_{22} & \cdots & a_{2n} \\ \vdots & \vdots & & \vdots \\ a_{n1} & a_{n2} & \cdots & a_{nn} \end{vmatrix} \tag{1.3}$$

称为 ***n* 阶行列式**(determinant),它的值等于所有不同行不同列的 n 个数的乘积 $a_{1j_1}a_{2j_2}\cdots a_{nj_n}$ 的代数和,其中 $j_1j_2\cdots j_n$ 是一个 n 级排列. 每一项都按以下规

律带正负号：当 $j_1j_2\cdots j_n$ 是偶排列时带正号；当 $j_1j_2\cdots j_n$ 是奇排列时带负号.

注 式(1.3)可简记为$|a_{ij}|$，a_{ij}称为元素，i 称为行指标，j 称为列指标. 从左上到右下的直线称为主对角线，从右上到左下的直线称为副对角线.

按定义 1.2.5，n 阶行列式可以表示为

$$|a_{ij}|=\sum_{j_1j_2\cdots j_n}(-1)^{N(j_1j_2\cdots j_n)}a_{1j_1}a_{2j_2}\cdots a_{nj_n},$$

和式共有 $n!$ 项，其中带正号的项与带负号的项各占一半，即$\frac{n!}{2}$项. 特别地，$n=1$ 时，$|a|=a$，不要与绝对值混淆.

其实更一般地，不同行不同列的 n 个元素的乘积可以表示为 $a_{i_1j_1}a_{i_2j_2}\cdots a_{i_nj_n}$，其中 $i_1i_2\cdots i_n$ 是行指标构成的 n 级排列，$j_1j_2\cdots j_n$ 是列指标构成的 n 级排列. 要确定这一项的符号，可以适当交换乘积中元素的位置，使行指标变为 $12\cdots n$，再按定义 1.2.5 确定所带的符号. 例如，$a_{13}a_{44}a_{32}a_{21}$是 4 阶行列式的一项，因 $a_{13}a_{44}a_{32}a_{21}=a_{13}a_{21}a_{32}a_{44}$，$(-1)^{N(3124)}=(-1)^2=1$，故为正号. 而对于一般的情形，我们不加证明地给出如下定理：

定理 1.2.3 n 阶行列式$|a_{ij}|$的一般项 $a_{i_1j_1}a_{i_2j_2}\cdots a_{i_nj_n}$ 所带的符号为 $(-1)^{N(i_1i_2\cdots i_n)+N(j_1j_2\cdots j_n)}$，若取定行指标 $i_1i_2\cdots i_n$，则

$$|a_{ij}|=\sum_{j_1j_2\cdots j_n}(-1)^{N(i_1i_2\cdots i_n)+N(j_1j_2\cdots j_n)}a_{i_1j_1}a_{i_2j_2}\cdots a_{i_nj_n},$$

若取定列指标 $j_1j_2\cdots j_n$，则

$$|a_{ij}|=\sum_{i_1i_2\cdots i_n}(-1)^{N(i_1i_2\cdots i_n)+N(j_1j_2\cdots j_n)}a_{i_1j_1}a_{i_2j_2}\cdots a_{i_nj_n},$$

特别地，取 $j_1j_2\cdots j_n$ 为 $12\cdots n$，则

$$|a_{ij}|=\sum_{i_1i_2\cdots i_n}(-1)^{N(i_1i_2\cdots i_n)}a_{i_11}a_{i_22}\cdots a_{i_nn}.$$

【例 1.2.2】 设 4 阶行列式

$$D=\begin{vmatrix}a_1 & a_2 & a_3 & a_4\\ b_1 & b_2 & b_3 & b_4\\ c_1 & c_2 & c_3 & c_4\\ d_1 & d_2 & d_3 & d_4\end{vmatrix},$$

问 $a_3d_4c_2b_1$ 是否为 D 的项？若是，所带的符号是什么？

解　$a_3d_4c_2b_1$ 是位于 D 的不同行不同列的 4 个元素，因此是 D 的项. 又由于 $a_3d_4c_2b_1=a_{13}d_{44}c_{32}b_{21}$，按行指标为自然顺序排列为 $a_{13}b_{21}c_{32}d_{44}$，因此所带的符号为 $(-1)^{N(3124)}=(-1)^2=1$，为正号.

【例 1.2.3】 利用 n 阶行列式的定义计算行列式

$$D_n=\begin{vmatrix} 0 & \cdots & 0 & 1 & 0 \\ 0 & \cdots & 2 & 0 & 0 \\ \vdots & & \vdots & \vdots & \vdots \\ n-1 & \cdots & 0 & 0 & 0 \\ 0 & \cdots & 0 & 0 & n \end{vmatrix}.$$

解　由于行列式中不为零的项只有 $1\cdot 2\cdot \cdots \cdot (n-1)\cdot n$ 这一项，把这 n 个元素按行指标为自然顺序排列时，对应的列指标为 $n-1,n-2,\cdots,2,1,n$，其逆序数为

$$N((n-1)(n-2)\cdots 21n)=\frac{(n-1)(n-2)}{2},$$

故 n 阶行列式

$$D_n=(-1)^{\frac{(n-1)(n-2)}{2}}n!.$$

1.2.3　几种特殊的行列式

1. 上三角行列式

形如 $\begin{vmatrix} a_{11} & a_{12} & a_{13} & \cdots & a_{1n} \\ 0 & a_{22} & a_{23} & \cdots & a_{2n} \\ 0 & 0 & a_{33} & \cdots & a_{3n} \\ \vdots & \vdots & \vdots & & \vdots \\ 0 & 0 & 0 & \cdots & a_{nn} \end{vmatrix}$ 的行列式称为**上三角行列式**，其特点是主对角线下方的元素全为 0. 行列式中不为 0 的项只有 $a_{11}a_{22}\cdots a_{nn}$，所带符号为 $(-1)^{N(12\cdots n)}=1$，故上三角行列式

$$|a_{ij}|=a_{11}a_{22}\cdots a_{nn},$$

即主对角线上元素的乘积.

2. 下三角行列式

形如 $\begin{vmatrix} a_{11} & 0 & 0 & \cdots & 0 \\ a_{21} & a_{22} & 0 & \cdots & 0 \\ a_{31} & a_{32} & a_{33} & \cdots & 0 \\ \vdots & \vdots & \vdots & & \vdots \\ a_{n1} & a_{n2} & a_{n3} & \cdots & a_{nn} \end{vmatrix}$ 的行列式称为**下三角行列式**,其特点是主对角线上方的元素全为0. 同理,下三角行列式

$$|a_{ij}| = a_{11}a_{22}\cdots a_{nn}.$$

3. 对角行列式

形如 $\begin{vmatrix} a_{11} & 0 & \cdots & 0 \\ 0 & a_{22} & \cdots & 0 \\ \vdots & \vdots & & \vdots \\ 0 & 0 & \cdots & a_{nn} \end{vmatrix}$ 的行列式称为**对角行列式**,其特点是除主对角线上的元素外其余全为0. 同理可得

$$|a_{ij}| = a_{11}a_{22}\cdots a_{nn}.$$

【例 1.2.4】 计算下列 n 阶行列式:

(1) $\begin{vmatrix} a_{11} & a_{12} & \cdots & a_{1,n-1} & a_{1n} \\ a_{21} & a_{22} & \cdots & a_{2,n-1} & 0 \\ \vdots & \vdots & & \vdots & \vdots \\ a_{n1} & 0 & \cdots & 0 & 0 \end{vmatrix}$; (2) $\begin{vmatrix} 0 & \cdots & 0 & a_{1n} \\ 0 & \cdots & a_{2,n-1} & a_{2n} \\ \vdots & & \vdots & \vdots \\ a_{n1} & \cdots & a_{n,n-1} & a_{nn} \end{vmatrix}$;

(3) $\begin{vmatrix} 0 & \cdots & 0 & a_{1n} \\ 0 & \cdots & a_{2,n-1} & 0 \\ \vdots & & \vdots & \vdots \\ a_{n1} & \cdots & 0 & 0 \end{vmatrix}$.

解 (1) 此行列式的特点是副对角线下方的元素全为0,不为0的项只有 $a_{1n}a_{2,n-1}\cdots a_{n1}$,列排列的逆序数为

$$N(n(n-1)\cdots 21)=\frac{n(n-1)}{2},$$

故
$$|a_{ij}|=(-1)^{\frac{n(n-1)}{2}}a_{1n}a_{2,n-1}\cdots a_{n1}.$$

(2)与(3)同理可得，$|a_{ij}|=(-1)^{\frac{n(n-1)}{2}}a_{1n}a_{2,n-1}\cdots a_{n1}$.

习题 1.2

A组

1. 求下列排列的逆序数，以及奇偶性：

(1) 43512；　(2) 2673415；

(3) 32675184；　(4) 987654321.

2. 写出把排列 12345 变成排列 25431 所作的对换.

3. 选择 i 和 j，使：

(1) $4i2j3$ 成偶排列；　(2) $1i25j4897$ 成奇排列.

4. 写出四阶行列式中所有包含 a_{23} 并带正号的项.

5. 在五阶行列式中，项 $a_{12}a_{31}a_{54}a_{43}a_{25}$ 和 $a_{31}a_{25}a_{43}a_{14}a_{52}$ 带有什么符号？

6. 求 i 与 j 的值，使得五阶行列式中项 $a_{1i}a_{23}a_{35}a_{5j}a_{44}$ 是带有正号的项.

7. 在函数

$$f(x)=\begin{vmatrix} x & x & 1 & 0 \\ 1 & x & 2 & 3 \\ 2 & 3 & x & 2 \\ 1 & 1 & 2 & x \end{vmatrix}$$

中，求 x^3 和 x^4 的系数.

8. 用定义计算下列行列式：

(1) $\begin{vmatrix} 1 & 1 & 1 & 0 \\ 0 & 1 & 0 & 1 \\ 0 & 1 & 1 & 0 \\ 0 & 0 & 1 & 0 \end{vmatrix}$；　(2) $\begin{vmatrix} 1 & a_1 & 0 & 0 \\ -1 & 1-a_1 & a_2 & 0 \\ 0 & -1 & 1-a_2 & a_3 \\ 0 & 0 & -1 & 1-a_3 \end{vmatrix}$；

(3) $\begin{vmatrix} x & y & 0 & 0 & 0 \\ 0 & x & y & 0 & 0 \\ 0 & 0 & x & y & 0 \\ 0 & 0 & 0 & x & y \\ y & 0 & 0 & 0 & x \end{vmatrix}$; (4) $\begin{vmatrix} 0 & 0 & \cdots & 0 & 1 & 0 \\ 0 & 0 & \cdots & 2 & 0 & 0 \\ \vdots & \vdots & & \vdots & \vdots & \vdots \\ 2017 & 0 & \cdots & 0 & 0 & 0 \\ 0 & 0 & \cdots & 0 & 0 & 2018 \end{vmatrix}$;

(5) $\begin{vmatrix} 0 & 0 & \cdots & 0 & 1 \\ 0 & 0 & \cdots & 2 & 0 \\ \vdots & \vdots & & \vdots & \vdots \\ 0 & n-1 & \cdots & 0 & 0 \\ n & 0 & \cdots & 0 & 0 \end{vmatrix}$; (6) $\begin{vmatrix} 0 & 1 & 0 & \cdots & 0 \\ 0 & 0 & 2 & \cdots & 0 \\ \vdots & \vdots & \vdots & & \vdots \\ 0 & 0 & 0 & \cdots & n-1 \\ n & 0 & 0 & \cdots & 0 \end{vmatrix}$;

(7) $\begin{vmatrix} n & 0 & \cdots & 0 & 0 \\ 0 & 0 & \cdots & 0 & 1 \\ 0 & 0 & \cdots & 2 & 0 \\ \vdots & \vdots & & \vdots & \vdots \\ 0 & n-1 & \cdots & 0 & 0 \end{vmatrix}$.

B 组

1. 设排列 $x_1x_2\cdots x_{n-1}x_n$ 的逆序数为 k，问排列 $x_nx_{n-1}\cdots x_2x_1$ 的逆序数是多少？

2. 设

$$D_n=\begin{vmatrix} 1 & 1 & \cdots & 1 \\ 1 & 1 & \cdots & 1 \\ \vdots & \vdots & & \vdots \\ 1 & 1 & \cdots & 1 \end{vmatrix}=0,$$

证明奇偶排列各半.

3. 设

$$F(x)=\begin{vmatrix} x-a_{11} & -a_{12} & -a_{13} & -a_{14} \\ -a_{21} & x-a_{22} & -a_{23} & -a_{24} \\ -a_{31} & -a_{32} & x-a_{33} & -a_{34} \\ -a_{41} & -a_{42} & -a_{43} & x-a_{44} \end{vmatrix},$$

求:(1) x^4 的系数;(2) x^3 的系数;(3) 常数项.

1.3　行列式的性质

当行列式的阶数很大时,直接用定义来计算行列式几乎是不可能的. 因此我们进一步研究行列式的性质,利用这些性质可以简化行列式的计算.

性质 1　行列互换,行列式的值不变,即

$$D=\begin{vmatrix} a_{11} & a_{12} & \cdots & a_{1n} \\ a_{21} & a_{22} & \cdots & a_{2n} \\ \vdots & \vdots & & \vdots \\ a_{n1} & a_{n2} & \cdots & a_{nn} \end{vmatrix}=\begin{vmatrix} a_{11} & a_{21} & \cdots & a_{n1} \\ a_{12} & a_{22} & \cdots & a_{n2} \\ \vdots & \vdots & & \vdots \\ a_{1n} & a_{2n} & \cdots & a_{nn} \end{vmatrix}=D^{\mathrm{T}}.$$

证　设

$$D^{\mathrm{T}}=\begin{vmatrix} b_{11} & b_{12} & \cdots & b_{1n} \\ b_{21} & b_{22} & \cdots & b_{2n} \\ \vdots & \vdots & & \vdots \\ b_{n1} & b_{n2} & \cdots & b_{nn} \end{vmatrix}=\sum_{i_1 i_2\cdots i_n}(-1)^{N(i_1 i_2\cdots i_n)}b_{i_1 1}b_{i_2 2}\cdots b_{i_n n}$$

$$=\sum_{i_1 i_2\cdots i_n}(-1)^{N(i_1 i_2\cdots i_n)}a_{1i_1}a_{2i_2}\cdots a_{ni_n}=D.$$

注　D^{T} 称为 D 的**转置行列式**(transpose determinant). 显然有 $(D^{\mathrm{T}})^{\mathrm{T}}=D$.

由性质 1 知行列式的行与列地位是平等的. 因此,我们只要研究行的性质即可.

引理 1.3.1　由于 $|a_{ij}|$ 等于所有不同行不同列的 n 个元素的乘积的代数和. 若指定第 i 行,则每项含且只含第 i 行的一个元素,即

$$\begin{vmatrix} a_{11} & a_{12} & \cdots & a_{1n} \\ \vdots & \vdots & & \vdots \\ a_{i1} & a_{i2} & \cdots & a_{in} \\ \vdots & \vdots & & \vdots \\ a_{n1} & a_{n2} & \cdots & a_{nn} \end{vmatrix}$$

$$= (\sum \text{含 } a_{i1} \text{ 的项}) + (\sum \text{含 } a_{i2} \text{ 的项}) + \cdots + (\sum \text{含 } a_{in} \text{ 的项})$$

$$= a_{i1}(\sum \cdots) + a_{i2}(\sum \cdots) + \cdots + a_{in}(\sum \cdots)$$

$$= a_{i1}A_{i1} + a_{i2}A_{i2} + \cdots + a_{in}A_{in},$$

其中 $A_{i1}, A_{i2}, \cdots, A_{in}$ 与第 i 行元素无关.

性质 2 用数 k 去乘行列式的某一行(列),等于用数 k 去乘行列式,即

$$\begin{vmatrix} a_{11} & a_{12} & \cdots & a_{1n} \\ \vdots & \vdots & & \vdots \\ ka_{i1} & ka_{i2} & \cdots & ka_{in} \\ \vdots & \vdots & & \vdots \\ a_{n1} & a_{n2} & \cdots & a_{nn} \end{vmatrix} = k \begin{vmatrix} a_{11} & a_{12} & \cdots & a_{1n} \\ \vdots & \vdots & & \vdots \\ a_{i1} & a_{i2} & \cdots & a_{in} \\ \vdots & \vdots & & \vdots \\ a_{n1} & a_{n2} & \cdots & a_{nn} \end{vmatrix}.$$

证 由引理 1.3.1,

$$\begin{vmatrix} a_{11} & a_{12} & \cdots & a_{1n} \\ \vdots & \vdots & & \vdots \\ ka_{i1} & ka_{i2} & \cdots & ka_{in} \\ \vdots & \vdots & & \vdots \\ a_{n1} & a_{n2} & \cdots & a_{nn} \end{vmatrix} = (ka_{i1})A_{i1} + (ka_{i2})A_{i2} + \cdots + (ka_{in})A_{in}$$

$$= k(a_{i1}A_{i1} + a_{i2}A_{i2} + \cdots + a_{in}A_{in})$$

$$= k \begin{vmatrix} a_{11} & a_{12} & \cdots & a_{1n} \\ \vdots & \vdots & & \vdots \\ a_{i1} & a_{i2} & \cdots & a_{in} \\ \vdots & \vdots & & \vdots \\ a_{n1} & a_{n2} & \cdots & a_{nn} \end{vmatrix}.$$

注　性质 2 说明，计算行列式时，某一行(列)的公因子可以提到行列式符号的前面，以简化计算.

推论 1.3.1　若行列式某一行(列)全是零，则行列式的值为零.

证　在性质 2 中，令 $k=0$ 即得.

性质 3

$$\begin{vmatrix} a_{11} & a_{12} & \cdots & a_{1n} \\ \vdots & \vdots & & \vdots \\ b_{i1}+c_{i1} & b_{i2}+c_{i2} & \cdots & b_{in}+c_{in} \\ \vdots & \vdots & & \vdots \\ a_{n1} & a_{n2} & \cdots & a_{nn} \end{vmatrix} = \begin{vmatrix} a_{11} & a_{12} & \cdots & a_{1n} \\ \vdots & \vdots & & \vdots \\ b_{i1} & b_{i2} & \cdots & b_{in} \\ \vdots & \vdots & & \vdots \\ a_{n1} & a_{n2} & \cdots & a_{nn} \end{vmatrix} + \begin{vmatrix} a_{11} & a_{12} & \cdots & a_{1n} \\ \vdots & \vdots & & \vdots \\ c_{i1} & c_{i2} & \cdots & c_{in} \\ \vdots & \vdots & & \vdots \\ a_{n1} & a_{n2} & \cdots & a_{nn} \end{vmatrix}.$$

证　$\begin{aligned}左边&=(b_{i1}+c_{i1})A_{i1}+(b_{i2}+c_{i2})A_{i2}+\cdots+(b_{in}+c_{in})A_{in}\\&=(b_{i1}A_{i1}+b_{i2}A_{i2}+\cdots+b_{in}A_{in})+(c_{i1}A_{i1}+c_{i2}A_{i2}+\cdots+c_{in}A_{in})\\&=右边.\end{aligned}$

用数学归纳法，可将性质 3 推广到若干个行列式之和的情形，即

$$\begin{vmatrix} a_{11} & a_{12} & \cdots & a_{1n} \\ \vdots & \vdots & & \vdots \\ b_{i1}+c_{i1}+\cdots+f_{i1} & b_{i2}+c_{i2}+\cdots+f_{i2} & \cdots & b_{in}+c_{in}+\cdots+f_{in} \\ \vdots & \vdots & & \vdots \\ a_{n1} & a_{n2} & \cdots & a_{nn} \end{vmatrix}$$

$$= \begin{vmatrix} a_{11} & a_{12} & \cdots & a_{1n} \\ \vdots & \vdots & & \vdots \\ b_{i1} & b_{i2} & \cdots & b_{in} \\ \vdots & \vdots & & \vdots \\ a_{n1} & a_{n2} & \cdots & a_{nn} \end{vmatrix} + \begin{vmatrix} a_{11} & a_{12} & \cdots & a_{1n} \\ \vdots & \vdots & & \vdots \\ c_{i1} & c_{i2} & \cdots & c_{in} \\ \vdots & \vdots & & \vdots \\ a_{n1} & a_{n2} & \cdots & a_{nn} \end{vmatrix} + \cdots + \begin{vmatrix} a_{11} & a_{12} & \cdots & a_{1n} \\ \vdots & \vdots & & \vdots \\ f_{i1} & f_{i2} & \cdots & f_{in} \\ \vdots & \vdots & & \vdots \\ a_{n1} & a_{n2} & \cdots & a_{nn} \end{vmatrix}.$$

性质 3 对列也同样适用，例如，

$$\begin{vmatrix} 1 & 4 & 7 \\ 2 & 5 & 8 \\ 3 & 6 & 9 \end{vmatrix} = \begin{vmatrix} 1 & 1+3 & 7 \\ 2 & 2+3 & 8 \\ 3 & 3+3 & 9 \end{vmatrix} = \begin{vmatrix} 1 & 1 & 7 \\ 2 & 2 & 8 \\ 3 & 3 & 9 \end{vmatrix} + \begin{vmatrix} 1 & 3 & 7 \\ 2 & 3 & 8 \\ 3 & 3 & 9 \end{vmatrix}.$$

注 运用性质3时要注意,每次只能拆分一个行(列).

性质4 如果行列式有两行(列)相同,则行列式的值为零.

证 设行列式

$$\begin{vmatrix} a_{11} & a_{12} & \cdots & a_{1n} \\ \vdots & \vdots & & \vdots \\ a_{i1} & a_{i2} & \cdots & a_{in} \\ \vdots & \vdots & & \vdots \\ a_{k1} & a_{k2} & \cdots & a_{kn} \\ \vdots & \vdots & & \vdots \\ a_{n1} & a_{n2} & \cdots & a_{nn} \end{vmatrix} = \sum_{j_1 j_2 \cdots j_n} (-1)^{N(j_1 \cdots j_i \cdots j_k \cdots j_n)} a_{1j_1} \cdots a_{ij_i} \cdots a_{kj_k} \cdots a_{nj_n},$$

若第 i 行与第 k 行相同,即 $a_{ij}=a_{kj}$, $j=1,2,\cdots,n$. 在和式中任取一项 $(-1)^{N(j_1\cdots j_i\cdots j_k\cdots j_n)}a_{1j_1}\cdots a_{ij_i}\cdots a_{kj_k}\cdots a_{nj_n}$,则项 $(-1)^{N(j_1\cdots j_k\cdots j_i\cdots j_n)}a_{1j_1}\cdots a_{ij_k}\cdots a_{kj_i}\cdots a_{nj_n}$ 也是和式中的项,且 $a_{ij_i}=a_{kj_i}$, $a_{kj_k}=a_{ij_k}$,故这两项数值相同,而排列 $j_1\cdots j_i\cdots j_k\cdots j_n$ 与 $j_1\cdots j_k\cdots j_i\cdots j_n$ 相差一个对换,故这两项符号相反,可以互相消去. 又因和式中所有的项都可以如上两两消去,因而和式为零.

推论 1.3.2 如果行列式中两行(列)元素对应成比例,则行列式的值为零.

证 设行列式 $|a_{ij}|$ 的第 i 行与第 k 行的对应元素成比例,即 $a_{ij}=la_{kj}$, $j=1,2,\cdots,n$,则

$$\begin{vmatrix} a_{11} & a_{12} & \cdots & a_{1n} \\ \vdots & \vdots & & \vdots \\ la_{k1} & la_{k2} & \cdots & la_{kn} \\ \vdots & \vdots & & \vdots \\ a_{k1} & a_{k2} & \cdots & a_{kn} \\ \vdots & \vdots & & \vdots \\ a_{n1} & a_{n2} & \cdots & a_{nn} \end{vmatrix} = l \begin{vmatrix} a_{11} & a_{12} & \cdots & a_{1n} \\ \vdots & \vdots & & \vdots \\ a_{k1} & a_{k2} & \cdots & a_{kn} \\ \vdots & \vdots & & \vdots \\ a_{k1} & a_{k2} & \cdots & a_{kn} \\ \vdots & \vdots & & \vdots \\ a_{n1} & a_{n2} & \cdots & a_{nn} \end{vmatrix} = l \cdot 0 = 0.$$

性质5 把一行(列)的倍数加到另外一行(列),行列式的值不变.

证 假设把第 j 行的 k 倍加到第 i 行上去,则

$$
\begin{vmatrix}
a_{11} & a_{12} & \cdots & a_{1n} \\
\vdots & \vdots & & \vdots \\
a_{i1}+ka_{j1} & a_{i2}+ka_{j2} & \cdots & a_{in}+ka_{jn} \\
\vdots & \vdots & & \vdots \\
a_{j1} & a_{j2} & \cdots & a_{jn} \\
\vdots & \vdots & & \vdots \\
a_{n1} & a_{n2} & \cdots & a_{nn}
\end{vmatrix}
$$

$$
=\begin{vmatrix}
a_{11} & a_{12} & \cdots & a_{1n} \\
\vdots & \vdots & & \vdots \\
a_{i1} & a_{i2} & \cdots & a_{in} \\
\vdots & \vdots & & \vdots \\
a_{j1} & a_{j2} & \cdots & a_{jn} \\
\vdots & \vdots & & \vdots \\
a_{n1} & a_{n2} & \cdots & a_{nn}
\end{vmatrix}
+\begin{vmatrix}
a_{11} & a_{12} & \cdots & a_{1n} \\
\vdots & \vdots & & \vdots \\
ka_{j1} & ka_{j2} & \cdots & ka_{jn} \\
\vdots & \vdots & & \vdots \\
a_{j1} & a_{j2} & \cdots & a_{jn} \\
\vdots & \vdots & & \vdots \\
a_{n1} & a_{n2} & \cdots & a_{nn}
\end{vmatrix}
=\begin{vmatrix}
a_{11} & a_{12} & \cdots & a_{1n} \\
\vdots & \vdots & & \vdots \\
a_{i1} & a_{i2} & \cdots & a_{in} \\
\vdots & \vdots & & \vdots \\
a_{j1} & a_{j2} & \cdots & a_{jn} \\
\vdots & \vdots & & \vdots \\
a_{n1} & a_{n2} & \cdots & a_{nn}
\end{vmatrix}.
$$

性质 6　对换行列式的两行(列)，行列式变号.

证　设 $D=|a_{ij}|$，将 D 的第 i 行与第 k 行交换，交换后的行列式记作 D_1，则

$$
D_1=\begin{vmatrix}
a_{11} & a_{12} & \cdots & a_{1n} \\
\vdots & \vdots & & \vdots \\
a_{k1} & a_{k2} & \cdots & a_{kn} \\
\vdots & \vdots & & \vdots \\
a_{i1} & a_{i2} & \cdots & a_{in} \\
\vdots & \vdots & & \vdots \\
a_{n1} & a_{n2} & \cdots & a_{nn}
\end{vmatrix}
\begin{matrix} \\ \\ \leftarrow \\ \times 1 \\ \rfloor \\ \\ \\ \end{matrix}
$$

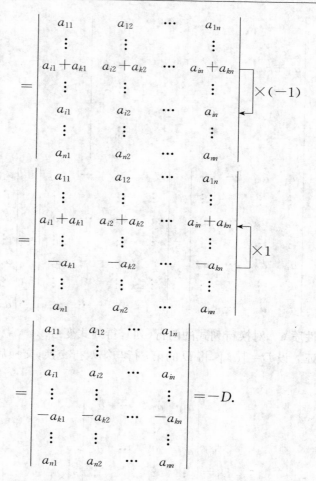

$$=\begin{vmatrix} a_{11} & a_{12} & \cdots & a_{1n} \\ \vdots & \vdots & & \vdots \\ a_{i1}+a_{k1} & a_{i2}+a_{k2} & \cdots & a_{in}+a_{kn} \\ \vdots & \vdots & & \vdots \\ a_{i1} & a_{i2} & \cdots & a_{in} \\ \vdots & \vdots & & \vdots \\ a_{n1} & a_{n2} & \cdots & a_{nn} \end{vmatrix} \times(-1)$$

$$=\begin{vmatrix} a_{11} & a_{12} & \cdots & a_{1n} \\ \vdots & \vdots & & \vdots \\ a_{i1}+a_{k1} & a_{i2}+a_{k2} & \cdots & a_{in}+a_{kn} \\ \vdots & \vdots & & \vdots \\ -a_{k1} & -a_{k2} & \cdots & -a_{kn} \\ \vdots & \vdots & & \vdots \\ a_{n1} & a_{n2} & \cdots & a_{nn} \end{vmatrix} \times 1$$

$$=\begin{vmatrix} a_{11} & a_{12} & \cdots & a_{1n} \\ \vdots & \vdots & & \vdots \\ a_{i1} & a_{i2} & \cdots & a_{in} \\ \vdots & \vdots & & \vdots \\ -a_{k1} & -a_{k2} & \cdots & -a_{kn} \\ \vdots & \vdots & & \vdots \\ a_{n1} & a_{n2} & \cdots & a_{nn} \end{vmatrix}=-D.$$

【例 1.3.1】 计算行列式

$$D=\begin{vmatrix} 999 & 2003 & 1000 \\ 2000 & 3998 & 2000 \\ 3002 & 6005 & 3000 \end{vmatrix}.$$

解 此三阶行列式的数字都较大，如果直接运用对角线法则，计算太麻烦. 可以利用行列式的性质，先将第三列的(−1)倍加到第一列，(−2)倍加到第二列，得

$$D=\begin{vmatrix} 999 & 2003 & 1000 \\ 2000 & 3998 & 2000 \\ 3002 & 6005 & 3000 \end{vmatrix}=\begin{vmatrix} -1 & 2003 & 1000 \\ 0 & 3998 & 2000 \\ 2 & 6005 & 3000 \end{vmatrix}$$

$$=\begin{vmatrix} -1 & 3 & 1000 \\ 0 & -2 & 2000 \\ 2 & 5 & 3000 \end{vmatrix}=1000\begin{vmatrix} -1 & 3 & 1 \\ 0 & -2 & 2 \\ 2 & 5 & 3 \end{vmatrix}$$

$$=1000\times 32=32000.$$

【例 1.3.2】 计算行列式

$$D=\begin{vmatrix} 1 & -1 & 1 & 2 \\ 5 & 1 & 3 & -4 \\ 2 & 0 & 1 & -1 \\ 1 & 3 & -2 & 3 \end{vmatrix}.$$

解　利用行列式的性质将 D 化为上三角行列式，

$$D=\begin{vmatrix} 1 & -1 & 1 & 2 \\ 5 & 1 & 3 & -4 \\ 2 & 0 & 1 & -1 \\ 1 & 3 & -2 & 3 \end{vmatrix}\begin{matrix} \\ \times(-5) \\ \times(-2) \\ \times(-1) \end{matrix}$$

$$=\begin{vmatrix} 1 & -1 & 1 & 2 \\ 0 & 6 & -2 & -14 \\ 0 & 2 & -1 & -5 \\ 0 & 4 & -3 & 1 \end{vmatrix}$$

$$=-\begin{vmatrix} 1 & -1 & 1 & 2 \\ 0 & 2 & -1 & -5 \\ 0 & 6 & -2 & -14 \\ 0 & 4 & -3 & 1 \end{vmatrix}\begin{matrix} \\ \\ \times(-3) \\ \times(-2) \end{matrix}$$

$$=-\begin{vmatrix} 1 & -1 & 1 & 2 \\ 0 & 2 & -1 & -5 \\ 0 & 0 & 1 & 1 \\ 0 & 0 & -1 & 11 \end{vmatrix} \begin{matrix} \\ \\ \urcorner \times 1 \\ \leftarrow \end{matrix}$$

$$=-\begin{vmatrix} 1 & -1 & 1 & 2 \\ 0 & 2 & -1 & -5 \\ 0 & 0 & 1 & 1 \\ 0 & 0 & 0 & 12 \end{vmatrix}=-1\times 2\times 1\times 12=-24.$$

注 将行列式利用性质转化为上三角或下三角行列式称为三角化，是计算行列式最常用的方法之一.

【例 1.3.3】 一个 n 阶行列式 $D=|a_{ij}|$ 中的元素满足 $a_{ij}=-a_{ji}$，$i,j=1,2,\cdots,n$，则称此行列式为**反对称行列式**，证明：当 n 为奇数时，反对称行列式的值为零.

证 由于 $a_{ii}=-a_{ii}$，$i=1,2,\cdots,n$，从而 $a_{ii}=0$，$i=1,2,\cdots,n$，因此将 D 写出来，即

$$D=\begin{vmatrix} 0 & a_{12} & a_{13} & \cdots & a_{1n} \\ -a_{12} & 0 & a_{23} & \cdots & a_{2n} \\ -a_{13} & -a_{23} & 0 & \cdots & a_{3n} \\ \vdots & \vdots & \vdots & & \vdots \\ -a_{1n} & -a_{2n} & -a_{3n} & \cdots & 0 \end{vmatrix}.$$

由性质 1，有

$$D=D^{\mathrm{T}}=\begin{vmatrix} 0 & -a_{12} & -a_{13} & \cdots & -a_{1n} \\ a_{12} & 0 & -a_{23} & \cdots & -a_{2n} \\ a_{13} & a_{23} & 0 & \cdots & -a_{3n} \\ \vdots & \vdots & \vdots & & \vdots \\ a_{1n} & a_{2n} & a_{3n} & \cdots & 0 \end{vmatrix},$$

每行提出公因子(−1)，则

$$D=D^{\mathrm{T}}=(-1)^n\begin{vmatrix}0 & a_{12} & a_{13} & \cdots & a_{1n}\\ -a_{12} & 0 & a_{23} & \cdots & a_{2n}\\ -a_{13} & -a_{23} & 0 & \cdots & a_{3n}\\ \vdots & \vdots & \vdots & & \vdots\\ -a_{1n} & -a_{2n} & -a_{3n} & \cdots & 0\end{vmatrix}=(-1)^nD,$$

当 n 为奇数时，$D=-D$，故 $D=0$.

【例 1.3.4】 计算行列式

$$D_n=\begin{vmatrix}a_1+b_1 & a_1+b_2 & \cdots & a_1+b_n\\ a_2+b_1 & a_2+b_2 & \cdots & a_2+b_n\\ \vdots & \vdots & & \vdots\\ a_n+b_1 & a_n+b_2 & \cdots & a_n+b_n\end{vmatrix}\ (n\geqslant 3).$$

解 将行列式的第一行乘以(−1)加到下面所有的行上去，得

$$D_n=\begin{vmatrix}a_1+b_1 & a_1+b_2 & \cdots & a_1+b_n\\ a_2-a_1 & a_2-a_1 & \cdots & a_2-a_1\\ \vdots & \vdots & & \vdots\\ a_n-a_1 & a_n-a_1 & \cdots & a_n-a_1\end{vmatrix}=0.$$

【*例 1.3.5】 计算行列式

$$D=\begin{vmatrix}0 & x & y & z\\ x & 0 & z & y\\ y & z & 0 & x\\ z & y & x & 0\end{vmatrix}.$$

解 将第二、三、四列全加到第一列，则第一列有公因子 $(x+y+z)$，提出公因子，则 D 必有公因子 $(x+y+z)$. 同理，将第二列加到第一列，第三、四列乘以(−1)加到第一列，则 D 有公因子 $(x-y-z)$，将第三列加到第一列，第二、四列乘以(−1)加到第一列，则 D 有公因子 $(y-x-z)$，将第四列加到第一列，第二、三列乘以(−1)加到第一列，则 D 有公因子 $(z-x-y)$，从而

$$D=(x+y+z)(x-y-z)(y-x-z)(z-x-y)\cdot C.$$

原行列式中 x 的最高次项为 $a_{12}a_{21}a_{34}a_{43}$ 即 x^4，前面的系数为 1，因此 $C=1$.

注 例 1.3.5 中计算行列式的方法称为因子法.

习题 1.3

A 组

1. 已知 $\begin{vmatrix} a_1 & b_1 & c_1 \\ a_2 & b_2 & c_2 \\ a_3 & b_3 & c_3 \end{vmatrix}=m$，求 $\begin{vmatrix} 2a_1 & 3c_1 & b_1+c_1 \\ 2a_2 & 3c_2 & b_2+c_2 \\ 2a_3 & 3c_3 & b_3+c_3 \end{vmatrix}$ 的值.

2. 计算下列行列式：

(1) $\begin{vmatrix} 103 & 100 & 204 \\ 199 & 200 & 395 \\ 301 & 300 & 600 \end{vmatrix}$； (2) $\begin{vmatrix} 2 & 1 & -30 & 5 \\ 1 & 0 & 4 & -1 \\ -3 & -2 & 10 & -11 \\ -1 & 1 & -15 & 8 \end{vmatrix}$；

(3) $\begin{vmatrix} 2 & 1 & 1 & 1 \\ 4 & 2 & 1 & -1 \\ 201 & 102 & -99 & 98 \\ 1 & 2 & 1 & -2 \end{vmatrix}$； (4) $\begin{vmatrix} 2 & -5 & 1 & 2 \\ -3 & 7 & -1 & 4 \\ 5 & -9 & 2 & 7 \\ 4 & -6 & 1 & 2 \end{vmatrix}$；

(5) $\begin{vmatrix} a^2 & (a+1)^2 & (a+2)^2 & (a+3)^2 \\ b^2 & (b+1)^2 & (b+2)^2 & (b+3)^2 \\ c^2 & (c+1)^2 & (c+2)^2 & (c+3)^2 \\ d^2 & (d+1)^2 & (d+2)^2 & (d+3)^2 \end{vmatrix}$；

(6) $\begin{vmatrix} 2+x & 2 & 2 & 2 \\ 2 & 2-x & 2 & 2 \\ 2 & 2 & 2+y & 2 \\ 2 & 2 & 2 & 2-y \end{vmatrix}$.

3. 已知1984,2016,3168,3456都能被16整除,不计算行列式的值,证明行列式

$$\begin{vmatrix} 1 & 9 & 8 & 4 \\ 2 & 0 & 1 & 6 \\ 3 & 1 & 6 & 8 \\ 3 & 4 & 5 & 6 \end{vmatrix}$$

也能被16整除.

4. 证明:

$$\begin{vmatrix} a_1+b_1 & b_1+c_1 & c_1+a_1 \\ a_2+b_2 & b_2+c_2 & c_2+a_2 \\ a_3+b_3 & b_3+c_3 & c_3+a_3 \end{vmatrix}=2\begin{vmatrix} a_1 & b_1 & c_1 \\ a_2 & b_2 & c_2 \\ a_3 & b_3 & c_3 \end{vmatrix}.$$

5. 计算行列式 $\begin{vmatrix} 1 & 1 & 2 & 3 \\ 1 & 2-x^2 & 2 & 3 \\ 2 & 3 & 1 & 5 \\ 2 & 3 & 1 & 9-x^2 \end{vmatrix}$.

B组

1. 已知 $D=\begin{vmatrix} a_{12} & -a_{13}-a_{11} & 2a_{11} \\ a_{22} & -a_{23}-a_{21} & 2a_{21} \\ a_{32} & -a_{33}-a_{31} & 2a_{31} \end{vmatrix}=4$,求 $D_1=\begin{vmatrix} a_{11} & a_{12} & a_{13} \\ a_{21} & a_{22} & a_{23} \\ a_{31} & a_{32} & a_{33} \end{vmatrix}$ 的值.

2. 如果 n 阶行列式中等于零的元素的个数大于 n^2-n,求此行列式的值.

3. 设 α,β,γ 是方程 $x^3+px+q=0$ 的三个根,求行列式 $\begin{vmatrix} \alpha & \beta & \gamma \\ \gamma & \alpha & \beta \\ \beta & \gamma & \alpha \end{vmatrix}$ 的值.

4. 设

$$f(x)=\begin{vmatrix} x-2 & x-1 & x-2 & x-3 \\ 2x-2 & 2x-1 & 2x-2 & 2x-3 \\ 3x-3 & 3x-2 & 4x-5 & 3x-5 \\ 4x & 4x-3 & 5x-7 & 4x-3 \end{vmatrix},$$

求方程 $f(x)=0$ 的根.

5. 解下列方程,求 λ 的值:

(1) $\begin{vmatrix} \lambda-3 & -2 & 2 \\ k & \lambda+1 & -k \\ -4 & -2 & \lambda+3 \end{vmatrix}=0$;　　(2) $\begin{vmatrix} \lambda-17 & 2 & -7 \\ 2 & \lambda-14 & 4 \\ 2 & 4 & \lambda-14 \end{vmatrix}=0$.

6. 解方程:

$$D_n=\begin{vmatrix} 1 & 1 & 1 & \cdots & 1 \\ 1 & 1-x & 1 & \cdots & 1 \\ 1 & 1 & 2-x & \cdots & 1 \\ \vdots & \vdots & \vdots & & \vdots \\ 1 & 1 & 1 & \cdots & (n-1)-x \end{vmatrix}=0.$$

7. 计算下列行列式:

(1) $\begin{vmatrix} 1 & 1 & 2 & 3 & 1 \\ 3 & -1 & -1 & 2 & 2 \\ 2 & 3 & -1 & -1 & 0 \\ 1 & 2 & 3 & 0 & 1 \\ -2 & 2 & 1 & 1 & 0 \end{vmatrix}$;　　(2) $\begin{vmatrix} a_1b_1 & a_1b_2 & a_1b_3 & a_1b_4 \\ a_1b_2 & a_2b_2 & a_2b_3 & a_2b_4 \\ a_1b_3 & a_2b_3 & a_3b_3 & a_3b_4 \\ a_1b_4 & a_2b_4 & a_3b_4 & a_4b_4 \end{vmatrix}$;

(3) $\begin{vmatrix} x_1+1 & x_1+2 & \cdots & x_1+n \\ x_2+1 & x_2+2 & \cdots & x_2+n \\ \vdots & \vdots & & \vdots \\ x_n+1 & x_n+2 & \cdots & x_n+n \end{vmatrix}$ $(n\geqslant 3)$;(4) $\begin{vmatrix} 0 & x & x & \cdots & x \\ x & 0 & x & \cdots & x \\ x & x & 0 & \cdots & x \\ \vdots & \vdots & \vdots & & \vdots \\ x & x & x & \cdots & 0 \end{vmatrix}$.

8. 设 $f(x)=\begin{vmatrix} 1 & x-1 & 2x-1 \\ 1 & x-2 & 3x-2 \\ 1 & x-3 & 4x-3 \end{vmatrix}$,证明:存在 $\xi\in(0,1)$,使得 $f'(\xi)=0$.

1.4 行列式按行(列)展开

能够运用三角化方法进行计算的行列式非常有限,有没有一个可以适用于所有行列式的方法呢?

定义 1.4.1 在 n 阶行列式 $D=|a_{ij}|$ 中去掉 a_{ij} 所在的行和列之后,余下的 $n-1$ 阶行列式,称为 D 中元素 a_{ij} 的**余子式**(cofactor),记为 M_{ij},即

$$M_{ij}=\begin{vmatrix} a_{11} & \cdots & a_{1,j-1} & a_{1,j+1} & \cdots & a_{1n} \\ \vdots & & \vdots & \vdots & & \vdots \\ a_{i-1,1} & \cdots & a_{i-1,j-1} & a_{i-1,j+1} & \cdots & a_{i-1,n} \\ a_{i+1,1} & \cdots & a_{i+1,j-1} & a_{i+1,j+1} & \cdots & a_{i+1,n} \\ \vdots & & \vdots & \vdots & & \vdots \\ a_{n1} & \cdots & a_{n,j-1} & a_{n,j+1} & \cdots & a_{nn} \end{vmatrix}.$$

例如,行列式 $\begin{vmatrix} 5 & 1 & 3 \\ 2 & -1 & 0 \\ -6 & 2 & 4 \end{vmatrix}$ 中元素 5 和 1 的余子式分别为 $M_{11}=\begin{vmatrix} -1 & 0 \\ 2 & 4 \end{vmatrix}=-4$,$M_{12}=\begin{vmatrix} 2 & 0 \\ -6 & 4 \end{vmatrix}=8$.

由引理 1.3.1 知,$|a_{ij}|=a_{i1}A_{i1}+a_{i2}A_{i2}+\cdots+a_{in}A_{in}$,其中 A_{ij} 与第 i 行元素无关,那么 A_{ij} 具体是什么呢?

引理 1.4.1 $\begin{vmatrix} a_{11} & a_{12} & \cdots & a_{1,n-1} & a_{1n} \\ a_{21} & a_{22} & \cdots & a_{2,n-1} & a_{2n} \\ \vdots & \vdots & & \vdots & \vdots \\ a_{n-1,1} & a_{n-1,2} & \cdots & a_{n-1,n-1} & a_{n-1,n} \\ 0 & 0 & \cdots & 0 & 1 \end{vmatrix}$

$$=\begin{vmatrix} a_{11} & a_{12} & \cdots & a_{1,n-1} \\ a_{21} & a_{22} & \cdots & a_{2,n-1} \\ \vdots & \vdots & & \vdots \\ a_{n-1,1} & a_{n-1,2} & \cdots & a_{n-1,n-1} \end{vmatrix}.$$

证 左$=\sum\limits_{j_1j_2\cdots j_n}(-1)^{N(j_1j_2\cdots j_n)}a_{1j_1}a_{2j_2}\cdots a_{nj_n}$

$$=\sum_{j_1j_2\cdots j_{n-1}n}(-1)^{N(j_1j_2\cdots j_{n-1}n)}a_{1j_1}a_{2j_2}\cdots a_{n-1,j_{n-1}}a_{nn}$$

$$=\sum_{j_1j_2\cdots j_{n-1}}(-1)^{N(j_1j_2\cdots j_{n-1})}a_{1j_1}a_{2j_2}\cdots a_{n-1,j_{n-1}}=\text{右}.$$

引理 1.4.2 引理 1.3.1 中的 A_{ij} 是 $|a_{ij}|$ 中元素 a_{ij} 的余子式 M_{ij} 附加符号 $(-1)^{i+j}$，即

$$A_{ij}=(-1)^{i+j}M_{ij}.$$

证 因 $$|a_{ij}|=a_{i1}A_{i1}+a_{i2}A_{i2}+\cdots+a_{in}A_{in},$$
令 $a_{i1}=\cdots=a_{i,j-1}=a_{i,j+1}=\cdots=a_{in}=0,a_{ij}=1$，代入，得

$$|a_{ij}|=a_{ij}A_{ij}=A_{ij},$$

即

$$A_{ij}=\begin{vmatrix} a_{11} & \cdots & a_{1,j-1} & a_{1j} & a_{1,j+1} & \cdots & a_{1n} \\ \vdots & & \vdots & \vdots & \vdots & & \vdots \\ a_{i-1,1} & \cdots & a_{i-1,j-1} & a_{i-1,j} & a_{i-1,j+1} & \cdots & a_{i-1,n} \\ 0 & \cdots & 0 & 1 & 0 & \cdots & 0 \\ a_{i+1,1} & \cdots & a_{i+1,j-1} & a_{i+1,j} & a_{i+1,j+1} & \cdots & a_{i+1,n} \\ \vdots & & \vdots & \vdots & \vdots & & \vdots \\ a_{n1} & \cdots & a_{n,j-1} & a_{nj} & a_{n,j+1} & \cdots & a_{nn} \end{vmatrix}.$$

将行列式的第 i 行与第 $i+1$ 行交换，再将新的第 $i+1$ 行与第 $i+2$ 行交换……直到将原来的第 i 行下移至最后一行，得

$$A_{ij}=(-1)^{n-i}\begin{vmatrix} a_{11} & \cdots & a_{1,j-1} & a_{1j} & a_{1,j+1} & \cdots & a_{1n} \\ \vdots & & \vdots & \vdots & \vdots & & \vdots \\ a_{i-1,1} & \cdots & a_{i-1,j-1} & a_{i-1,j} & a_{i-1,j+1} & \cdots & a_{i-1,n} \\ a_{i+1,1} & \cdots & a_{i+1,j-1} & a_{i+1,j} & a_{i+1,j+1} & \cdots & a_{i+1,n} \\ \vdots & & \vdots & \vdots & \vdots & & \vdots \\ a_{n1} & \cdots & a_{n,j-1} & a_{nj} & a_{n,j+1} & \cdots & a_{nn} \\ 0 & \cdots & 0 & 1 & 0 & \cdots & 0 \end{vmatrix},$$

类似地，再将第 j 列逐列后移至最后一列，得

$$A_{ij}=(-1)^{n-i}(-1)^{n-j}\begin{vmatrix} a_{11} & \cdots & a_{1,j-1} & a_{1,j+1} & \cdots & a_{1n} & a_{1j} \\ \vdots & & \vdots & \vdots & & \vdots & \vdots \\ a_{i-1,1} & \cdots & a_{i-1,j-1} & a_{i-1,j+1} & \cdots & a_{i-1,n} & a_{i-1,j} \\ a_{i+1,1} & \cdots & a_{i+1,j-1} & a_{i+1,j+1} & \cdots & a_{i+1,n} & a_{i+1,j} \\ \vdots & & \vdots & \vdots & & \vdots & \vdots \\ a_{n1} & \cdots & a_{n,j-1} & a_{n,j+1} & \cdots & a_{nn} & a_{nj} \\ 0 & \cdots & 0 & 0 & \cdots & 0 & 1 \end{vmatrix},$$

于是由引理 1.4.1，得

$$A_{ij}=(-1)^{i+j}\begin{vmatrix} a_{11} & \cdots & a_{1,j-1} & a_{1,j+1} & \cdots & a_{1n} \\ \vdots & & \vdots & \vdots & & \vdots \\ a_{i-1,1} & \cdots & a_{i-1,j-1} & a_{i-1,j+1} & \cdots & a_{i-1,n} \\ a_{i+1,1} & \cdots & a_{i+1,j-1} & a_{i+1,j+1} & \cdots & a_{i+1,n} \\ \vdots & & \vdots & \vdots & & \vdots \\ a_{n1} & \cdots & a_{n,j-1} & a_{n,j+1} & \cdots & a_{nn} \end{vmatrix}=(-1)^{i+j}M_{ij}.$$

定义 1.4.2　引理 1.4.2 中的 A_{ij} 称为元素 a_{ij} 的**代数余子式**(algebraic cofactor).

n 阶行列式 $|a_{ij}|$ 的各元素 a_{ij} 的代数余子式 A_{ij} 的符号如下：

$$\begin{vmatrix} + & - & + & - & \cdots & \\ - & + & - & + & \cdots & \\ + & - & + & - & \cdots & \\ \cdots & & & & & \\ & & & & & + \end{vmatrix}.$$

引理 1.3.1 可重新叙述为：

一个 n 阶行列式等于某一行(列)元素与它们的代数余子式的乘积之和，称为**按某一行(列)展开**，即

$$|a_{ij}|=a_{i1}A_{i1}+a_{i2}A_{i2}+\cdots+a_{in}A_{in},$$

或

$$|a_{ij}|=a_{1j}A_{1j}+a_{2j}A_{2j}+\cdots+a_{nj}A_{nj}.$$

【例 1.4.1】 计算行列式

$$D=\begin{vmatrix}3 & 7 & -1 & 2\\0 & 3 & 0 & 0\\4 & 8 & 5 & -4\\6 & -6 & 4 & 0\end{vmatrix}.$$

解 由于第二行只有一个非零元素 3,故原行列式可按第二行展开,

$$D=3\cdot(-1)^{2+2}\begin{vmatrix}3 & -1 & 2\\4 & 5 & -4\\6 & 4 & 0\end{vmatrix}\ (\text{第1行}\times 2\text{加到第2行})$$

$$=3\begin{vmatrix}3 & -1 & 2\\10 & 3 & 0\\6 & 4 & 0\end{vmatrix}=3\cdot 2\cdot(-1)^{1+3}\begin{vmatrix}10 & 3\\6 & 4\end{vmatrix}$$

$$=6\times 22=132.$$

如果把 $D=|a_{ij}|$ 的第 i 行元素换成第 k 行($k\neq i$)的元素,则

$$\begin{matrix}\\\\(i)\\\\(k)\\\\\\\end{matrix}\begin{vmatrix}a_{11} & a_{12} & \cdots & a_{1n}\\\vdots & \vdots & & \vdots\\a_{k1} & a_{k2} & \cdots & a_{kn}\\\vdots & \vdots & & \vdots\\a_{k1} & a_{k2} & \cdots & a_{kn}\\\vdots & \vdots & & \vdots\\a_{n1} & a_{n2} & \cdots & a_{nn}\end{vmatrix}=a_{k1}A_{i1}+a_{k2}A_{i2}+\cdots+a_{kn}A_{in}=0,$$

于是就有如下的定理:

定理 1.4.1 设 n 阶行列式 $D=|a_{ij}|$,则

$$a_{k1}A_{i1}+a_{k2}A_{i2}+\cdots+a_{kn}A_{in}=\begin{cases}D, & k=i;\\0, & k\neq i,\end{cases}$$

或

$$a_{1l}A_{1j}+a_{2l}A_{2j}+\cdots+a_{nl}A_{nj}=\begin{cases}D, & l=j;\\ 0, & l\neq j.\end{cases}$$

【例 1.4.2】 已知行列式

$$D=\begin{vmatrix}3&2&1&0\\0&2&-1&-7\\4&2&1&0\\0&2&-1&0\end{vmatrix},$$

求 $M_{13}+M_{23}+M_{33}+M_{43}$ 及 $M_{11}+M_{21}+M_{31}+M_{41}$.

解　直接求各余子式比较麻烦，注意到所要求的前一个式子正好是第三列的各元素的余子式之和，同时第三列的各元素恰好为 $1,-1,1,-1$，于是将 D 按第三列展开，即

$$\begin{aligned}&M_{13}+M_{23}+M_{33}+M_{43}\\&=1\cdot M_{13}+(-1)(-M_{23})+1\cdot M_{33}+(-1)(-M_{43})\\&=D\\&=\begin{vmatrix}3&2&1&0\\0&2&-1&-7\\4&2&1&0\\0&2&-1&0\end{vmatrix}=-7\begin{vmatrix}3&2&1\\4&2&1\\0&2&-1\end{vmatrix}=-7\begin{vmatrix}3&2&1\\1&0&0\\0&2&-1\end{vmatrix}\\&=-7\times(-1)\begin{vmatrix}2&1\\2&-1\end{vmatrix}=-28.\end{aligned}$$

$$\begin{aligned}&M_{11}+M_{21}+M_{31}+M_{41}\\&=A_{11}-A_{21}+A_{31}-A_{41}\\&=1\cdot A_{11}+(-1)A_{21}+1\cdot A_{31}+(-1)A_{41},\end{aligned}$$

相当于将 D 的第一列元素换成 $1,-1,1,-1$ 之后的行列式按第一列展开，于是

$$M_{11}+M_{21}+M_{31}+M_{41}=\begin{vmatrix}1&2&1&0\\-1&2&-1&-7\\1&2&1&0\\-1&2&-1&0\end{vmatrix}=0.$$

【例 1.4.3】 计算行列式

$$D_n=\begin{vmatrix}1&2&2&\cdots&2\\2&2&2&\cdots&2\\2&2&3&\cdots&2\\\vdots&\vdots&\vdots&&\vdots\\2&2&2&\cdots&n\end{vmatrix}.$$

解 用第二行的(−1)倍加到其他所有的行上去,再按第一行展开,得

$$D_n=\begin{vmatrix}-1&0&0&\cdots&0\\2&2&2&\cdots&2\\0&0&1&\cdots&0\\\vdots&\vdots&\vdots&&\vdots\\0&0&0&\cdots&n-2\end{vmatrix}=-\begin{vmatrix}2&2&\cdots&2\\0&1&\cdots&0\\\vdots&\vdots&&\vdots\\0&0&\cdots&n-2\end{vmatrix}=-2(n-2)!.$$

【例 1.4.4】 计算 n 阶范德蒙德[①]行列式

$$D_n=\begin{vmatrix}1&1&1&\cdots&1\\a_1&a_2&a_3&\cdots&a_n\\a_1^2&a_2^2&a_3^2&\cdots&a_n^2\\\vdots&\vdots&\vdots&&\vdots\\a_1^{n-1}&a_2^{n-1}&a_3^{n-1}&\cdots&a_n^{n-1}\end{vmatrix}.$$

解 从第 $n-1$ 行开始,每行依次乘以$(-a_1)$加到下一行上去,得

---

① 范德蒙德(Vandermonde),1735—1796,法国数学家.

$$D_n=\begin{vmatrix} 1 & 1 & 1 & \cdots & 1 \\ 0 & a_2-a_1 & a_3-a_1 & \cdots & a_n-a_1 \\ 0 & a_2(a_2-a_1) & a_3(a_3-a_1) & \cdots & a_n(a_n-a_1) \\ \vdots & \vdots & \vdots & & \vdots \\ 0 & a_2^{n-2}(a_2-a_1) & a_3^{n-2}(a_3-a_1) & \cdots & a_n^{n-2}(a_n-a_1) \end{vmatrix}$$

$$=1\cdot M_{11}=(a_2-a_1)(a_3-a_1)\cdots(a_n-a_1)\begin{vmatrix} 1 & 1 & \cdots & 1 \\ a_2 & a_3 & \cdots & a_n \\ a_2^2 & a_3^2 & \cdots & a_n^2 \\ \vdots & \vdots & & \vdots \\ a_2^{n-2} & a_3^{n-2} & \cdots & a_n^{n-2} \end{vmatrix},$$

于是可以得到递推公式

$$D_n=(a_2-a_1)(a_3-a_1)\cdots(a_n-a_1)D_{n-1},$$

故

$$D_{n-1}=(a_3-a_2)(a_4-a_2)\cdots(a_n-a_2)D_{n-2},$$

$$\cdots$$

$$D_2=a_n-a_{n-1},$$

于是

$$\begin{aligned} D_n=&(a_2-a_1)(a_3-a_1)(a_4-a_1)\cdots(a_{n-1}-a_1)(a_n-a_1) \\ &(a_3-a_2)(a_4-a_2)\cdots(a_{n-1}-a_2)(a_n-a_2) \\ &\cdots \\ &(a_{n-1}-a_{n-2})(a_n-a_{n-2}) \\ &(a_n-a_{n-1}) \\ =&\prod_{1\leqslant i<j\leqslant n}(a_j-a_i). \end{aligned}$$

注　n 阶范德蒙德行列式可以简记为 $V(a_1a_2\cdots a_n)$，其结果是 $1+2+\cdots+(n-1)=\frac{n(n-1)}{2}$ 项的连乘，这一结果可以直接作为“公式”来用，例如，

$$\begin{vmatrix} 1 & 1 & 1 & 1 \\ 3 & 4 & 5 & 6 \\ 9 & 16 & 25 & 36 \\ 27 & 64 & 125 & 216 \end{vmatrix}=(4-3)(5-3)(6-3)(5-4)(6-4)(6-5)=12.$$

$V(a_1a_2\cdots a_n)\neq 0$ 当且仅当 $a_1,a_2,\cdots,a_n$ 互不相等.

例 1.4.4 中计算范德蒙德行列式的过程采用的是递推方法,这是计算一般行列式常用的方法之一.

习题 1.4

A 组

1. 已知四阶行列式 D 的第 3 行元素依次为 1,3,−3,2,它们对应的余子式为 3,−2,1,5,求 D 的值.

2. 已知 $D_4=\begin{vmatrix} 2 & 1 & 3 & 4 \\ 1 & 0 & 2 & 3 \\ 1 & 5 & 2 & 1 \\ -1 & 1 & 5 & 2 \end{vmatrix}$,求 $A_{13}+A_{23}+2A_{43}$.

3. 设 $D=\begin{vmatrix} 1 & 5 & 7 & 8 \\ 1 & 1 & 1 & 1 \\ 2 & 0 & 3 & 6 \\ 1 & 2 & 3 & 4 \end{vmatrix}$,求 $M_{41}-2M_{42}+3M_{43}-4M_{44}$ 和 $A_{41}+A_{42}+A_{43}+A_{44}$ 的值.

4. 求行列式 $D=\begin{vmatrix} -3 & 1 & 0 \\ 2 & 1 & -1 \\ 1 & 0 & 1 \end{vmatrix}$ 的每个元素的代数余子式,并写出 D 对第二行和第三列的展开式.

5. 计算下列行列式:

(1) $\begin{vmatrix} 2 & 0 & 0 & 0 \\ 3 & 1 & 1 & 1 \\ 4 & x & y & z \\ 5 & x^2 & y^2 & z^2 \end{vmatrix}$；　(2) $\begin{vmatrix} a_1 & 1 & 1 & 1 \\ 1 & a_2 & 0 & 0 \\ 1 & 0 & a_3 & 0 \\ 1 & 0 & 0 & a_4 \end{vmatrix}$ $\begin{pmatrix} a_i \neq 0, \\ i=2,3,4 \end{pmatrix}$；

(3) $\begin{vmatrix} 1 & b_1 & 0 & 0 \\ -1 & 1-b_1 & b_2 & 0 \\ 0 & -1 & 1-b_2 & b_3 \\ 0 & 0 & -1 & 1-b_3 \end{vmatrix}$；(4) $\begin{vmatrix} a_1 & 0 & 0 & b_1 \\ 0 & a_2 & b_2 & 0 \\ 0 & b_3 & a_3 & 0 \\ b_4 & 0 & 0 & a_4 \end{vmatrix}$；

(5) $\begin{vmatrix} a_1 & a_2 & a_3 & a_4 & a_5 \\ b_1 & b_2 & b_3 & b_4 & b_5 \\ c_1 & c_2 & 0 & 0 & 0 \\ d_1 & d_2 & 0 & 0 & 0 \\ e_1 & e_2 & 0 & 0 & 0 \end{vmatrix}$；　(6) $\begin{vmatrix} 2 & 3 & 0 & 0 & 0 \\ 1 & 2 & 3 & 0 & 0 \\ 0 & 1 & 2 & 3 & 0 \\ 0 & 0 & 1 & 2 & 3 \\ 0 & 0 & 0 & 1 & 2 \end{vmatrix}$；

(7) $\begin{vmatrix} x & a & b & 0 & c \\ 0 & y & 0 & 0 & d \\ 0 & c & z & 0 & f \\ g & h & k & u & l \\ 0 & 0 & 0 & 0 & v \end{vmatrix}$；　(8) $\begin{vmatrix} a_1 & b_1 & 0 & \cdots & 0 & 0 \\ 0 & a_2 & b_2 & \cdots & 0 & 0 \\ \vdots & \vdots & \vdots & & \vdots & \vdots \\ 0 & 0 & 0 & \cdots & a_{n-1} & b_{n-1} \\ b_n & 0 & 0 & \cdots & 0 & a_n \end{vmatrix}$.

6. 证明：

$$\begin{vmatrix} a_{11} & a_{12} & 0 & 0 \\ a_{21} & a_{22} & 0 & 0 \\ * & * & b_{11} & b_{12} \\ * & * & b_{21} & b_{22} \end{vmatrix} = \begin{vmatrix} a_{11} & a_{12} \\ a_{21} & a_{22} \end{vmatrix} \cdot \begin{vmatrix} b_{11} & b_{12} \\ b_{21} & b_{22} \end{vmatrix}$$，其中 $*$ 为任意数.

B 组

1. 已知 $\begin{vmatrix} 1 & x & y & z \\ x & 1 & 0 & 0 \\ y & 0 & 1 & 0 \\ z & 0 & 0 & 1 \end{vmatrix} = 1$，求 x,y,z 的值.

2. 利用范德蒙德行列式的结果计算下列行列式：

(1) $\begin{vmatrix} 1 & 1 & 1 & 1 \\ 1 & 2 & 4 & 8 \\ 1 & 3 & 9 & 27 \\ 1 & 4 & 16 & 64 \end{vmatrix}$；　(2) $\begin{vmatrix} -1 & 8 & -27 & 1 \\ 1 & 4 & 9 & 1 \\ -1 & 2 & -3 & 1 \\ 1 & 1 & 1 & 1 \end{vmatrix}$；

(3) $\begin{vmatrix} 1 & 1 & 1 & 1 \\ a & a-1 & a-2 & a-3 \\ a^2 & (a-1)^2 & (a-2)^2 & (a-3)^2 \\ a^3 & (a-1)^3 & (a-2)^3 & (a-3)^3 \end{vmatrix}$；　(4) $\begin{vmatrix} 1 & 1 & \cdots & 1 \\ 2 & 2^2 & \cdots & 2^n \\ 3 & 3^2 & \cdots & 3^n \\ \vdots & \vdots & & \vdots \\ n & n^2 & \cdots & n^n \end{vmatrix}$.

1.5 行列式的计算

行列式的主要问题是计算，尽管按某一行(列)展开是在理论上总可以应用的方法，但实际对一般的 n 阶行列式实用性不高，而一般的 n 阶行列式又没有一个万能的有效的方法，因此我们只能综合利用行列式的定义或性质，尽可能地计算出更多类型的行列式. 本节我们将一些常用的方法进行总结并举例. 为叙述方便，采用一些简单的记号如下：

r_i 表示第 i 行，c_j 表示第 j 列；$r_i \leftrightarrow r_j$ 表示将第 i 行与第 j 行交换；$r_i + kr_j$ 表示将第 j 行的 k 倍加到第 i 行上去，这里的“+”不满足交换律.

1.5.1 三角化

【例 1.5.1】 计算行列式

$$D_n = \begin{vmatrix} a & b & b & \cdots & b \\ b & a & b & \cdots & b \\ b & b & a & \cdots & b \\ \vdots & \vdots & \vdots & & \vdots \\ b & b & b & \cdots & a \end{vmatrix} \quad (a \neq b).$$

解法一

$$D_n \xlongequal[i=2,3,\cdots,n]{r_i-r_1} \begin{vmatrix} a & b & b & \cdots & b \\ b-a & a-b & 0 & \cdots & 0 \\ b-a & 0 & a-b & \cdots & 0 \\ \vdots & \vdots & \vdots & & \vdots \\ b-a & 0 & 0 & \cdots & a-b \end{vmatrix}$$

$$\xlongequal[j=2,3,\cdots,n]{c_1+c_j} \begin{vmatrix} a+(n-1)b & b & b & \cdots & b \\ 0 & a-b & 0 & \cdots & 0 \\ 0 & 0 & a-b & \cdots & 0 \\ \vdots & \vdots & \vdots & & \vdots \\ 0 & 0 & 0 & \cdots & a-b \end{vmatrix}$$

$$=[a+(n-1)b](a-b)^{n-1}.$$

解法二

$$D_n \xlongequal[i=n,n-1,\cdots,2]{r_i-r_{i-1}} \begin{vmatrix} a & b & b & \cdots & b & b \\ b-a & a-b & 0 & \cdots & 0 & 0 \\ 0 & b-a & a-b & \cdots & 0 & 0 \\ \vdots & \vdots & \vdots & & \vdots & \vdots \\ 0 & 0 & 0 & \cdots & a-b & 0 \\ 0 & 0 & 0 & \cdots & b-a & a-b \end{vmatrix}$$

$$\xlongequal[j=n,n-1,\cdots,2]{c_{j-1}+c_j} \begin{vmatrix} a+(n-1)b & (n-1)b & (n-2)b & \cdots & 2b & b \\ 0 & a-b & 0 & \cdots & 0 & 0 \\ 0 & 0 & a-b & \cdots & 0 & 0 \\ \vdots & \vdots & \vdots & & \vdots & \vdots \\ 0 & 0 & 0 & \cdots & 0 & a-b \end{vmatrix}$$

$$=[a+(n-1)b](a-b)^{n-1}.$$

解法三

$$D_n \xlongequal[j=2,3,\cdots,n]{c_1+c_j} \begin{vmatrix} a+(n-1)b & b & b & \cdots & b \\ a+(n-1)b & a & b & \cdots & b \\ a+(n-1)b & b & a & \cdots & b \\ \vdots & \vdots & \vdots & & \vdots \\ a+(n-1)b & b & b & \cdots & a \end{vmatrix}$$

$$=[a+(n-1)b]\begin{vmatrix} 1 & b & b & \cdots & b \\ 1 & a & b & \cdots & b \\ 1 & b & a & \cdots & b \\ \vdots & \vdots & \vdots & & \vdots \\ 1 & b & b & \cdots & a \end{vmatrix}$$

$$\xlongequal[j=2,3,\cdots,n]{c_j-bc_1}[a+(n-1)b]\begin{vmatrix} 1 & 0 & 0 & \cdots & 0 \\ 1 & a-b & 0 & \cdots & 0 \\ 1 & 0 & a-b & \cdots & 0 \\ \vdots & \vdots & \vdots & & \vdots \\ 1 & 0 & 0 & \cdots & a-b \end{vmatrix}$$

$$=[a+(n-1)b](a-b)^{n-1}.$$

注 解法四和解法五见例 1.5.6 和例 1.5.8.

【例 1.5.2】 计算行列式

$$D_n=\begin{vmatrix} 1 & 1 & 1 & \cdots & 1 \\ -1 & 2 & 0 & \cdots & 0 \\ -1 & 0 & 3 & \cdots & 0 \\ \vdots & \vdots & \vdots & & \vdots \\ -1 & 0 & 0 & \cdots & n \end{vmatrix}.$$

解

$$D_n \xlongequal[j=2,3,\cdots,n]{c_1+\frac{1}{j}c_j} \begin{vmatrix} 1+\sum\limits_{j=2}^{n}\frac{1}{j} & 1 & 1 & \cdots & 1 \\ 0 & 2 & 0 & \cdots & 0 \\ 0 & 0 & 3 & \cdots & 0 \\ \vdots & \vdots & \vdots & & \vdots \\ 0 & 0 & 0 & \cdots & n \end{vmatrix} = \left(1+\sum_{j=2}^{n}\frac{1}{j}\right)\cdot n!.$$

注　形如

$$\begin{vmatrix} x_1 & a_2 & a_3 & \cdots & a_n \\ b_2 & x_2 & 0 & \cdots & 0 \\ b_3 & 0 & x_3 & \cdots & 0 \\ \vdots & \vdots & \vdots & & \vdots \\ b_n & 0 & 0 & \cdots & x_n \end{vmatrix} (x_i \neq 0)$$

的行列式称为爪形行列式，是常见的行列式的类型，一般的计算方法是 $c_1-\frac{b_j}{x_j}c_j, j=2,3,\cdots,n$，转化为三角行列式. 许多其他的行列式都可以转化为爪形行列式.

【例 1.5.3】　计算 n 阶行列式

$$D_n=\begin{vmatrix} 1+a_1 & 1 & 1 & \cdots & 1 \\ 1 & 1+a_2 & 1 & \cdots & 1 \\ 1 & 1 & 1+a_3 & \cdots & 1 \\ \vdots & \vdots & \vdots & & \vdots \\ 1 & 1 & 1 & \cdots & 1+a_n \end{vmatrix} (a_i \neq 0).$$

解法一

$$D_n \xlongequal[i=2,3,\cdots,n]{r_i - r_1} \begin{vmatrix} 1+a_1 & 1 & 1 & \cdots & 1 \\ -a_1 & a_2 & 0 & \cdots & 0 \\ -a_1 & 0 & a_3 & \cdots & 0 \\ \vdots & \vdots & \vdots & & \vdots \\ -a_1 & 0 & 0 & \cdots & a_n \end{vmatrix}$$

$$\xlongequal{\text{爪形}} \begin{vmatrix} 1+a_1+\sum\limits_{i=2}^{n}\dfrac{a_1}{a_i} & 1 & 1 & \cdots & 1 \\ 0 & a_2 & 0 & \cdots & 0 \\ 0 & 0 & a_3 & \cdots & 0 \\ \vdots & \vdots & \vdots & & \vdots \\ 0 & 0 & 0 & \cdots & a_n \end{vmatrix}$$

$$= \left(1+a_1+\sum_{i=2}^{n}\frac{a_1}{a_i}\right)a_2a_3\cdots a_n = \left(\frac{1}{a_1}+1+\sum_{i=2}^{n}\frac{1}{a_i}\right)a_1a_2a_3\cdots a_n$$

$$= \left(1+\sum_{i=1}^{n}\frac{1}{a_i}\right)a_1a_2a_3\cdots a_n.$$

注 解法二和解法三见例 1.5.7 和例 1.5.9.

1.5.2 降阶法

计算行列式没有一个万能的方法,但总的原则就是化零和降阶. 化零是指将尽可能多的元素化为零,从而达到简化计算的目的. 降阶是指将高阶的行列式化为较低阶的行列式进行计算,这也是常用的计算行列式的方法.

【例 1.5.4】 计算行列式

$$D = \begin{vmatrix} x & a & b & 0 & c \\ 0 & y & 0 & 0 & d \\ 0 & c & z & 0 & f \\ g & h & k & u & l \\ 0 & 0 & 0 & 0 & v \end{vmatrix}.$$

解

$$D=v\cdot(-1)^{5+5}\begin{vmatrix} x & a & b & 0 \\ 0 & y & 0 & 0 \\ 0 & c & z & 0 \\ g & h & k & u \end{vmatrix}=uv\cdot(-1)^{4+4}\begin{vmatrix} x & a & b \\ 0 & y & 0 \\ 0 & c & z \end{vmatrix}$$

$$=yuv\cdot(-1)^{2+2}\begin{vmatrix} x & b \\ 0 & z \end{vmatrix}=xyzuv.$$

【例 1.5.5】 计算行列式

$$D_n=\begin{vmatrix} 1 & 2 & 3 & \cdots & n-2 & n-1 & n \\ 1 & -1 & 0 & \cdots & 0 & 0 & 0 \\ 0 & 2 & -2 & \cdots & 0 & 0 & 0 \\ \vdots & \vdots & \vdots & & \vdots & \vdots & \vdots \\ 0 & 0 & 0 & \cdots & n-2 & -(n-2) & 0 \\ 0 & 0 & 0 & \cdots & 0 & n-1 & -(n-1) \end{vmatrix}.$$

解

$$D_n\xlongequal[j=2,3,\cdots,n]{c_1+c_j}\begin{vmatrix} \frac{n(n+1)}{2} & 2 & 3 & \cdots & n-2 & n-1 & n \\ 0 & -1 & 0 & \cdots & 0 & 0 & 0 \\ 0 & 2 & -2 & \cdots & 0 & 0 & 0 \\ \vdots & \vdots & \vdots & & \vdots & \vdots & \vdots \\ 0 & 0 & 0 & \cdots & n-2 & -(n-2) & 0 \\ 0 & 0 & 0 & \cdots & 0 & n-1 & -(n-1) \end{vmatrix}$$

$$=\frac{n(n+1)}{2}\begin{vmatrix} -1 & 0 & \cdots & 0 & 0 \\ 2 & -2 & \cdots & 0 & 0 \\ \vdots & \vdots & & \vdots & \vdots \\ 0 & 0 & \cdots & -(n-2) & 0 \\ 0 & 0 & \cdots & n-1 & -(n-1) \end{vmatrix}$$

$$=\frac{n(n+1)}{2}(-1)(-2)\cdots(-(n-1))=\frac{1}{2}(-1)^{n-1}(n+1)!.$$

在行列式的降阶过程中，如果能得到递推公式，那么利用递推法计算行列式也是常用的方法. 如例 1.4.4 范德蒙德行列式就是利用递推法进行的计算.

【例 1.5.6】 利用递推法计算例 1.5.1.

解法四

$$D_n=\begin{vmatrix} a & b & \cdots & b & b \\ b & a & \cdots & b & b \\ \vdots & \vdots & & \vdots & \vdots \\ b & b & \cdots & a & b \\ b & b & \cdots & b & a \end{vmatrix}=\begin{vmatrix} a & b & \cdots & b & 0+b \\ b & a & \cdots & b & 0+b \\ \vdots & \vdots & & \vdots & \vdots \\ b & b & \cdots & a & 0+b \\ b & b & \cdots & b & (a-b)+b \end{vmatrix}$$

$$=\begin{vmatrix} a & b & \cdots & b & 0 \\ b & a & \cdots & b & 0 \\ \vdots & \vdots & & \vdots & \vdots \\ b & b & \cdots & a & 0 \\ b & b & \cdots & b & a-b \end{vmatrix}+\begin{vmatrix} a & b & \cdots & b & b \\ b & a & \cdots & b & b \\ \vdots & \vdots & & \vdots & \vdots \\ b & b & \cdots & a & b \\ b & b & \cdots & b & b \end{vmatrix}$$

$$=D'+D'',$$

将 D' 按第 n 列展开得，$D'=(a-b)D_{n-1}$，

$$D''\xlongequal[j=1,2,\cdots,n-1]{c_j-c_n}\begin{vmatrix} a-b & 0 & \cdots & 0 & b \\ 0 & a-b & \cdots & 0 & b \\ \vdots & \vdots & & \vdots & \vdots \\ 0 & 0 & \cdots & a-b & b \\ 0 & 0 & \cdots & 0 & b \end{vmatrix}=b\,(a-b)^{n-1},$$

于是有递推公式 $D_n=(a-b)D_{n-1}+b\,(a-b)^{n-1}$，从而 $D_{n-1}=(a-b)D_{n-2}+b\,(a-b)^{n-2}$，故

$$\begin{aligned} D_n&=(a-b)\left[(a-b)D_{n-2}+b\,(a-b)^{n-2}\right]+b\,(a-b)^{n-1} \\ &=(a-b)^2D_{n-2}+2b\,(a-b)^{n-1} \\ &=\cdots \\ &=(a-b)^{n-2}D_2+(n-2)b\,(a-b)^{n-1}, \end{aligned}$$

将 $D_2=a^2-b^2=(a-b)(a+b)$代入，得

$$\begin{aligned}D_n&=(a-b)^{n-1}(a+b)+(n-2)b\,(a-b)^{n-1}\\&=[a+(n-1)b](a-b)^{n-1}.\end{aligned}$$

【例 1.5.7】 利用递推法计算例 1.5.3.

解法二

$$D_n=\begin{vmatrix}1+a_1 & 1 & \cdots & 1 & 1\\ 1 & 1+a_2 & \cdots & 1 & 1\\ \vdots & \vdots & & \vdots & \vdots\\ 1 & 1 & \cdots & 1+a_{n-1} & 1\\ 1 & 1 & \cdots & 1 & 1+a_n\end{vmatrix}$$

$$=\begin{vmatrix}1+a_1 & 1 & \cdots & 1 & 1+0\\ 1 & 1+a_2 & \cdots & 1 & 1+0\\ \vdots & \vdots & & \vdots & \vdots\\ 1 & 1 & \cdots & 1+a_{n-1} & 1+0\\ 1 & 1 & \cdots & 1 & 1+a_n\end{vmatrix}$$

$$=\begin{vmatrix}1+a_1 & 1 & \cdots & 1 & 1\\ 1 & 1+a_2 & \cdots & 1 & 1\\ \vdots & \vdots & & \vdots & \vdots\\ 1 & 1 & \cdots & 1+a_{n-1} & 1\\ 1 & 1 & \cdots & 1 & 1\end{vmatrix}+\begin{vmatrix}1+a_1 & 1 & \cdots & 1 & 0\\ 1 & 1+a_2 & \cdots & 1 & 0\\ \vdots & \vdots & & \vdots & \vdots\\ 1 & 1 & \cdots & 1+a_{n-1} & 0\\ 1 & 1 & \cdots & 1 & a_n\end{vmatrix}$$

$=D'+D''$,

$$D'\xlongequal[j=1,2,\cdots,n-1]{c_j-c_n}\begin{vmatrix}a_1 & 0 & \cdots & 0 & 1\\ 0 & a_2 & \cdots & 0 & 1\\ \vdots & \vdots & & \vdots & \vdots\\ 0 & 0 & \cdots & a_{n-1} & 1\\ 0 & 0 & \cdots & 0 & 1\end{vmatrix}=a_1a_2\cdots a_{n-1},$$

将 D'' 按第 n 列展开，则有 $D''=a_nD_{n-1}$，于是有递推公式

$$
\begin{aligned}
D_n&=a_1a_2\cdots a_{n-1}+a_nD_{n-1}\\
&=a_1a_2\cdots a_{n-1}+a_n(a_1a_2\cdots a_{n-2}+a_{n-1}D_{n-2})\\
&=a_1a_2\cdots a_{n-1}+a_1a_2\cdots a_{n-2}a_n+a_na_{n-1}D_{n-2}\\
&=\cdots\\
&=a_1a_2\cdots a_{n-1}+a_1a_2\cdots a_{n-2}a_n+\cdots+a_1a_3\cdots a_n+a_2a_3\cdots a_nD_1\\
&=a_1a_2\cdots a_{n-1}+a_1a_2\cdots a_{n-2}a_n+\cdots+a_1a_3\cdots a_n+a_2a_3\cdots a_n(1+a_1)\\
&=\left(\frac{1}{a_n}+\frac{1}{a_{n-1}}+\cdots+\frac{1}{a_1}+1\right)a_1a_2\cdots a_n\\
&=\left(1+\sum_{i=1}^{n}\frac{1}{a_i}\right)a_1a_2\cdots a_n.
\end{aligned}
$$

1.5.3 升阶法(加边法)

升阶法又叫加边法，是指将行列式加一行一列，阶数升一后进行计算的方法，一般的模式是

$$
\begin{vmatrix}
a_{11} & a_{12} & \cdots & a_{1n}\\
a_{21} & a_{22} & \cdots & a_{2n}\\
\vdots & \vdots & & \vdots\\
a_{n1} & a_{n2} & \cdots & a_{nn}
\end{vmatrix}
=\begin{vmatrix}
1 & b_1 & b_2 & \cdots & b_n\\
0 & a_{11} & a_{12} & \cdots & a_{1n}\\
0 & a_{21} & a_{22} & \cdots & a_{2n}\\
\vdots & \vdots & \vdots & & \vdots\\
0 & a_{n1} & a_{n2} & \cdots & a_{nn}
\end{vmatrix}_{n+1}
=\begin{vmatrix}
1 & 0 & 0 & \cdots & 0\\
b_1 & a_{11} & a_{12} & \cdots & a_{1n}\\
b_2 & a_{21} & a_{22} & \cdots & a_{2n}\\
\vdots & \vdots & \vdots & & \vdots\\
b_n & a_{n1} & a_{n2} & \cdots & a_{nn}
\end{vmatrix}_{n+1},
$$

这里的 $|\ast|_{n+1}$ 表示它是一个 $n+1$ 阶行列式. 这种方法的关键是适当选取 $b_1,b_2,\cdots,b_n$，使 a_{ij} 消掉.

【例 1.5.8】 利用升阶法计算例 1.5.1.

解法五

$$D_n=\begin{vmatrix} a & b & b & \cdots & b \\ b & a & b & \cdots & b \\ b & b & a & \cdots & b \\ \vdots & \vdots & \vdots & & \vdots \\ b & b & b & \cdots & a \end{vmatrix}=\begin{vmatrix} 1 & b & b & b & \cdots & b \\ 0 & a & b & b & \cdots & b \\ 0 & b & a & b & \cdots & b \\ \vdots & \vdots & \vdots & \vdots & & \vdots \\ 0 & b & b & b & \cdots & a \end{vmatrix}_{n+1}$$

$$\xlongequal[i=2,3,\cdots,n+1]{r_i-r_1}\begin{vmatrix} 1 & b & b & \cdots & b \\ -1 & a-b & 0 & \cdots & 0 \\ -1 & 0 & a-b & \cdots & 0 \\ \vdots & \vdots & \vdots & & \vdots \\ -1 & 0 & 0 & \cdots & a-b \end{vmatrix}$$

$$\xlongequal{\text{爪形}}(a-b)^n\begin{vmatrix} 1 & \frac{b}{a-b} & \frac{b}{a-b} & \cdots & \frac{b}{a-b} \\ -1 & 1 & 0 & \cdots & 0 \\ -1 & 0 & 1 & \cdots & 0 \\ \vdots & \vdots & \vdots & & \vdots \\ -1 & 0 & 0 & \cdots & 1 \end{vmatrix}$$

$$\xlongequal[j=2,3,\cdots,n+1]{c_1+c_j}(a-b)^n\begin{vmatrix} 1+\frac{nb}{a-b} & \frac{b}{a-b} & \frac{b}{a-b} & \cdots & \frac{b}{a-b} \\ 0 & 1 & 0 & \cdots & 0 \\ 0 & 0 & 1 & \cdots & 0 \\ \vdots & \vdots & \vdots & & \vdots \\ 0 & 0 & 0 & \cdots & 1 \end{vmatrix}$$

$$=(a-b)^n\left(1+\frac{nb}{a-b}\right)$$

$$=(a-b)^{n-1}[a+(n-1)b].$$

【例 1.5.9】 利用升阶法计算例 1.5.3.

解法三

$$D=\begin{vmatrix}1+a_1 & 1 & 1 & \cdots & 1\\ 1 & 1+a_2 & 1 & \cdots & 1\\ 1 & 1 & 1+a_3 & \cdots & 1\\ \vdots & \vdots & \vdots & & \vdots\\ 1 & 1 & 1 & \cdots & 1+a_n\end{vmatrix}$$

$$=\begin{vmatrix}1 & 1 & 1 & \cdots & 1\\ 0 & 1+a_1 & 1 & & 1\\ 0 & 1 & 1+a_2 & \cdots & 1\\ \vdots & \vdots & \vdots & & \vdots\\ 0 & 1 & 1 & \cdots & 1+a_n\end{vmatrix}_{n+1}$$

$$\xlongequal[i=2,3,\cdots,n+1]{r_i-r_1}\begin{vmatrix}1 & 1 & 1 & \cdots & 1\\ -1 & a_1 & 0 & \cdots & 0\\ -1 & 0 & a_2 & \cdots & 0\\ \vdots & \vdots & \vdots & & \vdots\\ -1 & 0 & 0 & \cdots & a_n\end{vmatrix}$$

$$\xlongequal[j=2,3,\cdots,n+1]{c_1+\frac{1}{a_{j-1}}c_j}\begin{vmatrix}1+\sum\limits_{i=1}^{n}\dfrac{1}{a_i} & 1 & 1 & \cdots & 1\\ 0 & a_1 & 0 & \cdots & 0\\ 0 & 0 & a_2 & \cdots & 0\\ \vdots & \vdots & \vdots & & \vdots\\ 0 & 0 & 0 & \cdots & a_n\end{vmatrix}$$

$$=\left(1+\sum_{i=1}^{n}\frac{1}{a_i}\right)a_1a_2\cdots a_n.$$

注 由例 1.5.8 和例 1.5.9 可以看出,升阶法常用于行(列)中含有较多相同元素的行列式的计算中.

1.5.4 数学归纳法

【例 1.5.10】 利用数学归纳法证明：范德蒙德行列式

$$V(a_1a_2\cdots a_n)=\prod_{1\leqslant i<j\leqslant n}(a_j-a_i).$$

证 当 $n=2$ 时，范德蒙德行列式

$$D_2=\begin{vmatrix}1 & 1\\ a_1 & a_2\end{vmatrix}=a_2-a_1=\prod_{1\leqslant i<j\leqslant 2}(a_j-a_i),$$

结论成立.

假设对于 $n-1$ 阶范德蒙德行列式结论成立，下证对 n 阶范德蒙德行列式结论也成立.

由例 1.4.4 知有递推公式

$$D_n=(a_2-a_1)(a_3-a_1)\cdots(a_n-a_1)\begin{vmatrix}1 & 1 & \cdots & 1\\ a_2 & a_3 & \cdots & a_n\\ a_2^2 & a_3^2 & \cdots & a_n^2\\ \vdots & \vdots & & \vdots\\ a_2^{n-2} & a_3^{n-2} & \cdots & a_n^{n-2}\end{vmatrix}_{n-1}$$

$$=(a_2-a_1)(a_3-a_1)\cdots(a_n-a_1)\prod_{2\leqslant i<j<n}(a_j-a_i)$$

$$=\prod_{1\leqslant i<j\leqslant n}(a_j-a_i),$$

从而由数学归纳法知，对任意的自然数 n 结论都成立.

【例 1.5.11】 利用数学归纳法证明例 1.5.3 的行列式

$$D_n=\left(1+\sum_{i=1}^{n}\frac{1}{a_i}\right)a_1a_2\cdots a_n.$$

证 当 $n=1$ 时，$D_1=|1+a_1|=\left(1+\dfrac{1}{a_1}\right)a_1$，结论成立.

假设 $D_{n-1}=\left(1+\sum\limits_{i=1}^{n-1}\dfrac{1}{a_i}\right)a_1a_2\cdots a_{n-1}$ 成立，下证对 n 结论也成立.

由例 1.5.7 知有递推公式

$$
\begin{aligned}
D_n &= a_1a_2\cdots a_{n-1} + a_nD_{n-1} \\
&= a_1a_2\cdots a_{n-1} + a_n\left(1+\sum_{i=1}^{n-1}\frac{1}{a_i}\right)a_1a_2\cdots a_{n-1} \\
&= \left(1+\sum_{i=1}^{n}\frac{1}{a_i}\right)a_1a_2\cdots a_n,
\end{aligned}
$$

从而对 n 结论也成立，于是由数学归纳法知，对任意的自然数 n，结论都成立.

习题 1.5

A 组

1. 计算下列行列式：

(1) $\begin{vmatrix} 0 & 0 & 0 & -1 & 1 \\ 0 & 0 & -1 & 1-a_1 & a_1 \\ 0 & -1 & 1-a_2 & a_2 & 0 \\ -1 & 1-a_3 & a_3 & 0 & 0 \\ 1-a_4 & a_4 & 0 & 0 & 0 \end{vmatrix}$；

(2) $D_n=\begin{vmatrix} a & & 1 \\ & \ddots & \\ 1 & & a \end{vmatrix}$（其中主对角线上的元都是 a，未写出的元都是 0）；

(3) $D_n=\begin{vmatrix} 1 & 1 & 1 & \cdots & 1 \\ 1 & -1 & 1 & \cdots & 1 \\ 1 & 1 & -1 & \cdots & 1 \\ \vdots & \vdots & \vdots & & \vdots \\ 1 & 1 & 1 & \cdots & -1 \end{vmatrix}$；

(4) $\begin{vmatrix} 1 & 2 & 3 & \cdots & n \\ -1 & 0 & 3 & \cdots & n \\ -1 & -2 & 0 & \cdots & n \\ \vdots & \vdots & \vdots & & \vdots \\ -1 & -2 & -3 & \cdots & 0 \end{vmatrix}$；

(5) $\begin{vmatrix} 1 & 3 & 3 & \cdots & 3 \\ 3 & 2 & 3 & \cdots & 3 \\ 3 & 3 & 3 & \cdots & 3 \\ \vdots & \vdots & \vdots & & \vdots \\ 3 & 3 & 3 & \cdots & n \end{vmatrix}$ $(n\geqslant 2)$；

(6) $\begin{vmatrix} 1+x_1y_1 & 1+x_1y_2 & \cdots & 1+x_1y_n \\ 1+x_2y_1 & 1+x_2y_2 & \cdots & 1+x_2y_n \\ \vdots & \vdots & & \vdots \\ 1+x_ny_1 & 1+x_ny_2 & \cdots & 1+x_ny_n \end{vmatrix}$ $(n\geqslant 2)$.

2. 计算下列行列式：

(1) $\begin{vmatrix} 1 & 2 & 3 & \cdots & n-1 & n \\ 1 & -1 & 0 & \cdots & 0 & 0 \\ 0 & 2 & -2 & \cdots & 0 & 0 \\ \vdots & \vdots & \vdots & & \vdots & \vdots \\ 0 & 0 & 0 & \cdots & n-1 & 1-n \end{vmatrix}$；

(2) $D_{n+1}=\begin{vmatrix} x_0 & 1 & 1 & \cdots & 1 \\ 1 & x_1 & 0 & \cdots & 0 \\ 1 & 0 & x_2 & \cdots & 0 \\ \vdots & \vdots & \vdots & & \vdots \\ 1 & 0 & 0 & \cdots & x_n \end{vmatrix}$ $(x_i\neq 0, i=1,2,\cdots,n)$；

(3) $\begin{vmatrix} a_1+b_1 & a_2 & \cdots & a_n \\ a_1 & a_2+b_2 & \cdots & a_n \\ \vdots & \vdots & & \vdots \\ a_1 & a_2 & \cdots & a_n+b_n \end{vmatrix}$；

(4) $\begin{vmatrix} x_1^2+1 & x_1x_2 & \cdots & x_1x_n \\ x_2x_1 & x_2^2+1 & \cdots & x_2x_n \\ \vdots & \vdots & & \vdots \\ x_nx_1 & x_nx_2 & \cdots & x_n^2+1 \end{vmatrix}$.

B 组

1. 计算下列行列式：

(1) $$D_{n+1}=\begin{vmatrix} x & a_1 & a_2 & \cdots & a_n \\ a_1 & x & a_2 & \cdots & a_n \\ a_1 & a_2 & x & \cdots & a_n \\ \vdots & \vdots & \vdots & & \vdots \\ a_1 & a_2 & a_3 & \cdots & x \end{vmatrix};$$

(2) $$\begin{vmatrix} 0 & 1 & 2 & \cdots & n-2 & n-1 \\ 1 & 0 & 1 & \cdots & n-3 & n-2 \\ 2 & 1 & 0 & \cdots & n-4 & n-3 \\ \vdots & \vdots & \vdots & & \vdots & \vdots \\ n-1 & n-2 & n-3 & \cdots & 1 & 0 \end{vmatrix};$$

(3) $$\begin{vmatrix} 1+a_1 & 1 & \cdots & 1 \\ 2 & 2+a_2 & \cdots & 2 \\ \vdots & \vdots & & \vdots \\ n & n & \cdots & n+a_n \end{vmatrix}(a_i\neq 0,i=1,2,\cdots,n).$$

2. 设 $abcd=1$，求行列式

$$\begin{vmatrix} a^2+\dfrac{1}{a^2} & a & \dfrac{1}{a} & 1 \\ b^2+\dfrac{1}{b^2} & b & \dfrac{1}{b} & 1 \\ c^2+\dfrac{1}{c^2} & c & \dfrac{1}{c} & 1 \\ d^2+\dfrac{1}{d^2} & d & \dfrac{1}{d} & 1 \end{vmatrix}.$$

3. 利用范德蒙德行列式的结果计算下列行列式：

(1) $D_{n+1}=\begin{vmatrix} a^n & (a-1)^n & \cdots & (a-n)^n \\ a^{n-1} & (a-1)^{n-1} & \cdots & (a-n)^{n-1} \\ \vdots & \vdots & & \vdots \\ a & a-1 & \cdots & a-n \\ 1 & 1 & \cdots & 1 \end{vmatrix}$;

(2) $D_4=\begin{vmatrix} a & b & c & d \\ a^2 & b^2 & c^2 & d^2 \\ a^3 & b^3 & c^3 & d^3 \\ b+c+d & a+c+d & a+b+d & a+b+c \end{vmatrix}$;

(3) $D_n=\begin{vmatrix} a_1^{n-1} & a_2^{n-1} & a_3^{n-1} & \cdots & a_n^{n-1} \\ a_1^{n-2}b_1 & a_2^{n-2}b_2 & a_3^{n-2}b_3 & \cdots & a_n^{n-2}b_n \\ \vdots & \vdots & \vdots & & \vdots \\ a_1b_1^{n-2} & a_2b_2^{n-2} & a_3b_3^{n-2} & \cdots & a_nb_n^{n-2} \\ b_1^{n-1} & b_2^{n-1} & b_3^{n-1} & \cdots & b_n^{n-1} \end{vmatrix}$ $(a_i\neq 0, i=1,2,\cdots,n)$.

4. 计算下列行列式：

(1) $\begin{vmatrix} x & -1 & 0 & \cdots & 0 & 0 \\ 0 & x & -1 & \cdots & 0 & 0 \\ \vdots & \vdots & \vdots & & \vdots & \vdots \\ 0 & 0 & 0 & \cdots & x & -1 \\ a_0 & a_1 & a_2 & \cdots & a_{n-2} & a_{n-1} \end{vmatrix}$;

(2) $D_{n+1}=\begin{vmatrix} a & -1 & 0 & \cdots & 0 \\ ax & a & -1 & \cdots & 0 \\ ax^2 & ax & a & \cdots & 0 \\ \vdots & \vdots & \vdots & & \vdots \\ ax^n & ax^{n-1} & ax^{n-2} & \cdots & a \end{vmatrix}$;

(3) $D_{2n}=\begin{vmatrix} a & & & & & & & b \\ & a & & & & & b & \\ & & \ddots & & & \iddots & & \\ & & & a & b & & & \\ & & & b & a & & & \\ & & \iddots & & & \ddots & & \\ & b & & & & & a & \\ b & & & & & & & a \end{vmatrix}$(未写出的元全为 0).

5. 证明:

$$\begin{vmatrix} a+b & ab & 0 & \cdots & 0 & 0 \\ 1 & a+b & ab & \cdots & 0 & 0 \\ 0 & 1 & a+b & \cdots & 0 & 0 \\ \vdots & \vdots & \vdots & & \vdots & \vdots \\ 0 & 0 & 0 & \cdots & 1 & a+b \end{vmatrix}=\frac{a^{n+1}-b^{n+1}}{a-b}\,(a\neq b).$$

1.6 克莱姆[①]法则

在 1.1 节中,式(1.1)和式(1.2)分别用二阶、三阶行列式给出了二元线性方程组和三元线性方程组的解. 现在我们将这一结果进行推广,求解一般的 n 元线性方程组.

定理 1.6.1 (克莱姆法则)

若 n 元线性方程组

$$\begin{cases} a_{11}x_1+a_{12}x_2+\cdots+a_{1n}x_n=b_1, \\ a_{21}x_1+a_{22}x_2+\cdots+a_{2n}x_n=b_2, \\ \qquad\qquad\vdots \\ a_{n1}x_1+a_{n2}x_2+\cdots+a_{nn}x_n=b_n \end{cases} \tag{1.4}$$

① 克莱姆(Cramer),1704—1752,瑞士数学家.

的系数 a_{ij} 构成的行列式

$$D=\begin{vmatrix} a_{11} & a_{12} & \cdots & a_{1n} \\ a_{21} & a_{22} & \cdots & a_{2n} \\ \vdots & \vdots & & \vdots \\ a_{n1} & a_{n2} & \cdots & a_{nn} \end{vmatrix} \neq 0,$$

则方程组(1.4)有唯一解，且解可以由方程组(1.4)的系数和常数项如下表示：

$$x_1=\frac{D_1}{D},\quad x_2=\frac{D_2}{D},\quad \cdots,\quad x_n=\frac{D_n}{D}, \tag{1.5}$$

其中 D_i 是系数行列式 D 的第 i 列用常数项代替后所得到的行列式，即

$$D_i=\begin{vmatrix} a_{11} & \cdots & a_{1,i-1} & b_1 & a_{1,i+1} & \cdots & a_{1n} \\ a_{21} & \cdots & a_{2,i-1} & b_2 & a_{2,i+1} & \cdots & a_{2n} \\ \vdots & & \vdots & \vdots & \vdots & & \vdots \\ a_{n1} & \cdots & a_{n,i-1} & b_n & a_{n,i+1} & \cdots & a_{nn} \end{vmatrix},\quad i=1,2,\cdots,n.$$

证　定理的结论有三个，① 解存在，② 解唯一，③ 解可以由式(1.5)给出，因此我们的证明分如下两步：

(1) 假定方程组(1.4)有解 $c_1,c_2,\cdots,c_n$，证明 $c_i=\dfrac{D_i}{D}$，$i=1,2,\cdots,n$.（即证明了②解唯一）.

(2) 验证 $\dfrac{D_1}{D},\dfrac{D_2}{D},\cdots,\dfrac{D_n}{D}$ 是方程组(1.4)的解（即证明了①解存在和③解可以由式(1.5)给出）.

方程组(1.4)可简记为 $\sum\limits_{j=1}^{n} a_{ij}x_j = b_i,i=1,2,\cdots,n$.

(1) 假定 $c_1,c_2,\cdots,c_n$ 是方程组(1.4)的解，则按解的定义，将其代入方程组，有

$$\sum_{j=1}^{n} a_{ij}c_j = b_i,\quad i=1,2,\cdots,n,$$

用 D 的第 k 列的代数余子式 $A_{1k}, A_{2k}, \cdots, A_{nk}$ 依次乘以上各等式,有

$$A_{ik}\sum_{j=1}^{n}a_{ij}c_j = b_iA_{ik},\quad i=1,2,\cdots,n,$$

再相加,得

$$\sum_{i=1}^{n}A_{ik}\sum_{j=1}^{n}a_{ij}c_j = \sum_{i=1}^{n}b_iA_{ik},$$

$$右边 = \sum_{i=1}^{n}b_iA_{ik} = D_k,$$

$$\begin{aligned}左边 &= \sum_{i=1}^{n}\sum_{j=1}^{n}a_{ij}A_{ik}c_j = \sum_{j=1}^{n}\sum_{i=1}^{n}a_{ij}A_{ik}c_j^{①}\\ &=(\sum_{i=1}^{n}a_{ik}A_{ik})c_k = Dc_k,\end{aligned}$$

于是

$$Dc_k = D_k,$$

又因 $D\neq 0$,故

$$c_k=\frac{D_k}{D},$$

唯一性得证.

(2) 将 $\frac{D_i}{D}, i=1,2,\cdots,n$ 代入方程组(1.4)中,

$$\begin{aligned}左\Big|_{x_j=\frac{D_j}{D}} &= \sum_{j=1}^{n}a_{ij}\frac{D_j}{D} = \frac{1}{D}\sum_{j=1}^{n}a_{ij}D_j = \frac{1}{D}\sum_{j=1}^{n}a_{ij}(\sum_{s=1}^{n}b_sA_{sj})\\ &= \frac{1}{D}\sum_{j=1}^{n}\sum_{s=1}^{n}b_sa_{ij}A_{sj} = \frac{1}{D}\sum_{s=1}^{n}(\sum_{j=1}^{n}a_{ij}A_{sj})b_s\\ &= \frac{1}{D}(\sum_{j=1}^{n}a_{ij}A_{ij})b_i = \frac{1}{D}\cdot D\cdot b_i = b_i = 右,\end{aligned}$$

① 见附录.

所以$\frac{D_1}{D},\frac{D_2}{D},\cdots,\frac{D_n}{D}$确是方程组(1.4)的解,从而方程组(1.4)的解存在且可用式(1.5)表示.

注　克莱姆法则彻底解决了方程组(1.4)的求解问题,故有很高的理论价值,但要注意两点:

(1) 适用性. 要符合法则的条件,即适用于未知数个数等于方程个数的方程组,且$D\neq 0$. 若$D=0$,则方程组(1.4)可能无解,也可能有无限多解,例如方程组

$$\begin{cases}x_1+x_2=1,\\2x_1+2x_2=0,\end{cases}$$

$D=\begin{vmatrix}1&1\\2&2\end{vmatrix}=0$,方程组无解. 而方程组

$$\begin{cases}x_1+x_2=1,\\2x_1+2x_2=2,\end{cases}$$

$D=\begin{vmatrix}1&1\\2&2\end{vmatrix}=0$,方程组有无穷多解.

(2) 法则的实用价值并不高.

另外,法则表明了n阶行列式的定义是合理的.

证明只用了解的定义与等式的性质,没有用到方程的其他理论,故极具普遍性. 克莱姆法则的矩阵证明见2.3.2小节.

【例1.6.1】　用克莱姆法则求解线性方程组

$$\begin{cases}x_1+2x_2+3x_3+4x_4=9,\\2x_1+3x_2+4x_3+x_4=8,\\3x_1+4x_2+x_3+2x_4=7,\\4x_1+x_2+2x_3+3x_4=6.\end{cases}$$

解　系数行列式

$$D=\begin{vmatrix}1&2&3&4\\2&3&4&1\\3&4&1&2\\4&1&2&3\end{vmatrix}=\begin{vmatrix}1&2&3&4\\0&-1&-2&-7\\0&-2&-8&-10\\0&-7&-10&-13\end{vmatrix}$$

$$=\begin{vmatrix}1&2&3&4\\0&-1&-2&-7\\0&0&-4&4\\0&0&4&36\end{vmatrix}=\begin{vmatrix}1&2&3&4\\0&-1&-2&-7\\0&0&-4&4\\0&0&0&40\end{vmatrix}=160\neq 0,$$

$$D_1=\begin{vmatrix}9&2&3&4\\8&3&4&1\\7&4&1&2\\6&1&2&3\end{vmatrix}\xlongequal[c_2+c_4]{c_2+c_3}\begin{vmatrix}9&9&3&4\\8&8&4&1\\7&7&1&2\\6&6&2&3\end{vmatrix}=0,$$

$$D_2=\begin{vmatrix}1&9&3&4\\2&8&4&1\\3&7&1&2\\4&6&2&3\end{vmatrix}\xlongequal[c_2-c_4]{c_2-c_3}\begin{vmatrix}1&2&3&4\\2&3&4&1\\3&4&1&2\\4&1&2&3\end{vmatrix}=D,$$

$$D_3=\begin{vmatrix}1&2&9&4\\2&3&8&1\\3&4&7&2\\4&1&6&3\end{vmatrix}\xlongequal[c_3-c_4]{c_3-c_2}\begin{vmatrix}1&2&3&4\\2&3&4&1\\3&4&1&2\\4&1&2&3\end{vmatrix}=D,$$

$$D_4=\begin{vmatrix}1&2&3&9\\2&3&4&8\\3&4&1&7\\4&1&2&6\end{vmatrix}\xlongequal[c_4-c_3]{c_4-c_2}\begin{vmatrix}1&2&3&4\\2&3&4&1\\3&4&1&2\\4&1&2&3\end{vmatrix}=D,$$

所以方程组有唯一解 $x_1=\dfrac{D_1}{D}=0, x_2=x_3=x_4=1.$

定义 1.6.1 常数项全为 0 的线性方程组称为**齐次线性方程组**(system of homogeneous linear equations),一般形式为

$$\sum_{j=1}^{n} a_{ij}x_j = 0,\quad i=1,2,\cdots,n. \tag{1.6}$$

对应的方程组(1.4)称为**非齐次线性方程组**(system of non-homogeneous linear equations). 显然(0,0,…,0)总是方程组(1.6)的一个解,故齐次线性方程组的解总是存在的. 我们称零解为**平凡解**(trivial solution),非零解称为**非平凡解**(nontrivial solution).

定理 1.6.2　如果齐次线性方程组(1.6)的系数行列式 $D\neq 0$,那么它只有零解.

证　由克莱姆法则,因 $D_i=0$,所以方程组(1.6)的唯一解是

$$\left(\frac{D_1}{D},\frac{D_2}{D},\cdots,\frac{D_n}{D}\right)=(0,0,\cdots,0).$$

注　等价地说,若方程组(1.6)有非零解,则系数行列式 $D=0$.

【例 1.6.2】　问 λ,μ 取何值时,齐次线性方程组

$$\begin{cases}\lambda x_1+x_2+x_3=0,\\ x_1+\mu x_2+x_3=0,\\ x_1+2\mu x_2+x_3=0\end{cases}$$

有非零解?

解　若方程组有非零解,则

$$D=\begin{vmatrix}\lambda & 1 & 1\\ 1 & \mu & 1\\ 1 & 2\mu & 1\end{vmatrix}\xlongequal[r_3-r_1]{r_2-r_1}\begin{vmatrix}\lambda & 1 & 1\\ 1-\lambda & \mu-1 & 0\\ 1-\lambda & 2\mu-1 & 0\end{vmatrix}=\begin{vmatrix}1-\lambda & \mu-1\\ 1-\lambda & 2\mu-1\end{vmatrix}$$

$$=(1-\lambda)(2\mu-1)-(\mu-1)(1-\lambda)=\mu(1-\lambda)=0,$$

即 $\mu=0$ 或 $\lambda=1$,从而当 $\mu=0$ 或 $\lambda=1$ 时,齐次线性方程组有非零解.

【例 1.6.3】　用行列式表示过 O_{xy} 平面上两点 $M_1(x_1,y_1)$,$M_2(x_2,y_2)$的直线方程.

解　设 O_{xy} 平面上的直线方程为 $ax+by+c=0$,a,b,c 为待定常数.

由于直线过 $M_1(x_1,y_1)$,$M_2(x_2,y_2)$,故

$$\begin{cases} ax+by+c=0, \\ ax_1+by_1+c=0, \\ ax_2+by_2+c=0, \end{cases} \tag{1.7}$$

以 a,b,c 为未知数的齐次线性方程组(1.7)有非零解，则系数行列式

$$D=\begin{vmatrix} x & y & 1 \\ x_1 & y_1 & 1 \\ x_2 & y_2 & 1 \end{vmatrix}=0. \tag{1.8}$$

注 将行列式(1.8)展开，即可得到中学学过的直线方程的两点式.

习题 1.6

A 组

1. 用克莱姆法则解下列线性方程组：

(1) $\begin{cases} 2x-z=1, \\ 2x+4y-z=1, \\ -x+8y+3z=2; \end{cases}$ (2) $\begin{cases} x_2-3x_3+4x_4=-5, \\ x_1-2x_3+3x_4=-4, \\ 3x_1+2x_2-5x_4=12, \\ 4x_1+3x_2-5x_3=5; \end{cases}$

(3) $\begin{cases} 3x_1+2x_2=1, \\ x_1+3x_2+2x_3=0, \\ x_2+3x_3+2x_4=0, \\ x_3+3x_4=0; \end{cases}$ (4) $\begin{cases} 2x_1+x_2-5x_3+x_4=0, \\ x_1-3x_2-6x_4=0, \\ 2x_2-x_3+2x_4=0, \\ x_1+4x_2-7x_3+6x_4=0. \end{cases}$

2. 求一个二次多项式 $f(x)$，使 $f(1)=1, f(-1)=9, f(2)=3$.

3. 用行列式表示经过点 $A(1,1,2)$，$B(3,-2,0)$ 和 $C(0,5,5)$ 三点的平面方程.

4. 当 k 取何值时，线性方程组

$$\begin{cases} x_1+x_2+kx_3=4, \\ -x_1+kx_2+x_3=k^2, \\ x_1-x_2+2x_3=4 \end{cases}$$

有唯一解？

5. 当 λ 为何值时，非齐次线性方程组

$$\begin{cases}\lambda x_1+x_2+x_3=1,\\ x_1+\lambda x_2+x_3=\lambda,\\ x_1+x_2+\lambda x_3=\lambda^2\end{cases}$$

有唯一解？并求其解.

6. 已知齐次线性方程组

$$\begin{cases}2x_1+\lambda x_2+x_3=0,\\ (\lambda-1)x_1-x_2+2x_3=0,\\ 4x_1+x_2+4x_3=0\end{cases}$$

有非零解，求 λ 的值.

7. 设齐次线性方程组

$$\begin{cases}ax_1+x_2+2x_3=0,\\ x_1+ax_2+x_3=0,\\ x_1+x_2-x_3=0\end{cases}$$

只有零解，则 a 应满足的条件是什么？

B组

1. 设方程组

$$\begin{cases}x+y+z=a+b+c,\\ ax+by+cz=a^2+b^2+c^2,\\ bcx+acy+abz=3abc,\end{cases}$$

试问：a,b,c 满足什么条件时，方程组有唯一解？并求出唯一解.

2. 若齐次线性方程组

$$\begin{cases}(1-\lambda)x_1+x_2+x_3=0,\\ x_1+(1-\lambda)x_2+x_3=0,\\ x_1+x_2+(1-\lambda)x_3=0\end{cases}$$

有非零解，求 λ 的值.

3. 设有齐次线性方程组

$$\begin{cases}(1+a)x_1+x_2+\cdots+x_n=0,\\ 2x_1+(2+a)x_2+\cdots+2x_n=0,\\ \quad\vdots\\ nx_1+nx_2+\cdots+(n+a)x_n=0,\end{cases}\quad (n\geqslant 2),$$

试问：a 取何值时，方程组有非零解？

4. 已知三次曲线 $y(x)=a_0+a_1x+a_2x^2+a_3x^3$ 通过四点 $(1,6)$，$(-1,6)$，$(2,6)$，$(-2,-6)$，试求该曲线方程.

5. 设 $a_1,a_2,\cdots,a_n$ 互不相等，证明方程组

$$\begin{cases}x_1+a_1x_2+\cdots+a_1^{n-1}x_n=1,\\ x_1+a_2x_2+\cdots+a_2^{n-1}x_n=1,\\ \quad\vdots\\ x_1+a_nx_2+\cdots+a_n^{n-1}x_n=1\end{cases}$$

有唯一解，并求其解.

6. 设 a,b,c,d 是不全为零的实数，证明：线性方程组

$$\begin{cases}ax_1+bx_2+cx_3+dx_4=0,\\ bx_1-ax_2+dx_3-cx_4=0,\\ cx_1-dx_2-ax_3+bx_4=0,\\ dx_1+cx_2-bx_3-ax_4=0\end{cases}$$

只有零解.

第2章 矩 阵

在第1章解二元、三元线性方程组中运用的消元法，实际上是不断地对方程实施三种同解变换：一是某个方程乘以一个非零常数，二是某个方程的倍数加到另一个方程上去，三是交换两个方程的位置，都是针对方程的系数和常数项实施的变换. 因此我们完全可以抽掉未知数，按原来方程的相互位置留下各系数和常数，组成一个矩形的数表，只针对这个数表作同样的变换. 这一数表就是线性代数研究的主要对象之一——矩阵，解线性方程组的过程就表现为变换相关矩阵的过程. 除了线性方程组之外，矩阵的应用十分广泛，无论在经济学、生物学或工程学，还是一些人文社会科学中，矩阵都是不可或缺的工具. 本章我们系统地研究矩阵的运算和变换.

2.1 矩阵的概念

定义 2.1.1 由 $m\times n$ 个数排成 m 行 n 列的矩形数表

$$\begin{pmatrix} a_{11} & a_{12} & \cdots & a_{1n} \\ a_{21} & a_{22} & \cdots & a_{2n} \\ \vdots & \vdots & & \vdots \\ a_{m1} & a_{m2} & \cdots & a_{mn} \end{pmatrix}$$

称为一个 ***m* 行 *n* 列的矩阵**(matrix). 数 a_{ij} 位于第 i 行第 j 列，称为矩阵的**元素**，i 称为 a_{ij} 的**行指标**，j 称为 a_{ij} 的**列指标**. 矩阵一般用大写英文字母 $\boldsymbol{A}$，$\boldsymbol{B}$，$\boldsymbol{C}\cdots$表示，可记作 $\boldsymbol{A}_{m\times n}$，$\boldsymbol{A}_{mn}$ 或$(a_{ij})_{mn}$.

当矩阵的元素全是数域 P 上的数时，称为**数域 *P* 上的矩阵**，除特别说明外，本书提到的矩阵都是实数域上的矩阵，简称**实矩阵**.

当矩阵 $\boldsymbol{A}$ 的行数 m 与列数 n 相等时，称为 **n 阶方阵**(square matrix)，记作 $\boldsymbol{A}_n$.

特别地，一阶方阵(a)即表示数 a.

定义 2.1.2 元素全是 0 的矩阵，称为**零矩阵**，记作 $\mathbf{0}$.

【例 2.1.1】 设两组变量 $x_1,x_2,\cdots,x_n$ 和 $y_1,y_2,\cdots,y_m$ 有线性关系

$$\begin{cases} y_1=a_{11}x_1+a_{12}x_2+\cdots+a_{1n}x_n, \\ y_2=a_{21}x_1+a_{22}x_2+\cdots+a_{2n}x_n, \\ \qquad\vdots \\ y_m=a_{m1}x_1+a_{m2}x_2+\cdots+a_{mn}x_n, \end{cases}$$

则从变量 $x_1,x_2,\cdots,x_n$ 到变量 $y_1,y_2,\cdots,y_m$ 的过渡可以用系数构成的矩阵

$$\begin{bmatrix} a_{11} & a_{12} & \cdots & a_{1n} \\ a_{21} & a_{22} & \cdots & a_{2n} \\ \vdots & \vdots & & \vdots \\ a_{m1} & a_{m2} & \cdots & a_{mn} \end{bmatrix}$$

来表示.

【例 2.1.2】 作为例 2.1.1 的一个应用，在解析几何中，将平面上的直角坐标系绕坐标原点逆时针方向旋转 θ 角，则任意点 P 的旧坐标(x,y)与新坐标(x',y')之间的变换公式为

$$\begin{cases} x'=x\cos\theta+y\sin\theta, \\ y'=-x\sin\theta+y\cos\theta, \end{cases} \tag{2.1}$$

于是，新旧坐标之间的关系就可以通过公式中系数构成的矩阵

$$\begin{pmatrix} \cos\theta & \sin\theta \\ -\sin\theta & \cos\theta \end{pmatrix}$$

来表示.

定义 2.1.3 n 阶方阵 $\boldsymbol{A}_n$ 中的元素 a_{ij} 按矩阵中的位置不变构成的 n 阶行列式称为**矩阵 $\boldsymbol{A}$ 的行列式**(determinant of matrix)，记作$|\boldsymbol{A}|$或$|a_{ij}|$.

定义 2.1.4　形如

$$A=\begin{pmatrix} a_{11} & & & \\ & a_{22} & & \\ & & \ddots & \\ & & & a_{nn} \end{pmatrix}$$

的方阵称为**对角矩阵**(diagonal matrix),即 $a_{ij}=0, i\neq j; i=1,2,\cdots,n; j=1,2,\cdots,n$(其中未写出部分的元素都为 0,以后都如此简写),也可简记为 $diag(a_{11},a_{22},\cdots,a_{nn})$. 从左上到右下的直线称为**主对角线**.

特别地,对角矩阵中若主对角线上的元素都为 1,则称为**单位矩阵**(identity matrix),记作 $\boldsymbol{I}_n$ 或 $\boldsymbol{I}$,即

$$\boldsymbol{I}=\begin{pmatrix} 1 & & & \\ & 1 & & \\ & & \ddots & \\ & & & 1 \end{pmatrix}.$$

定义 2.1.5　设矩阵 $\boldsymbol{A}=(a_{ij})_{mn}, \boldsymbol{B}=(b_{ij})_{sl}$,若 $m=s, n=l$,且 $a_{ij}=b_{ij}$, $i=1,2,\cdots,m; j=1,2,\cdots,n$,则称矩阵 **A 与 B 相等**,记作

$$\boldsymbol{A}=\boldsymbol{B}.$$

注　行数与列数都对应相等的矩阵称为同型的矩阵,同型是矩阵相等的前提.

2.2　矩阵的运算

2.2.1　矩阵的线性运算

定义 2.2.1　设 $\boldsymbol{A}=(a_{ij})_{mn}, \boldsymbol{B}=(b_{ij})_{mn}$,称 $\boldsymbol{C}=(a_{ij}+b_{ij})_{mn}$ 为 **A 与 B 的和**(sum),记作

$$\boldsymbol{C}=\boldsymbol{A}+\boldsymbol{B}.$$

注 矩阵可加的前提是同型,法则是对应元素相加.

由于矩阵的加法可归结为数的加法,因此很容易可以得到如下运算规律(设 $\boldsymbol{A},\boldsymbol{B},\boldsymbol{C}$ 为 $m\times n$ 矩阵):

(1) 结合律 $(\boldsymbol{A}+\boldsymbol{B})+\boldsymbol{C}=\boldsymbol{A}+(\boldsymbol{B}+\boldsymbol{C})$;

(2) 交换律 $\boldsymbol{A}+\boldsymbol{B}=\boldsymbol{B}+\boldsymbol{A}$;

(3) $\boldsymbol{A}+\boldsymbol{0}=\boldsymbol{A}$;

(4) 设矩阵 $\boldsymbol{A}=(a_{ij})_{mn}$,称矩阵 $(-a_{ij})_{mn}$ 为 $\boldsymbol{A}$ 的**负矩阵**(negative matrix),记作 $-\boldsymbol{A}$,则有

$$\boldsymbol{A}+(-\boldsymbol{A})=\boldsymbol{0};$$

(5) $-(-\boldsymbol{A})=\boldsymbol{A}$;

(6) $-(\boldsymbol{A}+\boldsymbol{B})=(-\boldsymbol{A})+(-\boldsymbol{B})$.

定义 2.2.2 设 $\boldsymbol{A}=(a_{ij})_{mn}$,$\boldsymbol{B}=(b_{ij})_{mn}$,定义**减法** $\boldsymbol{A}-\boldsymbol{B}$ 为 $\boldsymbol{A}+(-\boldsymbol{B})$,即 $(a_{ij})-(b_{ij})=(a_{ij}-b_{ij})$.

定义 2.2.3 矩阵

$$\begin{pmatrix} ka_{11} & ka_{12} & \cdots & ka_{1n} \\ ka_{21} & ka_{22} & \cdots & ka_{2n} \\ \vdots & \vdots & & \vdots \\ ka_{m1} & ka_{m2} & \cdots & ka_{mn} \end{pmatrix}$$

称为**数 k 与 $\boldsymbol{A}=(a_{ij})_{mn}$ 的数量乘积**(scalar multiplication),简称**数乘**,记作 $k\boldsymbol{A}$.

注 要注意矩阵的数乘与行列式数乘的区别.用数 k 去乘矩阵,是乘到矩阵的每一个元素上去,用数 k 去乘行列式,是乘到行列式的某一行(列)上去.

由定义很容易得到数乘的如下运算规律(设 $\boldsymbol{A},\boldsymbol{B}$ 为 $m\times n$ 矩阵,k,l 为实数):

(1) $(k+l)\boldsymbol{A}=k\boldsymbol{A}+l\boldsymbol{A}$;

(2) $(kl)\boldsymbol{A}=k(l\boldsymbol{A})$;

(3) $1\cdot\boldsymbol{A}=\boldsymbol{A}$;

(4) $k(\boldsymbol{A}+\boldsymbol{B})=k\boldsymbol{A}+k\boldsymbol{B}$;

(5) 若 $\boldsymbol{A}$ 是 n 阶方阵，则 $|k\boldsymbol{A}|=k^n|\boldsymbol{A}|$.

【例 2.2.1】 设矩阵

$$\boldsymbol{A}=\begin{pmatrix}1 & 0 & -2\\3 & -4 & 6\end{pmatrix},\boldsymbol{B}=\begin{pmatrix}-1 & 7 & 5\\3 & 1 & -3\end{pmatrix},$$

已知矩阵方程 $2\boldsymbol{A}-3\boldsymbol{X}=\boldsymbol{B}$，求 $\boldsymbol{X}$.

解

$$\begin{aligned}\boldsymbol{X}&=\frac{1}{3}(2\boldsymbol{A}-\boldsymbol{B})\\&=\frac{1}{3}\left[\begin{pmatrix}2 & 0 & -4\\6 & -8 & 12\end{pmatrix}-\begin{pmatrix}-1 & 7 & 5\\3 & 1 & -3\end{pmatrix}\right]\\&=\frac{1}{3}\begin{pmatrix}3 & -7 & -9\\3 & -9 & 15\end{pmatrix}\\&=\begin{pmatrix}1 & -\frac{7}{3} & -3\\1 & -3 & 5\end{pmatrix}.\end{aligned}$$

2.2.2 矩阵的乘法

定义 2.2.4 设 $\boldsymbol{A}=(a_{ij})_{ms}$，$\boldsymbol{B}=(b_{ij})_{sn}$，称 $\boldsymbol{C}=(c_{ij})_{mn}$ 为 $\boldsymbol{A}$ 与 $\boldsymbol{B}$ 的乘积(multiplication)，记作

$$\boldsymbol{C}=\boldsymbol{AB},$$

其中 $c_{ij}=a_{i1}b_{1j}+a_{i2}b_{2j}+\cdots+a_{is}b_{sj}$.

注 要满足可乘条件，两个矩阵 $\boldsymbol{A}$ 与 $\boldsymbol{B}$ 的相乘才有意义，即 $\boldsymbol{A}$ 的列数等于 $\boldsymbol{B}$ 的行数；

$\boldsymbol{A}$ 与 $\boldsymbol{B}$ 的乘积 $\boldsymbol{C}$ 是以 $\boldsymbol{A}$ 的行数为行数，以 $\boldsymbol{B}$ 的列数为列数的矩阵；

$\boldsymbol{C}$ 中的元素 c_{ij} 是 $\boldsymbol{A}$ 中第 i 行元素与 $\boldsymbol{B}$ 中第 j 列元素对应的乘积之和.

【例 2.2.2】 例 2.1.2 中，新旧坐标之间的变换公式(2.1)写成矩阵乘法的形式，即

$$\begin{pmatrix}x'\\y'\end{pmatrix}=\begin{pmatrix}\cos\theta & \sin\theta\\-\sin\theta & \cos\theta\end{pmatrix}\begin{pmatrix}x\\y\end{pmatrix}.$$

如果再将坐标系绕原点逆时针旋转 φ 角,则新坐标 (x'',y'') 与坐标 (x',y') 有如下关系:

$$\begin{pmatrix} x'' \\ y'' \end{pmatrix} = \begin{pmatrix} \cos\varphi & \sin\varphi \\ -\sin\varphi & \cos\varphi \end{pmatrix} \begin{pmatrix} x' \\ y' \end{pmatrix}.$$

经过两次旋转之后,共旋转了 $\theta+\varphi$ 角,于是

$$\begin{pmatrix} x'' \\ y'' \end{pmatrix} = \begin{pmatrix} \cos(\theta+\varphi) & \sin(\theta+\varphi) \\ -\sin(\theta+\varphi) & \cos(\theta+\varphi) \end{pmatrix} \begin{pmatrix} x \\ y \end{pmatrix},$$

按矩阵乘法定义有

$$\begin{pmatrix} \cos\varphi & \sin\varphi \\ -\sin\varphi & \cos\varphi \end{pmatrix} \begin{pmatrix} \cos\theta & \sin\theta \\ -\sin\theta & \cos\theta \end{pmatrix} = \begin{pmatrix} \cos(\theta+\varphi) & \sin(\theta+\varphi) \\ -\sin(\theta+\varphi) & \cos(\theta+\varphi) \end{pmatrix}.$$

【例 2. 2. 3】 (线性方程组的矩阵表示)

设有线性方程组

$$\begin{cases} a_{11}x_1 + a_{12}x_2 + \cdots + a_{1n}x_n = b_1, \\ a_{21}x_1 + a_{22}x_2 + \cdots + a_{2n}x_n = b_2, \\ \qquad\qquad \vdots \\ a_{m1}x_1 + a_{m2}x_2 + \cdots + a_{mn}x_n = b_m, \end{cases}$$

方程组可以改写为

$$\begin{pmatrix} a_{11} & a_{12} & \cdots & a_{1n} \\ a_{21} & a_{22} & \cdots & a_{2n} \\ \vdots & \vdots & & \vdots \\ a_{m1} & a_{m2} & \cdots & a_{mn} \end{pmatrix}_{mn} \begin{pmatrix} x_1 \\ x_2 \\ \vdots \\ x_n \end{pmatrix}_{n1} = \begin{pmatrix} b_1 \\ b_2 \\ \vdots \\ b_m \end{pmatrix},$$

令

$$\boldsymbol{A} = \begin{pmatrix} a_{11} & a_{12} & \cdots & a_{1n} \\ a_{21} & a_{22} & \cdots & a_{2n} \\ \vdots & \vdots & & \vdots \\ a_{m1} & a_{m2} & \cdots & a_{mn} \end{pmatrix}, \boldsymbol{x} = \begin{pmatrix} x_1 \\ x_2 \\ \vdots \\ x_n \end{pmatrix}, \boldsymbol{b} = \begin{pmatrix} b_1 \\ b_2 \\ \vdots \\ b_m \end{pmatrix},$$

则方程组可表示为矩阵形式

$$\boldsymbol{Ax}=\boldsymbol{b}.$$

矩阵乘法满足如下运算规律(设运算均有意义)：

(1) 结合律　$(\boldsymbol{AB})\boldsymbol{C}=\boldsymbol{A}(\boldsymbol{BC})$；

(2) 关于加法满足分配律

$$\boldsymbol{A}(\boldsymbol{B}+\boldsymbol{C})=\boldsymbol{AB}+\boldsymbol{AC},\qquad \text{左分配律}$$

$$(\boldsymbol{B}+\boldsymbol{C})\boldsymbol{A}=\boldsymbol{BA}+\boldsymbol{CA};\qquad \text{右分配律}$$

(3) $k(\boldsymbol{AB})=(k\boldsymbol{A})\boldsymbol{B}=\boldsymbol{A}(k\boldsymbol{B})$；

(4) $|\boldsymbol{AB}|=|\boldsymbol{A}|\cdot|\boldsymbol{B}|$.

证明略.

矩阵乘法一般不满足交换律，即 $\boldsymbol{AB}\neq\boldsymbol{BA}$. 事实上：

(1) $\boldsymbol{AB}$ 可乘，但 $\boldsymbol{B}$ 与 $\boldsymbol{A}$ 未必可乘.

【例 2.2.4】　设有矩阵

$$\boldsymbol{A}=\begin{pmatrix}2 & -6 & 0\\ 1 & 4 & -3\end{pmatrix},\quad \boldsymbol{B}=\begin{pmatrix}-1\\ 5\\ 2\end{pmatrix},$$

则

$$\begin{aligned}\boldsymbol{AB}&=\begin{pmatrix}2 & -6 & 0\\ 1 & 4 & -3\end{pmatrix}\begin{pmatrix}-1\\ 5\\ 2\end{pmatrix}\\ &=\begin{pmatrix}2\times(-1)+(-6)\times5+0\times2\\ 1\times(-1)+4\times5+(-3)\times2\end{pmatrix}\\ &=\begin{pmatrix}-32\\ 13\end{pmatrix},\end{aligned}$$

而 $\boldsymbol{B}$ 的列数与 $\boldsymbol{A}$ 的行数不相等，故 $\boldsymbol{B}$ 与 $\boldsymbol{A}$ 不可乘.

(2) 即使 $\boldsymbol{AB}$，$\boldsymbol{BA}$ 都有意义，但两者未必是同型的矩阵，因而未必相等.

【例 2.2.5】 设有矩阵

$$A=\begin{pmatrix}2&0\\1&4\\0&2\end{pmatrix},\quad B=\begin{pmatrix}3&0&1\\-7&1&4\end{pmatrix},$$

则

$$\begin{aligned}AB&=\begin{pmatrix}2&0\\1&4\\0&2\end{pmatrix}\begin{pmatrix}3&0&1\\-7&1&4\end{pmatrix}\\&=\begin{pmatrix}2\times3+0\times(-7)&2\times0+0\times1&2\times1+0\times4\\1\times3+4\times(-7)&1\times0+4\times1&1\times1+4\times4\\0\times3+2\times(-7)&0\times0+2\times1&0\times1+2\times4\end{pmatrix}\\&=\begin{pmatrix}6&0&2\\-25&4&17\\-14&2&8\end{pmatrix},\end{aligned}$$

$$\begin{aligned}BA&=\begin{pmatrix}3&0&1\\-7&1&4\end{pmatrix}\begin{pmatrix}2&0\\1&4\\0&2\end{pmatrix}\\&=\begin{pmatrix}3\times2+0\times1+1\times0&3\times0+0\times4+1\times2\\(-7)\times2+1\times1+4\times0&(-7)\times0+1\times4+4\times2\end{pmatrix}\\&=\begin{pmatrix}6&2\\-13&12\end{pmatrix},\end{aligned}$$

显然 AB 与 BA 不同型,故不相等.

(3) 即使 AB 与 BA 都有意义,也同型,但仍未必相等.

【例 2.2.6】 设有矩阵

$$A=\begin{pmatrix}1&-1\\-1&1\end{pmatrix},\quad B=\begin{pmatrix}1&2\\-3&4\end{pmatrix},$$

则

$$\boldsymbol{AB}=\begin{pmatrix}1 & -1\\ -1 & 1\end{pmatrix}\begin{pmatrix}1 & 2\\ -3 & 4\end{pmatrix}=\begin{pmatrix}1\times1+(-1)\times(-3) & 1\times2+(-1)\times4\\ (-1)\times1+1\times(-3) & (-1)\times2+1\times4\end{pmatrix}$$

$$=\begin{pmatrix}4 & -2\\ -4 & 2\end{pmatrix},$$

$$\boldsymbol{BA}=\begin{pmatrix}1 & 2\\ -3 & 4\end{pmatrix}\begin{pmatrix}1 & -1\\ -1 & 1\end{pmatrix}=\begin{pmatrix}1\times1+2\times(-1) & 1\times(-1)+2\times1\\ (-3)\times1+4\times(-1) & (-3)\times(-1)+4\times1\end{pmatrix}$$

$$=\begin{pmatrix}-1 & 1\\ -7 & 7\end{pmatrix},$$

$$\boldsymbol{AB}\neq\boldsymbol{BA}.$$

由此可见,矩阵的乘法要区分“左乘”和“右乘”.

矩阵乘法不满足消去律,即

$$\boldsymbol{AB}=\boldsymbol{AC}\quad 且\quad \boldsymbol{A}\neq\boldsymbol{0}\nRightarrow\boldsymbol{B}=\boldsymbol{C}.$$

【例 2.2.7】 设有矩阵

$$\boldsymbol{A}=\begin{pmatrix}1 & -1\\ -1 & 1\end{pmatrix},\quad \boldsymbol{B}=\begin{pmatrix}1 & 1\\ 1 & 2\end{pmatrix},\quad \boldsymbol{C}=\begin{pmatrix}0 & 0\\ 0 & 1\end{pmatrix},$$

则

$$\boldsymbol{AB}=\boldsymbol{AC}=\begin{pmatrix}0 & -1\\ 0 & 1\end{pmatrix},$$

但显然 $\boldsymbol{B}\neq\boldsymbol{C}$.

若 $\boldsymbol{A}=\boldsymbol{0}$ 或 $\boldsymbol{B}=\boldsymbol{0}$,则 $\boldsymbol{AB}=\boldsymbol{0}$,但反之不成立.

【例 2.2.8】 设有矩阵

$$\boldsymbol{A}=(1\quad -1),\quad \boldsymbol{B}=\begin{pmatrix}1\\ 1\end{pmatrix},$$

则

$$\boldsymbol{AB}=(1\quad -1)\begin{pmatrix}1\\ 1\end{pmatrix}=\boldsymbol{0},$$

显然 $\boldsymbol{A}\neq\boldsymbol{0},\boldsymbol{B}\neq\boldsymbol{0}$.

定义 2.2.5 设 k 为实数，$\boldsymbol{I}$ 为 n 阶单位矩阵，则矩阵

$$k\boldsymbol{I}=\begin{pmatrix} k & & & \\ & k & & \\ & & \ddots & \\ & & & k \end{pmatrix}$$

称为**数量矩阵**(scalar matrix).

数量矩阵的乘法满足如下运算规律：

设 $\boldsymbol{A}$ 是 $n\times s$ 的，则

$$k\boldsymbol{A}=(k\boldsymbol{I}_n)\boldsymbol{A}, \tag{2.2}$$

特别地，若 $\boldsymbol{A}$ 是 n 阶方阵，则

$$k\boldsymbol{A}=(k\boldsymbol{I})\boldsymbol{A}=\boldsymbol{A}(k\boldsymbol{I}). \tag{2.3}$$

证明略.

注 式(2.2)说明数量矩阵将数乘运算和矩阵乘法运算联系起来，式(2.3)说明数量矩阵与任何同阶方阵相乘都可交换，特别地，$k=1$ 即单位矩阵与任何同阶方阵相乘可交换.

由此可见，对于矩阵乘法，有些可交换，有些不可交换，因此我们有必要研究哪些矩阵相乘可交换.

【例 2.2.9】 求所有与 $\boldsymbol{A}=\begin{pmatrix}1&1\\0&1\end{pmatrix}$ 相乘可交换的二阶方阵.

解 设与 $\boldsymbol{A}$ 相乘可交换的二阶方阵为

$$\boldsymbol{X}=\begin{pmatrix}x_{11}&x_{12}\\x_{21}&x_{22}\end{pmatrix},$$

则

$$\boldsymbol{A}\boldsymbol{X}=\begin{pmatrix}1&1\\0&1\end{pmatrix}\begin{pmatrix}x_{11}&x_{12}\\x_{21}&x_{22}\end{pmatrix}=\begin{pmatrix}x_{11}+x_{21}&x_{12}+x_{22}\\x_{21}&x_{22}\end{pmatrix},$$

$$XA=\begin{pmatrix}x_{11} & x_{12}\\ x_{21} & x_{22}\end{pmatrix}\begin{pmatrix}1 & 1\\ 0 & 1\end{pmatrix}=\begin{pmatrix}x_{11} & x_{11}+x_{12}\\ x_{21} & x_{21}+x_{22}\end{pmatrix},$$

由 $AX=XA$，得 $x_{11}+x_{21}=x_{11}$，$x_{12}+x_{22}=x_{11}+x_{12}$，故 $x_{21}=0$，$x_{11}=x_{22}$，从而

$$X=\begin{pmatrix}x_{11} & x_{12}\\ 0 & x_{11}\end{pmatrix}.$$

定义 2.2.6 设 A 是 n 阶方阵，k 是正整数，定义 A^k 为 k 个 A 相乘，称为 A 的 k 次幂(power)，即

$$A^k=\underbrace{A\cdot A\cdot\cdots\cdot A}_{k\text{个}}.$$

注 规定 $A^0=I$.

方阵的幂满足如下运算规律(设 A 为 n 阶方阵，k_1，k_2 为正整数)：

(1) $A^{k_1}\cdot A^{k_2}=A^{k_1+k_2}$；

(2) $(A^{k_1})^{k_2}=A^{k_1k_2}$；

(3) $|A^{k_1}|=|A|^{k_1}$.

证明略.

【例 2.2.10】 设 A,B 为 n 阶方阵，问下列等式在什么条件下成立？

(1) $(A+B)^2=A^2+2AB+B^2$；

(2) $(A+B)(A-B)=A^2-B^2$；

(3) $(AB)^3=A^3B^3$.

解 (1)按照幂运算的定义及乘法的运算规律，

$$(A+B)^2=(A+B)(A+B)=A^2+AB+BA+B^2,$$

因此，等式要成立，必须有

$$AB+BA=2AB,$$

即

$$AB=BA,$$

从而当 A 与 B 相乘可交换时，等式成立.

(2) 与(3)同理可得,当 $\boldsymbol{A}$ 与 $\boldsymbol{B}$ 相乘可交换时,等式成立.

【例 2.2.11】 某企业对其职工进行分批脱产技术培训,每年从在岗人员中抽调 30%的人参加培训,而参加培训的职工中有 60%的人结业回岗,假设现有在岗职工 800 人,参加培训人员是 200 人,试问两年后在岗与脱产培训职工各有多少人?(假设职工人数不变)

解 用 x_i,y_i 分别表示 i 年后在岗与脱产职工的人数,x_0,y_0 为目前在岗与脱产的人数,则

$$\begin{cases} x_i=0.7x_{i-1}+0.6y_{i-1}, \\ y_i=0.3x_{i-1}+0.4y_{i-1}, \end{cases}$$

用矩阵表示,即

$$\begin{pmatrix} x_i \\ y_i \end{pmatrix}=\begin{pmatrix} 0.7 & 0.6 \\ 0.3 & 0.4 \end{pmatrix}\begin{pmatrix} x_{i-1} \\ y_{i-1} \end{pmatrix},$$

因此,

$$\begin{aligned} \begin{pmatrix} x_2 \\ y_2 \end{pmatrix} &= \begin{pmatrix} 0.7 & 0.6 \\ 0.3 & 0.4 \end{pmatrix}\begin{pmatrix} x_1 \\ y_1 \end{pmatrix} \\ &= \begin{pmatrix} 0.7 & 0.6 \\ 0.3 & 0.4 \end{pmatrix}^2\begin{pmatrix} x_0 \\ y_0 \end{pmatrix} \\ &= \begin{pmatrix} 0.67 & 0.66 \\ 0.33 & 0.34 \end{pmatrix}\begin{pmatrix} 800 \\ 200 \end{pmatrix} \\ &= \begin{pmatrix} 668 \\ 332 \end{pmatrix}, \end{aligned}$$

所以,两年后在岗职工 668 人,培训人员 332 人.

定义 2.2.7 设 $f(x)=a_mx^m+a_{m-1}x^{m-1}+\cdots+a_1x+a_0$ 为 x 的 m 次多项式,$\boldsymbol{A}$ 是一个 n 阶矩阵,表示式

$$a_m\boldsymbol{A}^m+a_{m-1}\boldsymbol{A}^{m-1}+\cdots+a_1\boldsymbol{A}+a_0\boldsymbol{I}$$

称为**矩阵 $\boldsymbol{A}$ 的多项式**(polynomial of matrix),记作 $f(\boldsymbol{A})$,也可称为 $\boldsymbol{f(x)}$**在** $\boldsymbol{x=A}$**时的值**.

【例 2.2.12】 设 $f(x)=x^2+3x-6$,矩阵 $\boldsymbol{A}=\begin{pmatrix}2 & -1\\ -3 & -3\end{pmatrix}$,求 $f(\boldsymbol{A})$.

解

$$
\begin{aligned}
f(\boldsymbol{A}) &= \boldsymbol{A}^2+3\boldsymbol{A}-6\boldsymbol{I}\\
&= \begin{pmatrix}2 & -1\\ -3 & -3\end{pmatrix}^2+3\begin{pmatrix}2 & -1\\ -3 & -3\end{pmatrix}-6\begin{pmatrix}1 & 0\\ 0 & 1\end{pmatrix}\\
&= \begin{pmatrix}7 & 1\\ 3 & 12\end{pmatrix}+\begin{pmatrix}6 & -3\\ -9 & -9\end{pmatrix}-\begin{pmatrix}6 & 0\\ 0 & 6\end{pmatrix}\\
&= \begin{pmatrix}7 & -2\\ -6 & -3\end{pmatrix}.
\end{aligned}
$$

矩阵的多项式满足如下运算规律(设 $\boldsymbol{A}$ 为 n 阶方阵):

(1) 设 $u(x)=f(x)+g(x)$, $v(x)=f(x)g(x)$,则

$$u(\boldsymbol{A})=f(\boldsymbol{A})+g(\boldsymbol{A}),\quad v(\boldsymbol{A})=f(\boldsymbol{A})g(\boldsymbol{A});$$

(2) 同一个矩阵的两个多项式是可交换的,即

$$f(\boldsymbol{A})g(\boldsymbol{A})=g(\boldsymbol{A})f(\boldsymbol{A}).$$

证明略.

2.2.3 矩阵的转置

定义 2.2.8 将矩阵 $\boldsymbol{A}$ 的行与列互换得到的矩阵称为 $\boldsymbol{A}$ **的转置**,记作 $\boldsymbol{A}^{\mathrm{T}}$.

注 若 $\boldsymbol{A}$ 是 $m\times n$ 的,则 $\boldsymbol{A}^{\mathrm{T}}$ 是 $n\times m$ 的,且 $\boldsymbol{A}$ 的元素 a_{ij} 是 $\boldsymbol{A}^{\mathrm{T}}$ 的第 j 行第 i 列元素.

矩阵的转置满足如下运算规律(设运算均有意义):

(1) $(\boldsymbol{A}^{\mathrm{T}})^{\mathrm{T}}=\boldsymbol{A}$;
(2) $(\boldsymbol{A}+\boldsymbol{B})^{\mathrm{T}}=\boldsymbol{A}^{\mathrm{T}}+\boldsymbol{B}^{\mathrm{T}}$;

(3) $(k\boldsymbol{A})^{\mathrm{T}}=k\boldsymbol{A}^{\mathrm{T}}$;
(4) $(\boldsymbol{A}\boldsymbol{B})^{\mathrm{T}}=\boldsymbol{B}^{\mathrm{T}}\boldsymbol{A}^{\mathrm{T}}$;

(5) $|\boldsymbol{A}^{\mathrm{T}}|=|\boldsymbol{A}|$.

证明略.

定义 2.2.9 设 $\boldsymbol{A}$ 为 n 阶方阵,若 $a_{ij}=a_{ji}$,则称 $\boldsymbol{A}$ 为**对称矩阵**

(symmetric matrix),若 $a_{ij}=-a_{ji}$,则称 $\boldsymbol{A}$ 为**反对称矩阵**(skew symmetric matrix).

注 对称矩阵关于主对角线对称的两元素相等,故 $\boldsymbol{A}^{\mathrm{T}}=\boldsymbol{A}$. 反对称矩阵关于主对角线对称的两元素互为相反数,故 $\boldsymbol{A}^{\mathrm{T}}=-\boldsymbol{A}$.

【例 2.2.13】 证明:对任意的 $m\times n$ 矩阵 $\boldsymbol{A}$,$\boldsymbol{A}^{\mathrm{T}}\boldsymbol{A}$ 及 $\boldsymbol{A}\boldsymbol{A}^{\mathrm{T}}$ 都是对称矩阵.

证 由于

$$(\boldsymbol{A}^{\mathrm{T}}\boldsymbol{A})^{\mathrm{T}}=\boldsymbol{A}^{\mathrm{T}}(\boldsymbol{A}^{\mathrm{T}})^{\mathrm{T}}=\boldsymbol{A}^{\mathrm{T}}\boldsymbol{A},$$
$$(\boldsymbol{A}\boldsymbol{A}^{\mathrm{T}})^{\mathrm{T}}=(\boldsymbol{A}^{\mathrm{T}})^{\mathrm{T}}\boldsymbol{A}^{\mathrm{T}}=\boldsymbol{A}\boldsymbol{A}^{\mathrm{T}},$$

故 $\boldsymbol{A}^{\mathrm{T}}\boldsymbol{A}$ 及 $\boldsymbol{A}\boldsymbol{A}^{\mathrm{T}}$ 都是对称矩阵.

【例 2.2.14】 证明:对任意的 n 阶方阵 $\boldsymbol{A}$,$\boldsymbol{A}+\boldsymbol{A}^{\mathrm{T}}$ 为对称矩阵,$\boldsymbol{A}-\boldsymbol{A}^{\mathrm{T}}$ 为反对称矩阵.

证 由于

$$(\boldsymbol{A}+\boldsymbol{A}^{\mathrm{T}})^{\mathrm{T}}=\boldsymbol{A}^{\mathrm{T}}+(\boldsymbol{A}^{\mathrm{T}})^{\mathrm{T}}=\boldsymbol{A}^{\mathrm{T}}+\boldsymbol{A}=\boldsymbol{A}+\boldsymbol{A}^{\mathrm{T}},$$
$$(\boldsymbol{A}-\boldsymbol{A}^{\mathrm{T}})^{\mathrm{T}}=\boldsymbol{A}^{\mathrm{T}}-(\boldsymbol{A}^{\mathrm{T}})^{\mathrm{T}}=\boldsymbol{A}^{\mathrm{T}}-\boldsymbol{A}=-(\boldsymbol{A}-\boldsymbol{A}^{\mathrm{T}}),$$

故 $\boldsymbol{A}+\boldsymbol{A}^{\mathrm{T}}$ 为对称矩阵,$\boldsymbol{A}-\boldsymbol{A}^{\mathrm{T}}$ 为反对称矩阵.

【例 2.2.15】 证明:任何 n 阶方阵都可以表示为一个对称矩阵和一个反对称矩阵之和,且表示唯一.

证 设 $\boldsymbol{A}$ 为 n 阶方阵,$\boldsymbol{A}=\boldsymbol{B}+\boldsymbol{C}$,其中 $\boldsymbol{B}$ 为对称矩阵,$\boldsymbol{C}$ 为反对称矩阵,两边同时取转置,则有

$$\boldsymbol{A}^{\mathrm{T}}=\boldsymbol{B}^{\mathrm{T}}+\boldsymbol{C}^{\mathrm{T}}=\boldsymbol{B}-\boldsymbol{C},$$

得到矩阵的方程组

$$\begin{cases}\boldsymbol{A}=\boldsymbol{B}+\boldsymbol{C},\\ \boldsymbol{A}^{\mathrm{T}}=\boldsymbol{B}-\boldsymbol{C},\end{cases}$$

解得

$$\boldsymbol{B}=\frac{\boldsymbol{A}+\boldsymbol{A}^{\mathrm{T}}}{2},\quad \boldsymbol{C}=\frac{\boldsymbol{A}-\boldsymbol{A}^{\mathrm{T}}}{2},$$

且

$$\boldsymbol{B}^{\mathrm{T}}=\left(\frac{\boldsymbol{A}+\boldsymbol{A}^{\mathrm{T}}}{2}\right)^{\mathrm{T}}=\frac{\boldsymbol{A}^{\mathrm{T}}+\boldsymbol{A}}{2}=\boldsymbol{B},$$

所以 $\boldsymbol{B}$ 为对称矩阵，

$$\boldsymbol{C}^{\mathrm{T}}=\left(\frac{\boldsymbol{A}-\boldsymbol{A}^{\mathrm{T}}}{2}\right)^{\mathrm{T}}=\frac{\boldsymbol{A}^{\mathrm{T}}-\boldsymbol{A}}{2}=-\frac{\boldsymbol{A}-\boldsymbol{A}^{\mathrm{T}}}{2}=-\boldsymbol{C},$$

所以 $\boldsymbol{C}$ 为反对称矩阵.

再证唯一性.

若还有 $\boldsymbol{A}=\boldsymbol{B}_1+\boldsymbol{C}_1$，其中 $\boldsymbol{B}_1^{\mathrm{T}}=\boldsymbol{B}_1$，$\boldsymbol{C}_1^{\mathrm{T}}=-\boldsymbol{C}_1$，则

$$\boldsymbol{A}^{\mathrm{T}}=(\boldsymbol{B}_1+\boldsymbol{C}_1)^{\mathrm{T}}=\boldsymbol{B}_1^{\mathrm{T}}+\boldsymbol{C}_1^{\mathrm{T}}=\boldsymbol{B}_1-\boldsymbol{C}_1,$$

从而 $\boldsymbol{A}+\boldsymbol{A}^{\mathrm{T}}=2\boldsymbol{B}_1$，$\boldsymbol{A}-\boldsymbol{A}^{\mathrm{T}}=2\boldsymbol{C}_1$，所以

$$\boldsymbol{B}_1=\frac{\boldsymbol{A}+\boldsymbol{A}^{\mathrm{T}}}{2},\quad \boldsymbol{C}_1=\frac{\boldsymbol{A}-\boldsymbol{A}^{\mathrm{T}}}{2},$$

故 $\boldsymbol{B}_1=\boldsymbol{B}$，$\boldsymbol{C}_1=\boldsymbol{C}$，唯一性得证.

习题 2.2

A 组

1. 计算：

(1) $\begin{pmatrix}1 & 2\\ 5 & -2\end{pmatrix}+\begin{pmatrix}-1 & 2\\ -3 & 4\end{pmatrix}$；

(2) $\begin{pmatrix}1 & -1 & 3 & 4\\ -1 & 2 & 0 & -3\end{pmatrix}-\begin{pmatrix}0 & 5 & -3 & 6\\ 2 & -1 & 0 & 4\end{pmatrix}$；

(3) $-3\begin{pmatrix}-1\\ 0\\ 6\end{pmatrix}+7\begin{pmatrix}-2\\ 3\\ 1\end{pmatrix}-5\begin{pmatrix}8\\ -2\\ 5\end{pmatrix}$；

(4) $2\begin{pmatrix}3 & 2\\ 4 & -1\\ 2 & 1\end{pmatrix}-3\begin{pmatrix}1 & 5\\ -2 & 0\\ -5 & 2\end{pmatrix}$.

2. 解矩阵方程

$$2\boldsymbol{X}-\boldsymbol{A}=4\boldsymbol{B},$$

其中

$$\boldsymbol{A}=\begin{pmatrix}1&1&0\\5&-2&0\\3&1&4\end{pmatrix},\boldsymbol{B}=\begin{pmatrix}7&0&-4\\-3&-1&2\\0&2&3\end{pmatrix}.$$

3. 计算：

(1) $(2\quad -1\quad 3)\begin{pmatrix}2\\-1\\3\end{pmatrix}$；

(2) $\begin{pmatrix}2\\-1\\3\end{pmatrix}(2\quad -1\quad 3)$；

(3) $\begin{pmatrix}1&3&-1\\-2&4&0\\7&-5&0\end{pmatrix}\begin{pmatrix}2&6\\-3&1\\3&-1\end{pmatrix}$；

(4) $\begin{pmatrix}1&-1&0\\5&-3&3\end{pmatrix}\begin{pmatrix}6&-3\\0&1\\-1&0\end{pmatrix}$；

(5) $(-2\quad -1\quad 0)\begin{pmatrix}4&1&-2\\-1&0&3\\5&-8&9\end{pmatrix}$；

(6) $\begin{pmatrix}-1&0&5&2\\4&3&-6&0\end{pmatrix}\begin{pmatrix}-4&0\\2&1\\0&-1\\3&-2\end{pmatrix}\begin{pmatrix}3&7&0\\-2&2&6\end{pmatrix}$.

4. 已知

$$A=\begin{pmatrix}1 & 2 & -1\\0 & 1 & 0\\2 & -1 & 2\end{pmatrix},B=\begin{pmatrix}-2 & 0 & 1\\3 & -9 & 4\\1 & 0 & 3\end{pmatrix},$$

求:(1) $|-3B|$;(2) $|BA|$;(3) $|B^2|$.

5. 设 A 为 4 阶矩阵,且 $|A|=-3$,求 $\left|-\frac{1}{2}A\right|$.

6. 设 $A=\begin{pmatrix}2 & 1\\-1 & 2\end{pmatrix}$,2 阶矩阵 B 满足 $BA=B+2I$,求 $|B|$.

7. 设三阶矩阵 A,B 满足 $A^2B-A-B=I$,若已知 $A=\begin{pmatrix}1 & 0 & 1\\0 & 2 & 0\\-2 & 0 & 1\end{pmatrix}$,求 $|B|$.

8. 设

$$A=\begin{pmatrix}a_1 & & & \\ & a_2 & & \\ & & \ddots & \\ & & & a_n\end{pmatrix},a_1,a_2,\cdots,a_n \text{ 互不相等},$$

证明:与 A 可交换的矩阵必是对角矩阵.

9. 求与 $A=\begin{pmatrix}-1 & 1\\0 & 2\end{pmatrix}$ 可交换的所有矩阵.

10. 主对角线下(上)方元素全为零的方阵称为**上(下)三角矩阵**. 证明:两个上(下)三角矩阵的和、差及乘积仍为同阶的上(下)三角矩阵.

11. 计算:

(1) $\begin{pmatrix}1 & -1\\2 & 4\end{pmatrix}^2$;　　(2) $\begin{pmatrix}1 & 1\\0 & 0\end{pmatrix}^n$;

(3) $\begin{pmatrix}a & & \\ & b & \\ & & c\end{pmatrix}^n$;　　(4) $\begin{pmatrix}1 & 1 & 1\\0 & 1 & 1\\0 & 0 & 1\end{pmatrix}^3$.

12. 设$\boldsymbol{A}=\begin{pmatrix}1 & \lambda \\ 0 & 1\end{pmatrix}$,求$\boldsymbol{A}^2,\boldsymbol{A}^3,\cdots,\boldsymbol{A}^n$.

13. 已知$\boldsymbol{A}^6=\boldsymbol{I}$,其中$\boldsymbol{A}=\begin{pmatrix}\frac{1}{2} & -\frac{\sqrt{3}}{2} \\ \frac{\sqrt{3}}{2} & \frac{1}{2}\end{pmatrix}$,求$\boldsymbol{A}^{2017}$.

14. 设$\boldsymbol{A}$与$\boldsymbol{B}$均为n阶方阵,且满足

$$\boldsymbol{A}^2=\boldsymbol{A},\quad \boldsymbol{B}^2=\boldsymbol{B},\quad (\boldsymbol{A}+\boldsymbol{B})^2=\boldsymbol{A}+\boldsymbol{B},$$

证明:$\boldsymbol{AB}=\boldsymbol{0}$.

15. 求下列$f(\boldsymbol{A})$:

(1) $f(x)=x^2+5x+3,\boldsymbol{A}=\begin{pmatrix}1 & 3 \\ -1 & 5\end{pmatrix}$;

(2) $f(x)=-x^2-x+1,\boldsymbol{A}=\begin{pmatrix}1 & -1 & 4 \\ 0 & 2 & -1 \\ 3 & 0 & 2\end{pmatrix}$.

16. 设

$$\boldsymbol{A}=\begin{pmatrix}0 & 3 & 4 \\ 2 & -1 & 0\end{pmatrix},\quad \boldsymbol{B}=\begin{pmatrix}6 & 0 \\ 2 & -5 \\ 1 & 3\end{pmatrix},\quad \boldsymbol{C}=\begin{pmatrix}0 & 3 \\ 4 & -1\end{pmatrix},$$

求$\boldsymbol{A}^{\mathrm{T}},\boldsymbol{B}^{\mathrm{T}},(\boldsymbol{AB})^{\mathrm{T}},(\boldsymbol{ABC})^{\mathrm{T}}$.

17. 设$\boldsymbol{A},\boldsymbol{B}$都是$n$阶对称矩阵,证明:$\boldsymbol{AB}$是对称矩阵的充分必要条件是$\boldsymbol{AB}=\boldsymbol{BA}$.

18. 设矩阵

$$\boldsymbol{A}=\begin{pmatrix}a & b & c & d \\ -b & a & -d & c \\ -c & d & a & -b \\ -d & -c & b & a\end{pmatrix},$$

求:(1) $\boldsymbol{AA}^{\mathrm{T}}$;(2) $|\boldsymbol{A}|$.

19. 设 $\boldsymbol{\alpha}=(1\quad 2\quad 3)^{\mathrm{T}}$，$\boldsymbol{\beta}=\left(1\quad \frac{1}{2}\quad 0\right)^{\mathrm{T}}$，$\boldsymbol{A}=\boldsymbol{\alpha\beta}^{\mathrm{T}}$，求 $\boldsymbol{A}^3$.

B 组

1. 设 $\boldsymbol{A},\boldsymbol{B}$ 为 n 阶方阵，且 $\boldsymbol{AB}=\boldsymbol{A}+\boldsymbol{B}$，证明 $\boldsymbol{AB}=\boldsymbol{BA}$.

2. 设方阵 $\boldsymbol{A}$ 满足 $\boldsymbol{A}^2=\boldsymbol{A}$，求 $(\boldsymbol{A}+\boldsymbol{I})^n$.

3. 求 $\boldsymbol{A}^n$：

(1) $\boldsymbol{A}=\begin{pmatrix}1&0&1\\0&1&0\\0&0&1\end{pmatrix}$；　(2) $\boldsymbol{A}=\begin{pmatrix}1&1&0\\0&1&1\\0&0&1\end{pmatrix}$.

4. 设矩阵

$$\boldsymbol{P}=\begin{pmatrix}1&2\\3&4\end{pmatrix},\quad \boldsymbol{D}=\begin{pmatrix}1&0\\0&-1\end{pmatrix},\quad \boldsymbol{Q}=\begin{pmatrix}-4&2\\3&-1\end{pmatrix},$$

令 $\boldsymbol{A}=\boldsymbol{PDQ}$，求：(1) $\boldsymbol{QP}$；(2) $\boldsymbol{A},\boldsymbol{A}^{2n},\boldsymbol{A}^{2n+1}$.

5. 已知 $\boldsymbol{A}=\begin{pmatrix}1&2&3\\2&4&6\\3&6&9\end{pmatrix}$，求 $\boldsymbol{A}^n$.

6. 设 $\boldsymbol{\alpha}=(1\quad 2\quad 3\quad 4)$，$\boldsymbol{\beta}=\left(1\quad \frac{1}{2}\quad \frac{1}{3}\quad \frac{1}{4}\right)$，$\boldsymbol{A}=\boldsymbol{\alpha}^{\mathrm{T}}\boldsymbol{\beta}$，$\boldsymbol{B}=\boldsymbol{\beta\alpha}^{\mathrm{T}}$，计算 $\boldsymbol{A},\boldsymbol{B},\boldsymbol{A}^n$.

7. 设 $\boldsymbol{A}=\begin{pmatrix}\cos\theta&-\sin\theta\\\sin\theta&\cos\theta\end{pmatrix}$，求：(1) $\boldsymbol{A}^{\mathrm{T}}\boldsymbol{A}$；　(2) $\boldsymbol{A}^n$.

2.3 矩阵的逆

在 2.2 节矩阵的运算中，我们介绍了矩阵的加法、减法和乘法运算，和数的运算一样，加法与减法互为逆运算，减法可以用加法来定义，即 $\boldsymbol{A}-\boldsymbol{B}=\boldsymbol{A}+(-\boldsymbol{B})$. 在数的运算中，乘法与除法互为逆运算，除法可以用乘法来定义，即若两数 $a,b,a\neq 0$，则 $\frac{b}{a}=b\cdot\frac{1}{a}$，其中 $\frac{1}{a}$ 又称为 a 的逆，用 a^{-1} 表示，并且

$a \cdot \frac{1}{a}=1=\frac{1}{a} \cdot a, aa^{-1}=a^{-1}a=1$. 那么矩阵的乘法是否也有逆运算“除法”？是否可以像数的除法一样，用乘法来定义？本节我们来讨论这一问题.

2.3.1 可逆矩阵与逆矩阵

1. 可逆矩阵与逆矩阵的定义

定义 2.3.1 设 $\boldsymbol{A}$ 是 n 阶矩阵，若存在 n 阶矩阵 $\boldsymbol{B}$，使得

$$\boldsymbol{AB}=\boldsymbol{BA}=\boldsymbol{I}, \tag{2.4}$$

则称 $\boldsymbol{A}$ 是**可逆矩阵**，简称 $\boldsymbol{A}$ **可逆**，$\boldsymbol{B}$ 称为 $\boldsymbol{A}$ 的**逆矩阵**(inverse matrix).

注 由定义 2.3.1 知，可逆问题只能在方阵中考虑.

式(2.4)实为两个等式 $\boldsymbol{AB}=\boldsymbol{I}, \boldsymbol{BA}=\boldsymbol{I}$，它们同时成立，故按定义 2.3.1 验证$\boldsymbol{A}$ 是否可逆，要作双侧检查.

在定义中 $\boldsymbol{A}, \boldsymbol{B}$ 的地位是平等的，故 $\boldsymbol{A}$ 可逆当且仅当 $\boldsymbol{B}$ 可逆.

满足式(2.4)的 $\boldsymbol{B}$ 是唯一的. 事实上，如果有两个矩阵 $\boldsymbol{B}$ 和 $\boldsymbol{B}_1$，满足

$$\boldsymbol{AB}=\boldsymbol{BA}=\boldsymbol{I}, \quad \boldsymbol{AB}_1=\boldsymbol{B}_1\boldsymbol{A}=\boldsymbol{I},$$

则

$$\boldsymbol{B}=\boldsymbol{BI}=\boldsymbol{B}(\boldsymbol{AB}_1)=(\boldsymbol{BA})\boldsymbol{B}_1=\boldsymbol{IB}_1=\boldsymbol{B}_1,$$

故若 $\boldsymbol{A}$ 可逆，则逆矩阵是唯一的，记作 $\boldsymbol{A}^{-1}$.

例如，单位矩阵 $\boldsymbol{I}$，由于 $\boldsymbol{I} \cdot \boldsymbol{I}^{-1}=\boldsymbol{I}^{-1}\boldsymbol{I}=\boldsymbol{I}$，故 $\boldsymbol{I}^{-1}=\boldsymbol{I}$.

现在的主要问题是：什么样的矩阵是可逆的？逆矩阵如何求？

2. 矩阵可逆的条件与逆矩阵的求法

定义 2.3.2 若 n 阶矩阵 $\boldsymbol{A}$ 的行列式 $|\boldsymbol{A}| \neq 0$，则称 $\boldsymbol{A}$ 为**非奇异的矩阵**(nonsingular matrix)或**非退化的矩阵**.

定义 2.3.3 设 n 阶矩阵 $\boldsymbol{A}=(a_{ij})_n$，以 A_{ij} 表示 $\boldsymbol{A}$ 的行列式 $|\boldsymbol{A}|$ 中的元素a_{ij} 的代数余子式，矩阵

$$\boldsymbol{A}^*=\begin{pmatrix} A_{11} & A_{21} & \cdots & A_{n1} \\ A_{12} & A_{22} & \cdots & A_{n2} \\ \vdots & \vdots & & \vdots \\ A_{1n} & A_{2n} & \cdots & A_{nn} \end{pmatrix}$$

称为 $\boldsymbol{A}$ 的**伴随矩阵**(adjoint matrix).

【例 2.3.1】 设 $\boldsymbol{A}=\begin{pmatrix}2&3\\-4&1\end{pmatrix}$,求 $\boldsymbol{A}^*$.

解 $A_{11}=1,A_{12}=-(-4)=4,A_{21}=-3,A_{22}=2$,故 $\boldsymbol{A}^*=\begin{pmatrix}1&-3\\4&2\end{pmatrix}$.

注 二阶方阵的伴随矩阵的口诀是:“主”换位,“副”变号,即主对角线上两元素交换位置,副对角线上两元素变为相反数.

【例 2.3.2】 设 $\boldsymbol{A}=\begin{pmatrix}1&2&-1\\3&1&0\\-1&0&-2\end{pmatrix}$,求 $\boldsymbol{A}^*$.

解 $A_{11}=-2,A_{12}=6,A_{13}=1,A_{21}=4,A_{22}=-3,A_{23}=-2,A_{31}=1,A_{32}=-3,A_{33}=-5$,故

$$\boldsymbol{A}^*=\begin{pmatrix}-2&4&1\\6&-3&-3\\1&-2&-5\end{pmatrix}.$$

伴随矩阵具有如下性质(设 $\boldsymbol{A}$ 为 n 阶方阵,$\boldsymbol{I}$ 为 n 阶单位矩阵):

(1) $\boldsymbol{AA}^*=\boldsymbol{A}^*\boldsymbol{A}=|\boldsymbol{A}|\boldsymbol{I}$;

(2) $|\boldsymbol{A}^*|=|\boldsymbol{A}|^{n-1}$.

证 (1) 由行列式的性质知

$$a_{i1}A_{j1}+a_{i2}A_{j2}+\cdots+a_{in}A_{jn}=\begin{cases}|\boldsymbol{A}|,i=j;\\0,i\neq j,\end{cases}$$

故

$$\boldsymbol{AA}^*=\begin{pmatrix}a_{11}&a_{12}&\cdots&a_{1n}\\a_{21}&a_{22}&\cdots&a_{2n}\\\vdots&\vdots&&\vdots\\a_{n1}&a_{n2}&\cdots&a_{nn}\end{pmatrix}\begin{pmatrix}A_{11}&A_{21}&\cdots&A_{n1}\\A_{12}&A_{22}&\cdots&A_{n2}\\\vdots&\vdots&&\vdots\\A_{1n}&A_{2n}&\cdots&A_{nn}\end{pmatrix}$$

$$=\begin{pmatrix}|\boldsymbol{A}| & & & \\ & |\boldsymbol{A}| & & \\ & & \ddots & \\ & & & |\boldsymbol{A}|\end{pmatrix}=|\boldsymbol{A}|\boldsymbol{I}.$$

同理可证$\boldsymbol{A}^*\boldsymbol{A}=|\boldsymbol{A}|\boldsymbol{I}$.

(2) 在$\boldsymbol{A}\boldsymbol{A}^*=|\boldsymbol{A}|\boldsymbol{I}$两边同时取行列式,得

$$|\boldsymbol{A}\boldsymbol{A}^*|=|\boldsymbol{A}|\cdot|\boldsymbol{A}^*|=||\boldsymbol{A}|\boldsymbol{I}|=|\boldsymbol{A}|^n,$$

所以$|\boldsymbol{A}^*|=|\boldsymbol{A}|^{n-1}$.

定理 2.3.1 n阶矩阵$\boldsymbol{A}$可逆的充要条件是$\boldsymbol{A}$为非退化的矩阵,且$\boldsymbol{A}$可逆时,$\boldsymbol{A}^{-1}=\dfrac{1}{|\boldsymbol{A}|}\boldsymbol{A}^*$.

证 当$\boldsymbol{A}$可逆时,$\boldsymbol{A}\boldsymbol{A}^{-1}=\boldsymbol{I}$,两边取行列式得,$|\boldsymbol{A}\boldsymbol{A}^{-1}|=|\boldsymbol{A}|\cdot|\boldsymbol{A}^{-1}|=|\boldsymbol{I}|=1$,所以$|\boldsymbol{A}|\neq 0$,$\boldsymbol{A}$为非退化的矩阵.

反过来,若$\boldsymbol{A}$非退化,$|\boldsymbol{A}|\neq 0$,在式$\boldsymbol{A}\boldsymbol{A}^*=\boldsymbol{A}^*\boldsymbol{A}=|\boldsymbol{A}|\boldsymbol{I}$两边同时数乘$\dfrac{1}{|\boldsymbol{A}|}$,得

$$\boldsymbol{A}\left(\frac{1}{|\boldsymbol{A}|}\boldsymbol{A}^*\right)=\left(\frac{1}{|\boldsymbol{A}|}\boldsymbol{A}^*\right)\boldsymbol{A}=\boldsymbol{I},$$

从而$\boldsymbol{A}$可逆,且$\boldsymbol{A}^{-1}=\dfrac{1}{|\boldsymbol{A}|}\boldsymbol{A}^*$.

注 由定理 2.3.1 知,矩阵的“除法”只能部分地进行,即只能用可逆矩阵去“除”,可表示为$\boldsymbol{A}^{-1}\boldsymbol{B}$或$\boldsymbol{B}\boldsymbol{A}^{-1}$,这与数的除法只能用非零数去除类似.

定理 2.3.1 指出了可逆与非退化这两个概念是一致的,且现在$\boldsymbol{A}$可逆与否只需作单侧检查,即

推论 2.3.1 设n阶矩阵$\boldsymbol{A}$,若有n阶矩阵$\boldsymbol{B}$,使$\boldsymbol{A}\boldsymbol{B}=\boldsymbol{I}$,则$\boldsymbol{A}$可逆,且$\boldsymbol{A}^{-1}=\boldsymbol{B}$.

证 因为$\boldsymbol{A}\boldsymbol{B}=\boldsymbol{I}$,所以$|\boldsymbol{A}|\cdot|\boldsymbol{B}|=|\boldsymbol{I}|=1$,故$|\boldsymbol{A}|\neq 0$,$\boldsymbol{A}$非退化,从而$\boldsymbol{A}$可逆. 用$\boldsymbol{A}^{-1}$左乘等式$\boldsymbol{A}\boldsymbol{B}=\boldsymbol{I}$两边得,$\boldsymbol{A}^{-1}(\boldsymbol{A}\boldsymbol{B})=\boldsymbol{A}^{-1}\boldsymbol{I}=\boldsymbol{B}$,故$\boldsymbol{B}=\boldsymbol{A}^{-1}$.

定理 2.3.1 同时给出了一个求逆矩阵的方法:$\boldsymbol{A}^{-1}=\dfrac{1}{|\boldsymbol{A}|}\boldsymbol{A}^*$.

【例 2.3.3】 设$A=\begin{pmatrix}1&2&-1\\3&1&0\\-1&0&-2\end{pmatrix}$,求$A^{-1}$.

解 由于

$$|A|=\begin{vmatrix}1&2&-1\\3&1&0\\-1&0&-2\end{vmatrix}=9\neq0,$$

所以A可逆.

由例2.3.2知,

$$A^*=\begin{pmatrix}-2&4&1\\6&-3&-3\\1&-2&-5\end{pmatrix},$$

故

$$A^{-1}=\frac{1}{9}\begin{pmatrix}-2&4&1\\6&-3&-3\\1&-2&-5\end{pmatrix}=\begin{pmatrix}-\frac{2}{9}&\frac{4}{9}&\frac{1}{9}\\\frac{2}{3}&-\frac{1}{3}&-\frac{1}{3}\\\frac{1}{9}&-\frac{2}{9}&-\frac{5}{9}\end{pmatrix}.$$

注 当$n\geqslant4$时,利用式$A^{-1}=\frac{1}{|A|}A^*$求逆矩阵的计算量比较大,因此这种方法的实用价值不高.

3. 可逆矩阵的性质

矩阵的逆满足如下运算规律:

(1) 若A可逆,则A^{-1}也可逆,且$(A^{-1})^{-1}=A$,$|A^{-1}|=\frac{1}{|A|}$;

(2) 若A可逆,数$k\neq0$,则kA也可逆,且$(kA)^{-1}=\frac{1}{k}A^{-1}$;

(3) 若A,B为n阶可逆矩阵,则AB也可逆,且$(AB)^{-1}=B^{-1}A^{-1}$;

(4) 若 $\boldsymbol{A}$ 可逆，则 $\boldsymbol{A}^{\mathrm{T}}$ 也可逆，且 $(\boldsymbol{A}^{\mathrm{T}})^{-1}=(\boldsymbol{A}^{-1})^{\mathrm{T}}$.

证 只证(4)，其余留给读者证明.

因为 $\boldsymbol{A}$ 可逆，$|\boldsymbol{A}|\neq 0$，故 $|\boldsymbol{A}^{\mathrm{T}}|=|\boldsymbol{A}|\neq 0$，$\boldsymbol{A}^{\mathrm{T}}$ 可逆. $\boldsymbol{A}\boldsymbol{A}^{-1}=\boldsymbol{A}^{-1}\boldsymbol{A}=\boldsymbol{I}$，两边同时转置，得

$$(\boldsymbol{A}^{-1})^{\mathrm{T}}\boldsymbol{A}^{\mathrm{T}}=\boldsymbol{A}^{\mathrm{T}}(\boldsymbol{A}^{-1})^{\mathrm{T}}=\boldsymbol{I},$$

所以 $\boldsymbol{A}^{\mathrm{T}}$ 的逆矩阵是 $(\boldsymbol{A}^{-1})^{\mathrm{T}}$.

【例 2.3.4】 设 $\boldsymbol{A}$ 为 3 阶方阵，且 $|\boldsymbol{A}|=\dfrac{1}{2}$，求 $\big||\boldsymbol{A}^*|\boldsymbol{A}\big|$ 及 $|(2\boldsymbol{A})^{-1}+\boldsymbol{A}^*|$.

解 由 $|\boldsymbol{A}|=\dfrac{1}{2}$ 知，$|\boldsymbol{A}^*|=|\boldsymbol{A}|^{3-1}=\dfrac{1}{4}$，

$$\big||\boldsymbol{A}^*|\boldsymbol{A}\big|=\left|\frac{1}{4}\boldsymbol{A}\right|=\left(\frac{1}{4}\right)^3\cdot|\boldsymbol{A}|=\frac{1}{128},$$

$$\begin{aligned}|(2\boldsymbol{A})^{-1}+\boldsymbol{A}^*|&=\left|\frac{1}{2}\boldsymbol{A}^{-1}+|\boldsymbol{A}|\boldsymbol{A}^{-1}\right|=\left|\frac{1}{2}\boldsymbol{A}^{-1}+\frac{1}{2}\boldsymbol{A}^{-1}\right|\\&=|\boldsymbol{A}^{-1}|=|\boldsymbol{A}|^{-1}=2.\end{aligned}$$

定理 2.3.2 若 $\boldsymbol{AB}=\boldsymbol{AC}$，且 $\boldsymbol{A}$ 可逆，则 $\boldsymbol{B}=\boldsymbol{C}$.

证 在 $\boldsymbol{AB}=\boldsymbol{AC}$ 两边同时左乘 $\boldsymbol{A}^{-1}$，

$$\boldsymbol{A}^{-1}(\boldsymbol{AB})=\boldsymbol{A}^{-1}(\boldsymbol{AC}),$$

故 $\boldsymbol{B}=\boldsymbol{C}$.

注 同理若 $\boldsymbol{BA}=\boldsymbol{CA}$，且 $\boldsymbol{A}$ 可逆，则 $\boldsymbol{B}=\boldsymbol{C}$. 若 $\boldsymbol{AB}=\boldsymbol{0}$，$\boldsymbol{A}$ 可逆，则 $\boldsymbol{B}=\boldsymbol{0}$.

【例 2.3.5】 设矩阵 $\boldsymbol{A}$ 满足 $\boldsymbol{A}^2+\boldsymbol{A}-8\boldsymbol{I}=\boldsymbol{0}$，

(1) 证明：$\boldsymbol{A}-2\boldsymbol{I}$ 可逆；

(2) 设 $\boldsymbol{X}$ 与 $\boldsymbol{A}$ 有关系 $\boldsymbol{AX}+2(\boldsymbol{A}+3\boldsymbol{I})^{-1}\boldsymbol{A}=2\boldsymbol{X}+2\boldsymbol{I}$，求 $\boldsymbol{X}$.

证 (1) 由 $\boldsymbol{A}^2+\boldsymbol{A}-8\boldsymbol{I}=\boldsymbol{0}$ 得，$(\boldsymbol{A}-2\boldsymbol{I})(\boldsymbol{A}+3\boldsymbol{I})=2\boldsymbol{I}$，故 $(\boldsymbol{A}-2\boldsymbol{I})\left[\dfrac{1}{2}(\boldsymbol{A}+3\boldsymbol{I})\right]=\boldsymbol{I}$，所以 $\boldsymbol{A}-2\boldsymbol{I}$ 可逆，且 $(\boldsymbol{A}-2\boldsymbol{I})^{-1}=\dfrac{1}{2}(\boldsymbol{A}+3\boldsymbol{I})$.

(2) 由 $\boldsymbol{AX}+2(\boldsymbol{A}+3\boldsymbol{I})^{-1}\boldsymbol{A}=2\boldsymbol{X}+2\boldsymbol{I}$，得

$$(\boldsymbol{A}-2\boldsymbol{I})\boldsymbol{X}=2\boldsymbol{I}-2(\boldsymbol{A}+3\boldsymbol{I})^{-1}\boldsymbol{A}$$

$$\begin{aligned}\boldsymbol{X}&=(\boldsymbol{A}-2\boldsymbol{I})^{-1}[2\boldsymbol{I}-2(\boldsymbol{A}+3\boldsymbol{I})^{-1}\boldsymbol{A}]\\&=\frac{1}{2}(\boldsymbol{A}+3\boldsymbol{I})[2\boldsymbol{I}-2(\boldsymbol{A}+3\boldsymbol{I})^{-1}\boldsymbol{A}]\\&=\boldsymbol{A}+3\boldsymbol{I}-\boldsymbol{A}\\&=3\boldsymbol{I}.\end{aligned}$$

【例 2.3.6】 设 $\boldsymbol{P}=\begin{pmatrix}1&0&0\\2&-1&0\\2&1&1\end{pmatrix}$，$\boldsymbol{\Lambda}=\begin{pmatrix}1&&\\&0&\\&&-1\end{pmatrix}$，$\boldsymbol{AP}=\boldsymbol{P\Lambda}$，求 $\boldsymbol{A}$ 及 $\boldsymbol{A}^n$.

解 因 $|\boldsymbol{P}|=-1\neq0$，故 $\boldsymbol{P}$ 可逆，$\boldsymbol{P}^{-1}=\begin{pmatrix}1&0&0\\2&-1&0\\-4&1&1\end{pmatrix}$. 由 $\boldsymbol{AP}=\boldsymbol{P\Lambda}$ 得，$\boldsymbol{APP}^{-1}=\boldsymbol{P\Lambda P}^{-1}$，所以

$$\boldsymbol{A}=\boldsymbol{P\Lambda P}^{-1}=\begin{pmatrix}1&0&0\\2&-1&0\\2&1&1\end{pmatrix}\begin{pmatrix}1&&\\&0&\\&&-1\end{pmatrix}\begin{pmatrix}1&0&0\\2&-1&0\\-4&1&1\end{pmatrix}$$

$$=\begin{pmatrix}1&0&0\\2&0&0\\6&-1&-1\end{pmatrix},$$

$$\boldsymbol{A}^2=\boldsymbol{P\Lambda P}^{-1}\cdot\boldsymbol{P\Lambda P}^{-1}=\boldsymbol{P\Lambda}^2\boldsymbol{P}^{-1},$$

$$\cdots$$

$$\boldsymbol{A}^n=\boldsymbol{P\Lambda}^n\boldsymbol{P}^{-1}=\begin{pmatrix}1&0&0\\2&-1&0\\2&1&1\end{pmatrix}\begin{pmatrix}1&&\\&0&\\&&(-1)^n\end{pmatrix}\begin{pmatrix}1&0&0\\2&-1&0\\-4&1&1\end{pmatrix}$$

$$=\begin{pmatrix}1&0&0\\2&0&0\\2-4(-1)^n&(-1)^n&(-1)^n\end{pmatrix}.$$

【例 2.3.7】 在密码学中，一种信息编码与解码的技巧是利用可逆矩阵及其逆矩阵对需要发送的消息进行加密和译码，其具体的做法是：先在 26 个英文字母与数字间建立一一对应，即

$$\begin{matrix} A & B & C & \cdots & X & Y & Z \\ \updownarrow & \updownarrow & \updownarrow & \cdots & \updownarrow & \updownarrow & \updownarrow \\ 1 & 2 & 3 & \cdots & 24 & 25 & 26 \end{matrix}$$

现在要发送信息"ACTION"，则对应的编码为：1，3，20，9，15，14，将其按列写成一个矩阵 $\boldsymbol{B}=\begin{pmatrix} 1 & 9 \\ 3 & 15 \\ 20 & 14 \end{pmatrix}$. 如果直接发送矩阵 $\boldsymbol{B}$，很容易被人破译，因此，考虑利用矩阵乘法来进行加密. 任选一个三阶可逆矩阵 $\boldsymbol{A}=\begin{pmatrix} 1 & 2 & 3 \\ 1 & 1 & 2 \\ 0 & 1 & 2 \end{pmatrix}$，将要发出的信息矩阵经乘以 $\boldsymbol{A}$ 变成密码

$$\boldsymbol{AB}=\begin{pmatrix} 1 & 2 & 3 \\ 1 & 1 & 2 \\ 0 & 1 & 2 \end{pmatrix}\begin{pmatrix} 1 & 9 \\ 3 & 15 \\ 20 & 14 \end{pmatrix}=\begin{pmatrix} 67 & 81 \\ 44 & 52 \\ 43 & 43 \end{pmatrix}$$

后发出，当收到信息 $\begin{pmatrix} 67 & 81 \\ 44 & 52 \\ 43 & 43 \end{pmatrix}$ 后，解码，即用 $\boldsymbol{A}$ 的逆矩阵 $\boldsymbol{A}^{-1}=\begin{pmatrix} 0 & 1 & -1 \\ 2 & -2 & -1 \\ -1 & 1 & 1 \end{pmatrix}$ 从密码中恢复明码

$$\boldsymbol{A}^{-1}\begin{pmatrix} 67 & 81 \\ 44 & 52 \\ 43 & 43 \end{pmatrix}=\begin{pmatrix} 1 & 9 \\ 3 & 15 \\ 20 & 14 \end{pmatrix},$$

最后，反过来将数字换成英文字母即可得到信息"ACTION".

为了使保密性更强，用于加密的矩阵 $\boldsymbol{A}$ 的阶数可能很大. 随着科学技术

的不断发展，加密的方法也越来越多，难度也越来越大，更有可能综合运用到如数论、组合数学和概率统计等多门学科.

2.3.2 克莱姆(Cramer)法则的矩阵证明

利用矩阵的逆，可以给出克莱姆法则的另一种推导法. 令 $\boldsymbol{A}=(a_{ij})_n$，$x=(x_1,x_2,\cdots,x_n)^{\mathrm{T}}$，$\boldsymbol{b}=(b_1,b_2,\cdots,b_n)^{\mathrm{T}}$，将方程组表示为矩阵形式 $\boldsymbol{Ax}=\boldsymbol{b}$.

(1) 先证有唯一解. 设 $\boldsymbol{C}=(c_1,c_2,\cdots,c_n)^{\mathrm{T}}$ 是方程组的一个解，于是 $\boldsymbol{AC}=\boldsymbol{b}$. 因 $|\boldsymbol{A}|\neq 0$，故 $\boldsymbol{A}$ 可逆，则 $\boldsymbol{A}^{-1}\boldsymbol{AC}=\boldsymbol{A}^{-1}\boldsymbol{b}$，

$$\boldsymbol{C}=\boldsymbol{A}^{-1}\boldsymbol{b}=\frac{1}{|\boldsymbol{A}|}\boldsymbol{A}^{*}\boldsymbol{b}=\frac{1}{|\boldsymbol{A}|}\begin{pmatrix}A_{11} & A_{21} & \cdots & A_{n1}\\ A_{12} & A_{22} & \cdots & A_{n2}\\ \vdots & \vdots & & \vdots\\ A_{1n} & A_{2n} & \cdots & A_{nn}\end{pmatrix}\begin{pmatrix}b_1\\ b_2\\ \vdots\\ b_n\end{pmatrix}$$

$$=\frac{1}{|\boldsymbol{A}|}\begin{pmatrix}D_1\\ D_2\\ \vdots\\ D_n\end{pmatrix}=\begin{pmatrix}c_1\\ c_2\\ \vdots\\ c_n\end{pmatrix},$$

故 $c_i=\dfrac{D_i}{D}$，$i=1,2,\cdots,n$，从而方程组有唯一解.

(2) 再证解存在. 由于 $\boldsymbol{AC}=\boldsymbol{A}(\boldsymbol{A}^{-1}\boldsymbol{b})=\boldsymbol{b}$，故解存在，且解为 $\begin{pmatrix}\dfrac{D_1}{D}\\ \dfrac{D_2}{D}\\ \vdots\\ \dfrac{D_n}{D}\end{pmatrix}$.

【例 2.3.8】 用求逆矩阵的方法解线性方程组

$$\begin{cases}x_1+2x_2+3x_3=1,\\ 4x_1+5x_2+6x_3=-1,\\ 7x_1+8x_2+10x_3=0.\end{cases}$$

解 将方程组表示为矩阵乘积形式，即

$$\begin{pmatrix}1 & 2 & 3\\ 4 & 5 & 6\\ 7 & 8 & 10\end{pmatrix}\begin{pmatrix}x_1\\ x_2\\ x_3\end{pmatrix}=\begin{pmatrix}1\\ -1\\ 0\end{pmatrix},$$

所以,

$$\begin{pmatrix}x_1\\ x_2\\ x_3\end{pmatrix}=\begin{pmatrix}1 & 2 & 3\\ 4 & 5 & 6\\ 7 & 8 & 10\end{pmatrix}^{-1}\begin{pmatrix}1\\ -1\\ 0\end{pmatrix}=\begin{pmatrix}-\frac{2}{3} & -\frac{4}{3} & 1\\ -\frac{2}{3} & \frac{11}{3} & -2\\ 1 & -2 & 1\end{pmatrix}\begin{pmatrix}1\\ -1\\ 0\end{pmatrix}=\begin{pmatrix}\frac{2}{3}\\ -\frac{13}{3}\\ 3\end{pmatrix},$$

故原方程的解为 $x_1=\frac{2}{3}, x_2=-\frac{13}{3}, x_3=3$.

习题 2.3

A 组

1. 判断下列矩阵是否可逆,若可逆,求其逆矩阵:

(1) $\begin{pmatrix}2 & 2\\ 6 & -3\end{pmatrix}$;　　(2) $\begin{pmatrix}a & b\\ c & d\end{pmatrix}$;

(3) $\begin{pmatrix}1 & 2 & 3\\ 0 & 1 & 2\\ 0 & 0 & 1\end{pmatrix}$;　　(4) $\begin{pmatrix}2 & 1 & 0\\ 1 & 1 & 4\\ 2 & 0 & 1\end{pmatrix}$;

(5) $\begin{pmatrix}1 & 2 & 3 & 4\\ 0 & 1 & 2 & 3\\ 0 & 0 & 1 & 2\\ 0 & 0 & 0 & 1\end{pmatrix}$;　　(6) $\begin{pmatrix}a_1 & & & \\ & a_2 & & \\ & & \ddots & \\ & & & a_n\end{pmatrix}\begin{pmatrix}a_i\neq 0,\\ i=1,2,\cdots,n\end{pmatrix}$.

2. 当 k 取何值时,矩阵 $\boldsymbol{A}=\begin{pmatrix}1 & 0 & 0\\ 0 & k & 0\\ 1 & -1 & 1\end{pmatrix}$ 可逆,并求其逆.

3. 设$\boldsymbol{A}=\begin{pmatrix}2&2&3\\1&-1&0\\-1&2&1\end{pmatrix}$,求矩阵$\boldsymbol{X}$,使:

(1) $\boldsymbol{AX}=\begin{pmatrix}1&-1&1\\1&1&0\\2&1&1\end{pmatrix}$;　　(2) $\boldsymbol{XA}=\begin{pmatrix}1&-1&1\\1&1&0\\2&1&1\end{pmatrix}$.

4. 已知矩阵$\boldsymbol{A}=\begin{pmatrix}1&0&1\\0&1&4\\2&0&5\end{pmatrix}$,$\boldsymbol{B}=\begin{pmatrix}2&1\\1&2\end{pmatrix}$,$\boldsymbol{C}=\begin{pmatrix}1&0\\3&1\\0&2\end{pmatrix}$,且$\boldsymbol{AXB}=\boldsymbol{C}$,求矩阵$\boldsymbol{X}$.

5. 解矩阵方程$\boldsymbol{AX}+4\boldsymbol{I}=2\boldsymbol{X}+\boldsymbol{A}^2$,其中$\boldsymbol{A}=\begin{pmatrix}1&2&2\\2&1&-2\\2&-2&1\end{pmatrix}$.

6. 设$\boldsymbol{A}^{-1}\boldsymbol{BA}=6\boldsymbol{A}+\boldsymbol{BA}$,$\boldsymbol{A}=\begin{pmatrix}\frac{1}{3}&&\\&\frac{1}{4}&\\&&\frac{1}{7}\end{pmatrix}$,求$\boldsymbol{B}$.

7. 证明:若$\boldsymbol{A}$可逆,则$\boldsymbol{A}^*$可逆.若$\boldsymbol{A}=\begin{pmatrix}3&0&3\\-1&2&4\\1&-2&0\end{pmatrix}$,求$(\boldsymbol{A}^*)^{-1}$.

8. 证明:若$\boldsymbol{A}^k=\boldsymbol{0}$($k$是正整数),则$(\boldsymbol{I}-\boldsymbol{A})^{-1}=\boldsymbol{I}+\boldsymbol{A}+\boldsymbol{A}^2+\cdots+\boldsymbol{A}^{k-1}$.

9. 设$\boldsymbol{A}$是n阶可逆矩阵,证明:

(1) $(\boldsymbol{A}^*)^{-1}=(\boldsymbol{A}^{-1})^*$;　　(2) $(\boldsymbol{A}^*)^{\mathrm{T}}=(\boldsymbol{A}^{\mathrm{T}})^*$;

(3) $(k\boldsymbol{A})^*=k^{n-1}\boldsymbol{A}^*$;　　(4) $(\boldsymbol{A}^*)^*=|\boldsymbol{A}|^{n-2}\boldsymbol{A}$;

(5) 若$\boldsymbol{A}$,$\boldsymbol{B}$是同阶的可逆矩阵,则$(\boldsymbol{AB})^*=\boldsymbol{B}^*\boldsymbol{A}^*$.

10. 设$\boldsymbol{A}$为3阶方阵,$|\boldsymbol{A}|=-3$,求$|-2\boldsymbol{A}^{-1}|$,$|\boldsymbol{A}^*|$,$||\boldsymbol{A}^*|\boldsymbol{A}|$及$\left|\left(\frac{1}{3}\boldsymbol{A}\right)^{-1}-2\boldsymbol{A}^*\right|$.

11. 设矩阵 $\boldsymbol{A}$ 满足方程 $\boldsymbol{A}^2+2\boldsymbol{A}-4\boldsymbol{I}=\boldsymbol{0}$,证明 $\boldsymbol{A}-\boldsymbol{I}$ 及 $\boldsymbol{A}+3\boldsymbol{I}$ 都可逆,用 $\boldsymbol{A}$ 表示它们的逆.

12. 分别运用克莱姆法则和逆矩阵解下列线性方程组:

(1) $\begin{cases}x_1+x_2-2x_3=-3,\\5x_1-2x_2+7x_3=22,\\2x_1-5x_2+4x_3=4;\end{cases}$ (2) $\begin{cases}x_1-2x_2-5x_3=1,\\-2x_1-2x_2+3x_3=-1,\\3x_1+6x_2+7x_3=1.\end{cases}$

B 组

1. 设 $\boldsymbol{A},\boldsymbol{B}$ 是 n 阶矩阵,证明:如果 $\boldsymbol{I}+\boldsymbol{AB}$ 可逆,则 $\boldsymbol{I}+\boldsymbol{BA}$ 也可逆,且 $(\boldsymbol{I}+\boldsymbol{BA})^{-1}=\boldsymbol{I}-\boldsymbol{B}(\boldsymbol{I}+\boldsymbol{AB})^{-1}\boldsymbol{A}$.

2. 已知 $\boldsymbol{A},\boldsymbol{B}$ 为 3 阶矩阵,且满足 $2\boldsymbol{A}^{-1}\boldsymbol{B}=\boldsymbol{B}-4\boldsymbol{I}$,

(1) 证明:矩阵 $\boldsymbol{A}-2\boldsymbol{I}$ 可逆;

(2) 若 $\boldsymbol{B}=\begin{pmatrix}1&-2&0\\1&2&0\\0&0&2\end{pmatrix}$,求矩阵 $\boldsymbol{A}$.

3. 已知矩阵 $\boldsymbol{A}=\begin{pmatrix}1&0&0\\2&-\frac{1}{3}&0\\0&-2&1\end{pmatrix}$,$\boldsymbol{B}=(\boldsymbol{A}+\boldsymbol{I})^{-1}(\boldsymbol{A}-\boldsymbol{I})$,求矩阵 $(\boldsymbol{I}+\boldsymbol{B})^{-1}$.

4. 设 $\boldsymbol{P}=\begin{pmatrix}1&1&-1\\2&1&0\\2&0&1\end{pmatrix}$,$\boldsymbol{\Lambda}=\begin{pmatrix}1&&\\&2&\\&&2\end{pmatrix}$,$\boldsymbol{AP}=\boldsymbol{P\Lambda}$,求 $\boldsymbol{A}^n$.

2.4 矩阵的分块

2.4.1 矩阵分块的概念

在处理阶数较高的矩阵或矩阵有成块的元素为零时,经常把矩阵分割成一些小块,以给出更简单的表达方式和计算过程,这些小块称为**子块**或**子矩阵**(submatrix).

例如

$$A=\left(\begin{array}{cc:cc}1&0&0&0\\0&1&0&0\\ \hdashline 0&0&1&0\\2&1&0&1\end{array}\right),$$

令 $A_{11}=\begin{pmatrix}1&0\\0&1\end{pmatrix}$，$A_{12}=\begin{pmatrix}0&0\\0&0\end{pmatrix}$，$A_{21}=\begin{pmatrix}0&0\\2&1\end{pmatrix}$，$A_{22}=\begin{pmatrix}1&0\\0&1\end{pmatrix}$，于是

$$A=\begin{pmatrix}A_{11}&A_{12}\\A_{21}&A_{22}\end{pmatrix}$$

可以看成是一个两行两列的分块矩阵.

又如

$$A=\left(\begin{array}{ccc:c}1&0&0&0\\0&1&0&0\\0&0&1&0\\ \hdashline 2&1&0&1\end{array}\right),$$

令 $B_{11}=\begin{pmatrix}1&0&0\\0&1&0\\0&0&1\end{pmatrix}$，$B_{12}=\begin{pmatrix}0\\0\\0\end{pmatrix}$，$B_{21}=(2\quad 1\quad 0)$，$B_{22}=(1)$，于是

$$A=\begin{pmatrix}B_{11}&B_{12}\\B_{21}&B_{22}\end{pmatrix}.$$

由此可见，对矩阵分块的方式是任意的. 一个矩阵 A_{mn} 可以看成由一个块组成的分块阵，可以看成每个元素是一个小块组成的分块阵，还可以将每一行看成一个小块 $A=\begin{pmatrix}A_1\\A_2\\\vdots\\A_m\end{pmatrix}$ 或每一列看成一个小块 $A=(B_1,B_2,\cdots,B_n)$ 组成的分块阵. 究竟选用何种分法，一般要根据给定矩阵元素的特点和运算的目的或要求来选择.

2.4.2 分块矩阵的运算

矩阵分块后的运算法则与一般矩阵的运算法则类似.

1. 加法

设 $\boldsymbol{A}=(a_{ij})$ 与 $\boldsymbol{B}=(b_{ij})$ 是 $m\times n$ 矩阵，将 $\boldsymbol{A},\boldsymbol{B}$ 按同一分法分块，即

$$\boldsymbol{A}=\begin{pmatrix}\boldsymbol{A}_{11} & \boldsymbol{A}_{12} & \cdots & \boldsymbol{A}_{1r}\\ \boldsymbol{A}_{21} & \boldsymbol{A}_{22} & \cdots & \boldsymbol{A}_{2r}\\ \vdots & \vdots & & \vdots\\ \boldsymbol{A}_{t1} & \boldsymbol{A}_{t2} & \cdots & \boldsymbol{A}_{tr}\end{pmatrix},\boldsymbol{B}=\begin{pmatrix}\boldsymbol{B}_{11} & \boldsymbol{B}_{12} & \cdots & \boldsymbol{B}_{1r}\\ \boldsymbol{B}_{21} & \boldsymbol{B}_{22} & \cdots & \boldsymbol{B}_{2r}\\ \vdots & \vdots & & \vdots\\ \boldsymbol{B}_{t1} & \boldsymbol{B}_{t2} & \cdots & \boldsymbol{B}_{tr}\end{pmatrix},$$

其中 $\boldsymbol{A}_{ij}$ 与 $\boldsymbol{B}_{ij}$ 同型，则

$$\boldsymbol{A}+\boldsymbol{B}=\begin{pmatrix}\boldsymbol{A}_{11}+\boldsymbol{B}_{11} & \boldsymbol{A}_{12}+\boldsymbol{B}_{12} & \cdots & \boldsymbol{A}_{1r}+\boldsymbol{B}_{1r}\\ \boldsymbol{A}_{21}+\boldsymbol{B}_{21} & \boldsymbol{A}_{22}+\boldsymbol{B}_{22} & \cdots & \boldsymbol{A}_{2r}+\boldsymbol{B}_{2r}\\ \vdots & \vdots & & \vdots\\ \boldsymbol{A}_{t1}+\boldsymbol{B}_{t1} & \boldsymbol{A}_{t2}+\boldsymbol{B}_{t2} & \cdots & \boldsymbol{A}_{tr}+\boldsymbol{B}_{tr}\end{pmatrix}.$$

2. 数乘

设 $\boldsymbol{A}$ 是 $m\times n$ 矩阵，k 是任意实数，对 $\boldsymbol{A}$ 的某种分块方式，有

$$k\boldsymbol{A}=k\begin{pmatrix}\boldsymbol{A}_{11} & \boldsymbol{A}_{12} & \cdots & \boldsymbol{A}_{1r}\\ \boldsymbol{A}_{21} & \boldsymbol{A}_{22} & \cdots & \boldsymbol{A}_{2r}\\ \vdots & \vdots & & \vdots\\ \boldsymbol{A}_{t1} & \boldsymbol{A}_{t2} & \cdots & \boldsymbol{A}_{tr}\end{pmatrix}=\begin{pmatrix}k\boldsymbol{A}_{11} & k\boldsymbol{A}_{12} & \cdots & k\boldsymbol{A}_{1r}\\ k\boldsymbol{A}_{21} & k\boldsymbol{A}_{22} & \cdots & k\boldsymbol{A}_{2r}\\ \vdots & \vdots & & \vdots\\ k\boldsymbol{A}_{t1} & k\boldsymbol{A}_{t2} & \cdots & k\boldsymbol{A}_{tr}\end{pmatrix}.$$

3. 乘法

设 $\boldsymbol{A}=(a_{ij})_{sn}$，$\boldsymbol{B}=(b_{ij})_{nm}$，将 $\boldsymbol{A},\boldsymbol{B}$ 分块，使对 $\boldsymbol{A}$ 的列的分法与对 $\boldsymbol{B}$ 的行的分法一致，即

$$\boldsymbol{A}=\begin{array}{c}\begin{pmatrix}\boldsymbol{A}_{11} & \boldsymbol{A}_{12} & \cdots & \boldsymbol{A}_{1l}\\ \boldsymbol{A}_{21} & \boldsymbol{A}_{22} & \cdots & \boldsymbol{A}_{2l}\\ \vdots & \vdots & & \vdots\\ \boldsymbol{A}_{t1} & \boldsymbol{A}_{t2} & \cdots & \boldsymbol{A}_{tl}\end{pmatrix}\begin{matrix}s_1\\ s_2\\ \vdots\\ s_t\end{matrix}\\ \begin{matrix}n_1 & n_2 & \cdots & n_l\end{matrix}\end{array},\quad \boldsymbol{B}=\begin{array}{c}\begin{pmatrix}\boldsymbol{B}_{11} & \boldsymbol{B}_{12} & \cdots & \boldsymbol{B}_{1r}\\ \boldsymbol{B}_{21} & \boldsymbol{B}_{22} & \cdots & \boldsymbol{B}_{2r}\\ \vdots & \vdots & & \vdots\\ \boldsymbol{B}_{l1} & \boldsymbol{B}_{l2} & \cdots & \boldsymbol{B}_{lr}\end{pmatrix}\begin{matrix}n_1\\ n_2\\ \vdots\\ n_l\end{matrix}\\ \begin{matrix}m_1 & m_2 & \cdots & m_r\end{matrix}\end{array},$$

其中 $\boldsymbol{A}_{i1},\boldsymbol{A}_{i2},\cdots,\boldsymbol{A}_{il}$ 的列数分别等于 $\boldsymbol{B}_{1j},\boldsymbol{B}_{2j},\cdots,\boldsymbol{B}_{lj}$ 的行数，则

$$C=\begin{pmatrix} C_{11} & C_{12} & \cdots & C_{1r} \\ C_{21} & C_{22} & \cdots & C_{2r} \\ \vdots & \vdots & & \vdots \\ C_{t1} & C_{t2} & \cdots & C_{tr} \end{pmatrix}\begin{matrix} s_1 \\ s_2 \\ \vdots \\ s_t \end{matrix},$$
$$\quad m_1 \quad m_2 \quad \cdots \quad m_r$$

其中 $C_{pq}=A_{p1}B_{1q}+A_{p2}B_{2q}+\cdots+A_{pl}B_{lq}$.

【例 2.4.1】 设

$$A=\begin{pmatrix} 1 & 0 & 0 & 0 \\ 0 & 1 & 0 & 0 \\ -1 & 3 & 1 & 0 \\ 1 & 2 & 0 & 1 \end{pmatrix},\quad B=\begin{pmatrix} 1 & 0 & 3 \\ 2 & -1 & 4 \\ -1 & 0 & 1 \\ 5 & 1 & 5 \end{pmatrix},$$

用分块法求 AB.

解

$$A=\left(\begin{array}{cc:cc} 1 & 0 & 0 & 0 \\ 0 & 1 & 0 & 0 \\ \hdashline -1 & 3 & 1 & 0 \\ 1 & 2 & 0 & 1 \end{array}\right)=\begin{pmatrix} I & 0 \\ A_1 & I \end{pmatrix},$$

$$B=\left(\begin{array}{ccc} 1 & 0 & 3 \\ 2 & -1 & 4 \\ \hdashline -1 & 0 & 1 \\ 5 & 1 & 5 \end{array}\right)=\begin{pmatrix} B_1 \\ B_2 \end{pmatrix},$$

则

$$AB=\begin{pmatrix} I & 0 \\ A_1 & I \end{pmatrix}\begin{pmatrix} B_1 \\ B_2 \end{pmatrix}=\begin{pmatrix} B_1 \\ A_1B_1+B_2 \end{pmatrix},$$

由于

$$A_1B_1+B_2=\begin{pmatrix} -1 & 3 \\ 1 & 2 \end{pmatrix}\begin{pmatrix} 1 & 0 & 3 \\ 2 & -1 & 4 \end{pmatrix}+\begin{pmatrix} -1 & 0 & 1 \\ 5 & 1 & 5 \end{pmatrix}$$
$$=\begin{pmatrix} 4 & -3 & 10 \\ 10 & -1 & 16 \end{pmatrix},$$

故

$$\boldsymbol{AB}=\begin{pmatrix}1 & 0 & 3\\ 2 & -1 & 4\\ 4 & -3 & 10\\ 10 & -1 & 16\end{pmatrix}.$$

【例 2.4.2】 证明:$\boldsymbol{AB}=\boldsymbol{0}$当且仅当 $\boldsymbol{B}$ 的列组是方程 $\boldsymbol{AX}=\boldsymbol{0}$的解组.

证 设 $\boldsymbol{B}=(\boldsymbol{B}_1,\boldsymbol{B}_2,\cdots,\boldsymbol{B}_n)$,则由分块矩阵的乘法,

$$\begin{aligned}\boldsymbol{AB}&=\boldsymbol{A}(\boldsymbol{B}_1,\boldsymbol{B}_2,\cdots,\boldsymbol{B}_n)=(\boldsymbol{AB}_1,\boldsymbol{AB}_2,\cdots,\boldsymbol{AB}_n)\\&=\boldsymbol{0}=(\boldsymbol{0},\boldsymbol{0},\cdots,\boldsymbol{0}),\end{aligned}$$

所以 $\boldsymbol{AB}_i=\boldsymbol{0},i=1,2,\cdots,n$,当且仅当 $\boldsymbol{B}_i$ 是方程 $\boldsymbol{AX}=\boldsymbol{0}$ 的解组.

4. 转置

设 $\boldsymbol{A}$ 是 $m\times n$ 矩阵,对 $\boldsymbol{A}$ 的某种分块方式,有

$$\boldsymbol{A}^{\mathrm{T}}=\begin{pmatrix}\boldsymbol{A}_{11} & \boldsymbol{A}_{12} & \cdots & \boldsymbol{A}_{1r}\\ \boldsymbol{A}_{21} & \boldsymbol{A}_{22} & \cdots & \boldsymbol{A}_{2r}\\ \vdots & \vdots & & \vdots\\ \boldsymbol{A}_{t1} & \boldsymbol{A}_{t2} & \cdots & \boldsymbol{A}_{tr}\end{pmatrix}^{\mathrm{T}}=\begin{pmatrix}\boldsymbol{A}_{11}^{\mathrm{T}} & \boldsymbol{A}_{21}^{\mathrm{T}} & \cdots & \boldsymbol{A}_{t1}^{\mathrm{T}}\\ \boldsymbol{A}_{12}^{\mathrm{T}} & \boldsymbol{A}_{22}^{\mathrm{T}} & \cdots & \boldsymbol{A}_{t2}^{\mathrm{T}}\\ \vdots & \vdots & & \vdots\\ \boldsymbol{A}_{1r}^{\mathrm{T}} & \boldsymbol{A}_{2r}^{\mathrm{T}} & \cdots & \boldsymbol{A}_{tr}^{\mathrm{T}}\end{pmatrix}.$$

5. 准对角矩阵及其运算

定义 2.4.1 设 $\boldsymbol{A}_i$ 是 n_i 阶方阵,称形如

$$\boldsymbol{A}=\begin{pmatrix}\boldsymbol{A}_1 & & & \\ & \boldsymbol{A}_2 & & \\ & & \ddots & \\ & & & \boldsymbol{A}_s\end{pmatrix}$$

的方阵为**分块对角矩阵**(block diagonal matrix)或**准对角矩阵**.

若 $\boldsymbol{A}_i$ 都是一阶的,则 $\boldsymbol{A}$ 即为对角阵.

两个分法相同的准对角阵

$$\boldsymbol{A}=\begin{pmatrix}\boldsymbol{A}_1 & & & \\ & \boldsymbol{A}_2 & & \\ & & \ddots & \\ & & & \boldsymbol{A}_s\end{pmatrix},\quad \boldsymbol{B}=\begin{pmatrix}\boldsymbol{B}_1 & & & \\ & \boldsymbol{B}_2 & & \\ & & \ddots & \\ & & & \boldsymbol{B}_s\end{pmatrix},$$

即 $\boldsymbol{A}_i$ 的阶数与 $\boldsymbol{B}_i$ 的阶数相同,则

$$\boldsymbol{A}+\boldsymbol{B}=\begin{pmatrix}\boldsymbol{A}_1+\boldsymbol{B}_1 & & & \\ & \boldsymbol{A}_2+\boldsymbol{B}_2 & & \\ & & \ddots & \\ & & & \boldsymbol{A}_s+\boldsymbol{B}_s\end{pmatrix},\quad k\boldsymbol{A}=\begin{pmatrix}k\boldsymbol{A}_1 & & & \\ & k\boldsymbol{A}_2 & & \\ & & \ddots & \\ & & & k\boldsymbol{A}_s\end{pmatrix},$$

$$\boldsymbol{AB}=\begin{pmatrix}\boldsymbol{A}_1\boldsymbol{B}_1 & & & \\ & \boldsymbol{A}_2\boldsymbol{B}_2 & & \\ & & \ddots & \\ & & & \boldsymbol{A}_s\boldsymbol{B}_s\end{pmatrix},$$

$$|\boldsymbol{A}|=|\boldsymbol{A}_1|\cdot|\boldsymbol{A}_2|\cdot\cdots\cdot|\boldsymbol{A}_s|,$$

又若 $\boldsymbol{A}_i$ 都可逆,则

$$\boldsymbol{A}^{-1}=\begin{pmatrix}\boldsymbol{A}_1^{-1} & & & \\ & \boldsymbol{A}_2^{-1} & & \\ & & \ddots & \\ & & & \boldsymbol{A}_s^{-1}\end{pmatrix}.$$

证明略.

【例 2.4.3】 设矩阵

$$\boldsymbol{A}=\begin{pmatrix}1 & 2 & 0 & 0\\ 2 & 5 & 0 & 0\\ 0 & 0 & -1 & -4\\ 0 & 0 & 3 & 6\end{pmatrix},$$

求 $|\boldsymbol{A}^8|$ 及 $\boldsymbol{A}^{-1}$.

解 直接计算 $\boldsymbol{A}^8$ 比较麻烦,我们利用分块矩阵,对 $\boldsymbol{A}$ 分块如下,

$$\boldsymbol{A}=\left(\begin{array}{cc:cc}1 & 2 & 0 & 0\\ 2 & 5 & 0 & 0\\ \hdashline 0 & 0 & -1 & -4\\ 0 & 0 & 3 & 6\end{array}\right)=\begin{pmatrix}\boldsymbol{A}_1 & \boldsymbol{0}\\ \boldsymbol{0} & \boldsymbol{A}_2\end{pmatrix},$$

则 $|\boldsymbol{A}_1|=\begin{vmatrix}1 & 2\\ 2 & 5\end{vmatrix}=1$, $|\boldsymbol{A}_2|=\begin{vmatrix}-1 & -4\\ 3 & 6\end{vmatrix}=6$,所以

$$|\boldsymbol{A}|=|\boldsymbol{A}_1|\cdot|\boldsymbol{A}_2|=1\times 6=6,$$
$$|\boldsymbol{A}^8|=|\boldsymbol{A}|^8=6^8.$$

$$\boldsymbol{A}_1^{-1}=\begin{pmatrix}5 & -2\\ -2 & 1\end{pmatrix},\boldsymbol{A}_2^{-1}=\frac{1}{6}\begin{pmatrix}6 & 4\\ -3 & -1\end{pmatrix}=\begin{pmatrix}1 & \frac{2}{3}\\ -\frac{1}{2} & -\frac{1}{6}\end{pmatrix},$$

故

$$\boldsymbol{A}^{-1}=\begin{pmatrix}\boldsymbol{A}_1^{-1} & \boldsymbol{0}\\ \boldsymbol{0} & \boldsymbol{A}_2^{-1}\end{pmatrix}=\begin{pmatrix}5 & -2 & 0 & 0\\ -2 & 1 & 0 & 0\\ 0 & 0 & 1 & \frac{2}{3}\\ 0 & 0 & -\frac{1}{2} & -\frac{1}{6}\end{pmatrix}.$$

【例 2.4.4】 设分块矩阵

$$\boldsymbol{D}=\begin{pmatrix}\boldsymbol{A} & \boldsymbol{0}\\ \boldsymbol{C} & \boldsymbol{B}\end{pmatrix},$$

其中 $\boldsymbol{A},\boldsymbol{B}$ 分别是 k 阶和 r 阶可逆矩阵，证明 $\boldsymbol{D}$ 可逆，并求 $\boldsymbol{D}^{-1}$.

证 设 $\boldsymbol{D}$ 可逆，且 $\boldsymbol{D}^{-1}=\begin{pmatrix}\boldsymbol{X} & \boldsymbol{Y}\\ \boldsymbol{Z} & \boldsymbol{W}\end{pmatrix}$，其中 $\boldsymbol{X}$ 和 $\boldsymbol{W}$ 分别是 k 阶和 r 阶的矩阵，则有

$$\boldsymbol{D}\boldsymbol{D}^{-1}=\begin{pmatrix}\boldsymbol{A} & \boldsymbol{0}\\ \boldsymbol{C} & \boldsymbol{B}\end{pmatrix}\begin{pmatrix}\boldsymbol{X} & \boldsymbol{Y}\\ \boldsymbol{Z} & \boldsymbol{W}\end{pmatrix}=\boldsymbol{I}=\begin{pmatrix}\boldsymbol{I}_k & \\ & \boldsymbol{I}_r\end{pmatrix},$$

所以

$$\boldsymbol{AX}=\boldsymbol{I}_k,\quad \boldsymbol{AY}=\boldsymbol{0},$$
$$\boldsymbol{CX}+\boldsymbol{BZ}=\boldsymbol{0},\quad \boldsymbol{CY}+\boldsymbol{BW}=\boldsymbol{I}_r,$$

从而

$$\boldsymbol{X}=\boldsymbol{A}^{-1},\quad \boldsymbol{Y}=\boldsymbol{0},$$
$$\boldsymbol{Z}=-\boldsymbol{B}^{-1}\boldsymbol{C}\boldsymbol{A}^{-1},\quad \boldsymbol{W}=\boldsymbol{B}^{-1},$$

代入，得

$$D^{-1}=\begin{pmatrix} A^{-1} & 0 \\ -B^{-1}CA^{-1} & B^{-1} \end{pmatrix}.$$

显然，当 $C=0$ 时，

$$\begin{pmatrix} A & 0 \\ 0 & B \end{pmatrix}^{-1}=\begin{pmatrix} A^{-1} & 0 \\ 0 & B^{-1} \end{pmatrix}.$$

注　设 A,B,C 为方阵，则有

$$\begin{vmatrix} A & 0 \\ C & B \end{vmatrix}=\begin{vmatrix} A & C \\ 0 & B \end{vmatrix}=|A|\cdot|B|.$$

证明略.

习题 2.4

A 组

1. 用分块矩阵求下列矩阵的乘积：

(1) $\begin{pmatrix} 2 & 0 & -3 \\ 0 & 2 & -1 \\ 2 & -1 & 3 \end{pmatrix}\begin{pmatrix} -1 & 1 & 0 & 2 \\ 5 & 3 & 2 & 1 \\ -2 & 0 & 3 & 0 \end{pmatrix}$；

(2) $\begin{pmatrix} -2 & 0 & -3 & 0 \\ 0 & -2 & 0 & -3 \\ 0 & 0 & 5 & 7 \end{pmatrix}\begin{pmatrix} 7 & 1 & 3 \\ -2 & 5 & -7 \\ 0 & 1 & 0 \\ 0 & 0 & 1 \end{pmatrix}$；

(3) $\begin{pmatrix} a & 0 & 0 & 0 \\ -2 & a & 0 & 0 \\ 0 & 0 & b & 2 \\ 0 & 0 & 0 & b \end{pmatrix}\begin{pmatrix} a & 0 & 0 & 0 \\ 2 & a & 0 & 0 \\ 0 & 0 & b & -2 \\ 0 & 0 & 0 & b \end{pmatrix}$；

(4) $\begin{pmatrix} 4 & 1 & 3 & -1 \\ 2 & -1 & 2 & 3 \\ 0 & 0 & -5 & 2 \\ 0 & 0 & 1 & 0 \end{pmatrix}\begin{pmatrix} 2 & 0 & 3 & -6 \\ -3 & 1 & 7 & 2 \\ 0 & 0 & 1 & 5 \\ 0 & 0 & -1 & 3 \end{pmatrix}$；

(5) $\begin{pmatrix} 1 & 0 & 0 & 0 \\ 0 & 1 & 0 & 0 \\ 1 & 0 & 3 & -2 \\ 0 & 1 & 5 & 7 \end{pmatrix}\begin{pmatrix} 1 & -1 & 4 & -1 \\ 0 & 2 & -1 & 0 \\ 2 & 3 & 0 & 4 \\ -3 & 0 & 6 & 1 \end{pmatrix}$；

(6) $\begin{pmatrix} 1 & 0 & 0 & 0 & 0 \\ 0 & 1 & 0 & 0 & 0 \\ 1 & 1 & 1 & 0 & 0 \\ 0 & 2 & 0 & 1 & 0 \\ 1 & -1 & 0 & 0 & 1 \end{pmatrix}\begin{pmatrix} 1 & 1 & 1 & 1 & 0 \\ 0 & 0 & 0 & 0 & 1 \\ 3 & 0 & 0 & 0 & 0 \\ 0 & 3 & 0 & 0 & 0 \\ 0 & 0 & 3 & 0 & 0 \end{pmatrix}$.

2. 设 $\boldsymbol{A}_i$ 是 n_i 阶方阵，称形如

$$\begin{pmatrix} \boldsymbol{A}_{11} & \boldsymbol{A}_{12} & \cdots & \boldsymbol{A}_{1s} \\ & \boldsymbol{A}_{22} & \cdots & \boldsymbol{A}_{2s} \\ & & \ddots & \vdots \\ & & & \boldsymbol{A}_{ss} \end{pmatrix} \text{或} \begin{pmatrix} \boldsymbol{A}_{11} & & & \\ \boldsymbol{A}_{21} & \boldsymbol{A}_{22} & & \\ \vdots & \vdots & \ddots & \\ \boldsymbol{A}_{s1} & \boldsymbol{A}_{s2} & \cdots & \boldsymbol{A}_{ss} \end{pmatrix}$$

的分块矩阵为**上三角分块矩阵**或**下三角分块矩阵**.

证明：同型的上(下)三角分块矩阵的和、积仍是同型的上(下)三角分块矩阵.

3. 设 $\boldsymbol{A},\boldsymbol{B},\boldsymbol{C}$ 均为方阵，求下列分块矩阵的逆：

(1) $\begin{pmatrix} \boldsymbol{A} & \boldsymbol{C} \\ \boldsymbol{0} & \boldsymbol{B} \end{pmatrix}$；　(2) $\begin{pmatrix} \boldsymbol{0} & \boldsymbol{A} \\ \boldsymbol{B} & \boldsymbol{C} \end{pmatrix}$；

(3) $\begin{pmatrix} \boldsymbol{C} & \boldsymbol{A} \\ \boldsymbol{B} & \boldsymbol{0} \end{pmatrix}$；　(4) $\begin{pmatrix} \boldsymbol{0} & \boldsymbol{A} \\ \boldsymbol{B} & \boldsymbol{0} \end{pmatrix}$.

4. 应用上题的结论求下列矩阵的逆：

(1) $\begin{pmatrix} 1 & 2 & 3 & 4 \\ 0 & 1 & 2 & 3 \\ 0 & 0 & 1 & 2 \\ 0 & 0 & 0 & 1 \end{pmatrix}$；　(2) $\begin{pmatrix} 0 & 0 & 2 & -1 \\ 0 & 0 & 1 & 4 \\ 3 & 1 & -6 & 5 \\ 0 & 2 & -2 & 1 \end{pmatrix}$；

(3) $\begin{pmatrix} 3 & 4 & 3 & -6 \\ -1 & -2 & 5 & -1 \\ 4 & 2 & 0 & 0 \\ -3 & 0 & 0 & 0 \end{pmatrix}$；　(4) $\begin{pmatrix} 0 & 0 & 0 & 1 & 2 \\ 0 & 0 & 0 & 2 & 5 \\ 1 & 2 & -1 & 0 & 0 \\ 3 & 4 & -2 & 0 & 0 \\ 5 & -4 & 1 & 0 & 0 \end{pmatrix}$；

(5) $\begin{pmatrix} 0 & a_1 & 0 & \cdots & 0 \\ 0 & 0 & a_2 & \cdots & 0 \\ \vdots & \vdots & \vdots & & \vdots \\ 0 & 0 & 0 & \cdots & a_{n-1} \\ a_n & 0 & 0 & \cdots & 0 \end{pmatrix}$ $(a_i\neq 0, i=1,2,\cdots,n)$.

5. 设 $\boldsymbol{A}_i$ 是 n_i 阶方阵，$\boldsymbol{A}=\begin{pmatrix} & & & \boldsymbol{A}_1 \\ & & \boldsymbol{A}_2 & \\ & \iddots & & \\ \boldsymbol{A}_s & & & \end{pmatrix}$，证明：

$$\boldsymbol{A}^{-1}=\begin{pmatrix} & & & \boldsymbol{A}_s^{-1} \\ & & \boldsymbol{A}_{s-1}^{-1} & \\ & \iddots & & \\ \boldsymbol{A}_1^{-1} & & & \end{pmatrix}.$$

6. 用分块矩阵求下列行列式：

(1) $\begin{vmatrix} 1 & -4 & 0 & 0 \\ 2 & 0 & 0 & 0 \\ 0 & 0 & 3 & 6 \\ 0 & 0 & 5 & 9 \end{vmatrix}$；　(2) $\begin{vmatrix} -1 & 1 & 0 & 2 \\ 3 & 5 & 2 & -1 \\ 0 & 0 & -2 & 3 \\ 0 & 0 & 6 & -3 \end{vmatrix}$；

(3) $\begin{vmatrix} 2 & -1 & 0 & 0 \\ 5 & 3 & 0 & 0 \\ 7 & 3 & -1 & -4 \\ 0 & 2 & 2 & 1 \end{vmatrix}$；　(4) $\begin{vmatrix} 1 & 3 & 4 & 5 \\ -2 & -1 & 2 & 3 \\ 6 & 2 & 0 & 0 \\ -1 & 1 & 0 & 0 \end{vmatrix}$.

B 组

1. 设 $\boldsymbol{A}=\begin{pmatrix} 0 & 1 & 0 & \cdots & 0 \\ 0 & 0 & 2 & \cdots & 0 \\ \vdots & \vdots & \vdots & & \vdots \\ 0 & 0 & 0 & \cdots & n-1 \\ n & 0 & 0 & \cdots & 0 \end{pmatrix}$，用分块矩阵求 $|\boldsymbol{A}|$，并求 $(\boldsymbol{A}^*)^{-1}$.

2. 设 $A=\begin{pmatrix}1&0&0&0&0\\0&2&0&0&0\\0&0&3&0&0\\0&0&0&1&1\\0&0&0&0&1\end{pmatrix}$，求 $|A^8|$，A^n 及 A^{-1}.

3. 设 $A=\begin{pmatrix}-4&3&&&&&\\-1&2&&&&&\\&&1&&&&\\&&&1&&&\\&&&&1&&\\&&&&&-2&1\\&&&&&5&3\end{pmatrix}$，求 A^{-1}.

4. 设 $A=\begin{pmatrix}1&1&0&0\\1&1&0&0\\0&0&1&0\\0&0&1&1\end{pmatrix}$，求 A^n.

2.5 矩阵的初等变换

初等变换对于计算行列式和解方程组都是十分重要的，本节将讨论初等变换与矩阵的运算之间的关系.

定义 2.5.1 对矩阵施以如下三种变换：

(1) **换法变换** 交换两行(列)；

(2) **倍法变换** 非零数 k 乘以矩阵的某一行(列)；

(3) **消法变换** 某一行(列)的 l 倍加到另一行(列)上，称为矩阵的**初等行(列)变换**，统称为矩阵的**初等变换**(elementary transformation)，分别记作 $r_i\leftrightarrow r_j$，kr_i，r_i+lr_j($c_i\leftrightarrow c_j$，kc_i，c_i+lc_j).

定义 2.5.2 单位矩阵经过一次初等变换后得到的矩阵称为初等矩阵(elementary matrix)，有如下三种：

(1) **换法矩阵** 交换 $\boldsymbol{I}$ 的第 i 行(列)与第 j 行(列)得到的矩阵，

$$\boldsymbol{I}\xrightarrow[\text{或}c_i\leftrightarrow c_j]{r_i\leftrightarrow r_j}\boldsymbol{I}(i,j)=\begin{pmatrix}1&&&&&&&&\\&\ddots&&&&&&&\\&&1&&&&&&\\&&&0&\cdots&1&&&\\&&&&1&&&&\\&&&\vdots&\ddots&\vdots&&&\\&&&&&1&&&\\&&&1&\cdots&0&&&\\&&&&&&1&&\\&&&&&&&\ddots&\\&&&&&&&&1\end{pmatrix}\begin{matrix}\\\\\\(i)\\\\\\\\(j)\\\\\\\\\end{matrix};$$

(第 (i) 列、第 (j) 列)

(2) **倍法矩阵** 用非零数 k 乘以 $\boldsymbol{I}$ 的第 i 行(列)得到的矩阵,

$$\boldsymbol{I}\xrightarrow[\text{或}kc_i]{kr_i}\boldsymbol{I}(i(k))=\begin{pmatrix}1&&&&&\\&\ddots&&&&\\&&1&&&\\&&&k&&\\&&&&1&&\\&&&&&\ddots&\\&&&&&&1\end{pmatrix}(i);$$

(第 (i) 列)

(3) **消法矩阵** 将 $\boldsymbol{I}$ 的第 j 行(i 列)的 l 倍加到第 i 行(j 列)得到的矩阵,

$$\boldsymbol{I}\xrightarrow[\text{或}c_j+lc_i]{r_i+lr_j}\boldsymbol{I}(i,j(l))=\begin{pmatrix}1&&&&&\\&\ddots&&&&\\&&1&\cdots&l&&\\&&&\ddots&\vdots&&\\&&&&1&&\\&&&&&\ddots&\\&&&&&&1\end{pmatrix}\begin{matrix}\\\\(i)\\\\(j)\\\\\\\end{matrix}.$$

(第 (i) 列、第 (j) 列)

定理 2.5.1 初等矩阵都是可逆的,且初等矩阵的逆矩阵仍是同类型的初等矩阵.

证 计算初等矩阵的行列式,有

$$|\boldsymbol{I}(i,j)|=-1,|\boldsymbol{I}(i(k))|=k,|\boldsymbol{I}(i,j(l))|=1,$$

都不为零,故都是可逆的.

由逆矩阵的定义,很容易得到

$$\boldsymbol{I}(i,j)^{-1}=\boldsymbol{I}(i,j),\boldsymbol{I}(i(k))^{-1}=\boldsymbol{I}\left(i\left(\frac{1}{k}\right)\right),\boldsymbol{I}(i,j(l))^{-1}=\boldsymbol{I}(i,j(-l)),$$

从而它们的逆矩阵仍是同类型的初等矩阵.

定理 2.5.2 设矩阵 $\boldsymbol{A}_{mn}$,

(1) 对 $\boldsymbol{A}$ 作一次初等行变换,相当于用相应的 m 阶初等矩阵左乘 $\boldsymbol{A}$;

(2) 对 $\boldsymbol{A}$ 作一次初等列变换,相当于用相应的 n 阶初等矩阵右乘 $\boldsymbol{A}$.

证 仅对行的情形证明,列的情形类似.

对 $\boldsymbol{A}$ 以行分块为

$$\boldsymbol{A}=\begin{pmatrix}\boldsymbol{A}_1\\ \vdots\\ \boldsymbol{A}_i\\ \vdots\\ \boldsymbol{A}_j\\ \vdots\\ \boldsymbol{A}_m\end{pmatrix}\begin{matrix}\\ \\ (i)\\ \\ (j)\\ \\ \\ \end{matrix},$$

则

$$\boldsymbol{I}(i,j)\boldsymbol{A}=\begin{pmatrix}1&&&&&&&&&\\ &\ddots&&&&&&&&\\ &&1&&&&&&&\\ &&&0&\cdots&1&&&&\\ &&&&1&&&&&\\ &&&\vdots&\ddots&\vdots&&&&\\ &&&&&1&&&&\\ &&&1&\cdots&0&&&&\\ &&&&&&1&&\\ &&&&&&&\ddots&\\ &&&&&&&&1\end{pmatrix}\begin{pmatrix}\boldsymbol{A}_1\\ \vdots\\ \boldsymbol{A}_i\\ \vdots\\ \boldsymbol{A}_j\\ \vdots\\ \boldsymbol{A}_m\end{pmatrix}=\begin{pmatrix}\boldsymbol{A}_1\\ \vdots\\ \boldsymbol{A}_j\\ \vdots\\ \boldsymbol{A}_i\\ \vdots\\ \boldsymbol{A}_m\end{pmatrix}\begin{matrix}\\ \\ (i)\\ \\ (j)\\ \\ \\ \end{matrix},$$

$$
\boldsymbol{I}(i(k))\boldsymbol{A}=\begin{pmatrix}1 & & & & & \\ & \ddots & & & & \\ & & 1 & & & \\ & & & k & & \\ & & & & 1 & \\ & & & & & \ddots \\ & & & & & & 1\end{pmatrix}\begin{pmatrix}\boldsymbol{A}_1\\ \vdots\\ \boldsymbol{A}_i\\ \vdots\\ \boldsymbol{A}_m\end{pmatrix}=\begin{pmatrix}\boldsymbol{A}_1\\ \vdots\\ k\boldsymbol{A}_i\\ \vdots\\ \boldsymbol{A}_m\end{pmatrix}\ (i),
$$

$$
\boldsymbol{I}(i,j(l))\boldsymbol{A}=\begin{pmatrix}1 & & & & & \\ & \ddots & & & & \\ & & 1 & \cdots & l & \\ & & & \ddots & \vdots & \\ & & & & 1 & \\ & & & & & \ddots \\ & & & & & & 1\end{pmatrix}\begin{pmatrix}\boldsymbol{A}_1\\ \vdots\\ \boldsymbol{A}_i\\ \vdots\\ \boldsymbol{A}_j\\ \vdots\\ \boldsymbol{A}_m\end{pmatrix}=\begin{pmatrix}\boldsymbol{A}_1\\ \vdots\\ \boldsymbol{A}_i+l\boldsymbol{A}_j\\ \vdots\\ \boldsymbol{A}_j\\ \vdots\\ \boldsymbol{A}_m\end{pmatrix}\begin{matrix}\\ \\ (i)\\ \\ (j)\\ \\ \\ \end{matrix},
$$

故命题得证.

注　定理 2.5.2 的结论简称“左行右列”原则.

【例 2.5.1】　设 $\boldsymbol{A}=\begin{pmatrix}a_{11} & a_{12} & a_{13}\\ a_{21} & a_{22} & a_{23}\\ a_{31} & a_{32} & a_{33}\end{pmatrix}$, $\boldsymbol{P}_1=\begin{pmatrix}0 & 1 & 0\\ 1 & 0 & 0\\ 0 & 0 & 1\end{pmatrix}$, $\boldsymbol{P}_2=\begin{pmatrix}1 & 0 & 0\\ 0 & 1 & 0\\ 4 & 0 & 1\end{pmatrix}$,

求 $\boldsymbol{P}_1\boldsymbol{A}, \boldsymbol{A}\boldsymbol{P}_2$.

解　$\boldsymbol{P}_1$ 即 $\boldsymbol{I}(1,2)$, $\boldsymbol{P}_1$ 左乘 $\boldsymbol{A}$ 即把 $\boldsymbol{A}$ 的第 1 行与第 2 行交换,

$$
\boldsymbol{P}_1\boldsymbol{A}=\boldsymbol{I}(1,2)\boldsymbol{A}=\begin{pmatrix}a_{21} & a_{22} & a_{23}\\ a_{11} & a_{12} & a_{13}\\ a_{31} & a_{32} & a_{33}\end{pmatrix},
$$

$\boldsymbol{P}_2$ 即 $\boldsymbol{I}(3,1(4))$, $\boldsymbol{P}_2$ 右乘 $\boldsymbol{A}$ 即把 $\boldsymbol{A}$ 的第 3 列的 4 倍加到第 1 列,

$$
\boldsymbol{A}\boldsymbol{P}_2=\boldsymbol{A}\boldsymbol{I}(3,1(4))=\begin{pmatrix}a_{11}+4a_{13} & a_{12} & a_{13}\\ a_{21}+4a_{23} & a_{22} & a_{23}\\ a_{31}+4a_{33} & a_{32} & a_{33}\end{pmatrix}.
$$

定义 2.5.3 设矩阵 $\boldsymbol{A},\boldsymbol{B}$ 都是 $m\times n$ 的,如果 $\boldsymbol{B}$ 可以由 $\boldsymbol{A}$ 经过有限次的初等变换得到,则称 $\boldsymbol{A}$ 与 $\boldsymbol{B}$ **等价**(equivalence),或称 $\boldsymbol{A}$ 与 $\boldsymbol{B}$ **相抵**.

定理 2.5.3 $m\times n$ 的矩阵 $\boldsymbol{A}$ 与 $\boldsymbol{B}$ 等价,当且仅当存在 m 阶初等矩阵 $\boldsymbol{P}_1$, $\boldsymbol{P}_2,\cdots,\boldsymbol{P}_s$,与 n 阶初等矩阵 $\boldsymbol{Q}_1,\boldsymbol{Q}_2,\cdots,\boldsymbol{Q}_t$,使得

$$\boldsymbol{P}_s\cdots\boldsymbol{P}_2\boldsymbol{P}_1\boldsymbol{A}\boldsymbol{Q}_1\boldsymbol{Q}_2\cdots\boldsymbol{Q}_t=\boldsymbol{B}.$$

定理的证明由定义 2.5.3 易得.

由定义很容易得到矩阵的等价满足下列性质:

(1) **自反性** $\boldsymbol{A}$ 与 $\boldsymbol{A}$ 自身等价;

(2) **对称性** 若 $\boldsymbol{A}$ 与 $\boldsymbol{B}$ 等价,则 $\boldsymbol{B}$ 与 $\boldsymbol{A}$ 等价;

(3) **传递性** 若 $\boldsymbol{A}$ 与 $\boldsymbol{B}$ 等价,$\boldsymbol{B}$ 与 $\boldsymbol{C}$ 等价,则 $\boldsymbol{A}$ 与 $\boldsymbol{C}$ 等价.

从而,任一个 $m\times n$ 矩阵 $\boldsymbol{A}$ 都可按等价这个关系进行分类.

定理 2.5.4 任一个 $m\times n$ 矩阵 $\boldsymbol{A}$ 都与形式为

$$\boldsymbol{\Lambda}_r=\begin{pmatrix} \left.\begin{matrix}1 & & & \\ & 1 & & \\ & & \ddots & \\ & & & 1\end{matrix}\right\} r\text{个} & & & & \\ & 0 & & & \\ & & 0 & & \\ & & & \ddots & \\ & & & & 0 \end{pmatrix}_{m\times n}=\begin{pmatrix}\boldsymbol{I}_r & \boldsymbol{0}_{r\times(n-r)}\\ \boldsymbol{0}_{(m-r)\times r} & \boldsymbol{0}_{(m-r)\times(n-r)}\end{pmatrix}$$

的矩阵等价.

证 若 $\boldsymbol{A}=\boldsymbol{0}_{m\times n}$,则 $\boldsymbol{\Lambda}_r=\boldsymbol{0}$,结论成立.

若 $\boldsymbol{A}\neq\boldsymbol{0}$,则 $\boldsymbol{A}$ 中至少有一个元素不为 0,不妨设 $a_{11}\neq0$(否则可通过交换行或列变为此情况). 以 $\dfrac{1}{a_{11}}$ 乘以 $\boldsymbol{A}$ 的第一行,使左上角的元素化为 1,然后以第一行的适当倍数加到其余各行,使第一列其他元素都化为 0,同样做法,使第一行的其余元素全化为 0,即

$$\begin{pmatrix} a_{11} & \\ & * \end{pmatrix} \rightarrow \begin{pmatrix} 1 & \\ & * \end{pmatrix} \rightarrow \begin{pmatrix} 1 & 0 & \cdots & 0 \\ 0 & & & \\ \vdots & & \boldsymbol{A}_1 & \\ 0 & & & \end{pmatrix} = \widetilde{\boldsymbol{A}}_1.$$

若 $\boldsymbol{A}_1=\boldsymbol{0}$，则结论已经成立. 若 $\boldsymbol{A}_1\neq\boldsymbol{0}$，对 $\boldsymbol{A}_1$ 重复以上讨论.

这样的讨论不可能无限进行下去，即经过某次（r 次）后，$\boldsymbol{A}_r=\boldsymbol{0}$，即

$$\boldsymbol{A}\rightarrow\widetilde{\boldsymbol{A}}_1\rightarrow\cdots\rightarrow\boldsymbol{\Lambda}_r=\begin{pmatrix} \left.\begin{matrix}1 & & \\ & \ddots & \\ & & 1\end{matrix}\right\} r\text{个} & \\ & \begin{matrix}0 & & \\ & \ddots & \\ & & 0\end{matrix} \end{pmatrix}=\begin{pmatrix} \boldsymbol{I}_r & \boldsymbol{0} \\ \boldsymbol{0} & \boldsymbol{0} \end{pmatrix}.$$

注 用等价的定义及初等矩阵来描述定理 2.5.4，即

$\boldsymbol{A}$ 与 $\boldsymbol{\Lambda}_r$ 等价

$\Leftrightarrow\boldsymbol{A}$ 可由一系列初等变换化成 $\boldsymbol{\Lambda}_r$

$\Leftrightarrow$存在 m 阶初等矩阵 $\boldsymbol{P}_1,\boldsymbol{P}_2,\cdots,\boldsymbol{P}_s$ 与 n 阶初等矩阵 $\boldsymbol{Q}_1,\boldsymbol{Q}_2,\cdots,\boldsymbol{Q}_t$，使得 $\boldsymbol{P}_s\cdots\boldsymbol{P}_2\boldsymbol{P}_1\boldsymbol{A}\boldsymbol{Q}_1\boldsymbol{Q}_2\cdots\boldsymbol{Q}_t=\boldsymbol{\Lambda}_r$.

由定理 2.5.4 知，任一矩阵 $\boldsymbol{A}$，都可按 $\boldsymbol{\Lambda}_r$（$r=0,1,2,\cdots$）进行分类，每个类中 $\boldsymbol{\Lambda}_r$ 可以作为一个代表，故 $\boldsymbol{\Lambda}_r$ 称为 $\boldsymbol{A}$ 的**等价标准形**.

定理 2.5.4 的证明过程提供了一个求矩阵的等价标准形的方法.

【例 2.5.2】 求如下 $\boldsymbol{A}$ 的等价标准形

$$\boldsymbol{A}=\begin{pmatrix} 2 & 0 & 7 & 5 \\ 1 & 2 & 3 & 4 \\ 1 & -2 & 4 & 1 \end{pmatrix}.$$

解

$$A = \begin{pmatrix} 2 & 0 & 7 & 5 \\ 1 & 2 & 3 & 4 \\ 1 & -2 & 4 & 1 \end{pmatrix} \xrightarrow{r_1 \leftrightarrow r_2} \begin{pmatrix} 1 & 2 & 3 & 4 \\ 2 & 0 & 7 & 5 \\ 1 & -2 & 4 & 1 \end{pmatrix} \xrightarrow[r_3 + (-1)r_1]{r_2 + (-2)r_1} \begin{pmatrix} 1 & 2 & 3 & 4 \\ 0 & -4 & 1 & -3 \\ 0 & -4 & 1 & -3 \end{pmatrix}$$

$$\xrightarrow[\substack{c_2 + (-2)c_1 \\ c_3 + (-3)c_1 \\ c_4 + (-4)c_1}]{} \begin{pmatrix} 1 & 0 & 0 & 0 \\ 0 & -4 & 1 & -3 \\ 0 & -4 & 1 & -3 \end{pmatrix} \xrightarrow{r_3 + (-1)r_2} \begin{pmatrix} 1 & 0 & 0 & 0 \\ 0 & -4 & 1 & -3 \\ 0 & 0 & 0 & 0 \end{pmatrix}$$

$$\xrightarrow{-\frac{1}{4}c_2} \begin{pmatrix} 1 & 0 & 0 & 0 \\ 0 & 1 & 1 & -3 \\ 0 & 0 & 0 & 0 \end{pmatrix} \xrightarrow[c_4 + 3c_2]{c_3 + (-1)c_2} \begin{pmatrix} 1 & 0 & 0 & 0 \\ 0 & 1 & 0 & 0 \\ 0 & 0 & 0 & 0 \end{pmatrix},$$

故 A 的等价标准形为 $\begin{pmatrix} 1 & 0 & 0 & 0 \\ 0 & 1 & 0 & 0 \\ 0 & 0 & 0 & 0 \end{pmatrix}$.

推论 2.5.1 A 为 n 阶可逆矩阵，当且仅当 A 与 I_n 等价.

证 设 A 与 Λ_r 等价，则存在初等矩阵 $P_1, P_2, \cdots, P_s$ 与 $Q_1, Q_2, \cdots, Q_t$，使得

$$P_s \cdots P_2 P_1 A Q_1 Q_2 \cdots Q_t = \Lambda_r,$$

则

$$|P_s| \cdot \cdots \cdot |P_2| \cdot |P_1| \cdot |A| \cdot |Q_1| \cdot |Q_2| \cdot \cdots \cdot |Q_t| = |\Lambda_r|,$$

显然 A 可逆，则 $|A| \neq 0$，当且仅当 $|\Lambda_r| \neq 0$，故 Λ_r 即 I_n.

推论 2.5.2 A 为 n 阶可逆矩阵，当且仅当 A 可以表示为一些初等矩阵的乘积，即 $A = Q_1 Q_2 \cdots Q_m$，其中 $Q_i (i = 1, 2, \cdots, m)$ 为初等矩阵.

证 由于 A 可逆，当且仅当 A 与 I_n 等价，故

$$A = Q_1 Q_2 \cdots Q_s I_n Q_{s+1} \cdots Q_m = Q_1 Q_2 \cdots Q_m.$$

推论 2.5.3 $m \times n$ 矩阵 A 与 B 等价，当且仅当存在 m 阶可逆矩阵 P 与 n 阶可逆矩阵 Q，使得 $B = PAQ$.

证 A 与 B 等价，当且仅当存在 m 阶初等矩阵 $P_1, P_2, \cdots, P_s$，与 n 阶初等矩阵 $Q_1, Q_2, \cdots, Q_t$，使得

$$\boldsymbol{B}=\boldsymbol{P}_s\cdots\boldsymbol{P}_2\boldsymbol{P}_1\boldsymbol{A}\boldsymbol{Q}_1\boldsymbol{Q}_2\cdots\boldsymbol{Q}_t,$$

令 $\boldsymbol{P}=\boldsymbol{P}_s\cdots\boldsymbol{P}_2\boldsymbol{P}_1$，$\boldsymbol{Q}=\boldsymbol{Q}_1\boldsymbol{Q}_2\cdots\boldsymbol{Q}_t$，则 $\boldsymbol{P}$，$\boldsymbol{Q}$ 分别为 m 阶和 n 阶可逆矩阵，且有

$$\boldsymbol{B}=\boldsymbol{P}\boldsymbol{A}\boldsymbol{Q}.$$

反之，若有 m 阶可逆矩阵 $\boldsymbol{P}$ 与 n 阶可逆矩阵 $\boldsymbol{Q}$，使得

$$\boldsymbol{B}=\boldsymbol{P}\boldsymbol{A}\boldsymbol{Q},$$

则由推论 2.5.2 知，$\boldsymbol{P}$，$\boldsymbol{Q}$ 都可表示为一些初等矩阵的乘积，不妨设 $\boldsymbol{P}=\boldsymbol{P}_s\cdots\boldsymbol{P}_2\boldsymbol{P}_1$，$\boldsymbol{Q}=\boldsymbol{Q}_1\boldsymbol{Q}_2\cdots\boldsymbol{Q}_t$，其中 $\boldsymbol{P}_i(i=1,2,\cdots,s)$ 为 m 阶初等矩阵，$\boldsymbol{Q}_j(j=1,2,\cdots,t)$ 为 n 阶初等矩阵，于是，

$$\boldsymbol{B}=\boldsymbol{P}_s\cdots\boldsymbol{P}_2\boldsymbol{P}_1\boldsymbol{A}\boldsymbol{Q}_1\boldsymbol{Q}_2\cdots\boldsymbol{Q}_t,$$

即 $\boldsymbol{A}$ 与 $\boldsymbol{B}$ 等价.

推论 2.5.4 若 $\boldsymbol{A}$ 是 n 阶可逆矩阵，则只用初等行(列)变换就可以化成 $\boldsymbol{I}_n$.

证 若 $\boldsymbol{A}$ 可逆，则由推论 2.5.2 知，存在 n 阶初等矩阵 $\boldsymbol{Q}_1,\boldsymbol{Q}_2,\cdots,\boldsymbol{Q}_m$，使得

$$\boldsymbol{A}=\boldsymbol{Q}_1\boldsymbol{Q}_2\cdots\boldsymbol{Q}_m,$$

于是

$$\boldsymbol{Q}_m^{-1}\cdots\boldsymbol{Q}_2^{-1}\boldsymbol{Q}_1^{-1}\boldsymbol{A}=\boldsymbol{I},$$

由于 $\boldsymbol{Q}_i^{-1}(i=1,2,\cdots,m)$ 也是初等矩阵，且左乘 $\boldsymbol{A}$ 即相当于对 $\boldsymbol{A}$ 作了初等行变换，故结论得证. 列的情形类似可得.

推论 2.5.4 的证明过程提供了一个求逆矩阵的方法——初等变换法. 由于 $\boldsymbol{A}$ 可逆，设 $\boldsymbol{A}=\boldsymbol{Q}_1\boldsymbol{Q}_2\cdots\boldsymbol{Q}_m$，其中 $\boldsymbol{Q}_i(i=1,2,\cdots,m)$ 为初等矩阵，则 $\boldsymbol{A}^{-1}=(\boldsymbol{Q}_m^{-1}\cdots\boldsymbol{Q}_2^{-1}\boldsymbol{Q}_1^{-1})\boldsymbol{I}_n$. 用文字描述，即若用一系列初等行(列)变换将 $\boldsymbol{A}$ 化成 $\boldsymbol{I}_n$，则用同样的一系列初等行(列)变换去化 $\boldsymbol{I}_n$，就得到 $\boldsymbol{A}^{-1}$，具体的格式为

$$(\boldsymbol{A}\,\vdots\,\boldsymbol{I})\to\overset{\text{初等行变换}}{\cdots}\to(\boldsymbol{I}\,\vdots\,\boldsymbol{A}^{-1}),$$

或

$$\begin{pmatrix} A \\ \cdots \\ I \end{pmatrix} \xrightarrow{\text{初等列变换}} \cdots \to \begin{pmatrix} I \\ \cdots \\ A^{-1} \end{pmatrix}.$$

【例 2.5.3】 用初等变换求如下 A 的逆矩阵：

$$A=\begin{pmatrix} 1 & -1 & 1 \\ 1 & -5 & 2 \\ 2 & -4 & 1 \end{pmatrix}.$$

解

$$(A \vdots I)=\left(\begin{array}{ccc:ccc} 1 & -1 & 1 & 1 & 0 & 0 \\ 1 & -5 & 2 & 0 & 1 & 0 \\ 2 & -4 & 1 & 0 & 0 & 1 \end{array}\right)$$

$$\xrightarrow{r_2+(-1)r_1}\left(\begin{array}{ccc:ccc} 1 & -1 & 1 & 1 & 0 & 0 \\ 0 & -4 & 1 & -1 & 1 & 0 \\ 2 & -4 & 1 & 0 & 0 & 1 \end{array}\right)$$

$$\xrightarrow{r_3+(-2)r_1}\left(\begin{array}{ccc:ccc} 1 & -1 & 1 & 1 & 0 & 0 \\ 0 & -4 & 1 & -1 & 1 & 0 \\ 0 & -2 & -1 & -2 & 0 & 1 \end{array}\right)$$

$$\xrightarrow{r_2\leftrightarrow r_3}\left(\begin{array}{ccc:ccc} 1 & -1 & 1 & 1 & 0 & 0 \\ 0 & -2 & -1 & -2 & 0 & 1 \\ 0 & -4 & 1 & -1 & 1 & 0 \end{array}\right)$$

$$\xrightarrow{r_3+(-2)r_2}\left(\begin{array}{ccc:ccc} 1 & -1 & 1 & 1 & 0 & 0 \\ 0 & -2 & -1 & -2 & 0 & 1 \\ 0 & 0 & 3 & 3 & 1 & -2 \end{array}\right)$$

$$\xrightarrow{\frac{1}{3}r_3}\left(\begin{array}{ccc:ccc} 1 & -1 & 1 & 1 & 0 & 0 \\ 0 & -2 & -1 & -2 & 0 & 1 \\ 0 & 0 & 1 & 1 & \frac{1}{3} & -\frac{2}{3} \end{array}\right)$$

$$\xrightarrow[r_2+r_3]{r_1+(-1)r_3}\left(\begin{array}{ccc:ccc} 1 & -1 & 0 & 0 & -\frac{1}{3} & \frac{2}{3} \\ 0 & -2 & 0 & -1 & \frac{1}{3} & \frac{1}{3} \\ 0 & 0 & 1 & 1 & \frac{1}{3} & -\frac{2}{3} \end{array}\right)$$

$$\xrightarrow{\left(-\frac{1}{2}\right)r_2}\left(\begin{array}{ccc:ccc}1 & -1 & 0 & 0 & -\frac{1}{3} & \frac{2}{3}\\ 0 & 1 & 0 & \frac{1}{2} & -\frac{1}{6} & -\frac{1}{6}\\ 0 & 0 & 1 & 1 & \frac{1}{3} & -\frac{2}{3}\end{array}\right)$$

$$\xrightarrow{r_1+r_2}\left(\begin{array}{ccc:ccc}1 & 0 & 0 & \frac{1}{2} & -\frac{1}{2} & \frac{1}{2}\\ 0 & 1 & 0 & \frac{1}{2} & -\frac{1}{6} & -\frac{1}{6}\\ 0 & 0 & 1 & 1 & \frac{1}{3} & -\frac{2}{3}\end{array}\right),$$

所以

$$\boldsymbol{A}^{-1}=\begin{pmatrix}\frac{1}{2} & -\frac{1}{2} & \frac{1}{2}\\ \frac{1}{2} & -\frac{1}{6} & -\frac{1}{6}\\ 1 & \frac{1}{3} & -\frac{2}{3}\end{pmatrix}.$$

初等变换法还可用于判断矩阵是否可逆,具体格式为

$$(\boldsymbol{A}\vdots\boldsymbol{I})\rightarrow\overset{\text{初等行变换}}{\cdots}\rightarrow(\boldsymbol{A}_r\vdots\boldsymbol{B}),$$

或

$$\begin{pmatrix}\boldsymbol{A}\\ \cdots\\ \boldsymbol{I}\end{pmatrix}\rightarrow\overset{\text{初等列变换}}{\cdots}\rightarrow\begin{pmatrix}\boldsymbol{A}_r\\ \cdots\\ \boldsymbol{B}\end{pmatrix},$$

若 $r<n$,则 $\boldsymbol{A}$ 不可逆.

【例 2.5.4】 判断矩阵 $\boldsymbol{A}=\begin{pmatrix}1 & 0 & 3 & 1\\ 0 & 1 & 6 & 2\\ 0 & 0 & 3 & 1\\ 1 & -1 & 0 & 0\end{pmatrix}$ 是否可逆.

解 采取列变换的形式,

$$\begin{pmatrix}A\\ \cdots\\ I\end{pmatrix}=\begin{pmatrix}1&0&3&1\\0&1&6&2\\0&0&3&1\\1&-1&0&0\\ \hdashline 1&0&0&0\\0&1&0&0\\0&0&1&0\\0&0&0&1\end{pmatrix}\xrightarrow[c_4+(-1)c_1]{c_3+(-3)c_1}\begin{pmatrix}1&0&0&0\\0&1&6&2\\0&0&3&1\\1&-1&-3&-1\\ \hdashline 1&0&-3&-1\\0&1&0&0\\0&0&1&0\\0&0&0&1\end{pmatrix}$$

$$\xrightarrow[c_4+(-2)c_2]{c_3+(-6)c_2}\begin{pmatrix}1&0&0&0\\0&1&0&0\\0&0&3&1\\1&-1&3&1\\ \hdashline 1&0&-3&-1\\0&1&-6&-2\\0&0&1&0\\0&0&0&1\end{pmatrix}\xrightarrow[c_4+\left(-\frac{1}{3}\right)c_3]{}\begin{pmatrix}1&0&0&0\\0&1&0&0\\0&0&3&0\\1&-1&3&0\\ \hdashline 1&0&-3&0\\0&1&-6&0\\0&0&1&-\frac{1}{3}\\0&0&0&1\end{pmatrix},$$

由于对 $\boldsymbol{A}$ 作初等列变换往 $\boldsymbol{A}_r$ 化的过程中，出现一列完全是零，即 $\boldsymbol{A}$ 不可能化成 $\boldsymbol{I}$，故 $\boldsymbol{A}$ 不可逆.

初等变换法还可用于求解矩阵方程，具体格式为：设矩阵方程为 $\boldsymbol{AX}=\boldsymbol{B}$，则 $\boldsymbol{X}=\boldsymbol{A}^{-1}\boldsymbol{B}$，利用初等行变换，

$$(\boldsymbol{A}\,\vdots\,\boldsymbol{B})\xrightarrow{\text{初等行变换}}\cdots\rightarrow(\boldsymbol{I}\,\vdots\,\boldsymbol{A}^{-1}\boldsymbol{B}),$$

设矩阵方程为 $\boldsymbol{XA}=\boldsymbol{B}$，则 $\boldsymbol{X}=\boldsymbol{BA}^{-1}$，利用初等列变换，

$$\begin{pmatrix}\boldsymbol{A}\\ \cdots\\ \boldsymbol{B}\end{pmatrix}\xrightarrow{\text{初等列变换}}\cdots\rightarrow\begin{pmatrix}\boldsymbol{I}\\ \cdots\\ \boldsymbol{BA}^{-1}\end{pmatrix}.$$

【例 2.5.5】 求解矩阵方程 $\boldsymbol{AX}=\boldsymbol{B}$，其中

$$\boldsymbol{A}=\begin{pmatrix}1&0&1\\1&-1&0\\0&1&2\end{pmatrix},\boldsymbol{B}=\begin{pmatrix}3&0&1\\1&1&0\\0&1&4\end{pmatrix}.$$

解

$$(\boldsymbol{A} \vdots \boldsymbol{B})=\left(\begin{array}{ccc:ccc}1 & 0 & 1 & 3 & 0 & 1\\ 1 & -1 & 0 & 1 & 1 & 0\\ 0 & 1 & 2 & 0 & 1 & 4\end{array}\right)\xrightarrow{r_2+(-1)r_1}\left(\begin{array}{ccc:ccc}1 & 0 & 1 & 3 & 0 & 1\\ 0 & -1 & -1 & -2 & 1 & -1\\ 0 & 1 & 2 & 0 & 1 & 4\end{array}\right)$$

$$\xrightarrow{r_3+r_2}\left(\begin{array}{ccc:ccc}1 & 0 & 1 & 3 & 0 & 1\\ 0 & -1 & -1 & -2 & 1 & -1\\ 0 & 0 & 1 & -2 & 2 & 3\end{array}\right)\xrightarrow[r_2+r_3]{r_1+(-1)r_3}\left(\begin{array}{ccc:ccc}1 & 0 & 0 & 5 & -2 & -2\\ 0 & -1 & 0 & -4 & 3 & 2\\ 0 & 0 & 1 & -2 & 2 & 3\end{array}\right)$$

$$\xrightarrow{(-1)r_2}\left(\begin{array}{ccc:ccc}1 & 0 & 0 & 5 & -2 & -2\\ 0 & 1 & 0 & 4 & -3 & -2\\ 0 & 0 & 1 & -2 & 2 & 3\end{array}\right),$$

故

$$\boldsymbol{X}=\begin{pmatrix}5 & -2 & -2\\ 4 & -3 & -2\\ -2 & 2 & 3\end{pmatrix}.$$

注 在利用初等变换求逆、判断是否可逆或解矩阵方程时,只能作初等行(列)变换,不能两种同时使用.

习题 2.5

A 组

1. 设 $\boldsymbol{A}=\begin{pmatrix}a_{11} & a_{12} & a_{13}\\ a_{21} & a_{22} & a_{23}\\ a_{31} & a_{32} & a_{33}\end{pmatrix}$,$\boldsymbol{B}=\begin{pmatrix}a_{21} & a_{22} & a_{23}\\ a_{11} & a_{12} & a_{13}\\ a_{31}+a_{11} & a_{32}+a_{12} & a_{33}+a_{13}\end{pmatrix}$,求矩阵 $\boldsymbol{A}$ 到 $\boldsymbol{B}$ 所经过的初等变换,并写出对应的初等矩阵.

2. 求下列矩阵的等价标准形:

(1) $\begin{pmatrix}1 & -2 & 4 & 5\\ 2 & 1 & 4 & 3\\ 4 & 0 & 10 & 2\end{pmatrix}$; (2) $\begin{pmatrix}1 & 1 & 1 & 1\\ 1 & 2 & 4 & 8\\ 1 & 3 & 9 & 27\\ 1 & 4 & 16 & 64\end{pmatrix}$;

(3) $\begin{pmatrix} 1 & 2 & 3 & 3 & 7 \\ 3 & 2 & 1 & 1 & -3 \\ 0 & 1 & 2 & 2 & 6 \\ 5 & 4 & 3 & 3 & -1 \end{pmatrix}$； (4) $\begin{pmatrix} 1 & 2 & -1 & 3 & 0 \\ -1 & 4 & 0 & 3 & 2 \\ 0 & 2 & 2 & -3 & 0 \\ 3 & 0 & -2 & 3 & -2 \end{pmatrix}$.

3. 判断下列矩阵是否可逆，若可逆，求出逆矩阵：

(1) $\begin{pmatrix} 0 & 1 & 2 \\ 1 & 1 & 4 \\ 2 & -1 & 0 \end{pmatrix}$； (2) $\begin{pmatrix} 0 & -2 & 1 \\ 3 & 0 & -2 \\ -2 & 3 & 0 \end{pmatrix}$；

(3) $\begin{pmatrix} 2 & 1 & 0 \\ 1 & 1 & 4 \\ 2 & 0 & 1 \end{pmatrix}$； (4) $\begin{pmatrix} 2 & 1 & 2 & 3 \\ 4 & 1 & 3 & 5 \\ 2 & 0 & 1 & 2 \end{pmatrix}$；

(5) $\begin{pmatrix} 1 & 2 & 3 & 4 \\ 0 & 1 & 2 & 3 \\ 0 & 0 & 1 & 2 \\ 0 & 0 & 0 & 1 \end{pmatrix}$； (6) $\begin{pmatrix} 0 & 2 & 6 & 5 \\ 1 & -1 & -5 & 2 \\ 2 & 5 & 11 & 1 \\ 1 & 1 & 1 & 1 \end{pmatrix}$.

4. 用初等变换求解下列方程：

(1) $\begin{pmatrix} 1 & -2 & 0 \\ 3 & -5 & 2 \\ -2 & 5 & 1 \end{pmatrix}\boldsymbol{X}=\begin{pmatrix} 1 & 1 \\ 4 & 3 \\ 2 & 2 \end{pmatrix}$；

(2) $\boldsymbol{X}\begin{pmatrix} 5 & 0 & 1 \\ 1 & -3 & -2 \\ -5 & 2 & 1 \end{pmatrix}=-\begin{pmatrix} 8 & 0 & 0 \\ 5 & 3 & 0 \\ 2 & 6 & 0 \end{pmatrix}$；

(3) $\begin{cases} x_1+x_2-2x_3=-3, \\ 5x_1-2x_2+7x_3=22, \\ 2x_1-5x_2+4x_3=4. \end{cases}$

5. 设 $\boldsymbol{A}=\begin{pmatrix} 3 & 0 & 0 \\ 0 & 1 & -1 \\ 0 & 1 & 4 \end{pmatrix}$，$\boldsymbol{B}=\begin{pmatrix} 3 & 6 \\ 1 & 1 \\ 2 & -3 \end{pmatrix}$，且满足方程 $\boldsymbol{AX}=2\boldsymbol{X}+\boldsymbol{B}$，求 $\boldsymbol{X}$.

6. 设 $\boldsymbol{A},\boldsymbol{B}$ 是 3 阶方阵，满足 $\boldsymbol{AB}=\boldsymbol{A}+\boldsymbol{B}$，其中 $\boldsymbol{A}=\begin{pmatrix}1 & 2 & -1\\ 1 & 2 & 2\\ -1 & -1 & 0\end{pmatrix}$，求 $\boldsymbol{B}$.

7. 设 $\boldsymbol{A}=\begin{pmatrix}2 & 0 & 1\\ 1 & 0 & 0\\ 0 & 1 & 3\end{pmatrix}$，且满足 $\boldsymbol{XA}=\boldsymbol{A}^{\mathrm{T}}+\boldsymbol{X}$，求 $\boldsymbol{X}$.

B 组

1. 计算 $\begin{pmatrix}0 & 1 & 0\\ 1 & 0 & 0\\ 0 & 0 & 1\end{pmatrix}^{2017}\begin{pmatrix}1 & 2 & 3\\ 4 & 5 & 6\\ 7 & 8 & 9\end{pmatrix}\begin{pmatrix}0 & 0 & 1\\ 0 & 1 & 0\\ 1 & 0 & 0\end{pmatrix}^{2018}$ 的值.

2. 设 $\boldsymbol{A}=\begin{pmatrix}1 & 1 & -1\\ -1 & 1 & 1\\ 1 & -1 & 1\end{pmatrix}$，矩阵 $\boldsymbol{X}$ 满足 $\boldsymbol{A}^{*}\boldsymbol{X}=\boldsymbol{A}^{-1}+2\boldsymbol{X}$，求 $\boldsymbol{X}$.

3. 设 $\boldsymbol{B}=\begin{pmatrix}1 & -1 & 0 & 0\\ 0 & 1 & -1 & 0\\ 0 & 0 & 1 & -1\\ 0 & 0 & 0 & 1\end{pmatrix}$，$\boldsymbol{C}=\begin{pmatrix}2 & 1 & 3 & 4\\ 0 & 2 & 1 & 3\\ 0 & 0 & 2 & 1\\ 0 & 0 & 0 & 2\end{pmatrix}$，矩阵 $\boldsymbol{X}$ 满足关系式 $\boldsymbol{X}(\boldsymbol{I}-\boldsymbol{C}^{-1}\boldsymbol{B})^{\mathrm{T}}\boldsymbol{C}^{\mathrm{T}}=\boldsymbol{I}$，求 $\boldsymbol{X}$.

2.6　矩阵的秩

对矩阵作初等变换可以将矩阵化为它的等价标准形，且所有的矩阵都可以按照等价标准形进行分类. 事实上，经过初等变换的矩阵都有一个不变量，每一个类里面，这个不变量是相等的，这就是矩阵的秩.

定义 2.6.1 在 $m\times n$ 的矩阵 $\boldsymbol{A}$ 中，任取 k 行 k 列（$k\leqslant\min\{m,n\}$），并保持元素在 $\boldsymbol{A}$ 中原来的相对位置不变，构成的 k 阶行列式，称为 $\boldsymbol{A}$ 的 **k 阶子式**（subdeterminant）.

例如，$\boldsymbol{A}=\begin{pmatrix}3&-1&2&0\\-2&1&-3&2\\5&-1&0&4\end{pmatrix}$，取第一、第三行和第二、第四列，得到一个二阶子式 $\begin{vmatrix}-1&0\\-1&4\end{vmatrix}$，取第一、第二、第三行和第一、第二、第四列，得到一个三阶子式 $\begin{vmatrix}3&-1&0\\-2&1&2\\5&-1&4\end{vmatrix}$.

定义 2.6.2 设矩阵 $\boldsymbol{A}$ 中有一个 r 阶子式不等于零，而所有的 $r+1$ 阶子式（如果存在）都等于零，则数 r 称为矩阵 $\boldsymbol{A}$ 的**秩**（rank），记作 $\mathrm{r}(\boldsymbol{A})=r$.

设矩阵 $\boldsymbol{A}_{mn}$，显然 $0\leqslant r\leqslant\min\{m,n\}$. 特别地，若 $\boldsymbol{A}=\boldsymbol{0}$，规定 $\mathrm{r}(\boldsymbol{A})=0$.

注 由定义 2.6.2 知，若 $\mathrm{r}(\boldsymbol{A})=r$，则 $\boldsymbol{A}$ 中至少有一个 r 阶子式不为零，而所有的 r 阶以上的子式全为零，即矩阵的秩为它的非零子式的最高阶数.

定义 2.6.3 设 $\boldsymbol{A}$ 为 n 阶方阵，若 $\mathrm{r}(\boldsymbol{A})=n$，称 $\boldsymbol{A}$ 为**满秩矩阵**（nonsingular matrix），若 $\mathrm{r}(\boldsymbol{A})<n$，称 $\boldsymbol{A}$ 为**降秩矩阵**（singular matrix）.

按照定义来计算矩阵的秩，需要验证所有子式，十分麻烦. 下面给出求矩阵的秩的初等变换法.

定理 2.6.1 初等变换不改变矩阵的秩.

***证** 只证一次初等行变换的情形，初等列变换类似.

设矩阵 $\boldsymbol{A}_{mn}$，有一个 r 阶非零子式 D，经过一次初等行变换，$\boldsymbol{A}$ 变为 $\boldsymbol{B}_{mn}$，

(1) 若 $\boldsymbol{A}\xrightarrow{r_i\leftrightarrow r_j}\boldsymbol{B}$，则在 $\boldsymbol{B}$ 中总能找到与 D 相对应的 r 阶子式 D_1，使 $D_1=D$ 或 $D_1=-D$，因此 $\boldsymbol{B}$ 也有一个非零子式 D_1；

(2) 若 $\boldsymbol{A}\xrightarrow{kr_i}\boldsymbol{B}(k\neq0)$，则在 $\boldsymbol{B}$ 中总能找到与 D 相对应的 r 阶子式 D_2，使 $D_2=D$ 或 $D_2=kD$，因此 $\boldsymbol{B}$ 也有一个非零子式 D_2；

(3) 若 $\boldsymbol{A}\xrightarrow{r_i+lr_j}\boldsymbol{B}$,任取 $\boldsymbol{B}$ 的一个 $r+1$ 阶子式 D_3,则 D_3 有如下三种情况:

① D_3 不含 $\boldsymbol{B}$ 的第 i 行元素,则 D_3 也是 $\boldsymbol{A}$ 的一个 $r+1$ 阶子式,从而$D_3=0$;

② D_3 含有 $\boldsymbol{B}$ 的第 i 行与第 j 行元素,由行列式的性质知,D_3 与对应的 $\boldsymbol{A}$ 的 $r+1$ 阶子式相等,从而 $D_3=0$;

③ D_3 含有 $\boldsymbol{B}$ 的第 i 行元素,但不含 $\boldsymbol{B}$ 的第 j 行元素,则

$$D_3=\begin{vmatrix}\vdots\\a_i+la_j\\\vdots\end{vmatrix}=\begin{vmatrix}\vdots\\a_i\\\vdots\end{vmatrix}+l\begin{vmatrix}\vdots\\a_j\\\vdots\end{vmatrix}=C_1+lC_2,$$

其中 C_1 是 $\boldsymbol{A}$ 的一个 $r+1$ 阶子式,C_2 是 $\boldsymbol{A}$ 的某个 $r+1$ 阶子式或者差一个负号,故 $C_1=C_2=0$,从而 $D_3=0$.

综上,$\boldsymbol{A}$ 经过一次初等变换变为 $\boldsymbol{B}$,则 $\mathrm{r}(\boldsymbol{A})\leqslant\mathrm{r}(\boldsymbol{B})$. 同样,$\boldsymbol{B}$ 也可经过一次初等变换变为 $\boldsymbol{A}$,故 $\mathrm{r}(\boldsymbol{B})\leqslant\mathrm{r}(\boldsymbol{A})$,从而 $\mathrm{r}(\boldsymbol{A})=\mathrm{r}(\boldsymbol{B})$.

定义 2.6.4　设矩阵 $\boldsymbol{A}$ 满足:

(1) 每一个非零行的首个非零元素下方的元素全为零;

(2) 元素全为零的行(如果有的话)在非零行的下面,则称 $\boldsymbol{A}$ 为**阶梯形矩阵**(row echelon matrix).

若阶梯形矩阵的每一个非零行的首个非零元素为 1,它所在的列其他元素全是 0,则称 $\boldsymbol{A}$ 为**行简化的阶梯形矩阵**(reduced row echelon matrix).

由秩的定义易得,阶梯形矩阵的秩即为非零行的行数.

于是,求矩阵的秩,只需对矩阵施以初等行变换,化为阶梯形矩阵,其非零行的个数即为原矩阵的秩.

【例 2.6.1】　求矩阵 $\boldsymbol{A}=\begin{pmatrix}3&-2&0&1&-7\\2&0&-4&5&1\\-1&-3&2&0&4\\4&1&-2&1&-11\end{pmatrix}$ 的秩.

解

$$A\xrightarrow{r_1\leftrightarrow r_3}\begin{pmatrix}-1&-3&2&0&4\\2&0&-4&5&1\\3&-2&0&1&-7\\4&1&-2&1&-11\end{pmatrix}\xrightarrow[r_4+4r_1]{\substack{r_2+2r_1\\r_3+3r_1}}\begin{pmatrix}-1&-3&2&0&4\\0&-6&0&5&9\\0&-11&6&1&5\\0&-11&6&1&5\end{pmatrix}$$

$$\xrightarrow{r_4+(-1)r_3}\begin{pmatrix}-1&-3&2&0&4\\0&-6&0&5&9\\0&-11&6&1&5\\0&0&0&0&0\end{pmatrix}\xrightarrow{r_3+(-2)r_2}\begin{pmatrix}-1&-3&2&0&4\\0&-6&0&5&9\\0&1&6&-9&-13\\0&0&0&0&0\end{pmatrix}$$

$$\xrightarrow{r_2\leftrightarrow r_3}\begin{pmatrix}-1&-3&2&0&4\\0&1&6&-9&-13\\0&-6&0&5&9\\0&0&0&0&0\end{pmatrix}\xrightarrow{r_3+6r_2}\begin{pmatrix}-1&-3&2&0&4\\0&1&6&-9&-13\\0&0&36&-49&-69\\0&0&0&0&0\end{pmatrix},$$

故 $r(\boldsymbol{A})=3$.

【例 2.6.2】 求 λ 的值，使矩阵 $\boldsymbol{A}=\begin{pmatrix}1&\lambda&-1&2\\2&-1&\lambda&5\\1&10&-6&1\end{pmatrix}$ 的秩最小.

解

$$\boldsymbol{A}=\begin{pmatrix}1&\lambda&-1&2\\2&-1&\lambda&5\\1&10&-6&1\end{pmatrix}\xrightarrow{\substack{r_2+(-2)r_1\\r_3+(-1)r_1}}\begin{pmatrix}1&\lambda&-1&2\\0&-2\lambda-1&\lambda+2&1\\0&10-\lambda&-5&-1\end{pmatrix}=\boldsymbol{B},$$

$\boldsymbol{B}$ 中存在一个二阶子式 $\begin{vmatrix}1&2\\0&1\end{vmatrix}\neq 0$，故 $\mathrm{r}(\boldsymbol{A})\geqslant 2$.

若 $\mathrm{r}(\boldsymbol{A})=2$，则 $\boldsymbol{B}$ 的第二行与第三行对应成比例，即

$$\frac{-2\lambda-1}{10-\lambda}=\frac{\lambda+2}{-5}=\frac{1}{-1},$$

解之，得 $\lambda=3$.

推论 2.6.1 矩阵 $\boldsymbol{A}$ 的秩是 r 的充分必要条件是 $\boldsymbol{A}$ 的等价标准形为 $\boldsymbol{\Lambda}_r$.

推论 2.6.2 两矩阵 $\boldsymbol{A}$ 与 $\boldsymbol{B}$ 等价的充分必要条件是 $\mathrm{r}(\boldsymbol{A})=\mathrm{r}(\boldsymbol{B})$.

推论 2.6.3 n 阶方阵 $\boldsymbol{A}$ 可逆的充分必要条件是 $\boldsymbol{A}$ 为满秩矩阵.

上述三个推论的证明由定理 2.6.1 很容易得到,这里从略.

推论 2.6.4 矩阵乘以可逆矩阵后,秩不改变.

证 设 $\boldsymbol{B}$ 为 $m\times n$ 矩阵,$\boldsymbol{A}$ 为可逆矩阵,由推论 2.5.2 知,$\boldsymbol{A}$ 可以表示为一些初等矩阵的乘积,设 $\boldsymbol{A}=\boldsymbol{P}_1\boldsymbol{P}_2\cdots\boldsymbol{P}_s$,其中 $\boldsymbol{P}_i(i=1,2,\cdots,s)$ 为初等矩阵,则 $\boldsymbol{AB}=\boldsymbol{P}_1\boldsymbol{P}_2\cdots\boldsymbol{P}_s\boldsymbol{B}$,即 $\boldsymbol{AB}$ 是由 $\boldsymbol{B}$ 经过 s 次初等行变换得到的,因而 $\mathrm{r}(\boldsymbol{AB})=\mathrm{r}(\boldsymbol{B})$. 右乘可逆矩阵 $\boldsymbol{A}$,$\boldsymbol{BA}=\boldsymbol{BP}_1\boldsymbol{P}_2\cdots\boldsymbol{P}_s$,即 $\boldsymbol{BA}$ 是由 $\boldsymbol{B}$ 经过 s 次初等列变换得到的,因而 $\mathrm{r}(\boldsymbol{BA})=\mathrm{r}(\boldsymbol{B})$. 命题得证.

矩阵的秩满足如下运算性质:

(1) $\mathrm{r}(\boldsymbol{A}\pm\boldsymbol{B})\leqslant\mathrm{r}(\boldsymbol{A})+\mathrm{r}(\boldsymbol{B})$.

证 利用分块矩阵证明. 设 r_i 表示分块矩阵的第 i 行,c_j 表示分块矩阵的第 j 列,作如下初等变换:

$$\begin{pmatrix}\boldsymbol{A} & \boldsymbol{0}\\ \boldsymbol{0} & \boldsymbol{B}\end{pmatrix}\xrightarrow{r_1+r_2}\begin{pmatrix}\boldsymbol{A} & \boldsymbol{B}\\ \boldsymbol{0} & \boldsymbol{B}\end{pmatrix}\xrightarrow[c_1+c_2]{}\begin{pmatrix}\boldsymbol{A}+\boldsymbol{B} & \boldsymbol{B}\\ \boldsymbol{B} & \boldsymbol{B}\end{pmatrix},$$

所以

$$\mathrm{r}\begin{pmatrix}\boldsymbol{A} & \boldsymbol{0}\\ \boldsymbol{0} & \boldsymbol{B}\end{pmatrix}=\mathrm{r}\begin{pmatrix}\boldsymbol{A}+\boldsymbol{B} & \boldsymbol{B}\\ \boldsymbol{B} & \boldsymbol{B}\end{pmatrix},$$

而

$$\mathrm{r}\begin{pmatrix}\boldsymbol{A} & \boldsymbol{0}\\ \boldsymbol{0} & \boldsymbol{B}\end{pmatrix}=\mathrm{r}(\boldsymbol{A})+\mathrm{r}(\boldsymbol{B}),$$

$$\mathrm{r}\begin{pmatrix}\boldsymbol{A}+\boldsymbol{B} & \boldsymbol{B}\\ \boldsymbol{B} & \boldsymbol{B}\end{pmatrix}\geqslant\mathrm{r}(\boldsymbol{A}+\boldsymbol{B}),$$

从而

$$\mathrm{r}(\boldsymbol{A})+\mathrm{r}(\boldsymbol{B})\geqslant\mathrm{r}(\boldsymbol{A}+\boldsymbol{B}).$$

同理,

$$\mathrm{r}(\boldsymbol{A}-\boldsymbol{B})\leqslant\mathrm{r}(\boldsymbol{A})+\mathrm{r}(\boldsymbol{B}).$$

(2) $\mathrm{r}(k\boldsymbol{A})=\begin{cases}\mathrm{r}(\boldsymbol{A}), & k\neq 0;\\ 0, & k=0.\end{cases}$

证明由矩阵秩的定义易得.

(3) $\mathrm{r}(\boldsymbol{A}^{\mathrm{T}})=\mathrm{r}(\boldsymbol{A})$.

证 由于$|\boldsymbol{A}|=|\boldsymbol{A}^{\mathrm{T}}|$,且$\boldsymbol{A}$的子式与$\boldsymbol{A}^{\mathrm{T}}$的对应子式都相等,故$\mathrm{r}(\boldsymbol{A}^{\mathrm{T}})=\mathrm{r}(\boldsymbol{A})$.

(4) $\mathrm{r}(\boldsymbol{AB})\leqslant\min\{\mathrm{r}(\boldsymbol{A}),\mathrm{r}(\boldsymbol{B})\}$.

证明见 3.4 节.

(5) 设$\boldsymbol{A}$是$s\times n$矩阵,$\boldsymbol{B}$是$n\times t$矩阵,则

$$\mathrm{r}(\boldsymbol{AB})\geqslant\mathrm{r}(\boldsymbol{A})+\mathrm{r}(\boldsymbol{B})-n.$$

证

$$\mathrm{r}(\boldsymbol{A})+\mathrm{r}(\boldsymbol{B})=\mathrm{r}\begin{bmatrix}\boldsymbol{B} & \boldsymbol{0}\\ \boldsymbol{0} & \boldsymbol{A}\end{bmatrix}\leqslant\mathrm{r}\begin{bmatrix}\boldsymbol{B} & \boldsymbol{I}_n\\ \boldsymbol{0} & \boldsymbol{A}\end{bmatrix},$$

作初等变换如下,

$$\begin{bmatrix}\boldsymbol{B} & \boldsymbol{I}_n\\ \boldsymbol{0} & \boldsymbol{A}\end{bmatrix}\xrightarrow[c_1+(-\boldsymbol{B})c_2]{}\begin{bmatrix}\boldsymbol{0} & \boldsymbol{I}_n\\ -\boldsymbol{AB} & \boldsymbol{A}\end{bmatrix}\xrightarrow{r_2+(-\boldsymbol{A})r_1}\begin{bmatrix}\boldsymbol{0} & \boldsymbol{I}_n\\ -\boldsymbol{AB} & \boldsymbol{0}\end{bmatrix},$$

其中r_i表示分块矩阵的第i行,c_j表示分块矩阵的第j列.所以

$$\mathrm{r}(\boldsymbol{A})+\mathrm{r}(\boldsymbol{B})\leqslant\mathrm{r}\begin{bmatrix}\boldsymbol{0} & \boldsymbol{I}_n\\ -\boldsymbol{AB} & \boldsymbol{0}\end{bmatrix}=\mathrm{r}(-\boldsymbol{AB})+\mathrm{r}(\boldsymbol{I}_n)=\mathrm{r}(\boldsymbol{AB})+n,$$

即

$$\mathrm{r}(\boldsymbol{AB})\geqslant\mathrm{r}(\boldsymbol{A})+\mathrm{r}(\boldsymbol{B})-n.$$

(6) 设$\boldsymbol{A}$是$s\times n$矩阵,$\boldsymbol{B}$是$n\times t$矩阵.若$\boldsymbol{AB}=\boldsymbol{0}$,则$\mathrm{r}(\boldsymbol{A})+\mathrm{r}(\boldsymbol{B})\leqslant n$.

证明见 3.5 节.

【例 2.6.3】 设$\boldsymbol{A}$是3×2矩阵,$\boldsymbol{B}$是2×3矩阵,证明$|\boldsymbol{AB}|=0$.

证 由于$\mathrm{r}(\boldsymbol{A})\leqslant 2$,$\mathrm{r}(\boldsymbol{B})\leqslant 2$,于是$\mathrm{r}(\boldsymbol{AB})\leqslant 2$,又因为$\boldsymbol{AB}$是$3\times 3$矩阵,故$|\boldsymbol{AB}|=0$.

【例 2.6.4】 设 $\boldsymbol{A}$ 是 n 阶方阵,证明:若 $\boldsymbol{A}^2=\boldsymbol{I}$,则

$$\mathrm{r}(\boldsymbol{A}+\boldsymbol{I})+\mathrm{r}(\boldsymbol{A}-\boldsymbol{I})=n.$$

证 由 $\boldsymbol{A}^2=\boldsymbol{I}$ 得 $\boldsymbol{A}^2-\boldsymbol{I}=\boldsymbol{0}$,于是

$$(\boldsymbol{A}+\boldsymbol{I})(\boldsymbol{A}-\boldsymbol{I})=\boldsymbol{0},$$

所以

$$\mathrm{r}(\boldsymbol{A}+\boldsymbol{I})+\mathrm{r}(\boldsymbol{A}-\boldsymbol{I})\leqslant n,$$

又因

$$\begin{aligned} n=\mathrm{r}(2\boldsymbol{I})&=\mathrm{r}[(\boldsymbol{A}+\boldsymbol{I})-(\boldsymbol{A}-\boldsymbol{I})] \\ &\leqslant \mathrm{r}(\boldsymbol{A}+\boldsymbol{I})+\mathrm{r}(\boldsymbol{A}-\boldsymbol{I}), \end{aligned}$$

故

$$\mathrm{r}(\boldsymbol{A}+\boldsymbol{I})+\mathrm{r}(\boldsymbol{A}-\boldsymbol{I})=n.$$

习题 2.6

A 组

1. 求下列矩阵的秩:

(1) $\begin{bmatrix} 3 & 1 & 0 & 2 \\ 1 & -1 & 2 & -1 \\ 1 & 3 & -4 & 4 \end{bmatrix}$; (2) $\begin{bmatrix} 2 & 3 & 1 \\ 1 & -2 & 4 \\ 3 & 8 & -2 \\ 4 & -1 & 9 \end{bmatrix}$;

(3) $\begin{bmatrix} 1 & -3 & 5 & -2 & 1 \\ -2 & 1 & -3 & 1 & -4 \\ -1 & -7 & 9 & -3 & -7 \\ 3 & -14 & 22 & -9 & 1 \end{bmatrix}$; (4) $\begin{bmatrix} 1 & 0 & 1 & 0 & 0 \\ 1 & 1 & 0 & 0 & 0 \\ 0 & 1 & 1 & 0 & 0 \\ 0 & 0 & 1 & 1 & 0 \\ 0 & 1 & 0 & 1 & 1 \end{bmatrix}$.

2. 设矩阵 $\boldsymbol{A}=\begin{pmatrix}1 & 1 & 2 & -2\\ 1 & 3 & -x & -2x\\ 1 & -1 & 6 & 0\end{pmatrix}$ 的秩为 2,求 x 的值.

3. 设 $\boldsymbol{A}=\begin{pmatrix}1 & -1 & 1 & 2\\ 3 & \lambda & -1 & 2\\ 5 & 3 & \mu & 6\end{pmatrix}$,且 $\mathrm{r}(\boldsymbol{A})=2$,求 λ 与 μ 的值.

4. 设 $\boldsymbol{A}=\begin{pmatrix}2 & 1 & -2\\ 5 & 2 & 0\\ 3 & a & 4\end{pmatrix}$,$\boldsymbol{B}$ 是 3 阶非零矩阵,且 $\boldsymbol{AB}=\boldsymbol{0}$,求 a 的值.

5. 设三阶矩阵 $\boldsymbol{A}=\begin{pmatrix}a & 1 & 1\\ 1 & a & 1\\ 1 & 1 & a\end{pmatrix}$,求 $\mathrm{r}(\boldsymbol{A})$.

B 组

1. 证明:$\mathrm{r}(\boldsymbol{AB}+\boldsymbol{A})\leqslant\mathrm{r}(\boldsymbol{A})$.
2. 设 $\boldsymbol{A}$ 是 n 阶方阵,$\boldsymbol{A}^2=\boldsymbol{A}$,证明:$\mathrm{r}(\boldsymbol{A})+\mathrm{r}(\boldsymbol{A}-\boldsymbol{I})=n$.
3. 设 $\boldsymbol{A}$ 是 n 阶方阵,证明:

$$\mathrm{r}(\boldsymbol{A}^*)=\begin{cases}n, & \mathrm{r}(\boldsymbol{A})=n;\\ 1, & \mathrm{r}(\boldsymbol{A})=n-1;\\ 0, & \mathrm{r}(\boldsymbol{A})\leqslant n-2.\end{cases}$$

第 3 章 线性方程组

3.1 消元法

3.1.1 消元法的一般过程

中学时我们学习过用消元法求解线性方程组. 例如,求解方程组

$$\begin{cases}5x_1-2x_2+7x_3=22, & ①\\ x_1+x_2-2x_3=-3, & ②\\ 2x_1-5x_2+4x_3=4, & ③\end{cases}$$

将①与②交换,得

$$\begin{cases}x_1+x_2-2x_3=-3, & ①'\\ 5x_1-2x_2+7x_3=22, & ②'\\ 2x_1-5x_2+4x_3=4, & ③'\end{cases}$$

②$'$+(−5)×①$'$,③$'$+(−2)×①$'$,得

$$\begin{cases}x_1+x_2-2x_3=-3, & ①''\\ -7x_2+17x_3=37, & ②''\\ -7x_2+8x_3=10, & ③''\end{cases}$$

③$''$+(−1)×②$''$,得

$$\begin{cases}x_1+x_2-2x_3=-3, & ①'''\\ -7x_2+17x_3=37, & ②'''\\ -9x_3=-27, & ③'''\end{cases}$$

$\left(-\frac{1}{9}\right)\times$③‴,得

$$\begin{cases} x_1+x_2-\ 2x_3=-3, \\ \quad -7x_2+17x_3=37, \\ \qquad\qquad\quad x_3=3, \end{cases}$$

此时的方程组很容易解出.由此例可以看出,消元法就是反复使用以下三种变换,将方程组化为易解形式的方程组:

(1) 交换两个方程的位置(**换法变换**);

(2) 用一非零数乘以某一方程(**倍法变换**);

(3) 把一个方程的倍数加到另一个方程上(**消法变换**).

而且显然三种变换后,方程组和原方程组是同解的.

一般的线性方程组的消元法过程如下:

$$\begin{cases} a_{11}x_1+a_{12}x_2+\cdots+a_{1n}x_n=b_1, \\ a_{21}x_1+a_{22}x_2+\cdots+a_{2n}x_n=b_2, \\ \qquad\qquad\vdots \\ a_{m1}x_1+a_{m2}x_2+\cdots+a_{mn}x_n=b_m, \end{cases} \tag{3.1}$$

设 a_{i1} 不全为零,不妨设 $a_{11}\neq 0$(否则可将第一个方程与其他方程交换).作消法变换,第一个方程的$\left(-\frac{a_{i1}}{a_{11}}\right)$倍加到第 $i(i=2,3,\cdots,m)$ 个方程上,得

$$\begin{cases} a_{11}x_1+a_{12}x_2+\cdots+a_{1n}x_n=b_1, \\ \qquad\quad a'_{22}x_2+\cdots+a'_{2n}x_n=b'_2, \\ \qquad\qquad\qquad\vdots \\ \qquad\quad a'_{m2}x_2+\cdots+a'_{mn}x_n=b'_m, \end{cases} \tag{3.2}$$

方程组(3.2)的求解可归为以下方程组

$$\begin{cases} a'_{22}x_2+\cdots+a'_{2n}x_n=b'_2, \\ \qquad\qquad\vdots \\ a'_{m2}x_2+\cdots+a'_{mn}x_n=b'_m, \end{cases} \tag{3.3}$$

的求解，事实上，若$(c_2,c_3,\cdots,c_n)$是方程组(3.3)的一个解，代入方程组(3.2)的第一个方程，可得$x_1=c_1$，则$(c_1,c_2,\cdots,c_n)$是方程组(3.2)的一个解，且$(c_2,c_3,\cdots,c_n)$是方程组(3.3)的一个解.

方程组(3.3)有两种情形：

情形1　左端系数全为零，此时方程组(3.2)变成

$$\begin{cases} a_{11}x_1+a_{12}x_2+\cdots+a_{1n}x_n=b_1, \\ 0=b_2', \\ \vdots \\ 0=b_m', \end{cases}$$

消元法无须进行下去.

情形2　左端系数不全为零，不妨设$a_{22}'\neq 0$，这时可继续如上消元，将方程组(3.2)变为

$$\begin{cases} a_{11}x_1+a_{12}x_2+a_{13}x_3+\cdots+a_{1n}x_n=b_1, \\ a_{22}'x_2+a_{23}'x_3+\cdots+a_{2n}'x_n=b_2', \\ a''_{33}x_3+\cdots+a''_{3n}x_n=b''_3, \\ \vdots \\ a''_{m3}x_3+\cdots+a''_{mn}x_n=b''_m, \end{cases}$$

此时如果遇到情形1，消元过程无须继续，如遇到情形2，可继续消元. 上述过程不可能无限进行下去，即经过有限次(r次)后消元结束，这时得方程组

$$\begin{cases} c_{11}x_1+c_{12}x_2+\cdots+c_{1r}x_r+\cdots+c_{1n}x_n=d_1, \\ c_{22}x_2+\cdots+c_{2r}x_r+\cdots+c_{2n}x_n=d_2, \\ \vdots \\ c_{rr}x_r+\cdots+c_{rn}x_n=d_r, \\ 0=d_{r+1}, \\ 0=d_{r+2}, \\ \vdots \\ 0=d_m. \end{cases} \tag{3.4}$$

$d_{r+1}, d_{r+2}, \cdots, d_m$ 有两种情形：

情形 1 $d_{r+1}, d_{r+2}, \cdots, d_m$ 不全为零，不妨设 $d_{r+1} \neq 0$，则经过消法变换可将 $d_{r+2}, \cdots, d_m$ 全化为零，记此时的方程组为(3.4)′. 因方程组(3.4)′中有矛盾方程 $0=d_{r+1}$，故方程组(3.4)′无解，从而方程组(3.1)也无解.

情形 2 $d_{r+1}=d_{r+2}=\cdots=d_m=0$，则方程组(3.4)与前 r 个方程构成的方程组(记为方程组(3.5))同解，此时又有两种情形：

(1) 若 $r=n$，则方程组(3.5)表示为

$$\begin{cases} c_{11}x_1+c_{12}x_2+\cdots+c_{1n}x_n=d_1, \\ \qquad c_{22}x_2+\cdots+c_{2n}x_n=d_2, \\ \qquad \vdots \\ \qquad\qquad c_{nn}x_n=d_n, \end{cases} \tag{3.5$'$}$$

这个方程组的系数构成的行列式为上三角行列式，且 $c_{ii} \neq 0$ $(i=1,2,\cdots,n)$，故此行列式不等于零，从而由克莱姆法则知，方程组(3.5)′有唯一解，故方程组(3.1)有唯一解.

(2) 若 $r<n$，将方程组(3.5)中含有 $x_{r+1}, x_{r+2}, \cdots, x_n$ 的项移至等式右端，得

$$\begin{cases} c_{11}x_1+c_{12}x_2+\cdots+c_{1r}x_r=d_1-c_{1,r+1}x_{r+1}-\cdots-c_{1n}x_n, \\ \qquad c_{22}x_2+\cdots+c_{2r}x_r=d_2-c_{2,r+1}x_{r+1}-\cdots-c_{2n}x_n, \\ \qquad \vdots \\ \qquad\qquad c_{rr}x_r=d_r-c_{r,r+1}x_{r+1}-\cdots-c_{rn}x_n, \end{cases} \tag{3.6}$$

任取 $x_{r+1}=\xi_{r+1}, x_{r+2}=\xi_{r+2}, \cdots, x_n=\xi_n$ 代入方程组(3.6)，得

$$\begin{cases} c_{11}x_1+c_{12}x_2+\cdots+c_{1r}x_r=d_1-c_{1,r+1}\xi_{r+1}-\cdots-c_{1n}\xi_n, \\ \qquad c_{22}x_2+\cdots+c_{2r}x_r=d_2-c_{2,r+1}\xi_{r+1}-\cdots-c_{2n}\xi_n, \\ \qquad \vdots \\ \qquad\qquad c_{rr}x_r=d_r-c_{r,r+1}\xi_{r+1}-\cdots-c_{rn}\xi_n, \end{cases} \tag{3.6$'$}$$

同样由克莱姆法则知，方程组(3.6)′有唯一解 $x_1=\xi_1, x_2=\xi_2, \cdots, x_r=\xi_r$，所以 $(\xi_1, \xi_2, \cdots, \xi_r, \xi_{r+1}, \cdots, \xi_n)$ 是方程组(3.5)的解，也是方程组(3.1)的解. 由

$\xi_{r+1},\xi_{r+2},\cdots,\xi_n$ 的任意性，方程组(3.5)即方程组(3.1)有无穷多解，易证(证明略)这无穷多解就是方程组(3.1)的全部解.

由方程组(3.6)$'$可以将 $x_1,x_2,\cdots,x_r$ 表示出来，即

$$\begin{cases} x_1=d_1'+c_{1,r+1}'\xi_{r+1}+\cdots+c_{1n}'\xi_n, \\ x_2=d_2'+c_{2,r+1}'\xi_{r+1}+\cdots+c_{2n}'\xi_n, \\ \qquad\vdots \\ x_r=d_r'+c_{r,r+1}'\xi_{r+1}+\cdots+c_{rn}'\xi_n, \end{cases}$$

称为方程组(3.1)的**一般解**，$x_{r+1},x_{r+2},\cdots,x_n$ 称为**自由未知量**(free unknowns).

3.1.2　消元法的矩阵形式

定义 3.1.1　方程组(3.1)的矩阵形式为

$$\boldsymbol{Ax}=\boldsymbol{b}, \tag{3.7}$$

其中

$$\boldsymbol{A}=\begin{pmatrix} a_{11} & a_{12} & \cdots & a_{1n} \\ a_{21} & a_{22} & \cdots & a_{2n} \\ \vdots & \vdots & & \vdots \\ a_{m1} & a_{m2} & \cdots & a_{mn} \end{pmatrix}$$

称为方程组(3.1)的**系数矩阵**(coefficient matrix)，

$$\overline{\boldsymbol{A}}=(\boldsymbol{A}\,\vdots\,\boldsymbol{b})=\left(\begin{array}{cccc:c} a_{11} & a_{12} & \cdots & a_{1n} & b_1 \\ a_{21} & a_{22} & \cdots & a_{2n} & b_2 \\ \vdots & \vdots & & \vdots & \vdots \\ a_{m1} & a_{m2} & \cdots & a_{mn} & b_m \end{array}\right)$$

称为方程组(3.1)的**增广矩阵**(augmented matrix).

显然，方程组(3.1)与 $\overline{\boldsymbol{A}}$ 是一一对应的，对方程组(3.1)作方程的三种变换，就相当于对 $\overline{\boldsymbol{A}}$ 作相应的初等行变换，消元法将方程组(3.1)化成阶梯形方程组(3.4)，就相当于对 $\overline{\boldsymbol{A}}$ 作初等行变换化成阶梯形矩阵. 因此，消元法解方

程组的过程，完全可以用矩阵形式来代替.

定理 3.1.1 线性方程组(3.1)有解的充分必要条件是 $\mathrm{r}(\overline{\boldsymbol{A}})=\mathrm{r}(\boldsymbol{A})$，且当 $\mathrm{r}(\overline{\boldsymbol{A}})=n$ 时，方程组有唯一解；当 $\mathrm{r}(\overline{\boldsymbol{A}})<n$ 时，方程组有无穷多解.

由对应的消元法解方程组(3.1)的过程，即得该定理的证明.

定义 3.1.2 常数项全为零的线性方程组称为**齐次线性方程组**(system of homogeneous linear equations)，否则称为**非齐次线性方程组**(system of non-homogeneous linear equations).

齐次线性方程组的一般形式为

$$\begin{cases} a_{11}x_1+a_{12}x_2+\cdots+a_{1n}x_n=0, \\ a_{21}x_1+a_{22}x_2+\cdots+a_{2n}x_n=0, \\ \qquad\vdots \\ a_{m1}x_1+a_{m2}x_2+\cdots+a_{mn}x_n=0, \end{cases} \tag{3.8}$$

矩阵形式为

$$\boldsymbol{A}\boldsymbol{x}=\boldsymbol{0}. \tag{3.9}$$

推论 3.1.1 齐次线性方程组(3.8)有非零解的充分必要条件是$\mathrm{r}(\boldsymbol{A})<n$.

推论 3.1.2 在齐次线性方程组(3.8)中，若 $m<n$，则方程组(3.8)必有非零解.

证 由于在齐次线性方程组对应的消元法过程中，$d_{r+1}=0$，故一定有解. 又因 $\mathrm{r}(\boldsymbol{A})\leqslant m<n$，故有无穷多解，从而必有非零解.

【例 3.1.1】 解线性方程组

$$\begin{cases} x_1-2x_2+3x_3-4x_4=4, \\ \qquad x_2-\ x_3+\ x_4=-3, \\ x_1+3x_2\qquad\ -3x_4=1, \\ \quad -7x_2+3x_3+\ x_4=-3. \end{cases}$$

解 对增广矩阵作初等行变换，

$$\overline{\mathbf{A}}=\left(\begin{array}{cccc:c}1&-2&3&-4&4\\0&1&-1&1&-3\\1&3&0&-3&1\\0&-7&3&1&-3\end{array}\right)\xrightarrow{r_3+(-1)r_1}\left(\begin{array}{cccc:c}1&-2&3&-4&4\\0&1&-1&1&-3\\0&5&-3&1&-3\\0&-7&3&1&-3\end{array}\right)$$

$$\xrightarrow[r_4+7r_2]{r_3+(-5)r_2}\left(\begin{array}{cccc:c}1&-2&3&-4&4\\0&1&-1&1&-3\\0&0&2&-4&12\\0&0&-4&8&-24\end{array}\right)\xrightarrow{\frac{1}{2}r_3}\left(\begin{array}{cccc:c}1&-2&3&-4&4\\0&1&-1&1&-3\\0&0&1&-2&6\\0&0&-4&8&-24\end{array}\right)$$

$$\xrightarrow{r_4+4r_3}\left(\begin{array}{cccc:c}1&-2&3&-4&4\\0&1&-1&1&-3\\0&0&1&-2&6\\0&0&0&0&0\end{array}\right)\xrightarrow{r_1+2r_2}\left(\begin{array}{cccc:c}1&0&1&-2&-2\\0&1&-1&1&-3\\0&0&1&-2&6\\0&0&0&0&0\end{array}\right)$$

$$\xrightarrow[r_2+r_3]{r_1+(-1)r_3}\left(\begin{array}{cccc:c}1&0&0&0&-8\\0&1&0&-1&3\\0&0&1&-2&6\\0&0&0&0&0\end{array}\right).$$

由于 $d_4=0,r=3<n=4$,故方程组有无穷多解,此时对应的阶梯形方程组为

$$\begin{cases}x_1=-8,\\x_2-x_4=3,\\x_3-2x_4=6,\end{cases}$$

从而

$$\begin{cases}x_1=-8,\\x_2=3+x_4,\ \text{其中 } x_4 \text{ 为自由未知量},\\x_3=6+2x_4,\end{cases}$$

令 $x_4=c$,则方程组的一般解为

$$\begin{cases} x_1=-8, \\ x_2=3+c, \\ x_3=6+2c, \\ x_4=c, \end{cases}$$ 其中 c 为任意常数.

注 由例 3.1.1 可以看出,在对增广矩阵作初等行变换化为阶梯形矩阵后,继续作初等行变换化为行简化的阶梯形矩阵,再写出一般解会更直接.

【例 3.1.2】 解线性方程组

$$\begin{cases} 2x_1-\ x_2+3x_3=1, \\ 4x_1-2x_2+5x_3=4, \\ 2x_1-\ x_2+4x_3=-1. \end{cases}$$

解

$$\overline{\mathbf{A}}=\left(\begin{array}{ccc:c} 2 & -1 & 3 & 1 \\ 4 & -2 & 5 & 4 \\ 2 & -1 & 4 & -1 \end{array}\right) \xrightarrow[r_3+(-1)r_1]{r_2+(-2)r_1} \left(\begin{array}{ccc:c} 2 & -1 & 3 & 1 \\ 0 & 0 & -1 & 2 \\ 0 & 0 & 1 & -2 \end{array}\right)$$

$$\xrightarrow{r_3+r_2} \left(\begin{array}{ccc:c} 2 & -1 & 3 & 1 \\ 0 & 0 & -1 & 2 \\ 0 & 0 & 0 & 0 \end{array}\right) \xrightarrow[(-1)r_2]{\frac{1}{2}r_1} \left(\begin{array}{ccc:c} 1 & -\frac{1}{2} & \frac{3}{2} & \frac{1}{2} \\ 0 & 0 & 1 & -2 \\ 0 & 0 & 0 & 0 \end{array}\right)$$

$$\xrightarrow{r_1+\left(-\frac{3}{2}\right)r_2} \left(\begin{array}{ccc:c} 1 & -\frac{1}{2} & 0 & \frac{7}{2} \\ 0 & 0 & 1 & -2 \\ 0 & 0 & 0 & 0 \end{array}\right),$$

取 x_2 为自由未知量,于是

$$\begin{cases} x_1=\frac{7}{2}+\frac{1}{2}x_2, \\ x_3=-2, \end{cases}$$

令 $x_2=c$,则方程组的一般解为

$$\begin{cases} x_1=\dfrac{7}{2}+\dfrac{1}{2}c, \\ x_2=c, \\ x_3=-2, \end{cases}$$ 其中 c 为任意常数.

注　由例 3.1.2 可以看出，自由未知量的取法可以根据需要取任意的 $n-r$ 个未知量.

【例 3.1.3】　设线性方程组

$$\begin{cases} (2-\lambda)x_1+2x_2-2x_3=1, \\ 2x_1+(5-\lambda)x_2-4x_3=2, \\ -2x_1-4x_2+(5-\lambda)x_3=-\lambda-1, \end{cases}$$

问 λ 取何值时，此方程组有唯一解，无解或无穷多解？并在有无穷多解时求其解.

解法一　对增广矩阵 $\overline{\mathbf{A}}$ 作初等行变换，

$$\overline{\mathbf{A}}=\left(\begin{array}{ccc:c} 2-\lambda & 2 & -2 & 1 \\ 2 & 5-\lambda & -4 & 2 \\ -2 & -4 & 5-\lambda & -\lambda-1 \end{array}\right) \xrightarrow{r_1\leftrightarrow r_2} \left(\begin{array}{ccc:c} 2 & 5-\lambda & -4 & 2 \\ 2-\lambda & 2 & -2 & 1 \\ -2 & -4 & 5-\lambda & -\lambda-1 \end{array}\right)$$

$$\xrightarrow[r_3+r_1]{r_2+\left(-\frac{1}{2}(2-\lambda)\right)r_1} \left(\begin{array}{ccc:c} 2 & 5-\lambda & -4 & 2 \\ 0 & -\dfrac{1}{2}(\lambda-1)(\lambda-6) & -2(\lambda-1) & \lambda-1 \\ 0 & 1-\lambda & 1-\lambda & 1-\lambda \end{array}\right)$$

$$\xrightarrow[(-1)r_2]{r_2\leftrightarrow r_3} \left(\begin{array}{ccc:c} 2 & 5-\lambda & -4 & 2 \\ 0 & \lambda-1 & \lambda-1 & \lambda-1 \\ 0 & -\dfrac{1}{2}(\lambda-1)(\lambda-6) & -2(\lambda-1) & \lambda-1 \end{array}\right)$$

$$\xrightarrow{r_3+\frac{1}{2}(\lambda-6)r_2} \left(\begin{array}{ccc:c} 2 & 5-\lambda & -4 & 2 \\ 0 & \lambda-1 & \lambda-1 & \lambda-1 \\ 0 & 0 & \dfrac{1}{2}(\lambda-1)(\lambda-10) & \dfrac{1}{2}(\lambda-1)(\lambda-4) \end{array}\right).$$

(1) 当 $\lambda\neq1$ 且 $\lambda\neq10$ 时，$\mathrm{r}(\mathbf{A})=\mathrm{r}(\overline{\mathbf{A}})=3$，方程组有唯一解；

(2) 当 $\lambda=10$ 时，$\mathrm{r}(\mathbf{A})=2$，$\mathrm{r}(\overline{\mathbf{A}})=3$，方程组无解；

(3) 当 $\lambda=1$ 时,方程组有无穷多解,此时

$$\left(\begin{array}{ccc:c}2&4&-4&2\\0&0&0&0\\0&0&0&0\end{array}\right)\xrightarrow{\frac{1}{2}r_1}\left(\begin{array}{ccc:c}1&2&-2&1\\0&0&0&0\\0&0&0&0\end{array}\right),$$

从而

$$x_1+2x_2-2x_3=1,$$

令 $x_2=c_1,x_3=c_2$,则一般解为

$$\begin{cases}x_1=1-2c_1+2c_2,\\x_2=c_1,\\x_3=c_2,\end{cases}\quad 其中\ c_1,c_2\ 为任意常数.$$

解法二 由于

$$\begin{vmatrix}2-\lambda&2&-2\\2&5-\lambda&-4\\-2&-4&5-\lambda\end{vmatrix}=-(\lambda-1)^2(\lambda-10),$$

因此,当 $\lambda\neq1$ 且 $\lambda\neq10$ 时,由克莱姆法则知方程组有唯一解.

当 $\lambda=10$ 时,

$$\overline{\boldsymbol{A}}=\left(\begin{array}{ccc:c}-8&2&-2&1\\2&-5&-4&2\\-2&-4&-5&-11\end{array}\right)\to\left(\begin{array}{ccc:c}2&-5&-4&2\\0&9&9&9\\0&0&0&27\end{array}\right),$$

故 $\mathrm{r}(\boldsymbol{A})=2,\mathrm{r}(\overline{\boldsymbol{A}})=3$,方程组无解.

当 $\lambda=1$ 时,

$$\overline{\boldsymbol{A}}=\left(\begin{array}{ccc:c}1&2&-2&1\\2&4&-4&2\\-2&-4&4&-2\end{array}\right)\to\left(\begin{array}{ccc:c}1&2&-2&1\\0&0&0&0\\0&0&0&0\end{array}\right),$$

$r(\boldsymbol{A})=r(\overline{\boldsymbol{A}})<3$，方程组有无穷多解，且一般解为

$$\begin{cases}x_1=1-2c_1+2c_2,\\ x_2=c_1,\\ x_3=c_2,\end{cases}\quad \text{其中 } c_1,c_2 \text{ 为任意常数.}$$

推论 3.1.3　矩阵方程 $\boldsymbol{AX}=\boldsymbol{B}$ 有解的充分必要条件是 $r(\boldsymbol{A})=r(\boldsymbol{A}\vdots\boldsymbol{B})$.

证　将矩阵 $\boldsymbol{B}$ 与 $\boldsymbol{X}$ 按列分块写为 $\boldsymbol{B}=(\boldsymbol{b}_1,\boldsymbol{b}_2,\cdots,\boldsymbol{b}_s)$，$\boldsymbol{X}=(\boldsymbol{x}_1,\boldsymbol{x}_2,\cdots,\boldsymbol{x}_s)$，于是矩阵方程 $\boldsymbol{AX}=\boldsymbol{B}$ 有解，当且仅当 $\boldsymbol{Ax}_1=\boldsymbol{b}_1,\boldsymbol{Ax}_2=\boldsymbol{b}_2,\cdots,\boldsymbol{Ax}_s=\boldsymbol{b}_s$ 每一个方程有解. 由定理 3.1.1 知，当且仅当 $r(\boldsymbol{A}\vdots\boldsymbol{b}_1)=r(\boldsymbol{A}\vdots\boldsymbol{b}_2)=\cdots=r(\boldsymbol{A}\vdots\boldsymbol{b}_s)=r(\boldsymbol{A})=r$，亦即将矩阵 $(\boldsymbol{A}\vdots\boldsymbol{b}_1)$，$(\boldsymbol{A}\vdots\boldsymbol{b}_2)$，$\cdots$，$(\boldsymbol{A}\vdots\boldsymbol{b}_s)$ 及 $\boldsymbol{A}$ 经过初等变换化为阶梯形矩阵之后的非零行数都是 r，所以 $(\boldsymbol{A}\vdots\boldsymbol{B})$ 化为阶梯形矩阵之后的非零行数也是 r，所以 $r(\boldsymbol{A}\vdots\boldsymbol{B})=r(\boldsymbol{A})$.

习题 3.1

A 组

1. 解下列线性方程组：

(1) $\begin{cases}2x_1+3x_2+4x_3=1,\\ 9x_1+12x_2+6x_3=2,\\ 24x_2-36x_3=-17;\end{cases}$

(2) $\begin{cases}2x_1-x_2+x_3-x_4=3,\\ 4x_1-2x_2-2x_3+3x_4=2,\\ 2x_1-x_2+5x_3-6x_4=1,\\ 2x_1-x_2-3x_3+4x_4=5;\end{cases}$

(3) $\begin{cases}2x_1+3x_2-x_3+x_4=0,\\ 8x_1+12x_2-9x_3+8x_4=0,\\ 4x_1+6x_2+3x_3-2x_4=0,\\ 2x_1+3x_2+9x_3-7x_4=0;\end{cases}$

(4) $\begin{cases}x_1+x_2+4x_3=4,\\ -x_1+4x_2+x_3=16,\\ x_1-x_2+2x_3=-4;\end{cases}$

(5) $\begin{cases}x_1+x_2+2x_3-x_4=0,\\ 2x_1+x_2+x_3-x_4=0,\\ 2x_1+2x_2+x_3+2x_4=0;\end{cases}$

(6) $\begin{cases}2x_1+3x_2+x_3=4,\\ x_1-2x_2+4x_3=-5,\\ 3x_1+8x_2-2x_3=13,\\ 4x_1-x_2-9x_3=-6.\end{cases}$

2. 确定 a 的值，使线性方程组

$$\begin{cases}2x_1-x_2+x_3+x_4=1,\\ x_1+2x_2-x_3+4x_4=2,\\ x_1+7x_2-4x_3+11x_4=a\end{cases}$$

有解，并求解.

3. λ 取何值时，方程组

$$\begin{cases}2x_1+\lambda x_2-x_3=1,\\ \lambda x_1-x_2+x_3=2,\\ 4x_1+5x_2-5x_3=-1\end{cases}$$

无解？有唯一解？有无穷多解？并在有无穷多解时求出一般解.

4. 讨论 λ 并解方程组

$$\begin{cases}-2x_1+x_2+x_3=-2,\\ x_1-2x_2+x_3=\lambda,\\ x_1+x_2-2x_3=\lambda^2.\end{cases}$$

5. 设有线性方程组

$$\begin{cases}x_1+x_2-2x_3+3x_4=0,\\ 2x_1+x_2-6x_3+4x_4=-1,\\ 3x_1+2x_2+ax_3+7x_4=-1,\\ x_1-x_2-6x_3-x_4=b,\end{cases}$$

对 a,b 的不同取值，讨论方程组的解，并在有解时求出解.

6. 设方程组(Ⅰ)

$$\begin{cases}x_1+x_2+x_3=0,\\ x_1+2x_2+ax_3=0,\\ x_1+4x_2+a^2x_3=0\end{cases}$$

与方程组(Ⅱ)$x_1+2x_2+x_3=a-1$ 有公共解，求 a 的值及所有公共解.

B组

1. 证明:线性方程组

$$\begin{cases} x_1-x_2=a_1, \\ x_2-x_3=a_2, \\ \quad\vdots \\ x_n-x_1=a_n \end{cases}$$

有解的充分必要条件是 $a_1+a_2+\cdots+a_n=0$.

2. 已知平面上三条不同直线的方程分别为

$$l_1: ax+2by+3c=0,$$
$$l_2: bx+2cy+3a=0,$$
$$l_3: cx+2ay+3b=0,$$

试证明:这三条直线交于一点的充分必要条件是 $a+b+c=0$.

3.2 向量与向量组的线性组合

消元法求解线性方程组是十分有效,也是基本的方法,它的力量在于可以逐步揭示方程之间的关系.但是消元法是通过解阶梯形方程组(3.4)来间接求解方程组(3.1)的,是否会有更直接的方法?直接研究方程组(3.1)各方程间的关系,即研究其增广矩阵行之间的关系,这就是若干个数的有序组,也就是向量.

3.2.1 向量及其运算

中学时学习过向量就是既有大小,又有方向的量,例如物理中的力、位移、速度和加速度等,它的几何表示是一个有向线段(几何向量).直线上的向量,可以用一个数来表示,平面上的向量,可以用两个有序实数(x,y)表示,空间上的向量,可以用三个有序实数(x,y,z)表示.由此推广得到 n 维向量的定义.

定义 3.2.1 由 n 个实数 $a_1,a_2,\cdots,a_n$ 组成的一个有序数组$(a_1,a_2,\cdots,a_n)$称为 ***n* 维向量**(vector),其中 a_i 称为它的**第 *i* 个分量**(component).常用黑体字

母 $\boldsymbol{\alpha},\boldsymbol{\beta},\boldsymbol{\gamma}\cdots$ 或 $\boldsymbol{a},\boldsymbol{b},\boldsymbol{c},\boldsymbol{u}$ 等表示.

注 定义 3.2.1 中的 $(a_1,a_2,\cdots,a_n)$ 又称为 **n 维行向量**(row vector),n 元数组也可写成列的形式 $\begin{pmatrix} a_1 \\ a_2 \\ \vdots \\ a_n \end{pmatrix}$,称为 **$n$ 维列向量**(column vector). 一般习惯上采用列向量的形式.

当 $n=1,2,3$ 时就是几何向量,当 $n>3$ 时没有几何表示,纯粹是一个数学概念,但是有广泛的实际意义.

定义 3.2.2 设 $\boldsymbol{\alpha}=\begin{pmatrix} a_1 \\ a_2 \\ \vdots \\ a_n \end{pmatrix}$,$\boldsymbol{\beta}=\begin{pmatrix} b_1 \\ b_2 \\ \vdots \\ b_n \end{pmatrix}$,若 $a_i=b_i\ (i=1,2,\cdots,n)$,则称向量 **$\boldsymbol{\alpha}$ 与 $\boldsymbol{\beta}$ 是相等的,记作 $\boldsymbol{\alpha}=\boldsymbol{\beta}$.**

定义 3.2.3 设 $\boldsymbol{\alpha}=\begin{pmatrix} a_1 \\ a_2 \\ \vdots \\ a_n \end{pmatrix}$,$\boldsymbol{\beta}=\begin{pmatrix} b_1 \\ b_2 \\ \vdots \\ b_n \end{pmatrix}$,称向量 $\boldsymbol{\gamma}=\begin{pmatrix} a_1+b_1 \\ a_2+b_2 \\ \vdots \\ a_n+b_n \end{pmatrix}$ **为 $\boldsymbol{\alpha}$ 和 $\boldsymbol{\beta}$ 的和,** 记作 $\boldsymbol{\gamma}=\boldsymbol{\alpha}+\boldsymbol{\beta}$.

向量加法满足如下运算规律(设 $\boldsymbol{\alpha},\boldsymbol{\beta}$ 是 n 维向量):

(1) 交换律 $\boldsymbol{\alpha}+\boldsymbol{\beta}=\boldsymbol{\beta}+\boldsymbol{\alpha}$;

(2) 结合律 $\boldsymbol{\alpha}+(\boldsymbol{\beta}+\boldsymbol{\gamma})=(\boldsymbol{\alpha}+\boldsymbol{\beta})+\boldsymbol{\gamma}$.

注 广义结合律也成立,即 n 个向量 $\boldsymbol{\alpha}_1,\boldsymbol{\alpha}_2,\cdots,\boldsymbol{\alpha}_n$ 按不同方式两个两个地加,结果相同,唯一结果用 $\boldsymbol{\alpha}_1+\boldsymbol{\alpha}_2+\cdots+\boldsymbol{\alpha}_n=\sum\limits_{i=1}^{n}\boldsymbol{\alpha}_i$ 表示,且其中任两项都可以交换.

定义 3.2.4 n 维向量 $\begin{pmatrix} 0 \\ 0 \\ \vdots \\ 0 \end{pmatrix}$ 称为 **n 维零向量**(null vector),记为 $\mathbf{0}$.

(3) 对任意 n 维向量 $\boldsymbol{\alpha}$，都有 $\boldsymbol{\alpha}+\mathbf{0}=\boldsymbol{\alpha}$.

定义 3.2.5　设 $\boldsymbol{\alpha}=\begin{pmatrix}a_1\\a_2\\\vdots\\a_n\end{pmatrix}$，称向量 $\begin{pmatrix}-a_1\\-a_2\\\vdots\\-a_n\end{pmatrix}$ 为 $\boldsymbol{\alpha}$ 的**负向量**，记作 $-\boldsymbol{\alpha}$.

(4) 对任意 n 维向量 $\boldsymbol{\alpha}$，都有 $\boldsymbol{\alpha}+(-\boldsymbol{\alpha})=\mathbf{0}$.

定义 3.2.6　定义向量 $\boldsymbol{\alpha}+(-\boldsymbol{\beta})$ 为向量 $\boldsymbol{\alpha}$ 与 $\boldsymbol{\beta}$ 的**减法**，记作 $\boldsymbol{\alpha}-\boldsymbol{\beta}$，即

$$\boldsymbol{\alpha}-\boldsymbol{\beta}=\boldsymbol{\alpha}+(-\boldsymbol{\beta})=\begin{pmatrix}a_1\\a_2\\\vdots\\a_n\end{pmatrix}+\begin{pmatrix}-b_1\\-b_2\\\vdots\\-b_n\end{pmatrix}=\begin{pmatrix}a_1-b_1\\a_2-b_2\\\vdots\\a_n-b_n\end{pmatrix}.$$

从而向量运算的移项法则成立，即

$$\boldsymbol{\alpha}+\boldsymbol{\beta}=\boldsymbol{\gamma}\quad\Leftrightarrow\quad\boldsymbol{\alpha}=\boldsymbol{\gamma}-\boldsymbol{\beta}.$$

证　若有 $\boldsymbol{\alpha}+\boldsymbol{\beta}=\boldsymbol{\gamma}$，则 $\boldsymbol{\alpha}+\boldsymbol{\beta}+(-\boldsymbol{\beta})=\boldsymbol{\gamma}+(-\boldsymbol{\beta})$，于是由结合律，$\boldsymbol{\alpha}+[\boldsymbol{\beta}+(-\boldsymbol{\beta})]=\boldsymbol{\gamma}-\boldsymbol{\beta}$，即 $\boldsymbol{\alpha}+\mathbf{0}=\boldsymbol{\gamma}-\boldsymbol{\beta}$，亦即 $\boldsymbol{\alpha}=\boldsymbol{\gamma}-\boldsymbol{\beta}$. 反之，若 $\boldsymbol{\alpha}=\boldsymbol{\gamma}-\boldsymbol{\beta}$，则 $\boldsymbol{\alpha}+\boldsymbol{\beta}=\boldsymbol{\gamma}-\boldsymbol{\beta}+\boldsymbol{\beta}=\boldsymbol{\gamma}+(-\boldsymbol{\beta})+\boldsymbol{\beta}=\boldsymbol{\gamma}+\mathbf{0}=\boldsymbol{\gamma}$.

定义 3.2.7　设 $\boldsymbol{\alpha}=\begin{pmatrix}a_1\\a_2\\\vdots\\a_n\end{pmatrix}$，$k\in\mathbf{R}$，称向量 $\begin{pmatrix}ka_1\\ka_2\\\vdots\\ka_n\end{pmatrix}$ 为 k 与 $\boldsymbol{\alpha}$ 的**数量乘积**，简称**数乘**，记作 $k\boldsymbol{\alpha}$.

约定 $\boldsymbol{\alpha}k=k\boldsymbol{\alpha}$.

向量数乘满足如下运算规律(设 $\boldsymbol{\alpha},\boldsymbol{\beta}$ 是 n 维向量，$k,l\in\mathbf{R}$)：

(5) $k(\boldsymbol{\alpha}+\boldsymbol{\beta})=k\boldsymbol{\alpha}+k\boldsymbol{\beta}$；

(6) $(k+l)\boldsymbol{\alpha}=k\boldsymbol{\alpha}+l\boldsymbol{\alpha}$；

(7) $(kl)\boldsymbol{\alpha}=k(l\boldsymbol{\alpha})$；

(8) $1\boldsymbol{\alpha}=\boldsymbol{\alpha}$.

此外，还有一些其他的常用性质：

$$0\boldsymbol{\alpha}=\mathbf{0};\quad(-1)\boldsymbol{\alpha}=-\boldsymbol{\alpha};\quad k\mathbf{0}=\mathbf{0};$$

若 $k\neq0,\boldsymbol{\alpha}\neq0$，则 $k\boldsymbol{\alpha}\neq\mathbf{0}$，等价地，若 $k\boldsymbol{\alpha}=0$，则 $k=0$ 或 $\boldsymbol{\alpha}=\mathbf{0}$.

定义 3.2.8 实数域上 n 维向量的集合，考虑到如上定义的加法与数乘(性质(1)—(8))，称为实数域 $\mathbf{R}$ 上的 **n 维向量空间**(vector space)，记作 $\mathbf{R}^n$.

3.2.2 向量组的线性组合

定义 3.2.9 设 $\boldsymbol{\beta}_1,\boldsymbol{\beta}_2,\cdots,\boldsymbol{\beta}_s$ 是 $\mathbf{R}^n$ 上的 n 维向量，$k_1,k_2,\cdots,k_s\in\mathbf{R}$，称和式

$$k_1\boldsymbol{\beta}_1+k_2\boldsymbol{\beta}_2+\cdots+k_s\boldsymbol{\beta}_s$$

为 $\boldsymbol{\beta}_1,\boldsymbol{\beta}_2,\cdots,\boldsymbol{\beta}_s$ 的一个**线性组合**(linear combination)，$k_1,k_2,\cdots,k_s$ 称为**组合系数**.

注 线性组合是一个和式，但本质上仍是一个 n 维向量.

线性组合的定义是形式上的，不同的线性组合可能运算结果是同一个向量.

【例 3.2.1】 设 $\boldsymbol{\beta}_1=\begin{pmatrix}-1\\3\\3\end{pmatrix},\boldsymbol{\beta}_2=\begin{pmatrix}9\\7\\5\end{pmatrix},\boldsymbol{\beta}_3=\begin{pmatrix}3\\8\\7\end{pmatrix}$，则

$$-\frac{1}{2}\boldsymbol{\beta}_1+\frac{1}{2}\boldsymbol{\beta}_2+0\boldsymbol{\beta}_3=\begin{pmatrix}\frac{1}{2}\\-\frac{3}{2}\\-\frac{3}{2}\end{pmatrix}+\begin{pmatrix}\frac{9}{2}\\\frac{7}{2}\\\frac{5}{2}\end{pmatrix}+\begin{pmatrix}0\\0\\0\end{pmatrix}=\begin{pmatrix}5\\2\\1\end{pmatrix},$$

$$\frac{1}{4}\boldsymbol{\beta}_1+\frac{3}{4}\boldsymbol{\beta}_2-\frac{1}{2}\boldsymbol{\beta}_3=\begin{pmatrix}-\frac{1}{4}\\\frac{3}{4}\\\frac{3}{4}\end{pmatrix}+\begin{pmatrix}\frac{27}{4}\\\frac{21}{4}\\\frac{15}{4}\end{pmatrix}-\begin{pmatrix}\frac{3}{2}\\4\\\frac{7}{2}\end{pmatrix}=\begin{pmatrix}5\\2\\1\end{pmatrix}.$$

一个向量组 $\boldsymbol{\beta}_1,\boldsymbol{\beta}_2,\cdots,\boldsymbol{\beta}_s$ 的线性组合有无穷多个. 那么，取定 $\boldsymbol{\alpha}$，$\boldsymbol{\alpha}$ 能否是

$\boldsymbol{\beta}_1,\boldsymbol{\beta}_2,\cdots,\boldsymbol{\beta}_s$ 线性组合中的某一个？例如，取 $\boldsymbol{\alpha}=\begin{pmatrix}5\\2\\1\end{pmatrix}$，则 $\boldsymbol{\alpha}$ 是例 3.2.1 中 $\boldsymbol{\beta}_1$，$\boldsymbol{\beta}_2$，$\boldsymbol{\beta}_3$ 的线性组合中的一个. 若 $\boldsymbol{\alpha}=\begin{pmatrix}1\\0\\0\end{pmatrix}$，$\boldsymbol{\beta}_1=\begin{pmatrix}0\\1\\0\end{pmatrix}$，$\boldsymbol{\beta}_2=\begin{pmatrix}0\\0\\1\end{pmatrix}$，则任意的线性组合 $k_1\boldsymbol{\beta}_1+k_2\boldsymbol{\beta}_2=\begin{pmatrix}0\\k_1\\k_2\end{pmatrix}$ 都不可能等于 $\boldsymbol{\alpha}$. 于是有如下定义：

定义 3.2.10　给定向量组 $\boldsymbol{\beta}_1,\boldsymbol{\beta}_2,\cdots,\boldsymbol{\beta}_s$ 及向量 $\boldsymbol{\alpha}$，如果存在一组数 k_1，$k_2,\cdots,k_s\in\mathbf{R}$，使得

$$\boldsymbol{\alpha}=k_1\boldsymbol{\beta}_1+k_2\boldsymbol{\beta}_2+\cdots+k_s\boldsymbol{\beta}_s, \tag{3.10}$$

则称向量 $\boldsymbol{\alpha}$ 是向量组 $\boldsymbol{\beta}_1,\boldsymbol{\beta}_2,\cdots,\boldsymbol{\beta}_s$ 的一个**线性组合**，或称 $\boldsymbol{\alpha}$ **可经由** $\boldsymbol{\beta}_1,\boldsymbol{\beta}_2,\cdots,\boldsymbol{\beta}_s$ **线性表示(线性表出)**(linear representation).

注　线性表示论及的是一个向量 $\boldsymbol{\alpha}$ 与一个向量组之间的关系. “是不是”，“可不可以”关键在于是否存在 $k_1,k_2,\cdots,k_s$，使得式(3.10)成立.

当 $\boldsymbol{\alpha}$ 可以由 $\boldsymbol{\beta}_1,\boldsymbol{\beta}_2,\cdots,\boldsymbol{\beta}_s$ 线性表示时，表示方法可能不唯一，如例 3.2.1 中的 $\begin{pmatrix}5\\2\\1\end{pmatrix}$.

特别地，在 $\mathbf{R}^3$ 中，$\boldsymbol{\alpha}$ 可由 $\boldsymbol{\beta}$ 线性表示，当且仅当 $\exists k$，使得 $\boldsymbol{\alpha}=k\boldsymbol{\beta}$，几何表示即 $\boldsymbol{\alpha}$ 与 $\boldsymbol{\beta}$ 共线；$\boldsymbol{\alpha}$ 可由 $\boldsymbol{\beta}_1,\boldsymbol{\beta}_2$ 线性表示，当且仅当 $\boldsymbol{\alpha}=k_1\boldsymbol{\beta}_1+k_2\boldsymbol{\beta}_2$，几何表示即 $\boldsymbol{\alpha}$ 与 $\boldsymbol{\beta}_1,\boldsymbol{\beta}_2$ 共面.

由线性表示的定义，很容易得到如下简单的事实：

(1) 零向量可以由任何向量线性表示，即

$$\mathbf{0}=0\boldsymbol{\beta}_1+0\boldsymbol{\beta}_2+\cdots+0\boldsymbol{\beta}_s.$$

(2) 任何一个向量 $\boldsymbol{\alpha}=\begin{pmatrix}a_1\\a_2\\\vdots\\a_n\end{pmatrix}$ 都可以由 n 个 **$\boldsymbol{n}$ 维单位向量**

$$\boldsymbol{\varepsilon}_1=\begin{pmatrix}1\\0\\0\\\vdots\\0\end{pmatrix},\boldsymbol{\varepsilon}_2=\begin{pmatrix}0\\1\\0\\\vdots\\0\end{pmatrix},\cdots,\boldsymbol{\varepsilon}_n=\begin{pmatrix}0\\0\\0\\\vdots\\1\end{pmatrix}$$

线性表示,且表示方法为 $\boldsymbol{\alpha}=a_1\boldsymbol{\varepsilon}_1+a_2\boldsymbol{\varepsilon}_2+\cdots+a_n\boldsymbol{\varepsilon}_n$.

(3) 一个向量组中的任何一个向量都可以由这个向量组线性表示,即

$$\boldsymbol{\beta}_i=0\boldsymbol{\beta}_1+0\boldsymbol{\beta}_2+\cdots+\boldsymbol{\beta}_i+\cdots+0\boldsymbol{\beta}_s.$$

定理 3.2.1 设向量 $\boldsymbol{\beta}=\begin{pmatrix}b_1\\b_2\\\vdots\\b_n\end{pmatrix}$,向量组 $\boldsymbol{\alpha}_i=\begin{pmatrix}a_{i1}\\a_{i2}\\\vdots\\a_{in}\end{pmatrix}$,$i=1,2,\cdots,s$,则 $\boldsymbol{\beta}$ 可以由向量组 $\boldsymbol{\alpha}_1,\boldsymbol{\alpha}_2,\cdots,\boldsymbol{\alpha}_s$ 线性表示的充分必要条件是线性方程组

$$\begin{cases}a_{11}x_1+a_{21}x_2+\cdots+a_{s1}x_s=b_1,\\a_{12}x_1+a_{22}x_2+\cdots+a_{s2}x_s=b_2,\\\qquad\qquad\vdots\\a_{1n}x_1+a_{2n}x_2+\cdots+a_{sn}x_s=b_n\end{cases}\tag{3.11}$$

有解,且解为组合系数.

证 $\boldsymbol{\beta}$ 可以由向量组 $\boldsymbol{\alpha}_1,\boldsymbol{\alpha}_2,\cdots,\boldsymbol{\alpha}_s$ 线性表示,当且仅当 $\exists k_1,k_2,\cdots,k_s$,使得

$$k_1\boldsymbol{\alpha}_1+k_2\boldsymbol{\alpha}_2+\cdots+k_s\boldsymbol{\alpha}_s=\boldsymbol{\beta},$$

即

$$k_1\begin{pmatrix}a_{11}\\a_{12}\\\vdots\\a_{1n}\end{pmatrix}+k_2\begin{pmatrix}a_{21}\\a_{22}\\\vdots\\a_{2n}\end{pmatrix}+\cdots+k_s\begin{pmatrix}a_{s1}\\a_{s2}\\\vdots\\a_{sn}\end{pmatrix}=\begin{pmatrix}b_1\\b_2\\\vdots\\b_n\end{pmatrix},$$

于是

$$\begin{cases} k_1a_{11}+k_2a_{21}+\cdots+k_sa_{s1}=b_1, \\ k_1a_{12}+k_2a_{22}+\cdots+k_sa_{s2}=b_2, \\ \qquad\vdots \\ k_1a_{1n}+k_2a_{2n}+\cdots+k_sa_{sn}=b_n, \end{cases}$$

故 $k_1,k_2,\cdots,k_s$ 是线性方程组(3.11)的解.

推论 3.2.1　向量 $\boldsymbol{\beta}$ 可以由 $\boldsymbol{\alpha}_1,\boldsymbol{\alpha}_2,\cdots,\boldsymbol{\alpha}_s$ 线性表示，当且仅当以 $\boldsymbol{\alpha}_1,\boldsymbol{\alpha}_2,\cdots,\boldsymbol{\alpha}_s$ 为列向量的矩阵与以 $\boldsymbol{\alpha}_1,\boldsymbol{\alpha}_2,\cdots,\boldsymbol{\alpha}_s,\boldsymbol{\beta}$ 为列向量的矩阵有相同的秩，即

$$\mathrm{r}(\boldsymbol{\alpha}_1,\boldsymbol{\alpha}_2,\cdots,\boldsymbol{\alpha}_s)=\mathrm{r}(\boldsymbol{\alpha}_1,\boldsymbol{\alpha}_2,\cdots,\boldsymbol{\alpha}_s,\boldsymbol{\beta}).$$

由定理 3.1.1 即得该推论的证明.

【例 3.2.2】　设

$$\boldsymbol{\alpha}_1=\begin{pmatrix}2\\1\\4\end{pmatrix},\boldsymbol{\alpha}_2=\begin{pmatrix}1\\-1\\5\end{pmatrix},\boldsymbol{\alpha}_3=\begin{pmatrix}-1\\1\\-5\end{pmatrix},\boldsymbol{\beta}=\begin{pmatrix}1\\2\\-1\end{pmatrix},$$

判断向量 $\boldsymbol{\beta}$ 可否由 $\boldsymbol{\alpha}_1,\boldsymbol{\alpha}_2,\boldsymbol{\alpha}_3$ 线性表示，如果可以，试写出线性表示式.

解法一　由定义 3.2.10，假设 $\boldsymbol{\beta}$ 可以由 $\boldsymbol{\alpha}_1,\boldsymbol{\alpha}_2,\boldsymbol{\alpha}_3$ 线性表示，即存在数 k_1,k_2,k_3，使得

$$\boldsymbol{\beta}=k_1\boldsymbol{\alpha}_1+k_2\boldsymbol{\alpha}_2+k_3\boldsymbol{\alpha}_3,$$

即

$$\begin{pmatrix}1\\2\\-1\end{pmatrix}=k_1\begin{pmatrix}2\\1\\4\end{pmatrix}+k_2\begin{pmatrix}1\\-1\\5\end{pmatrix}+k_3\begin{pmatrix}-1\\1\\-5\end{pmatrix},$$

得线性方程组

$$\begin{cases} 2k_1+k_2-k_3=1, \\ k_1-k_2+k_3=2, \\ 4k_1+5k_2-5k_3=-1, \end{cases}$$

$$\overline{\boldsymbol{A}}=\left(\begin{array}{ccc:c}2&1&-1&1\\1&-1&1&2\\4&5&-5&-1\end{array}\right)\to\left(\begin{array}{ccc:c}1&-1&1&2\\2&1&-1&1\\4&5&-5&-1\end{array}\right)\to\left(\begin{array}{ccc:c}1&-1&1&2\\0&3&-3&-3\\0&9&-9&-9\end{array}\right)$$

$$\to\left(\begin{array}{ccc:c}1&-1&1&2\\0&1&-1&-1\\0&0&0&0\end{array}\right)\to\left(\begin{array}{ccc:c}1&0&0&1\\0&1&-1&-1\\0&0&0&0\end{array}\right),$$

解得一般解为

$$\begin{cases}k_1=1,\\k_2=-1+c,\text{其中 } c \text{ 为任意常数},\\k_3=c,\end{cases}$$

所以 $\boldsymbol{\beta}$ 可由向量 $\boldsymbol{\alpha}_1,\boldsymbol{\alpha}_2,\boldsymbol{\alpha}_3$ 线性表示，表示式为

$$\boldsymbol{\beta}=\boldsymbol{\alpha}_1+(-1+c)\boldsymbol{\alpha}_2+c\boldsymbol{\alpha}_3,$$

c 为任意常数.

解法二 由推论 3.2.1，$\boldsymbol{\beta}$ 可以由 $\boldsymbol{\alpha}_1,\boldsymbol{\alpha}_2,\boldsymbol{\alpha}_3$ 线性表示，当且仅当 $\mathrm{r}(\boldsymbol{\alpha}_1,\boldsymbol{\alpha}_2,\boldsymbol{\alpha}_3)=\mathrm{r}(\boldsymbol{\alpha}_1,\boldsymbol{\alpha}_2,\boldsymbol{\alpha}_3,\boldsymbol{\beta})$，由于

$$(\boldsymbol{\alpha}_1,\boldsymbol{\alpha}_2,\boldsymbol{\alpha}_3,\boldsymbol{\beta})=\begin{pmatrix}2&1&-1&1\\1&-1&1&2\\4&5&-5&-1\end{pmatrix}\to\begin{pmatrix}1&0&0&1\\0&1&-1&-1\\0&0&0&0\end{pmatrix},$$

从而 $\mathrm{r}(\boldsymbol{\alpha}_1,\boldsymbol{\alpha}_2,\boldsymbol{\alpha}_3,\boldsymbol{\beta})=\mathrm{r}(\boldsymbol{\alpha}_1,\boldsymbol{\alpha}_2,\boldsymbol{\alpha}_3)$，所以 $\boldsymbol{\beta}$ 可由 $\boldsymbol{\alpha}_1,\boldsymbol{\alpha}_2,\boldsymbol{\alpha}_3$ 线性表示. 由行简化的阶梯形矩阵得方程组的所有解为

$$x=\begin{pmatrix}1\\-1\\0\end{pmatrix}+c\begin{pmatrix}0\\1\\1\end{pmatrix}=\begin{pmatrix}1\\-1+c\\c\end{pmatrix},\text{其中 } c \text{ 为任意常数},$$

从而线性表示式为 $\boldsymbol{\beta}=\boldsymbol{\alpha}_1+(-1+c)\boldsymbol{\alpha}_2+c\boldsymbol{\alpha}_3$，$c$ 为任意常数.

【例 3.2.3】 设

$$\boldsymbol{\alpha}_1=\begin{pmatrix}2-\lambda\\2\\-2\end{pmatrix},\boldsymbol{\alpha}_2=\begin{pmatrix}2\\5-\lambda\\-4\end{pmatrix},\boldsymbol{\alpha}_3=\begin{pmatrix}-2\\-4\\5-\lambda\end{pmatrix},\boldsymbol{\beta}=\begin{pmatrix}1\\2\\-\lambda-1\end{pmatrix},$$

试问：当 λ 取何值时，(1) $\boldsymbol{\beta}$ 可由 $\boldsymbol{\alpha}_1,\boldsymbol{\alpha}_2,\boldsymbol{\alpha}_3$ 线性表示，且表示唯一；(2) $\boldsymbol{\beta}$ 不可由 $\boldsymbol{\alpha}_1,\boldsymbol{\alpha}_2,\boldsymbol{\alpha}_3$ 线性表示；(3) $\boldsymbol{\beta}$ 可由 $\boldsymbol{\alpha}_1,\boldsymbol{\alpha}_2,\boldsymbol{\alpha}_3$ 线性表示，但表示法不唯一，并写出一般表示式.

解　$\boldsymbol{\beta}$ 由 $\boldsymbol{\alpha}_1,\boldsymbol{\alpha}_2,\boldsymbol{\alpha}_3$ 线性表示的情况与线性方程组

$$\begin{cases}(2-\lambda)k_1+2k_2-2k_3=1,\\ 2k_1+(5-\lambda)k_2-4k_3=2,\\ -2k_1-4k_2+(5-\lambda)k_3=-\lambda-1\end{cases}$$

的解的情况一致.

由例 3.1.3 知，当 $\lambda\neq1$ 且 $\lambda\neq10$ 时，方程组有唯一解，即 $\boldsymbol{\beta}$ 可由 $\boldsymbol{\alpha}_1,\boldsymbol{\alpha}_2,\boldsymbol{\alpha}_3$ 线性表示，且表示唯一；当 $\lambda=10$ 时，方程组无解，即 $\boldsymbol{\beta}$ 不可由 $\boldsymbol{\alpha}_1,\boldsymbol{\alpha}_2,\boldsymbol{\alpha}_3$ 线性表示；当 $\lambda=1$ 时，方程组有无穷多解，一般解为

$$\begin{cases}k_1=1-2c_1+2c_2,\\ k_2=c_1,\\ k_3=c_2,\end{cases}\quad\text{其中 } c_1,c_2 \text{ 为任意常数,}$$

即 $\boldsymbol{\beta}$ 可由 $\boldsymbol{\alpha}_1,\boldsymbol{\alpha}_2,\boldsymbol{\alpha}_3$ 线性表示，一般表示式为

$$\boldsymbol{\beta}=(1-2c_1+2c_2)\boldsymbol{\alpha}_1+c_1\boldsymbol{\alpha}_2+c_2\boldsymbol{\alpha}_3,$$

c_1,c_2 为任意常数.

定义 3.2.11　设有向量组

$$A:\boldsymbol{\alpha}_1,\boldsymbol{\alpha}_2,\cdots,\boldsymbol{\alpha}_s,$$
$$B:\boldsymbol{\beta}_1,\boldsymbol{\beta}_2,\cdots,\boldsymbol{\beta}_t,$$

如果 A 中的每一个向量都可由向量组 B 线性表示，则称**向量组 A 可由向量组 B 线性表示**. 如果向量组 B 也可由向量组 A 线性表示，则称**向量组 A 与 B 等价**.

例如，$A:\boldsymbol{\alpha}_1=\begin{pmatrix}1\\2\\3\end{pmatrix},\boldsymbol{\alpha}_2=\begin{pmatrix}1\\0\\2\end{pmatrix},B:\boldsymbol{\beta}_1=\begin{pmatrix}3\\4\\8\end{pmatrix},\boldsymbol{\beta}_2=\begin{pmatrix}2\\2\\5\end{pmatrix},\boldsymbol{\beta}_3=\begin{pmatrix}0\\2\\1\end{pmatrix}$，

易得 $\boldsymbol{\beta}_1=2\boldsymbol{\alpha}_1+\boldsymbol{\alpha}_2,\boldsymbol{\beta}_2=\boldsymbol{\alpha}_1+\boldsymbol{\alpha}_2,\boldsymbol{\beta}_3=\boldsymbol{\alpha}_1-\boldsymbol{\alpha}_2$，故向量组 B 可以由向量组 A 线性

表示. 又 $\boldsymbol{\alpha}_1=\boldsymbol{\beta}_1-\boldsymbol{\beta}_2+0\boldsymbol{\beta}_3,\boldsymbol{\alpha}_2=\boldsymbol{\beta}_1-\boldsymbol{\beta}_2-\boldsymbol{\beta}_3$,故向量组 A 可以由向量组 B 线性表示,所以向量组 A 与 B 等价.

又如,

$$A:\boldsymbol{\alpha}_1=\begin{pmatrix}1\\0\\0\end{pmatrix},\boldsymbol{\alpha}_2=\begin{pmatrix}0\\1\\0\end{pmatrix},\quad B:\boldsymbol{\beta}_1=\begin{pmatrix}1\\0\\0\end{pmatrix},\boldsymbol{\beta}_2=\begin{pmatrix}0\\1\\0\end{pmatrix},\boldsymbol{\beta}_3=\begin{pmatrix}0\\0\\1\end{pmatrix},$$

显然,向量组 A 可以由向量组 B 线性表示,但向量组 B 不可以由向量组 A 线性表示,由此很容易得到向量组线性表示的一个简单事实:一个向量组的任意一个部分组都可以由这个向量组线性表示.

向量组的线性表示满足如下性质:

(1) **自反性** 一个向量组可以由它自身线性表示;

(2) **传递性** 若向量组 A 可以由向量组 B 线性表示,向量组 B 可以由向量组 C 线性表示,则向量组 A 可以由向量组 C 线性表示.

类似地,向量组的等价满足:

(1) **自反性** 一个向量组与其自身等价;

(2) **对称性** 若向量组 A 与 B 等价,则 B 与 A 等价;

(3) **传递性** 若向量组 A 与 B 等价,B 与 C 等价,则 A 与 C 等价.

定理 3.2.2 向量组 $\boldsymbol{\beta}_1,\boldsymbol{\beta}_2,\cdots,\boldsymbol{\beta}_n$ 可以由向量组 $\boldsymbol{\alpha}_1,\boldsymbol{\alpha}_2,\cdots,\boldsymbol{\alpha}_m$ 线性表示的充分必要条件是 $\mathrm{r}(\boldsymbol{A})=\mathrm{r}(\boldsymbol{A}\vdots\boldsymbol{B})$,其中 $\boldsymbol{A}=(\boldsymbol{\alpha}_1,\boldsymbol{\alpha}_2,\cdots,\boldsymbol{\alpha}_m),\boldsymbol{B}=(\boldsymbol{\beta}_1,\boldsymbol{\beta}_2,\cdots,\boldsymbol{\beta}_n)$.

证 向量组 $\boldsymbol{\beta}_1,\boldsymbol{\beta}_2,\cdots,\boldsymbol{\beta}_n$ 可以由向量组 $\boldsymbol{\alpha}_1,\boldsymbol{\alpha}_2,\cdots,\boldsymbol{\alpha}_m$ 线性表示,设

$$\boldsymbol{\beta}_j=c_{1j}\boldsymbol{\alpha}_1+c_{2j}\boldsymbol{\alpha}_2+\cdots+c_{mj}\boldsymbol{\alpha}_m,\quad j=1,2,\cdots,n,$$

于是

$$(\boldsymbol{\beta}_1,\boldsymbol{\beta}_2,\cdots,\boldsymbol{\beta}_n)=(\boldsymbol{\alpha}_1,\boldsymbol{\alpha}_2,\cdots,\boldsymbol{\alpha}_m)\begin{pmatrix}c_{11}&c_{12}&\cdots&c_{1n}\\c_{21}&c_{22}&\cdots&c_{2n}\\\vdots&\vdots&&\vdots\\c_{m1}&c_{m2}&\cdots&c_{mn}\end{pmatrix},$$

令 $\boldsymbol{C}=(c_{ij})_{mn}$,则上式即 $\boldsymbol{AC}=\boldsymbol{B}$,也就是说矩阵 $\boldsymbol{C}$ 是矩阵方程 $\boldsymbol{AX}=\boldsymbol{B}$ 的解.

所以向量组 $\boldsymbol{\beta}_1,\boldsymbol{\beta}_2,\cdots,\boldsymbol{\beta}_n$ 可以由向量组 $\boldsymbol{\alpha}_1,\boldsymbol{\alpha}_2,\cdots,\boldsymbol{\alpha}_m$ 线性表示，当且仅当矩阵方程 $\boldsymbol{AX}=\boldsymbol{B}$ 有解，由推论 3.1.3 知，当且仅当 $\mathrm{r}(\boldsymbol{A})=\mathrm{r}(\boldsymbol{A}\vdots\boldsymbol{B})$. 命题得证.

推论 3.2.2　向量组 $\boldsymbol{\alpha}_1,\boldsymbol{\alpha}_2,\cdots,\boldsymbol{\alpha}_m$ 与向量组 $\boldsymbol{\beta}_1,\boldsymbol{\beta}_2,\cdots,\boldsymbol{\beta}_n$ 等价的充分必要条件是 $\mathrm{r}(\boldsymbol{A})=\mathrm{r}(\boldsymbol{B})=\mathrm{r}(\boldsymbol{A}\vdots\boldsymbol{B})$，其中 $\boldsymbol{A}=(\boldsymbol{\alpha}_1,\boldsymbol{\alpha}_2,\cdots,\boldsymbol{\alpha}_m)$，$\boldsymbol{B}=(\boldsymbol{\beta}_1,\boldsymbol{\beta}_2,\cdots,\boldsymbol{\beta}_n)$.

由定理 3.2.2 显然可得该推论. 证明略.

【例 3.2.4】　已知向量组

$$A:\boldsymbol{\alpha}_1=\begin{pmatrix}1\\2\\3\end{pmatrix},\boldsymbol{\alpha}_2=\begin{pmatrix}0\\1\\2\end{pmatrix},\boldsymbol{\alpha}_3=\begin{pmatrix}3\\0\\1\end{pmatrix},$$

$$B:\boldsymbol{\beta}_1=\begin{pmatrix}1\\-2\\0\end{pmatrix},\boldsymbol{\beta}_2=\begin{pmatrix}2\\1\\2\end{pmatrix},\boldsymbol{\beta}_3=\begin{pmatrix}3\\4\\4\end{pmatrix},$$

证明：向量组 B 可以由向量组 A 线性表示，但向量组 A 不能由向量组 B 线性表示.

证　令

$$\boldsymbol{A}=\begin{pmatrix}1&0&3\\2&1&0\\3&2&1\end{pmatrix},\quad \boldsymbol{B}=\begin{pmatrix}1&2&3\\-2&1&4\\0&2&4\end{pmatrix},$$

由于

$$\boldsymbol{A}=\begin{pmatrix}1&0&3\\2&1&0\\3&2&1\end{pmatrix}\to\begin{pmatrix}1&0&3\\0&1&-6\\0&2&-8\end{pmatrix}\to\begin{pmatrix}1&0&3\\0&1&-6\\0&0&4\end{pmatrix},$$

$$\boldsymbol{B}=\begin{pmatrix}1&2&3\\-2&1&4\\0&2&4\end{pmatrix}\to\begin{pmatrix}1&2&3\\0&5&10\\0&2&4\end{pmatrix}\to\begin{pmatrix}1&2&3\\0&5&10\\0&0&0\end{pmatrix},$$

$$(\boldsymbol{A}\vdots\boldsymbol{B})=\left(\begin{array}{ccc:ccc}1&0&3&1&2&3\\2&1&0&-2&1&4\\3&2&1&0&2&4\end{array}\right)\to\left(\begin{array}{ccc:ccc}1&0&3&1&2&3\\0&1&-6&-4&-3&-2\\0&2&-8&-3&-4&-5\end{array}\right)$$

$$\rightarrow\left(\begin{array}{ccc:ccc}1 & 0 & 3 & 1 & 2 & 3\\0 & 1 & -6 & -4 & -3 & -2\\0 & 0 & 4 & 5 & 2 & -1\end{array}\right),$$

所以 $r(\boldsymbol{A})=3, r(\boldsymbol{B})=2, r(\boldsymbol{A}\vdots\boldsymbol{B})=r(\boldsymbol{B}\vdots\boldsymbol{A})=3, r(\boldsymbol{A})=r(\boldsymbol{A}\vdots\boldsymbol{B}), r(\boldsymbol{B})\neq r(\boldsymbol{B}\vdots\boldsymbol{A})$,故向量组 B 可以由向量组 A 线性表示,但向量组 A 不能由向量组 B 线性表示.

习题 3.2

A 组

1. 已知 $\boldsymbol{\alpha}_1=\begin{pmatrix}1\\2\\0\\7\end{pmatrix},\boldsymbol{\alpha}_2=\begin{pmatrix}3\\-4\\1\\5\end{pmatrix},\boldsymbol{\alpha}_3=\begin{pmatrix}0\\-2\\1\\1\end{pmatrix}$,求 $\boldsymbol{\alpha}_3-\boldsymbol{\alpha}_2$ 及 $\boldsymbol{\alpha}_1+4\boldsymbol{\alpha}_2-2\boldsymbol{\alpha}_3$.

2. 设 $\boldsymbol{\alpha}=\begin{pmatrix}3\\-1\\0\\1\end{pmatrix},\boldsymbol{\beta}=\begin{pmatrix}1\\-1\\3\\4\end{pmatrix}$,若已知 $3(\boldsymbol{\alpha}-\boldsymbol{\beta})+5(\boldsymbol{\beta}-\boldsymbol{\gamma})=-3(\boldsymbol{\alpha}+\boldsymbol{\gamma})$,求向量 $\boldsymbol{\gamma}$.

3. 设 $\boldsymbol{\alpha}=\begin{pmatrix}k\\0\\-2\end{pmatrix},\boldsymbol{\beta}=\begin{pmatrix}5\\\lambda\\1\end{pmatrix},\boldsymbol{\gamma}=\begin{pmatrix}4\\-3\\\mu\end{pmatrix}$,且 $\boldsymbol{\alpha}+2\boldsymbol{\beta}+\boldsymbol{\gamma}=\mathbf{0}$,求 k,λ,μ 的值.

4. 判断下列各小题中 $\boldsymbol{\beta}$ 能否由向量组 $\boldsymbol{\alpha}_1,\boldsymbol{\alpha}_2,\boldsymbol{\alpha}_3$ 线性表示,若能,写出表示式:

(1) $\boldsymbol{\beta}=\begin{pmatrix}1\\2\\3\end{pmatrix},\boldsymbol{\alpha}_1=\begin{pmatrix}1\\0\\1\end{pmatrix},\boldsymbol{\alpha}_2=\begin{pmatrix}1\\1\\0\end{pmatrix},\boldsymbol{\alpha}_3=\begin{pmatrix}1\\1\\1\end{pmatrix}$;

(2) $\boldsymbol{\beta}=\begin{pmatrix}1\\1\\1\end{pmatrix},\boldsymbol{\alpha}_1=\begin{pmatrix}0\\1\\1\end{pmatrix},\boldsymbol{\alpha}_2=\begin{pmatrix}1\\0\\2\end{pmatrix},\boldsymbol{\alpha}_3=\begin{pmatrix}-1\\2\\0\end{pmatrix}$;

(3) $\boldsymbol{\beta}=\begin{pmatrix}0\\8\\-1\\5\end{pmatrix},\boldsymbol{\alpha}_1=\begin{pmatrix}1\\3\\-1\\2\end{pmatrix},\boldsymbol{\alpha}_2=\begin{pmatrix}0\\-1\\2\\1\end{pmatrix},\boldsymbol{\alpha}_3=\begin{pmatrix}-2\\1\\3\\2\end{pmatrix}$；

(4) $\boldsymbol{\beta}=\begin{pmatrix}5\\-2\\-2\\0\end{pmatrix},\boldsymbol{\alpha}_1=\begin{pmatrix}1\\1\\2\\3\end{pmatrix},\boldsymbol{\alpha}_2=\begin{pmatrix}1\\2\\-3\\1\end{pmatrix},\boldsymbol{\alpha}_3=\begin{pmatrix}1\\-1\\-1\\2\end{pmatrix},\boldsymbol{\alpha}_4=\begin{pmatrix}1\\4\\-5\\11\end{pmatrix}$；

(5) $\boldsymbol{\beta}=\begin{pmatrix}2\\8\\-2\\0\end{pmatrix},\boldsymbol{\alpha}_1=\begin{pmatrix}1\\2\\-2\\3\end{pmatrix},\boldsymbol{\alpha}_2=\begin{pmatrix}-2\\-4\\4\\-6\end{pmatrix},\boldsymbol{\alpha}_3=\begin{pmatrix}-1\\0\\3\\-6\end{pmatrix}$.

5. 设

$$\boldsymbol{\alpha}_1=\begin{pmatrix}a\\2\\10\end{pmatrix},\boldsymbol{\alpha}_2=\begin{pmatrix}-2\\1\\5\end{pmatrix},\boldsymbol{\alpha}_3=\begin{pmatrix}-1\\1\\4\end{pmatrix},\boldsymbol{\beta}=\begin{pmatrix}1\\b\\c\end{pmatrix},$$

问:当 a,b,c 满足什么条件时,

(1) $\boldsymbol{\beta}$ 可以由 $\boldsymbol{\alpha}_1,\boldsymbol{\alpha}_2,\boldsymbol{\alpha}_3$ 线性表示,且表示唯一?

(2) $\boldsymbol{\beta}$ 不可由 $\boldsymbol{\alpha}_1,\boldsymbol{\alpha}_2,\boldsymbol{\alpha}_3$ 线性表示?

(3) $\boldsymbol{\beta}$ 可以由 $\boldsymbol{\alpha}_1,\boldsymbol{\alpha}_2,\boldsymbol{\alpha}_3$ 线性表示,但表示法不唯一? 并写出一般表示式.

6. 设

$$\boldsymbol{\alpha}_1=\begin{pmatrix}1+\lambda\\1\\1\end{pmatrix},\boldsymbol{\alpha}_2=\begin{pmatrix}1\\1+\lambda\\1\end{pmatrix},\boldsymbol{\alpha}_3=\begin{pmatrix}1\\1\\1+\lambda\end{pmatrix},\boldsymbol{\beta}=\begin{pmatrix}0\\\lambda\\\lambda^2\end{pmatrix},$$

问 λ 为何值时,

(1) $\boldsymbol{\beta}$ 可以由 $\boldsymbol{\alpha}_1,\boldsymbol{\alpha}_2,\boldsymbol{\alpha}_3$ 线性表示,且表示唯一?

(2) $\boldsymbol{\beta}$ 不可由 $\boldsymbol{\alpha}_1,\boldsymbol{\alpha}_2,\boldsymbol{\alpha}_3$ 线性表示?

(3) $\boldsymbol{\beta}$ 可以由 $\boldsymbol{\alpha}_1,\boldsymbol{\alpha}_2,\boldsymbol{\alpha}_3$ 线性表示,但表示法不唯一? 并写出一般表示式.

7. 已知

$$\boldsymbol{\alpha}_1=\begin{pmatrix}1\\0\\2\\3\end{pmatrix},\boldsymbol{\alpha}_2=\begin{pmatrix}1\\1\\3\\5\end{pmatrix},\boldsymbol{\alpha}_3=\begin{pmatrix}1\\-1\\a+2\\1\end{pmatrix},\boldsymbol{\alpha}_4=\begin{pmatrix}1\\2\\4\\a+8\end{pmatrix},\boldsymbol{\beta}=\begin{pmatrix}1\\1\\b+3\\5\end{pmatrix},$$

问 a,b 为何值时,

(1) $\boldsymbol{\beta}$ 不能表示成 $\boldsymbol{\alpha}_1,\boldsymbol{\alpha}_2,\boldsymbol{\alpha}_3,\boldsymbol{\alpha}_4$ 的线性组合?

(2) $\boldsymbol{\beta}$ 有 $\boldsymbol{\alpha}_1,\boldsymbol{\alpha}_2,\boldsymbol{\alpha}_3,\boldsymbol{\alpha}_4$ 的唯一线性表示式,并写出该表示式.

8. 已知向量组 $B:\boldsymbol{\beta}_1,\boldsymbol{\beta}_2,\boldsymbol{\beta}_3$ 由向量组 $A:\boldsymbol{\alpha}_1,\boldsymbol{\alpha}_2,\boldsymbol{\alpha}_3$ 的线性表示式为

$$\boldsymbol{\beta}_1=\boldsymbol{\alpha}_1-\boldsymbol{\alpha}_2+\boldsymbol{\alpha}_3,\quad \boldsymbol{\beta}_2=\boldsymbol{\alpha}_1+\boldsymbol{\alpha}_2-\boldsymbol{\alpha}_3,\quad \boldsymbol{\beta}_3=-\boldsymbol{\alpha}_1+\boldsymbol{\alpha}_2+\boldsymbol{\alpha}_3,$$

试将向量组 A 的向量由向量组 B 的向量线性表示.

9. 已知向量组 $\boldsymbol{\gamma}_1,\boldsymbol{\gamma}_2$ 由向量组 $\boldsymbol{\beta}_1,\boldsymbol{\beta}_2,\boldsymbol{\beta}_3$ 线性表示为

$$\boldsymbol{\gamma}_1=3\boldsymbol{\beta}_1-\boldsymbol{\beta}_2+\boldsymbol{\beta}_3,$$
$$\boldsymbol{\gamma}_2=\boldsymbol{\beta}_1+2\boldsymbol{\beta}_2+4\boldsymbol{\beta}_3,$$

向量组 $\boldsymbol{\beta}_1,\boldsymbol{\beta}_2,\boldsymbol{\beta}_3$ 由向量组 $\boldsymbol{\alpha}_1,\boldsymbol{\alpha}_2,\boldsymbol{\alpha}_3$ 线性表示为

$$\boldsymbol{\beta}_1=2\boldsymbol{\alpha}_1+\boldsymbol{\alpha}_2-5\boldsymbol{\alpha}_3,$$
$$\boldsymbol{\beta}_2=\boldsymbol{\alpha}_1+3\boldsymbol{\alpha}_2+\boldsymbol{\alpha}_3,$$
$$\boldsymbol{\beta}_3=-\boldsymbol{\alpha}_1+4\boldsymbol{\alpha}_2-\boldsymbol{\alpha}_3,$$

求向量组 $\boldsymbol{\gamma}_1,\boldsymbol{\gamma}_2$ 由向量组 $\boldsymbol{\alpha}_1,\boldsymbol{\alpha}_2,\boldsymbol{\alpha}_3$ 表示的线性表示式.

10. 证明向量组 $\boldsymbol{\alpha}_1+\boldsymbol{\alpha}_2,\boldsymbol{\alpha}_1-\boldsymbol{\alpha}_2,\boldsymbol{\alpha}_1+\boldsymbol{\alpha}_3,\boldsymbol{\alpha}_1-\boldsymbol{\alpha}_3$ 与向量组 $\boldsymbol{\alpha}_1,\boldsymbol{\alpha}_2,\boldsymbol{\alpha}_3$ 等价.

11. 已知向量组

$$A:\boldsymbol{\alpha}_1=\begin{pmatrix}1\\-1\\1\end{pmatrix},\boldsymbol{\alpha}_2=\begin{pmatrix}2\\-1\\1\end{pmatrix},\boldsymbol{\alpha}_3=\begin{pmatrix}3\\-2\\2\end{pmatrix},$$

$$B:\boldsymbol{\beta}_1=\begin{pmatrix}1\\-1\\1\end{pmatrix},\boldsymbol{\beta}_2=\begin{pmatrix}1\\0\\1\end{pmatrix},\boldsymbol{\beta}_3=\begin{pmatrix}1\\1\\-1\end{pmatrix},$$

证明:向量组 A 可以由向量组 B 线性表示,但向量组 B 不能由向量组 A 线性表示.

12. 设向量组

$$A:\boldsymbol{\alpha}_1=\begin{pmatrix}2\\3\\5\end{pmatrix},\boldsymbol{\alpha}_2=\begin{pmatrix}1\\1\\-1\end{pmatrix},\boldsymbol{\alpha}_3=\begin{pmatrix}2\\1\\0\end{pmatrix},$$

$$B:\boldsymbol{\beta}_1=\begin{pmatrix}3\\1\\2\end{pmatrix},\boldsymbol{\beta}_2=\begin{pmatrix}1\\1\\1\end{pmatrix},\boldsymbol{\beta}_3=\begin{pmatrix}1\\1\\-1\end{pmatrix},\boldsymbol{\beta}_4=\begin{pmatrix}2\\1\\0\end{pmatrix},$$

证明向量组 A 与 B 等价.

B 组

1. 已知 $\boldsymbol{\beta}$ 可由 $\boldsymbol{\alpha}_1,\boldsymbol{\alpha}_2,\cdots,\boldsymbol{\alpha}_m$ 线性表示,但不能由 $\boldsymbol{\alpha}_1,\boldsymbol{\alpha}_2,\cdots,\boldsymbol{\alpha}_{m-1}$ 线性表示,试判断:

(1) $\boldsymbol{\alpha}_m$ 能否由 $\boldsymbol{\alpha}_1,\boldsymbol{\alpha}_2,\cdots,\boldsymbol{\alpha}_{m-1},\boldsymbol{\beta}$ 线性表示;

(2) $\boldsymbol{\alpha}_m$ 能否由 $\boldsymbol{\alpha}_1,\boldsymbol{\alpha}_2,\cdots,\boldsymbol{\alpha}_{m-1}$ 线性表示,并说明理由.

2. 确定常数 a,使向量组 $\boldsymbol{\alpha}_1=\begin{pmatrix}1\\1\\a\end{pmatrix},\boldsymbol{\alpha}_2=\begin{pmatrix}1\\a\\1\end{pmatrix},\boldsymbol{\alpha}_3=\begin{pmatrix}a\\1\\1\end{pmatrix}$ 可由向量组 $\boldsymbol{\beta}_1=\begin{pmatrix}1\\1\\a\end{pmatrix},\boldsymbol{\beta}_2=\begin{pmatrix}-2\\a\\4\end{pmatrix},\boldsymbol{\beta}_3=\begin{pmatrix}-2\\a\\a\end{pmatrix}$ 线性表示,但 $\boldsymbol{\beta}_1,\boldsymbol{\beta}_2,\boldsymbol{\beta}_3$ 不能由 $\boldsymbol{\alpha}_1,\boldsymbol{\alpha}_2,\boldsymbol{\alpha}_3$ 线性表示.

3. 设向量组

$$\boldsymbol{\alpha}_1=\begin{pmatrix}1\\0\\1\end{pmatrix},\boldsymbol{\alpha}_2=\begin{pmatrix}0\\1\\1\end{pmatrix},\boldsymbol{\alpha}_3=\begin{pmatrix}1\\3\\5\end{pmatrix}$$

不能由向量组

$$\boldsymbol{\beta}_1=\begin{pmatrix}1\\1\\1\end{pmatrix},\boldsymbol{\beta}_2=\begin{pmatrix}1\\2\\3\end{pmatrix},\boldsymbol{\beta}_3=\begin{pmatrix}3\\4\\a\end{pmatrix}$$

线性表示，求 a 的值，并将 $\boldsymbol{\beta}_1,\boldsymbol{\beta}_2,\boldsymbol{\beta}_3$ 用 $\boldsymbol{\alpha}_1,\boldsymbol{\alpha}_2,\boldsymbol{\alpha}_3$ 线性表示.

4. 设有向量组

$$A:\boldsymbol{\alpha}_1=\begin{pmatrix}1\\0\\2\end{pmatrix},\boldsymbol{\alpha}_2=\begin{pmatrix}1\\1\\3\end{pmatrix},\boldsymbol{\alpha}_3=\begin{pmatrix}1\\-1\\a+2\end{pmatrix},$$

$$B:\boldsymbol{\beta}_1=\begin{pmatrix}1\\2\\a+3\end{pmatrix},\boldsymbol{\beta}_2=\begin{pmatrix}2\\1\\a+6\end{pmatrix},\boldsymbol{\beta}_3=\begin{pmatrix}2\\1\\a+4\end{pmatrix},$$

问：当 a 为何值时，向量组 A 与 B 等价？当 a 为何值时，向量组 A 与 B 不等价？

3.3 向量组的线性相关性

先来看两个向量组，

$$A:\boldsymbol{\alpha}_1=\begin{pmatrix}1\\2\\3\end{pmatrix},\boldsymbol{\alpha}_2=\begin{pmatrix}3\\4\\8\end{pmatrix},\boldsymbol{\alpha}_3=\begin{pmatrix}2\\2\\5\end{pmatrix},$$

$\boldsymbol{\alpha}_1=\boldsymbol{\alpha}_2-\boldsymbol{\alpha}_3$，即 $\boldsymbol{\alpha}_1$ 可以由向量组中其余向量线性表示.

$$B:\boldsymbol{\beta}_1=\begin{pmatrix}1\\0\\0\end{pmatrix},\boldsymbol{\beta}_2=\begin{pmatrix}0\\1\\0\end{pmatrix},\boldsymbol{\beta}_3=\begin{pmatrix}0\\0\\1\end{pmatrix},$$

$\boldsymbol{\beta}_1$ 不能由 $\boldsymbol{\beta}_2,\boldsymbol{\beta}_3$ 线性表示，$\boldsymbol{\beta}_2$ 也不能由 $\boldsymbol{\beta}_1,\boldsymbol{\beta}_3$ 线性表示，$\boldsymbol{\beta}_3$ 也不能由 $\boldsymbol{\beta}_1,\boldsymbol{\beta}_2$ 线性表示，即向量组中每一个向量都不能由其余的向量线性表示.

为了进一步研究这种现象，我们引入线性相关的概念.

3.3.1　线性相关与线性无关

定义 3.3.1　若向量组 $\boldsymbol{\alpha}_1,\boldsymbol{\alpha}_2,\cdots,\boldsymbol{\alpha}_s(s\geqslant 2)$ 中有一个向量可以由其余向量线性表示，则称此向量组**线性相关**(linearly dependent)，否则称**线性无关**(linearly independent).

注　不是线性相关，就是线性无关，这两个概念是对立的，非此即彼. 但无论是线性相关还是线性无关都说的是一个向量组内部的关系.

若是几何向量，$\boldsymbol{\alpha}_1$ 与 $\boldsymbol{\alpha}_2$ 线性相关，则 $\boldsymbol{\alpha}_1=k\boldsymbol{\alpha}_2$ 或 $\boldsymbol{\alpha}_2=l\boldsymbol{\alpha}_1$，即 $\boldsymbol{\alpha}_1$ 与 $\boldsymbol{\alpha}_2$ 共线；$\boldsymbol{\alpha}_1,\boldsymbol{\alpha}_2,\boldsymbol{\alpha}_3$ 线性相关，设 $\boldsymbol{\alpha}_1=k_2\boldsymbol{\alpha}_2+k_3\boldsymbol{\alpha}_3$，即 $\boldsymbol{\alpha}_1,\boldsymbol{\alpha}_2,\boldsymbol{\alpha}_3$ 共面.

定义 3.3.2　对于向量组 $\boldsymbol{\alpha}_1,\boldsymbol{\alpha}_2,\cdots,\boldsymbol{\alpha}_s(s\geqslant 1)$，如果存在一组不全为零的数 $k_1,k_2,\cdots,k_s$，使得

$$k_1\boldsymbol{\alpha}_1+k_2\boldsymbol{\alpha}_2+\cdots+k_s\boldsymbol{\alpha}_s=\mathbf{0},$$

则称 $\boldsymbol{\alpha}_1,\boldsymbol{\alpha}_2,\cdots,\boldsymbol{\alpha}_s$ **线性相关**，否则称**线性无关**.

注　与定义 3.3.1 相比，定义 3.3.2 也适用于 $s=1$ 的情形. $\boldsymbol{\alpha}_1$ 线性相关(即存在 $k_1\neq 0$，使 $k_1\boldsymbol{\alpha}_1=\mathbf{0}$，于是 $\boldsymbol{\alpha}_1=\mathbf{0}$)当且仅当 $\boldsymbol{\alpha}_1=\mathbf{0}$，$\boldsymbol{\alpha}_1$ 线性无关当且仅当 $\boldsymbol{\alpha}_1$ 是非零向量.

定义 3.3.2 中“否则”的含义是：

$\boldsymbol{\alpha}_1,\boldsymbol{\alpha}_2,\cdots,\boldsymbol{\alpha}_s$ 线性无关，

$\Leftrightarrow$不存在不全为零的数 $k_1,k_2,\cdots,k_s$，使得 $k_1\boldsymbol{\alpha}_1+k_2\boldsymbol{\alpha}_2+\cdots+k_s\boldsymbol{\alpha}_s=\mathbf{0}$.

$\Leftrightarrow$任何不全为零的数 $k_1,k_2,\cdots,k_s$，$k_1\boldsymbol{\alpha}_1+k_2\boldsymbol{\alpha}_2+\cdots+k_s\boldsymbol{\alpha}_s\neq\mathbf{0}$.

$\Leftrightarrow$仅对 $k_1=k_2=\cdots=k_s=0$ 时，$k_1\boldsymbol{\alpha}_1+k_2\boldsymbol{\alpha}_2+\cdots+k_s\boldsymbol{\alpha}_s=\mathbf{0}$.

$\Leftrightarrow$若 $k_1\boldsymbol{\alpha}_1+k_2\boldsymbol{\alpha}_2+\cdots+k_s\boldsymbol{\alpha}_s=\mathbf{0}$，则必有 $k_1=k_2=\cdots=k_s=0$.

其中最后一个是判定线性无关的标准方法.

定义 3.3.1 与定义 3.3.2 是等价的.

事实上，设 $\boldsymbol{\alpha}_1,\boldsymbol{\alpha}_2,\cdots,\boldsymbol{\alpha}_s$ 按定义 3.3.1 线性相关，即有一个向量，设为 $\boldsymbol{\alpha}_s$，可由其余向量线性表示

$$\boldsymbol{\alpha}_s=k_1\boldsymbol{\alpha}_1+k_2\boldsymbol{\alpha}_2+\cdots+k_{s-1}\boldsymbol{\alpha}_{s-1},$$

移项，得

$$k_1\boldsymbol{\alpha}_1+k_2\boldsymbol{\alpha}_2+\cdots+k_{s-1}\boldsymbol{\alpha}_{s-1}-\boldsymbol{\alpha}_s=\mathbf{0},$$

因 $k_1,k_2,\cdots,k_{s-1},-1$ 不全为零,即按定义 3.3.2 线性相关.

反之,设 $\boldsymbol{\alpha}_1,\boldsymbol{\alpha}_2,\cdots,\boldsymbol{\alpha}_s$ 按定义 3.3.2 线性相关,即存在一组不全为零的数 $k_1,k_2,\cdots,k_s$,使得

$$k_1\boldsymbol{\alpha}_1+k_2\boldsymbol{\alpha}_2+\cdots+k_s\boldsymbol{\alpha}_s=\mathbf{0},$$

不妨设 $k_s\neq 0$,则

$$\boldsymbol{\alpha}_s=\frac{1}{k_s}(-k_1\boldsymbol{\alpha}_1-k_2\boldsymbol{\alpha}_2-\cdots-k_{s-1}\boldsymbol{\alpha}_{s-1}),$$

即按定义 3.3.1 也线性相关.

由线性相关的定义,很容易得到如下简单事实:

(1) 含有零向量的向量组线性相关. 因为零向量可以由其余向量线性表示.

(2) 两个向量线性相关,当且仅当对应的分量成比例.

(3) n 个 n 维单位向量是线性无关的.

证 设

$$\boldsymbol{\varepsilon}_i=\begin{pmatrix}0\\ \vdots\\ 0\\ 1\\ 0\\ \vdots\\ 0\end{pmatrix}(i),\quad i=1,2,\cdots,n,$$

若 $k_1\boldsymbol{\varepsilon}_1+k_2\boldsymbol{\varepsilon}_2+\cdots+k_n\boldsymbol{\varepsilon}_n=\mathbf{0}$,即

$$k_1\begin{pmatrix}1\\ 0\\ \vdots\\ 0\end{pmatrix}+k_2\begin{pmatrix}0\\ 1\\ \vdots\\ 0\end{pmatrix}+\cdots+k_n\begin{pmatrix}0\\ 0\\ \vdots\\ 1\end{pmatrix}=\mathbf{0},$$

则

$$\begin{pmatrix} k_1 \\ k_2 \\ \vdots \\ k_n \end{pmatrix} = \mathbf{0},$$

即 $k_1 = k_2 = \cdots = k_n = 0$,从而 $\boldsymbol{\varepsilon}_1, \boldsymbol{\varepsilon}_2, \cdots, \boldsymbol{\varepsilon}_n$ 线性无关.

设 $\boldsymbol{\alpha}_1, \boldsymbol{\alpha}_2, \cdots, \boldsymbol{\alpha}_s$ 线性相关,则存在一组不全为零的数 $k_1, k_2, \cdots, k_s$,使得 $k_1\boldsymbol{\alpha}_1 + k_2\boldsymbol{\alpha}_2 + \cdots + k_s\boldsymbol{\alpha}_s = \mathbf{0}$,同时,显然有 $0\boldsymbol{\alpha}_1 + 0\boldsymbol{\alpha}_2 + \cdots + 0\boldsymbol{\alpha}_s = \mathbf{0}$. 若 $\boldsymbol{\alpha}_1, \boldsymbol{\alpha}_2, \cdots, \boldsymbol{\alpha}_s$ 线性无关,则只有 $0\boldsymbol{\alpha}_1 + 0\boldsymbol{\alpha}_2 + \cdots + 0\boldsymbol{\alpha}_s = \mathbf{0}$,于是有:

(4) 零向量用线性相关的向量组表示时,表法不唯一,用线性无关的向量组表示时,表法唯一.

3.3.2　线性相关性的判别

向量组 $\boldsymbol{\alpha}_1, \boldsymbol{\alpha}_2, \cdots, \boldsymbol{\alpha}_s$ 线性相关(线性无关),由定义 3.3.2 知,即齐次线性方程组 $x_1\boldsymbol{\alpha}_1 + x_2\boldsymbol{\alpha}_2 + \cdots + x_s\boldsymbol{\alpha}_s = \mathbf{0}$ 有非零解(仅有零解). 将方程组展开,即

$$\begin{cases} a_{11}x_1 + a_{21}x_2 + \cdots + a_{s1}x_s = 0, \\ a_{12}x_1 + a_{22}x_2 + \cdots + a_{s2}x_s = 0, \\ \qquad\qquad \vdots \\ a_{1n}x_1 + a_{2n}x_2 + \cdots + a_{sn}x_s = 0, \end{cases}$$

其中 $\boldsymbol{\alpha}_i = \begin{pmatrix} a_{i1} \\ a_{i2} \\ \vdots \\ a_{in} \end{pmatrix}$, $i = 1, 2, \cdots, s$,于是向量组 $\boldsymbol{\alpha}_1, \boldsymbol{\alpha}_2, \cdots, \boldsymbol{\alpha}_s$ 的线性相关性,可归结为上述方程组的解的情况,所以有下述定理:

定理 3.3.1　向量组 $\boldsymbol{\alpha}_1, \boldsymbol{\alpha}_2, \cdots, \boldsymbol{\alpha}_s$ 线性相关(线性无关)的充分必要条件是以 $\boldsymbol{\alpha}_1, \boldsymbol{\alpha}_2, \cdots, \boldsymbol{\alpha}_s$ 为列向量的矩阵的秩小于(等于)向量的个数 s.

【例 3.3.1】　讨论下列向量组的线性相关性:

(1) $\boldsymbol{\alpha}_1 = \begin{pmatrix} 1 \\ -2 \\ 0 \\ 3 \end{pmatrix}, \boldsymbol{\alpha}_2 = \begin{pmatrix} 2 \\ 5 \\ -1 \\ 0 \end{pmatrix}, \boldsymbol{\alpha}_3 = \begin{pmatrix} 3 \\ 3 \\ -1 \\ 3 \end{pmatrix}$;

(2) $\boldsymbol{\alpha}_1=\begin{pmatrix}1\\-1\\0\\0\end{pmatrix},\boldsymbol{\alpha}_2=\begin{pmatrix}0\\1\\1\\-1\end{pmatrix},\boldsymbol{\alpha}_3=\begin{pmatrix}-1\\3\\2\\1\end{pmatrix}$.

解 (1) 以 $\boldsymbol{\alpha}_1,\boldsymbol{\alpha}_2,\boldsymbol{\alpha}_3$ 为列向量的矩阵 $\boldsymbol{A}=(\boldsymbol{\alpha}_1,\boldsymbol{\alpha}_2,\boldsymbol{\alpha}_3)$，作初等变换求秩，

$$\boldsymbol{A}=\begin{pmatrix}1&2&3\\-2&5&3\\0&-1&-1\\3&0&3\end{pmatrix}\rightarrow\begin{pmatrix}1&2&3\\0&9&9\\0&-1&-1\\0&-6&-6\end{pmatrix}\rightarrow\begin{pmatrix}1&2&3\\0&1&1\\0&0&0\\0&0&0\end{pmatrix},$$

$\mathrm{r}(\boldsymbol{A})=2<3$，故向量组 $\boldsymbol{\alpha}_1,\boldsymbol{\alpha}_2,\boldsymbol{\alpha}_3$ 线性相关.

(2) 对矩阵 $\boldsymbol{A}=(\boldsymbol{\alpha}_1,\boldsymbol{\alpha}_2,\boldsymbol{\alpha}_3)$作初等变换求秩，

$$\boldsymbol{A}=\begin{pmatrix}1&0&-1\\-1&1&3\\0&1&2\\0&-1&1\end{pmatrix}\rightarrow\begin{pmatrix}1&0&-1\\0&1&2\\0&1&2\\0&-1&1\end{pmatrix}\rightarrow\begin{pmatrix}1&0&-1\\0&1&2\\0&0&0\\0&0&3\end{pmatrix},$$

$\mathrm{r}(\boldsymbol{A})=3$，故向量组 $\boldsymbol{\alpha}_1,\boldsymbol{\alpha}_2,\boldsymbol{\alpha}_3$ 线性无关.

【例 3.3.2】 若 $\boldsymbol{\alpha}_1,\boldsymbol{\alpha}_2,\boldsymbol{\alpha}_3$ 线性无关，证明 $2\boldsymbol{\alpha}_1+\boldsymbol{\alpha}_2,\boldsymbol{\alpha}_2+5\boldsymbol{\alpha}_3,4\boldsymbol{\alpha}_3+3\boldsymbol{\alpha}_1$ 也线性无关.

证 设 $k_1(2\boldsymbol{\alpha}_1+\boldsymbol{\alpha}_2)+k_2(\boldsymbol{\alpha}_2+5\boldsymbol{\alpha}_3)+k_3(4\boldsymbol{\alpha}_3+3\boldsymbol{\alpha}_1)=\boldsymbol{0}$，

即

$$(2k_1+3k_3)\boldsymbol{\alpha}_1+(k_1+k_2)\boldsymbol{\alpha}_2+(5k_2+4k_3)\boldsymbol{\alpha}_3=\boldsymbol{0},$$

由于 $\boldsymbol{\alpha}_1,\boldsymbol{\alpha}_2,\boldsymbol{\alpha}_3$ 线性无关，故有

$$\begin{cases}2k_1+3k_3=0,\\k_1+k_2=0,\\5k_2+4k_3=0,\end{cases}$$

该齐次线性方程组的系数矩阵 $\boldsymbol{A}$ 的行列式

$$|\boldsymbol{A}|=\begin{vmatrix}2&0&3\\1&1&0\\0&5&4\end{vmatrix}=23\neq 0,$$

故方程组只有唯一零解 $k_1=k_2=k_3=0$，从而向量组 $2\boldsymbol{\alpha}_1+\boldsymbol{\alpha}_2,\boldsymbol{\alpha}_2+5\boldsymbol{\alpha}_3,4\boldsymbol{\alpha}_3+3\boldsymbol{\alpha}_1$ 也线性无关.

由定理 3.3.1 显然可得下面两个推论：

推论 3.3.1　n 个 n 维向量 $\boldsymbol{\alpha}_i=\begin{pmatrix}a_{i1}\\a_{i2}\\\vdots\\a_{in}\end{pmatrix},i=1,2,\cdots,n$ 线性相关(线性无关)的充分必要条件是

$$\begin{vmatrix}a_{11}&a_{21}&\cdots&a_{n1}\\a_{12}&a_{22}&\cdots&a_{n2}\\\vdots&\vdots&&\vdots\\a_{1n}&a_{2n}&\cdots&a_{nn}\end{vmatrix}=0(\neq 0).$$

例如，n 个 n 维单位向量 $\boldsymbol{\varepsilon}_i=\begin{pmatrix}0\\\vdots\\0\\1\\0\\\vdots\\0\end{pmatrix}(i),i=1,2,\cdots,n$ 线性无关，显然有

$$\begin{vmatrix}1&0&0&\cdots&0\\0&1&0&\cdots&0\\0&0&1&\cdots&0\\\vdots&\vdots&\vdots&&\vdots\\0&0&0&\cdots&1\end{vmatrix}\neq 0.$$

【例 3.3.3】 讨论向量组

$$\boldsymbol{\alpha}_1=\begin{pmatrix}1\\0\\1\\1\end{pmatrix},\boldsymbol{\alpha}_2=\begin{pmatrix}2\\1\\2\\1\end{pmatrix},\boldsymbol{\alpha}_3=\begin{pmatrix}4\\5\\a-2\\-1\end{pmatrix},\boldsymbol{\alpha}_4=\begin{pmatrix}3\\b+4\\3\\1\end{pmatrix}$$

的线性相关性.

解法一

$$\boldsymbol{A}=\begin{pmatrix}1&2&4&3\\0&1&5&b+4\\1&2&a-2&3\\1&1&-1&1\end{pmatrix}\to\begin{pmatrix}1&2&4&3\\0&1&5&b+4\\0&0&a-6&0\\0&-1&-5&-2\end{pmatrix},$$

$$\to\begin{pmatrix}1&2&4&3\\0&1&5&b+4\\0&0&a-6&0\\0&0&0&b+2\end{pmatrix},$$

所以,当 $a\neq6$ 且 $b\neq-2$ 时,$\mathrm{r}(\boldsymbol{A})=4$,$\boldsymbol{\alpha}_1,\boldsymbol{\alpha}_2,\boldsymbol{\alpha}_3,\boldsymbol{\alpha}_4$ 线性无关;当 $a=6$ 或 $b=-2$ 时,$\mathrm{r}(A)<4$,$\boldsymbol{\alpha}_1,\boldsymbol{\alpha}_2,\boldsymbol{\alpha}_3,\boldsymbol{\alpha}_4$ 线性相关.

解法二 因为

$$|\boldsymbol{\alpha}_1,\boldsymbol{\alpha}_2,\boldsymbol{\alpha}_3,\boldsymbol{\alpha}_4|=|\boldsymbol{A}|=(a-6)(b+2),$$

所以,当 $a\neq6$ 且 $b\neq-2$ 时,$\boldsymbol{\alpha}_1,\boldsymbol{\alpha}_2,\boldsymbol{\alpha}_3,\boldsymbol{\alpha}_4$ 线性无关;当 $a=6$ 或 $b=-2$ 时,$\boldsymbol{\alpha}_1,\boldsymbol{\alpha}_2,\boldsymbol{\alpha}_3,\boldsymbol{\alpha}_4$ 线性相关.

推论 3.3.2 向量组中向量的个数大于向量的维数,则此向量组线性相关.

向量的个数对应的是齐次线性方程组中未知数的个数,向量的维数对应的是齐次线性方程组中方程的个数,显然,此时方程组有非零解.

定理 3.3.2 一个向量组中有一个部分组线性相关,则整个向量组线性相关.

证 设向量组 $\boldsymbol{\alpha}_1,\boldsymbol{\alpha}_2,\cdots,\boldsymbol{\alpha}_r,\cdots,\boldsymbol{\alpha}_s$,其中一个部分组 $\boldsymbol{\alpha}_1,\boldsymbol{\alpha}_2,\cdots,\boldsymbol{\alpha}_r$ 线性相关,即存在不全为零的数 $k_1,k_2,\cdots,k_r$,使得

$$k_1\boldsymbol{\alpha}_1+k_2\boldsymbol{\alpha}_2+\cdots+k_r\boldsymbol{\alpha}_r=\mathbf{0},$$

则

$$k_1\boldsymbol{\alpha}_1+k_2\boldsymbol{\alpha}_2+\cdots+k_r\boldsymbol{\alpha}_r+0\boldsymbol{\alpha}_{r+1}+\cdots+0\boldsymbol{\alpha}_s=\mathbf{0},$$

因 $k_1,k_2,\cdots,k_r,0,\cdots,0$ 不全为零,故 $\boldsymbol{\alpha}_1,\boldsymbol{\alpha}_2,\cdots,\boldsymbol{\alpha}_r,\cdots,\boldsymbol{\alpha}_s$ 线性相关.

注　等价地说,线性无关的向量组,任一个部分组都线性无关.

该定理的逆命题不成立,即线性相关的向量组,部分组未必线性相关.

定理 3.3.3　线性无关的向量组的延长向量组也是线性无关的,这里的延长指的是延长维数.

证　设原向量组为

$$\boldsymbol{\alpha}_1=\begin{pmatrix}a_{11}\\a_{12}\\\vdots\\a_{1k}\end{pmatrix},\boldsymbol{\alpha}_2=\begin{pmatrix}a_{21}\\a_{22}\\\vdots\\a_{2k}\end{pmatrix},\cdots,\boldsymbol{\alpha}_s=\begin{pmatrix}a_{s1}\\a_{s2}\\\vdots\\a_{sk}\end{pmatrix},$$

其延长向量组为

$$\boldsymbol{\alpha}_1'=\begin{pmatrix}a_{11}\\\vdots\\a_{1k}\\a_{1,k+1}\\\vdots\\a_{1n}\end{pmatrix},\boldsymbol{\alpha}_2'=\begin{pmatrix}a_{21}\\\vdots\\a_{2k}\\a_{2,k+1}\\\vdots\\a_{2n}\end{pmatrix},\cdots,\boldsymbol{\alpha}_s'=\begin{pmatrix}a_{s1}\\\vdots\\a_{sk}\\a_{s,k+1}\\\vdots\\a_{sn}\end{pmatrix},$$

与 $\boldsymbol{\alpha}_1',\boldsymbol{\alpha}_2',\cdots,\boldsymbol{\alpha}_s'$ 对应的齐次线性方程组为

$$\left\{\begin{array}{ll}\left.\begin{array}{l}a_{11}x_1+a_{21}x_2+\cdots+a_{s1}x_s=0,\\\qquad\vdots\\a_{1k}x_1+a_{2k}x_2+\cdots+a_{sk}x_s=0,\end{array}\right\} & (3.12)\\a_{1,k+1}x_1+a_{2,k+1}x_2+\cdots+a_{s,k+1}x_s=0, & (3.13)\\\qquad\vdots & \\a_{1n}x_1+a_{2n}x_2+\cdots+a_{sn}x_s=0, & \end{array}\right.$$

因为 $\boldsymbol{\alpha}_1,\boldsymbol{\alpha}_2,\cdots,\boldsymbol{\alpha}_s$ 线性无关，所以其对应的齐次线性方程组(3.12)只有零解，故齐次线性方程组(3.13)也只有零解，从而 $\boldsymbol{\alpha}_1',\boldsymbol{\alpha}_2',\cdots,\boldsymbol{\alpha}_s'$线性无关.

注 其实延长维数的方式是任意的，即在前、在后、在中间都可以，例如，由于

$$\boldsymbol{\alpha}_1=\begin{pmatrix}1\\0\\0\end{pmatrix},\boldsymbol{\alpha}_2=\begin{pmatrix}0\\1\\0\end{pmatrix},\boldsymbol{\alpha}_3=\begin{pmatrix}0\\0\\1\end{pmatrix}$$

线性无关，所以

$$\boldsymbol{\alpha}_1'=\begin{pmatrix}1\\2\\0\\0\end{pmatrix},\boldsymbol{\alpha}_2'=\begin{pmatrix}0\\-3\\1\\0\end{pmatrix},\boldsymbol{\alpha}_3'=\begin{pmatrix}0\\1\\0\\1\end{pmatrix}$$

也是线性无关的.

等价地，线性相关的向量组，其缩短向量组也线性相关.

定理 3.3.3 的逆命题不成立，即线性无关的向量组，其缩短向量组未必是线性无关的，例如，

$$\boldsymbol{\alpha}_1'=\begin{pmatrix}2\\0\\1\\4\end{pmatrix},\boldsymbol{\alpha}_2'=\begin{pmatrix}2\\0\\4\\4\end{pmatrix}$$

线性无关，但其缩短向量组

$$\boldsymbol{\alpha}_1=\begin{pmatrix}2\\0\end{pmatrix},\boldsymbol{\alpha}_2=\begin{pmatrix}2\\0\end{pmatrix}$$

却线性相关.

定理 3.3.4 设 $\boldsymbol{\alpha}_1,\boldsymbol{\alpha}_2,\cdots,\boldsymbol{\alpha}_s,\boldsymbol{\beta}$ 线性相关，而 $\boldsymbol{\alpha}_1,\boldsymbol{\alpha}_2,\cdots,\boldsymbol{\alpha}_s$ 线性无关，则 $\boldsymbol{\beta}$ 可由 $\boldsymbol{\alpha}_1,\boldsymbol{\alpha}_2,\cdots,\boldsymbol{\alpha}_s$ 线性表示，且表法唯一.

证 因 $\boldsymbol{\alpha}_1,\boldsymbol{\alpha}_2,\cdots,\boldsymbol{\alpha}_s,\boldsymbol{\beta}$ 线性相关，从而存在一组不全为零的数 $k_1,k_2,\cdots,$

k_s, k，使得

$$k_1\boldsymbol{\alpha}_1+k_2\boldsymbol{\alpha}_2+\cdots+k_s\boldsymbol{\alpha}_s+k\boldsymbol{\beta}=\mathbf{0}.$$

若 $k=0$，则 $k_1,k_2,\cdots,k_s$ 不全为零，且 $k_1\boldsymbol{\alpha}_1+k_2\boldsymbol{\alpha}_2+\cdots+k_s\boldsymbol{\alpha}_s=\mathbf{0}$，这与 $\boldsymbol{\alpha}_1,\boldsymbol{\alpha}_2,\cdots,\boldsymbol{\alpha}_s$ 线性无关矛盾，故 $k\neq 0$，从而

$$\boldsymbol{\beta}=\left(-\frac{k_1}{k}\right)\boldsymbol{\alpha}_1+\left(-\frac{k_2}{k}\right)\boldsymbol{\alpha}_2+\cdots+\left(-\frac{k_s}{k}\right)\boldsymbol{\alpha}_s,$$

即 $\boldsymbol{\beta}$ 可由 $\boldsymbol{\alpha}_1,\boldsymbol{\alpha}_2,\cdots,\boldsymbol{\alpha}_s$ 线性表示.

下证唯一性. 若有两种表示法，

$$\boldsymbol{\beta}=h_1\boldsymbol{\alpha}_1+h_2\boldsymbol{\alpha}_2+\cdots+h_s\boldsymbol{\alpha}_s=l_1\boldsymbol{\alpha}_1+l_2\boldsymbol{\alpha}_2+\cdots+l_s\boldsymbol{\alpha}_s,$$

则

$$(h_1-l_1)\boldsymbol{\alpha}_1+(h_2-l_2)\boldsymbol{\alpha}_2+\cdots+(h_s-l_s)\boldsymbol{\alpha}_s=\mathbf{0},$$

而 $\boldsymbol{\alpha}_1,\boldsymbol{\alpha}_2,\cdots,\boldsymbol{\alpha}_s$ 线性无关，从而

$$h_1-l_1=h_2-l_2=\cdots=h_s-l_s=0,$$

即 $h_1=l_1, h_2=l_2,\cdots,h_s=l_s$，故表示方法唯一.

例如，取 $\boldsymbol{\alpha}_1,\boldsymbol{\alpha}_2,\cdots,\boldsymbol{\alpha}_s$ 与单位向量 $\boldsymbol{\varepsilon}_1,\boldsymbol{\varepsilon}_2,\cdots,\boldsymbol{\varepsilon}_s$ 线性相关，则 $\forall\,\boldsymbol{\alpha}=\begin{pmatrix}a_1\\a_2\\\vdots\\a_s\end{pmatrix}$ 可由 $\boldsymbol{\varepsilon}_1,\boldsymbol{\varepsilon}_2,\cdots,\boldsymbol{\varepsilon}_s$ 唯一表示为

$$\boldsymbol{\alpha}=a_1\boldsymbol{\varepsilon}_1+a_2\boldsymbol{\varepsilon}_2+\cdots+a_s\boldsymbol{\varepsilon}_s.$$

定理 3.3.5　设两向量组

$$A:\boldsymbol{\alpha}_1,\boldsymbol{\alpha}_2,\cdots,\boldsymbol{\alpha}_s;\quad B:\boldsymbol{\beta}_1,\boldsymbol{\beta}_2,\cdots,\boldsymbol{\beta}_r,$$

若向量组 A 可以由向量组 B 线性表示，且 $s>r$，则向量组 A 线性相关.

证　只要证存在一组不全为零的数 $k_1,k_2,\cdots,k_s$，使得

$$k_1\boldsymbol{\alpha}_1+k_2\boldsymbol{\alpha}_2+\cdots+k_s\boldsymbol{\alpha}_s=\mathbf{0}.\tag{3.14}$$

由于向量组 A 可以由向量组 B 线性表示，设为

$$\boldsymbol{\alpha}_i=t_{1i}\boldsymbol{\beta}_1+t_{2i}\boldsymbol{\beta}_2+\cdots+t_{ri}\boldsymbol{\beta}_r,\quad i=1,2,\cdots,s,$$

代入式(3.14)，得

$$\begin{aligned}&k_1(t_{11}\boldsymbol{\beta}_1+t_{21}\boldsymbol{\beta}_2+\cdots+t_{r1}\boldsymbol{\beta}_r)+\\&k_2(t_{12}\boldsymbol{\beta}_1+t_{22}\boldsymbol{\beta}_2+\cdots+t_{r2}\boldsymbol{\beta}_r)+\\&\cdots+\\&k_s(t_{1s}\boldsymbol{\beta}_1+t_{2s}\boldsymbol{\beta}_2+\cdots+t_{rs}\boldsymbol{\beta}_r)=\mathbf{0},\end{aligned}$$

即

$$\begin{aligned}&(k_1t_{11}+k_2t_{12}+\cdots+k_st_{1s})\boldsymbol{\beta}_1+\\&(k_1t_{21}+k_2t_{22}+\cdots+k_st_{2s})\boldsymbol{\beta}_2+\\&\cdots+\\&(k_1t_{r1}+k_2t_{r2}+\cdots+k_st_{rs})\boldsymbol{\beta}_r=\mathbf{0},\end{aligned}$$

考虑以 $k_1,k_2,\cdots,k_s$ 为未知数的齐次线性方程组

$$\begin{cases}t_{11}k_1+t_{12}k_2+\cdots+t_{1s}k_s=0,\\t_{21}k_1+t_{22}k_2+\cdots+t_{2s}k_s=0,\\\qquad\qquad\vdots\\t_{r1}k_1+t_{r2}k_2+\cdots+t_{rs}k_s=0,\end{cases}$$

由于 $s>r$，即方程组中未知数的个数大于方程的个数，故方程组有非零解，从而存在一组不全为零的数 $k_1,k_2,\cdots,k_s$，使得式(3.14)成立，所以向量组 A 线性相关.

推论 3.3.3 设两向量组

$$A:\boldsymbol{\alpha}_1,\boldsymbol{\alpha}_2,\cdots,\boldsymbol{\alpha}_s;\qquad B:\boldsymbol{\beta}_1,\boldsymbol{\beta}_2,\cdots,\boldsymbol{\beta}_r,$$

若向量组 A 可以由向量组 B 线性表示，且向量组 A 线性无关，则 $s\leqslant r$.

这是定理 3.3.5 的逆否命题，显然成立.

推论 3.3.4 两个等价的线性无关的向量组，必有相同个数的向量.

证 设两向量组

$$A:\boldsymbol{\alpha}_1,\boldsymbol{\alpha}_2,\cdots,\boldsymbol{\alpha}_s;\quad B:\boldsymbol{\beta}_1,\boldsymbol{\beta}_2,\cdots,\boldsymbol{\beta}_r$$

等价，且都线性无关，于是 A 可以由 B 线性表示，故 $s\leqslant r$；B 也可以由 A 线性表示，故 $r\leqslant s$，因此 $s=r$.

习题 3.3

A 组

1. 讨论下列向量组的线性相关性：

(1) $\boldsymbol{\alpha}_1=\begin{pmatrix}3\\1\\0\end{pmatrix},\boldsymbol{\alpha}_2=\begin{pmatrix}1\\6\\0\end{pmatrix},\boldsymbol{\alpha}_3=\begin{pmatrix}4\\7\\0\end{pmatrix}$；

(2) $\boldsymbol{\alpha}_1=\begin{pmatrix}1\\2\\3\\1\end{pmatrix},\boldsymbol{\alpha}_2=\begin{pmatrix}-1\\-1\\-1\\1\end{pmatrix},\boldsymbol{\alpha}_3=\begin{pmatrix}0\\2\\4\\1\end{pmatrix}$；

(3) $\boldsymbol{\alpha}_1=\begin{pmatrix}1\\0\\-4\end{pmatrix},\boldsymbol{\alpha}_2=\begin{pmatrix}3\\3\\0\end{pmatrix},\boldsymbol{\alpha}_3=\begin{pmatrix}1\\5\\-1\end{pmatrix},\boldsymbol{\alpha}_4=\begin{pmatrix}2\\0\\-2\end{pmatrix}$；

(4) $\boldsymbol{\alpha}_1=\begin{pmatrix}1\\2\\-1\\0\end{pmatrix},\boldsymbol{\alpha}_2=\begin{pmatrix}2\\4\\-2\\0\end{pmatrix},\boldsymbol{\alpha}_3=\begin{pmatrix}1\\5\\-1\\3\end{pmatrix},\boldsymbol{\alpha}_4=\begin{pmatrix}2\\3\\-3\\1\end{pmatrix}$.

2. 设向量组

$$\boldsymbol{\alpha}_1=\begin{pmatrix}6\\3\\k+1\end{pmatrix},\boldsymbol{\alpha}_2=\begin{pmatrix}k\\-2\\2\end{pmatrix},\boldsymbol{\alpha}_3=\begin{pmatrix}k\\0\\1\end{pmatrix},$$

试问：k 为何值时，$\boldsymbol{\alpha}_1,\boldsymbol{\alpha}_2,\boldsymbol{\alpha}_3$ 线性相关？k 为何值时，线性无关？

3. 设

$$\boldsymbol{\alpha}_1=\begin{pmatrix}1\\2\\1\end{pmatrix},\boldsymbol{\alpha}_2=\begin{pmatrix}1\\1\\2\end{pmatrix},\boldsymbol{\alpha}_3=\begin{pmatrix}2\\3\\t\end{pmatrix},$$

(1) t 为何值时,向量组 $\boldsymbol{\alpha}_1,\boldsymbol{\alpha}_2,\boldsymbol{\alpha}_3$ 线性无关?

(2) t 为何值时,向量组 $\boldsymbol{\alpha}_1,\boldsymbol{\alpha}_2,\boldsymbol{\alpha}_3$ 线性相关?并将 $\boldsymbol{\alpha}_3$ 表示为 $\boldsymbol{\alpha}_1,\boldsymbol{\alpha}_2$ 的线性组合.

4. 设向量组 $\boldsymbol{\alpha}_1,\boldsymbol{\alpha}_2,\boldsymbol{\alpha}_3$ 线性无关,证明:向量组

$$\boldsymbol{\beta}_1=2\boldsymbol{\alpha}_1+3\boldsymbol{\alpha}_2,\ \boldsymbol{\beta}_2=\boldsymbol{\alpha}_2-\boldsymbol{\alpha}_3,\ \boldsymbol{\beta}_3=\boldsymbol{\alpha}_1+\boldsymbol{\alpha}_2+\boldsymbol{\alpha}_3$$

也线性无关.

5. 求 t 的值或取值范围,使得

(1) $\boldsymbol{\alpha}_1=\begin{pmatrix}1\\0\\5\\2\end{pmatrix},\boldsymbol{\alpha}_2=\begin{pmatrix}-1\\1\\t\\3\end{pmatrix},\boldsymbol{\alpha}_3=\begin{pmatrix}3\\-2\\3\\-4\end{pmatrix}$ 线性相关;

(2) $\boldsymbol{\alpha}_1=\begin{pmatrix}1\\-2\\2\\0\end{pmatrix},\boldsymbol{\alpha}_2=\begin{pmatrix}0\\3\\1\\2\end{pmatrix},\boldsymbol{\alpha}_3=\begin{pmatrix}3\\0\\7\\t\end{pmatrix},\boldsymbol{\alpha}_4=\begin{pmatrix}1\\-1\\2\\4\end{pmatrix}$ 线性无关.

6. 设向量组 $\boldsymbol{\alpha}_1,\boldsymbol{\alpha}_2,\boldsymbol{\alpha}_3$ 线性无关,问:当常数 m,n 满足什么条件时,向量组

$$m\boldsymbol{\alpha}_2-\boldsymbol{\alpha}_1,n\boldsymbol{\alpha}_3-\boldsymbol{\alpha}_2,\boldsymbol{\alpha}_1-\boldsymbol{\alpha}_3$$

也线性无关.

7. 试证:若向量 $\boldsymbol{\beta}$ 可由 $\boldsymbol{\alpha}_1,\boldsymbol{\alpha}_2,\cdots,\boldsymbol{\alpha}_s$ 线性表出,则表法唯一的充分必要条件是 $\boldsymbol{\alpha}_1,\boldsymbol{\alpha}_2,\cdots,\boldsymbol{\alpha}_s$ 线性无关.

8. 判断下列各小题中向量组 A 和向量组 B 的线性相关性:

(1) A:$\boldsymbol{\alpha}_1=\begin{pmatrix}1\\1\end{pmatrix},\boldsymbol{\alpha}_2=\begin{pmatrix}2\\0\end{pmatrix},$

$$B:\boldsymbol{\beta}_1=\begin{pmatrix}1\\1\\3\\0\end{pmatrix},\boldsymbol{\beta}_2=\begin{pmatrix}2\\0\\-1\\4\end{pmatrix};$$

(2) $$A:\boldsymbol{\alpha}_1=\begin{pmatrix}0\\1\\1\end{pmatrix},\boldsymbol{\alpha}_2=\begin{pmatrix}1\\1\\0\end{pmatrix},\boldsymbol{\alpha}_3=\begin{pmatrix}1\\0\\1\end{pmatrix},$$

$$B:\boldsymbol{\beta}_1=\begin{pmatrix}1\\0\\1\\1\\0\end{pmatrix},\boldsymbol{\beta}_2=\begin{pmatrix}-2\\1\\1\\0\\2\end{pmatrix},\boldsymbol{\beta}_3=\begin{pmatrix}1\\1\\0\\1\\1\end{pmatrix};$$

(3) $$A:\boldsymbol{\alpha}_1=\begin{pmatrix}-1\\2\\0\\3\end{pmatrix},\boldsymbol{\alpha}_2=\begin{pmatrix}3\\-6\\0\\-9\end{pmatrix},$$

$$B:\boldsymbol{\beta}_1=\begin{pmatrix}2\\1\\0\\0\end{pmatrix},\boldsymbol{\beta}_2=\begin{pmatrix}-1\\2\\0\\3\end{pmatrix},\boldsymbol{\beta}_3=\begin{pmatrix}3\\-6\\0\\-9\end{pmatrix},\boldsymbol{\beta}_4=\begin{pmatrix}1\\1\\4\\5\end{pmatrix}.$$

B 组

1. 设 $a_1,a_2,\cdots,a_r(r\leqslant n)$是互不相同的数,

$$\boldsymbol{\alpha}_i=(1,a_i,a_i^2,\cdots,a_i^{n-1}),\quad i=1,2,\cdots,r,$$

问:$\boldsymbol{\alpha}_1,\boldsymbol{\alpha}_2,\cdots,\boldsymbol{\alpha}_r$ 的线性相关性如何?

2. 设在向量组 $\boldsymbol{\alpha}_1,\boldsymbol{\alpha}_2,\cdots,\boldsymbol{\alpha}_m$ 中,$\boldsymbol{\alpha}_1\neq\mathbf{0}$,且每个 $\boldsymbol{\alpha}_i(i=2,3,\cdots,m)$都不能由 $\boldsymbol{\alpha}_1,\boldsymbol{\alpha}_2,\cdots,\boldsymbol{\alpha}_{i-1}$线性表示,证明这个向量组线性无关.

3. 设 $\boldsymbol{A}$ 是 $n\times m$ 矩阵,$\boldsymbol{B}$ 是 $m\times n$ 矩阵,其中 $n<m$,$\boldsymbol{I}$ 是 n 阶单位矩阵,若 $\boldsymbol{AB}=\boldsymbol{I}$,证明:$\boldsymbol{B}$ 的列向量组线性无关.

4. 设向量组 $\boldsymbol{\alpha}_1,\boldsymbol{\alpha}_2,\cdots,\boldsymbol{\alpha}_t(t>2)$ 线性无关，令

$$\boldsymbol{\beta}_1=\boldsymbol{\alpha}_2+\boldsymbol{\alpha}_3+\cdots+\boldsymbol{\alpha}_t,\boldsymbol{\beta}_2=\boldsymbol{\alpha}_1+\boldsymbol{\alpha}_3+\cdots+\boldsymbol{\alpha}_t,\cdots,\boldsymbol{\beta}_t=\boldsymbol{\alpha}_1+\boldsymbol{\alpha}_2+\cdots+\boldsymbol{\alpha}_{t-1},$$

证明：$\boldsymbol{\beta}_1,\boldsymbol{\beta}_2,\cdots,\boldsymbol{\beta}_t$ 线性无关.

5. 设 $\boldsymbol{A}$ 是 n 阶矩阵，若存在正整数 k，使线性方程组 $\boldsymbol{A}^k\boldsymbol{X}=\boldsymbol{0}$ 有解向量 $\boldsymbol{\alpha}$，且 $\boldsymbol{A}^{k-1}\boldsymbol{\alpha}\neq\boldsymbol{0}$，证明：向量组 $\boldsymbol{\alpha},\boldsymbol{A}\boldsymbol{\alpha},\cdots,\boldsymbol{A}^{k-1}\boldsymbol{\alpha}$ 线性无关.

3.4 向量组的秩

在讨论线性方程组的解和向量的线性组合及线性相关性时，矩阵的秩起到了十分重要的作用. 为了进一步深入地讨论，我们将秩的概念引入向量组.

3.4.1 极大无关组

设有向量组 $\boldsymbol{\alpha}_1,\boldsymbol{\alpha}_2,\cdots,\boldsymbol{\alpha}_r$ 不全为零，若 $\boldsymbol{\alpha}_1,\boldsymbol{\alpha}_2,\cdots,\boldsymbol{\alpha}_r$ 线性无关，则它的任何部分组都无关；若 $\boldsymbol{\alpha}_1,\boldsymbol{\alpha}_2,\cdots,\boldsymbol{\alpha}_r$ 线性相关，则它的部分组可能相关也可能无关，而其中个数最多的无关组是存在的.

定义 3.4.1 一个向量组的一个部分组，如果满足：

(1) 这个部分组本身是线性无关的，

(2) 任添一个向量到这个部分组，所得到的新的部分组都线性相关，

则称这个部分组为原向量组的一个**极大无关部分组**（maximal independent systems），简称**极大无关组**.

【例 3.4.1】 求 n 维向量空间 $\mathbf{R}^n$ 的一个极大无关组.

解 由于 n 维单位向量组

$$\boldsymbol{\varepsilon}_1=\begin{pmatrix}1\\0\\\vdots\\0\end{pmatrix},\boldsymbol{\varepsilon}_2=\begin{pmatrix}0\\1\\\vdots\\0\end{pmatrix},\cdots,\boldsymbol{\varepsilon}_n=\begin{pmatrix}0\\0\\\vdots\\1\end{pmatrix}$$

线性无关，且任一 n 维向量 $\boldsymbol{\alpha}=\begin{pmatrix}a_1\\a_2\\\vdots\\a_n\end{pmatrix}\in\mathbf{R}^n$，都可以由 $\boldsymbol{\varepsilon}_1,\boldsymbol{\varepsilon}_2,\cdots,\boldsymbol{\varepsilon}_n$ 线性表示为

$$\boldsymbol{\alpha}=a_1\boldsymbol{\varepsilon}_1+a_2\boldsymbol{\varepsilon}_2+\cdots+a_n\boldsymbol{\varepsilon}_n,$$

从而 $\boldsymbol{\varepsilon}_1,\boldsymbol{\varepsilon}_2,\cdots,\boldsymbol{\varepsilon}_n$ 是 $\mathbf{R}^n$ 的一个极大无关组.

关于极大无关组我们从下面三个方面来讨论：

1. 存在性

若向量组 $\boldsymbol{\alpha}_1,\boldsymbol{\alpha}_2,\cdots,\boldsymbol{\alpha}_s$ 都是零向量，则显然没有极大无关组.

若 $\boldsymbol{\alpha}_1,\boldsymbol{\alpha}_2,\cdots,\boldsymbol{\alpha}_s$ 不全为零，不妨设 $\boldsymbol{\alpha}_1\neq\mathbf{0}$，则 $\boldsymbol{\alpha}_1$ 是一个线性无关的部分组，若 $\boldsymbol{\alpha}_1,\boldsymbol{\alpha}_j\,(j=2,3,\cdots,s)$ 都线性相关，则按定义知，$\boldsymbol{\alpha}_1$ 是极大无关组. 若 $\boldsymbol{\alpha}_1,\boldsymbol{\alpha}_j$ 出现线性无关的情况，设 $\boldsymbol{\alpha}_1,\boldsymbol{\alpha}_2$ 线性无关，则出现了一个较大的无关组，若 $\boldsymbol{\alpha}_1,\boldsymbol{\alpha}_2,\boldsymbol{\alpha}_j\,(j=3,4,\cdots,s)$ 都线性相关，则 $\boldsymbol{\alpha}_1,\boldsymbol{\alpha}_2$ 是极大无关组，若 $\boldsymbol{\alpha}_1,\boldsymbol{\alpha}_2,\boldsymbol{\alpha}_j$ 出现无关的情况，设 $\boldsymbol{\alpha}_1,\boldsymbol{\alpha}_2,\boldsymbol{\alpha}_3$ 线性无关，则又出现了一个更大的无关组. 这样的过程不可能无限进行下去，故极大无关组必存在.

注　上述过程给出了一个求极大无关组的方法——逐步扩充法.

【例 3.4.2】　设向量组

$$\boldsymbol{\alpha}_1=\begin{pmatrix}0\\0\\0\\0\\0\end{pmatrix},\boldsymbol{\alpha}_2=\begin{pmatrix}1\\0\\-1\\1\\0\end{pmatrix},\boldsymbol{\alpha}_3=\begin{pmatrix}2\\0\\-2\\2\\0\end{pmatrix},\boldsymbol{\alpha}_4=\begin{pmatrix}1\\0\\0\\1\\0\end{pmatrix},\boldsymbol{\alpha}_5=\begin{pmatrix}-2\\0\\3\\-2\\0\end{pmatrix},\boldsymbol{\alpha}_6=\begin{pmatrix}1\\1\\1\\1\\1\end{pmatrix},$$

求极大无关组.

解　因为 $\boldsymbol{\alpha}_2\neq\mathbf{0}$，故 $\boldsymbol{\alpha}_2$ 线性无关.

$\boldsymbol{\alpha}_2,\boldsymbol{\alpha}_3$ 线性相关，$\boldsymbol{\alpha}_2,\boldsymbol{\alpha}_4$ 线性无关.

$\boldsymbol{\alpha}_2,\boldsymbol{\alpha}_4,\boldsymbol{\alpha}_5$ 线性相关（$\boldsymbol{\alpha}_5=-3\boldsymbol{\alpha}_2+\boldsymbol{\alpha}_4$）.

$\boldsymbol{\alpha}_2,\boldsymbol{\alpha}_4,\boldsymbol{\alpha}_6$ 线性无关，故 $\boldsymbol{\alpha}_2,\boldsymbol{\alpha}_4,\boldsymbol{\alpha}_6$ 是极大无关组.

2. 唯一性

若 $\boldsymbol{\alpha}_1,\boldsymbol{\alpha}_2,\cdots,\boldsymbol{\alpha}_s$ 本身就线性无关，则极大无关组唯一，就是它本身.

【例 3.4.3】　设向量组

$$\boldsymbol{\alpha}_1=\begin{pmatrix}1\\3\\1\end{pmatrix},\boldsymbol{\alpha}_2=\begin{pmatrix}-1\\1\\3\end{pmatrix},\boldsymbol{\alpha}_3=\begin{pmatrix}-5\\-7\\3\end{pmatrix},$$

求极大无关组.

解 $\boldsymbol{\alpha}_1,\boldsymbol{\alpha}_2$ 线性无关,又

$$|\boldsymbol{\alpha}_1,\boldsymbol{\alpha}_2,\boldsymbol{\alpha}_3|=\begin{vmatrix}1&-1&-5\\3&1&-7\\1&3&3\end{vmatrix}=0,$$

故 $\boldsymbol{\alpha}_1,\boldsymbol{\alpha}_2,\boldsymbol{\alpha}_3$ 线性相关,从而 $\boldsymbol{\alpha}_1,\boldsymbol{\alpha}_2$ 是一个极大无关组.

$\boldsymbol{\alpha}_1,\boldsymbol{\alpha}_3$ 也线性无关,$\boldsymbol{\alpha}_1,\boldsymbol{\alpha}_2,\boldsymbol{\alpha}_3$ 线性相关,故 $\boldsymbol{\alpha}_1,\boldsymbol{\alpha}_3$ 也是一个极大无关组.同理,$\boldsymbol{\alpha}_2,\boldsymbol{\alpha}_3$ 也是一个极大无关组.

由例 3.4.3 可以看出,若向量组 $\boldsymbol{\alpha}_1,\boldsymbol{\alpha}_2,\cdots,\boldsymbol{\alpha}_s$ 线性相关,则它的极大无关组不唯一,且任一个无关的部分组都可以扩充成一个极大无关组.

3. 性质与作用

定理 3.4.1 一个向量组的任一个极大无关组都与向量组本身等价.

证 设向量组 A:$\boldsymbol{\alpha}_1,\boldsymbol{\alpha}_2,\cdots,\boldsymbol{\alpha}_s$,向量组 B:$\boldsymbol{\alpha}_1,\boldsymbol{\alpha}_2,\cdots,\boldsymbol{\alpha}_r$ 是向量组 A 的一个极大无关组.

首先,向量组 B 是 A 的一个部分组,故可以由 A 线性表示.其次,任取 A 中向量 $\boldsymbol{\alpha}_j$ $(j=1,2,\cdots,s)$,则 $\boldsymbol{\alpha}_1,\boldsymbol{\alpha}_2,\cdots,\boldsymbol{\alpha}_r,\boldsymbol{\alpha}_j$ 线性相关,由定理 3.3.4 知,$\boldsymbol{\alpha}_j$ 可以由向量组 B 线性表示,由 j 的任意性知,向量组 A 可以由向量组 B 线性表示,故 A 与 B 等价.

注 根据等价的传递性知,在考虑向量组的线性表示时,可由其极大无关组来代替.

推论 3.4.1 一个向量组的任意两个极大无关组都是等价的.

证 设有向量组 A,(Ⅰ)与(Ⅱ)是 A 的任意两个极大无关组,则由定理 3.4.1知,A 与(Ⅰ)等价,A 与(Ⅱ)等价,故(Ⅰ)与(Ⅱ)等价.

推论 3.4.2 一个向量组的任意两个极大无关组都含有相同个数的向量.

证 由推论 3.4.1 知,一个向量组的任意两个极大无关组等价,从而由推论 3.3.4 知,它们有相同个数的向量.

推论 3.4.2 表明,一个向量组的极大无关组所含向量的个数与极大无关组的选择无关,它反映的是向量组本身的性质.下面我们来研究这个重要的数字.

3.4.2　向量组的秩

定义 3.4.2　一个向量组的极大无关组所含向量的个数称为此**向量组的秩**(rank of vector set),记为 r.

全是零向量构成的向量组没有极大无关组,规定秩为零.

注　由定义 3.4.2,一个向量组的秩是唯一的非负整数,其值不超过向量组中向量的个数.

显然,向量组 $\boldsymbol{\alpha}_1,\boldsymbol{\alpha}_2,\cdots,\boldsymbol{\alpha}_s$ 线性无关的充分必要条件是它的秩为 s.

推论 3.4.3　两个等价的向量组有相同的秩.

证　设 A 与 B 是等价的向量组,(Ⅰ)与(Ⅱ)分别是 A 与 B 的极大无关组,于是 A 与(Ⅰ)等价,B 与(Ⅱ)等价,由等价的传递性,(Ⅰ)与(Ⅱ)等价. 而(Ⅰ)与(Ⅱ)又是线性无关的,故由推论 3.3.4 知,(Ⅰ)与(Ⅱ)有相同个数的向量,即 A 与 B 有相同的秩.

注　推论 3.4.3 的逆命题不成立,即有相同秩的向量组未必等价,例如,

$$A:\boldsymbol{\varepsilon}_1=\begin{pmatrix}1\\0\\0\\0\end{pmatrix},\boldsymbol{\varepsilon}_2=\begin{pmatrix}0\\1\\0\\0\end{pmatrix},\mathrm{r}(A)=2,$$

$$B:\boldsymbol{\varepsilon}_3=\begin{pmatrix}0\\0\\1\\0\end{pmatrix},\boldsymbol{\varepsilon}_4=\begin{pmatrix}0\\0\\0\\1\end{pmatrix},\mathrm{r}(B)=2,$$

但显然向量组 A 与 B 不等价.

有相同秩的两个向量组,若一个可以由另一个线性表示,则两个向量组等价,见习题 3.4 B组第 4 题.

定理 3.4.2　设向量组的秩为 $r(r>0)$,则向量组中任意 r 个线性无关的向量都是它的一个极大无关组.

证　设向量组 $\boldsymbol{\alpha}_1,\boldsymbol{\alpha}_2,\cdots,\boldsymbol{\alpha}_s$ 的秩为 r,$\boldsymbol{\alpha}_{i_1},\boldsymbol{\alpha}_{i_2},\cdots,\boldsymbol{\alpha}_{i_r}$ 是其中任意 r 个线性无关的向量,则 $\boldsymbol{\alpha}_{i_1},\boldsymbol{\alpha}_{i_2},\cdots,\boldsymbol{\alpha}_{i_r},\boldsymbol{\alpha}_j\,(j=1,2,\cdots,s)$ 线性相关,于是由定理 3.3.4

知,$\boldsymbol{\alpha}_j$ 可由 $\boldsymbol{\alpha}_{i_1},\boldsymbol{\alpha}_{i_2},\cdots,\boldsymbol{\alpha}_{i_r}$ 线性表示,从而 $\boldsymbol{\alpha}_{i_1},\boldsymbol{\alpha}_{i_2},\cdots,\boldsymbol{\alpha}_{i_r}$ 是向量组 $\boldsymbol{\alpha}_1,\boldsymbol{\alpha}_2,\cdots,\boldsymbol{\alpha}_s$ 的一个极大无关组.

定理 3.4.3 设向量组 A 可以由向量组 B 线性表示,则 $\mathrm{r}(A)\leqslant\mathrm{r}(B)$.

证 设向量组 A 的一个极大无关组是(Ⅰ),向量组 B 的一个极大无关组是(Ⅱ),则 A 与(Ⅰ)等价,B 与(Ⅱ)等价. 又因 A 可以由 B 线性表示,从而由传递性,(Ⅰ)可以由(Ⅱ)线性表示,故由推论 3.3.3 知,(Ⅰ)的个数$\leqslant$(Ⅱ)的个数,即 $\mathrm{r}(A)\leqslant\mathrm{r}(B)$.

3.4.3 向量组的秩与矩阵的秩的关系

设矩阵

$$\boldsymbol{A}=(a_{ij})=\begin{pmatrix} a_{11} & a_{12} & \cdots & a_{1n} \\ a_{21} & a_{22} & \cdots & a_{2n} \\ \vdots & \vdots & & \vdots \\ a_{m1} & a_{m2} & \cdots & a_{mn} \end{pmatrix},$$

将 $\boldsymbol{A}$ 按行分块,则 $\boldsymbol{A}$ 的每一行是一个 n 维向量,即 $\boldsymbol{A}$ 可以看成 m 个 n 维行向量构成的向量组 $\boldsymbol{A}=\begin{pmatrix} \boldsymbol{\beta}_1 \\ \boldsymbol{\beta}_2 \\ \vdots \\ \boldsymbol{\beta}_m \end{pmatrix}$,称为 **$\boldsymbol{A}$ 的行向量组**. 将 $\boldsymbol{A}$ 按列分块,则 $\boldsymbol{A}$ 的每一列是一个 m 维向量,即 $\boldsymbol{A}$ 可以看成 n 个 m 维列向量构成的向量组 $\boldsymbol{A}=(\boldsymbol{\alpha}_1,\boldsymbol{\alpha}_2,\cdots,\boldsymbol{\alpha}_n)$,称为 **$\boldsymbol{A}$ 的列向量组**.

定义 3.4.3 矩阵 $\boldsymbol{A}=(a_{ij})_{mn}$,$\boldsymbol{A}$ 的行(列)向量组的秩,称为 **$\boldsymbol{A}$ 的行(列)秩**,记为行秩($\boldsymbol{A}$)(列秩($\boldsymbol{A}$)).

显然,对矩阵 $\boldsymbol{A}=(a_{ij})_{mn}$,行秩($\boldsymbol{A}$)$\leqslant m$,列秩($\boldsymbol{A}$)$\leqslant n$.

【例 3.4.4】 设矩阵

$$\boldsymbol{A}=\begin{pmatrix} 1 & 1 & 3 & 1 \\ 0 & 2 & -1 & 4 \\ 0 & 0 & 0 & 5 \\ 0 & 0 & 0 & 0 \end{pmatrix},$$

求行秩$(\boldsymbol{A})$及列秩$(\boldsymbol{A})$.

解　$\boldsymbol{A}$的行向量组

$$\boldsymbol{\alpha}_1=(1,1,3,1),\boldsymbol{\alpha}_2=(0,2,-1,4),\boldsymbol{\alpha}_3=(0,0,0,5),\boldsymbol{\alpha}_4=(0,0,0,0),$$

由于$\boldsymbol{\alpha}_1'=(1,1,1),\boldsymbol{\alpha}_2'=(0,2,4),\boldsymbol{\alpha}_3'=(0,0,5)$线性无关$\left(\begin{vmatrix}1&0&0\\1&2&0\\1&4&5\end{vmatrix}\neq 0\right)$,故延长向量组$\boldsymbol{\alpha}_1,\boldsymbol{\alpha}_2,\boldsymbol{\alpha}_3$也线性无关,$\boldsymbol{\alpha}_1,\boldsymbol{\alpha}_2,\boldsymbol{\alpha}_3,\boldsymbol{\alpha}_4$显然线性相关,从而行秩$(\boldsymbol{A})=3$.

$\boldsymbol{A}$的列向量组

$$\boldsymbol{\beta}_1=\begin{pmatrix}1\\0\\0\\0\end{pmatrix},\boldsymbol{\beta}_2=\begin{pmatrix}1\\2\\0\\0\end{pmatrix},\boldsymbol{\beta}_3=\begin{pmatrix}3\\-1\\0\\0\end{pmatrix},\boldsymbol{\beta}_4=\begin{pmatrix}1\\4\\5\\0\end{pmatrix},$$

用同样方法可以判断$\boldsymbol{\beta}_1,\boldsymbol{\beta}_2,\boldsymbol{\beta}_4$线性无关,且$\boldsymbol{\beta}_3=\frac{7}{2}\boldsymbol{\beta}_1+\left(-\frac{1}{2}\right)\boldsymbol{\beta}_2$,所以$\boldsymbol{\beta}_1,\boldsymbol{\beta}_2,\boldsymbol{\beta}_3,\boldsymbol{\beta}_4$线性相关,故列秩$(\boldsymbol{A})=3$.

定理 3.4.4　矩阵$\boldsymbol{A}$的秩等于它的行秩,也等于它的列秩.

证　设$\mathrm{r}(\boldsymbol{A})=r$,即$\boldsymbol{A}$有一个$r$阶子式$D_r\neq 0$,由推论3.3.1,$D_r$的$r$列组成的向量组线性无关,从而$D_r$的$r$列对应的$\boldsymbol{A}$中的$r$列向量也线性无关.又因$\boldsymbol{A}$中所有的$r+1$阶子式全为零,故$\boldsymbol{A}$中任意$r+1$列向量组成的向量组都线性相关,因此,$D_r$所在的$r$列是$\boldsymbol{A}$的列向量组的一个极大无关组,所以$\boldsymbol{A}$的列秩也为$r$.

另一方面,行秩$(\boldsymbol{A})=$列秩$(\boldsymbol{A}^{\mathrm{T}})=\mathrm{r}(\boldsymbol{A}^{\mathrm{T}})=\mathrm{r}(\boldsymbol{A})$,所以$\boldsymbol{A}$的行秩也是$r$.

定义 3.4.4　向量组$\boldsymbol{\alpha}_1,\boldsymbol{\alpha}_2,\cdots,\boldsymbol{\alpha}_s$的线性组合的一个等式$k_1\boldsymbol{\alpha}_1+k_2\boldsymbol{\alpha}_2+\cdots+k_s\boldsymbol{\alpha}_s=\boldsymbol{0}$称为向量组$\boldsymbol{\alpha}_1,\boldsymbol{\alpha}_2,\cdots,\boldsymbol{\alpha}_s$的一个**线性关系**(linear relation).

定义 3.4.5　设两个向量组$\boldsymbol{\alpha}_1,\boldsymbol{\alpha}_2,\cdots,\boldsymbol{\alpha}_s$和$\boldsymbol{\beta}_1,\boldsymbol{\beta}_2,\cdots,\boldsymbol{\beta}_s$,若$k_1\boldsymbol{\alpha}_1+k_2\boldsymbol{\alpha}_2+\cdots+k_s\boldsymbol{\alpha}_s=\boldsymbol{0}$当且仅当$k_1\boldsymbol{\beta}_1+k_2\boldsymbol{\beta}_2+\cdots+k_s\boldsymbol{\beta}_s=\boldsymbol{0}$,则称两向量组$\boldsymbol{\alpha}_1$,

$\boldsymbol{\alpha}_2,\cdots,\boldsymbol{\alpha}_s$ 与 $\boldsymbol{\beta}_1,\boldsymbol{\beta}_2,\cdots,\boldsymbol{\beta}_s$ 有相同的线性关系.

定理 3.4.5 设矩阵 $\mathbf{A}$ 按列分块为 $\mathbf{A}=(\boldsymbol{\beta}_1,\boldsymbol{\beta}_2,\cdots,\boldsymbol{\beta}_n)$，经初等行变换后变为 $\overline{\mathbf{A}}=(\overline{\boldsymbol{\beta}_1},\overline{\boldsymbol{\beta}_2},\cdots,\overline{\boldsymbol{\beta}_n})$，则 $k_1\boldsymbol{\beta}_1+k_2\boldsymbol{\beta}_2+\cdots+k_n\boldsymbol{\beta}_n=\mathbf{0}$ 当且仅当 $k_1\overline{\boldsymbol{\beta}_1}+k_2\overline{\boldsymbol{\beta}_2}+\cdots+k_n\overline{\boldsymbol{\beta}_n}=\mathbf{0}$，即矩阵的初等行变换不改变列向量组的线性关系.

证 设矩阵

$$\mathbf{A}=(\boldsymbol{\beta}_1,\boldsymbol{\beta}_2,\cdots,\boldsymbol{\beta}_n)=\begin{pmatrix}a_{11}&a_{12}&\cdots&a_{1n}\\a_{21}&a_{22}&\cdots&a_{2n}\\\vdots&\vdots&&\vdots\\a_{s1}&a_{s2}&\cdots&a_{sn}\end{pmatrix},$$

经过初等行变换后变为矩阵

$$\overline{\mathbf{A}}=(\overline{\boldsymbol{\beta}_1},\overline{\boldsymbol{\beta}_2},\cdots,\overline{\boldsymbol{\beta}_n})=\begin{pmatrix}\overline{a_{11}}&\overline{a_{12}}&\cdots&\overline{a_{1n}}\\\overline{a_{21}}&\overline{a_{22}}&\cdots&\overline{a_{2n}}\\\vdots&\vdots&&\vdots\\\overline{a_{s1}}&\overline{a_{s2}}&\cdots&\overline{a_{sn}}\end{pmatrix},$$

$\mathbf{A}$ 所对应的齐次线性方程组为

$$\begin{cases}a_{11}x_1+a_{12}x_2+\cdots+a_{1n}x_n=0,\\a_{21}x_1+a_{22}x_2+\cdots+a_{2n}x_n=0,\\\qquad\vdots\\a_{s1}x_1+a_{s2}x_2+\cdots+a_{sn}x_n=0,\end{cases}\tag{3.15}$$

$\overline{\mathbf{A}}$ 所对应的齐次线性方程组为

$$\begin{cases}\overline{a_{11}}x_1+\overline{a_{12}}x_2+\cdots+\overline{a_{1n}}x_n=0,\\\overline{a_{21}}x_1+\overline{a_{22}}x_2+\cdots+\overline{a_{2n}}x_n=0,\\\qquad\vdots\\\overline{a_{s1}}x_1+\overline{a_{s2}}x_2+\cdots+\overline{a_{sn}}x_n=0,\end{cases}\tag{3.16}$$

显然，方程组(3.15)与(3.16)同解.

设 $k_1,k_2,\cdots,k_n$ 是方程组(3.15)的解，也是(3.16)的解，即 $k_1\boldsymbol{\beta}_1+k_2\boldsymbol{\beta}_2+\cdots+k_n\boldsymbol{\beta}_n=\mathbf{0}$，同时也有 $k_1\overline{\boldsymbol{\beta}_1}+k_2\overline{\boldsymbol{\beta}_2}+\cdots+k_n\overline{\boldsymbol{\beta}_n}=\mathbf{0}$.

注　定理 3.4.5 的结论具体来说：

(1) $\boldsymbol{A}$ 的列向量组线性相关(无关)，当且仅当 $\overline{\boldsymbol{A}}$ 的列向量组线性相关(无关)；

(2) 对 $\boldsymbol{A}$ 的列向量组的部分组与 $\overline{\boldsymbol{A}}$ 的列向量组相应的部分组，结论也成立，即 $k_{i_1}\boldsymbol{\beta}_{i_1}+k_{i_2}\boldsymbol{\beta}_{i_2}+\cdots+k_{i_r}\boldsymbol{\beta}_{i_r}=\mathbf{0}$ 当且仅当 $k_{i_1}\overline{\boldsymbol{\beta}_{i_1}}+k_{i_2}\overline{\boldsymbol{\beta}_{i_2}}+\cdots+k_{i_r}\overline{\boldsymbol{\beta}_{i_r}}=\mathbf{0}$；

(3) $k_{i_1}\boldsymbol{\beta}_{i_1}+k_{i_2}\boldsymbol{\beta}_{i_2}+\cdots+k_{i_r}\boldsymbol{\beta}_{i_r}=\boldsymbol{\beta}_k$ 当且仅当 $k_{i_1}\overline{\boldsymbol{\beta}_{i_1}}+k_{i_2}\overline{\boldsymbol{\beta}_{i_2}}+\cdots+k_{i_r}\overline{\boldsymbol{\beta}_{i_r}}=\overline{\boldsymbol{\beta}_k}$；

(4) $\boldsymbol{\beta}_{i_1},\boldsymbol{\beta}_{i_2},\cdots,\boldsymbol{\beta}_{i_r}$ 是 $\boldsymbol{A}$ 的列向量组的极大无关组，当且仅当 $\overline{\boldsymbol{\beta}_{i_1}},\overline{\boldsymbol{\beta}_{i_2}},\cdots,\overline{\boldsymbol{\beta}_{i_r}}$ 是 $\overline{\boldsymbol{A}}$ 的列向量组的极大无关组.

以上所有的结论对于行都成立.

此外，定理 3.4.5 给了我们一个求向量组极大无关组的更便捷的方法——初等变换法.

【例 3.4.5】　设有向量组

$$\boldsymbol{\alpha}_1=\begin{pmatrix}1\\-2\\-1\\3\end{pmatrix},\boldsymbol{\alpha}_2=\begin{pmatrix}-3\\1\\-7\\-14\end{pmatrix},\boldsymbol{\alpha}_3=\begin{pmatrix}5\\-3\\9\\22\end{pmatrix},\boldsymbol{\alpha}_4=\begin{pmatrix}-2\\1\\-3\\-9\end{pmatrix},\boldsymbol{\alpha}_5=\begin{pmatrix}1\\-4\\-7\\1\end{pmatrix},$$

求该向量组的秩与极大无关组，并将其余的向量用极大无关组线性表示.

解　以 $\boldsymbol{\alpha}_1,\boldsymbol{\alpha}_2,\boldsymbol{\alpha}_3,\boldsymbol{\alpha}_4,\boldsymbol{\alpha}_5$ 为列向量作矩阵 $\boldsymbol{A}$，对 $\boldsymbol{A}$ 作初等行变换化为行简化的阶梯形矩阵，

$$\boldsymbol{A}=\begin{pmatrix}1&-3&5&-2&1\\-2&1&-3&1&-4\\-1&-7&9&-3&-7\\3&-14&22&-9&1\end{pmatrix}\to\begin{pmatrix}1&-3&5&-2&1\\0&-5&7&-3&-2\\0&-10&14&-5&-6\\0&-5&7&-3&-2\end{pmatrix}$$

$$\to\begin{pmatrix}1&-3&5&-2&1\\0&-5&7&-3&-2\\0&0&0&1&-2\\0&0&0&0&0\end{pmatrix}\to\begin{pmatrix}1&-3&5&-2&1\\0&1&-\frac{7}{5}&\frac{3}{5}&\frac{2}{5}\\0&0&0&1&-2\\0&0&0&0&0\end{pmatrix}$$

$$
\xrightarrow{}
\begin{array}{c}
\begin{matrix} \overline{\boldsymbol{\alpha}_1} & \overline{\boldsymbol{\alpha}_2} & \overline{\boldsymbol{\alpha}_3} & \overline{\boldsymbol{\alpha}_4} & \overline{\boldsymbol{\alpha}_5} \end{matrix} \\
\begin{pmatrix} 1 & 0 & \frac{4}{5} & 0 & \frac{9}{5} \\ 0 & 1 & -\frac{7}{5} & 0 & \frac{8}{5} \\ 0 & 0 & 0 & 1 & -2 \\ 0 & 0 & 0 & 0 & 0 \end{pmatrix}
\end{array} = \boldsymbol{B},
$$

$r(\boldsymbol{A})=3$,故向量组的秩为 3. 极大无关组包含 3 个向量,在矩阵 $\boldsymbol{B}$ 中,三个非零行的首个非零元在第 1,2,4 列,

$$
(\overline{\boldsymbol{\alpha}_1}, \overline{\boldsymbol{\alpha}_2}, \overline{\boldsymbol{\alpha}_4}) = \begin{pmatrix} 1 & 0 & 0 \\ 0 & 1 & 0 \\ 0 & 0 & 1 \\ 0 & 0 & 0 \end{pmatrix}
$$

显然线性无关,所以 $\boldsymbol{\alpha}_1,\boldsymbol{\alpha}_2,\boldsymbol{\alpha}_4$ 是原向量组的一个极大无关组. 由于

$$
\overline{\boldsymbol{\alpha}_3} = \frac{4}{5}\overline{\boldsymbol{\alpha}_1} - \frac{7}{5}\overline{\boldsymbol{\alpha}_2}, \quad \overline{\boldsymbol{\alpha}_5} = \frac{9}{5}\overline{\boldsymbol{\alpha}_1} + \frac{8}{5}\overline{\boldsymbol{\alpha}_2} - 2\,\overline{\boldsymbol{\alpha}_4},
$$

所以

$$
\boldsymbol{\alpha}_3 = \frac{4}{5}\boldsymbol{\alpha}_1 - \frac{7}{5}\boldsymbol{\alpha}_2, \quad \boldsymbol{\alpha}_5 = \frac{9}{5}\boldsymbol{\alpha}_1 + \frac{8}{5}\boldsymbol{\alpha}_2 - 2\boldsymbol{\alpha}_4.
$$

下面我们来证明 2.6 节中矩阵的秩满足的运算性质(4):

$$
r(\boldsymbol{AB}) \leqslant \min\{r(\boldsymbol{A}), r(\boldsymbol{B})\}.
$$

证 设 $\boldsymbol{A}$ 是 $m\times s$ 矩阵,$\boldsymbol{B}=(b_{ij})$ 是 $s\times n$ 矩阵. $\boldsymbol{C}=\boldsymbol{AB}$,则 $\boldsymbol{C}$ 是 $m\times n$ 矩阵,将 $\boldsymbol{C}$ 和 $\boldsymbol{A}$ 用列向量组表示为

$$
\boldsymbol{C}=(\boldsymbol{c}_1,\boldsymbol{c}_2,\cdots,\boldsymbol{c}_n), \quad \boldsymbol{A}=(\boldsymbol{\alpha}_1,\boldsymbol{\alpha}_2,\cdots,\boldsymbol{\alpha}_s),
$$

则

$$\boldsymbol{C}=(\boldsymbol{c}_1,\boldsymbol{c}_2,\cdots,\boldsymbol{c}_n)=\boldsymbol{A}\boldsymbol{B}$$

$$=(\boldsymbol{\alpha}_1,\boldsymbol{\alpha}_2,\cdots,\boldsymbol{\alpha}_s)\begin{pmatrix} b_{11} & b_{12} & \cdots & b_{1n} \\ b_{21} & b_{22} & \cdots & b_{2n} \\ \vdots & \vdots & & \vdots \\ b_{s1} & b_{s2} & \cdots & b_{sn} \end{pmatrix}$$

$$=(b_{11}\boldsymbol{\alpha}_1+b_{21}\boldsymbol{\alpha}_2+\cdots+b_{s1}\boldsymbol{\alpha}_s,\cdots,b_{1n}\boldsymbol{\alpha}_1+b_{2n}\boldsymbol{\alpha}_2+\cdots+b_{sn}\boldsymbol{\alpha}_s),$$

即 $\boldsymbol{C}$ 的列向量组 $\boldsymbol{c}_1,\boldsymbol{c}_2,\cdots,\boldsymbol{c}_n$ 可以由 $\boldsymbol{A}$ 的列向量组 $\boldsymbol{\alpha}_1,\boldsymbol{\alpha}_2,\cdots,\boldsymbol{\alpha}_s$ 线性表示，由定理 3. 4. 3 知，$\mathrm{r}(\boldsymbol{c}_1,\boldsymbol{c}_2,\cdots,\boldsymbol{c}_n)\leqslant\mathrm{r}(\boldsymbol{\alpha}_1,\boldsymbol{\alpha}_2,\cdots,\boldsymbol{\alpha}_s)$，又由定理 3. 4. 4，故 $\mathrm{r}(\boldsymbol{C})\leqslant\mathrm{r}(\boldsymbol{A})$.

又因 $\boldsymbol{C}^{\mathrm{T}}=\boldsymbol{B}^{\mathrm{T}}\boldsymbol{A}^{\mathrm{T}}$，从而 $\mathrm{r}(\boldsymbol{C}^{\mathrm{T}})\leqslant\mathrm{r}(\boldsymbol{B}^{\mathrm{T}})$，即 $\mathrm{r}(\boldsymbol{C})\leqslant\mathrm{r}(\boldsymbol{B})$，于是

$$\mathrm{r}(\boldsymbol{C})\leqslant\min\{\mathrm{r}(\boldsymbol{A}),\mathrm{r}(\boldsymbol{B})\}.$$

习题 3. 4

A 组

1. 求下列向量组的秩：

(1) $\boldsymbol{\alpha}_1=\begin{pmatrix}1\\0\\0\end{pmatrix},\boldsymbol{\alpha}_2=\begin{pmatrix}1\\1\\0\end{pmatrix},\boldsymbol{\alpha}_3=\begin{pmatrix}0\\1\\0\end{pmatrix}$；

(2) $\boldsymbol{\alpha}_1=\begin{pmatrix}1\\1\\0\\1\end{pmatrix},\boldsymbol{\alpha}_2=\begin{pmatrix}1\\0\\1\\1\end{pmatrix},\boldsymbol{\alpha}_3=\begin{pmatrix}1\\1\\1\\0\end{pmatrix}$；

(3) $\boldsymbol{\alpha}_1=\begin{pmatrix}1\\-2\\5\end{pmatrix},\boldsymbol{\alpha}_2=\begin{pmatrix}3\\2\\-1\end{pmatrix},\boldsymbol{\alpha}_3=\begin{pmatrix}3\\10\\-17\end{pmatrix}$；

(4) $\boldsymbol{\alpha}_1=\begin{pmatrix}2\\3\\4\\5\end{pmatrix},\boldsymbol{\alpha}_2=\begin{pmatrix}3\\4\\5\\6\end{pmatrix},\boldsymbol{\alpha}_3=\begin{pmatrix}4\\5\\6\\7\end{pmatrix},\boldsymbol{\alpha}_4=\begin{pmatrix}5\\6\\7\\8\end{pmatrix}$.

2. 求下列向量组的秩与极大无关组,并将其余向量用极大无关组线性表示:

(1) $\boldsymbol{\alpha}_1=\begin{pmatrix}1\\1\\4\\2\end{pmatrix},\boldsymbol{\alpha}_2=\begin{pmatrix}1\\-1\\-2\\4\end{pmatrix},\boldsymbol{\alpha}_3=\begin{pmatrix}-3\\2\\3\\-11\end{pmatrix},\boldsymbol{\alpha}_4=\begin{pmatrix}1\\3\\10\\0\end{pmatrix}$;

(2) $\boldsymbol{\alpha}_1=\begin{pmatrix}-2\\1\\5\\1\end{pmatrix},\boldsymbol{\alpha}_2=\begin{pmatrix}1\\4\\2\\1\end{pmatrix},\boldsymbol{\alpha}_3=\begin{pmatrix}-1\\2\\4\\1\end{pmatrix},\boldsymbol{\alpha}_4=\begin{pmatrix}-2\\1\\-1\\1\end{pmatrix},\boldsymbol{\alpha}_5=\begin{pmatrix}2\\3\\0\\\frac{1}{3}\end{pmatrix}$;

(3) $\boldsymbol{\alpha}_1=\begin{pmatrix}1\\3\\2\\0\end{pmatrix},\boldsymbol{\alpha}_2=\begin{pmatrix}7\\0\\14\\3\end{pmatrix},\boldsymbol{\alpha}_3=\begin{pmatrix}2\\-1\\0\\1\end{pmatrix},\boldsymbol{\alpha}_4=\begin{pmatrix}5\\1\\6\\2\end{pmatrix},\boldsymbol{\alpha}_5=\begin{pmatrix}2\\-1\\4\\1\end{pmatrix}$;

(4) $\boldsymbol{\alpha}_1=\begin{pmatrix}1\\-2\\3\\-1\\2\end{pmatrix},\boldsymbol{\alpha}_2=\begin{pmatrix}3\\-1\\5\\-3\\-1\end{pmatrix},\boldsymbol{\alpha}_3=\begin{pmatrix}5\\0\\7\\-5\\-4\end{pmatrix},\boldsymbol{\alpha}_4=\begin{pmatrix}2\\1\\2\\-2\\-3\end{pmatrix}$.

3. 向量组

$$\boldsymbol{\alpha}_1=\begin{pmatrix}1\\2\\-1\\1\end{pmatrix},\boldsymbol{\alpha}_2=\begin{pmatrix}2\\0\\t\\0\end{pmatrix},\boldsymbol{\alpha}_3=\begin{pmatrix}0\\-4\\5\\-2\end{pmatrix}$$

的秩为 2,求 t 的值.

4. 已知向量组

$$\boldsymbol{\alpha}_1=\begin{pmatrix}0\\1\\-1\end{pmatrix},\boldsymbol{\alpha}_2=\begin{pmatrix}a\\2\\1\end{pmatrix},\boldsymbol{\alpha}_3=\begin{pmatrix}b\\1\\0\end{pmatrix}$$

与向量组

$$\boldsymbol{\beta}_1=\begin{pmatrix}1\\2\\-3\end{pmatrix},\boldsymbol{\beta}_2=\begin{pmatrix}3\\0\\1\end{pmatrix},\boldsymbol{\beta}_3=\begin{pmatrix}9\\6\\-7\end{pmatrix}$$

具有相同的秩,且 $\boldsymbol{\alpha}_3$ 可以由 $\boldsymbol{\beta}_1,\boldsymbol{\beta}_2,\boldsymbol{\beta}_3$ 线性表示,求 a,b 的值.

5. 求向量组

$$\boldsymbol{\alpha}_1=\begin{pmatrix}1\\2\\-1\\1\end{pmatrix},\boldsymbol{\alpha}_2=\begin{pmatrix}2\\0\\t\\0\end{pmatrix},\boldsymbol{\alpha}_3=\begin{pmatrix}0\\-4\\5\\-2\end{pmatrix},\boldsymbol{\alpha}_4=\begin{pmatrix}3\\-2\\t+4\\-1\end{pmatrix}$$

的秩和一个极大线性无关组.

6. 设向量组

$$\boldsymbol{\alpha}_1=\begin{pmatrix}1+a\\1\\1\\1\end{pmatrix},\boldsymbol{\alpha}_2=\begin{pmatrix}2\\2+a\\2\\2\end{pmatrix},\boldsymbol{\alpha}_3=\begin{pmatrix}3\\3\\3+a\\3\end{pmatrix},\boldsymbol{\alpha}_4=\begin{pmatrix}4\\4\\4\\4+a\end{pmatrix},$$

问 a 为何值时,$\boldsymbol{\alpha}_1,\boldsymbol{\alpha}_2,\boldsymbol{\alpha}_3,\boldsymbol{\alpha}_4$ 线性相关？求此时的一个极大无关组,并将其余的向量用极大无关组线性表示.

B组

1. 设向量组 $\boldsymbol{\alpha}_1,\boldsymbol{\alpha}_2,\cdots,\boldsymbol{\alpha}_s$ 与向量组 $\boldsymbol{\alpha}_1,\boldsymbol{\alpha}_2,\cdots,\boldsymbol{\alpha}_s,\boldsymbol{\beta}$ 有相同的秩,证明:向量 $\boldsymbol{\beta}$ 可以由向量组 $\boldsymbol{\alpha}_1,\boldsymbol{\alpha}_2,\cdots,\boldsymbol{\alpha}_s$ 线性表示.

2. 已知向量组(Ⅰ):$\boldsymbol{\alpha}_1,\boldsymbol{\alpha}_2,\boldsymbol{\alpha}_3$,(Ⅱ):$\boldsymbol{\alpha}_1,\boldsymbol{\alpha}_2,\boldsymbol{\alpha}_3,\boldsymbol{\alpha}_4$,(Ⅲ):$\boldsymbol{\alpha}_1,\boldsymbol{\alpha}_2,\boldsymbol{\alpha}_3,\boldsymbol{\alpha}_5$,各向量组的秩分别为 $\mathrm{r}(\text{Ⅰ})=\mathrm{r}(\text{Ⅱ})=3$,$\mathrm{r}(\text{Ⅲ})=4$,证明:向量组 $\boldsymbol{\alpha}_1,\boldsymbol{\alpha}_2,\boldsymbol{\alpha}_3,\boldsymbol{\alpha}_5-\boldsymbol{\alpha}_4$ 的秩为 4.

3. 设向量组(Ⅰ):$\boldsymbol{\alpha}_1,\boldsymbol{\alpha}_2,\cdots,\boldsymbol{\alpha}_m$ 的秩为 r_1,向量组(Ⅱ):$\boldsymbol{\beta}_1,\boldsymbol{\beta}_2,\cdots,\boldsymbol{\beta}_t$ 的秩为 r_2,向量组(Ⅲ):$\boldsymbol{\alpha}_1,\boldsymbol{\alpha}_2,\cdots,\boldsymbol{\alpha}_m,\boldsymbol{\beta}_1,\boldsymbol{\beta}_2,\cdots,\boldsymbol{\beta}_t$ 的秩为 r_3,证明:$\max\{r_1,r_2\}\leqslant r_3\leqslant r_1+r_2$.

4. 已知两个向量组 A:$\boldsymbol{\alpha}_1,\boldsymbol{\alpha}_2,\cdots,\boldsymbol{\alpha}_m$,$B$:$\boldsymbol{\beta}_1,\boldsymbol{\beta}_2,\cdots,\boldsymbol{\beta}_t$ 有相同的秩,且其中一个向量组可以由另一个向量组线性表示,证明:向量组 A 与 B 等价.

3.5 线性方程组解的结构

在 3.1 节中我们利用消元法解线性方程组,得到了线性方程组有解判别定理.这一节我们将利用向量组的线性相关性理论,研究线性方程组在有无穷多个解向量的情况下,解的结构,即解与解之间的关系.

3.5.1 齐次线性方程组解的结构

齐次线性方程组的一般形式为(3.8)

$$\begin{cases}a_{11}x_1+a_{12}x_2+\cdots+a_{1n}x_n=0,\\a_{21}x_1+a_{22}x_2+\cdots+a_{2n}x_n=0,\\\quad\vdots\\a_{m1}x_1+a_{m2}x_2+\cdots+a_{mn}x_n=0,\end{cases}$$

矩阵形式为(3.9)

$$\boldsymbol{A}\boldsymbol{x}=\boldsymbol{0},$$

其中 $\boldsymbol{A}=(a_{ij})_{mn}$,$\boldsymbol{x}=\begin{pmatrix}x_1\\x_2\\\vdots\\x_n\end{pmatrix}$.

1. 解的性质

齐次线性方程组(3.8)的解向量具有如下的性质:

(1) 两个解的和仍是解.

证　设 $\boldsymbol{\xi}_1,\boldsymbol{\xi}_2$ 是 $\boldsymbol{Ax}=\boldsymbol{0}$ 的解,即 $\boldsymbol{A\xi}_1=\boldsymbol{0},\boldsymbol{A\xi}_2=\boldsymbol{0}$,所以

$$\boldsymbol{A}(\boldsymbol{\xi}_1+\boldsymbol{\xi}_2)=\boldsymbol{A\xi}_1+\boldsymbol{A\xi}_2=\boldsymbol{0}+\boldsymbol{0}=\boldsymbol{0}.$$

(2) 一个解的数量倍仍是解.

证　设 $\boldsymbol{\xi}$ 是 $\boldsymbol{Ax}=\boldsymbol{0}$ 的解,即 $\boldsymbol{A\xi}=\boldsymbol{0}$,对 $\forall k\in\mathbf{R},\boldsymbol{A}(k\boldsymbol{\xi})=k\boldsymbol{A\xi}=k\cdot\boldsymbol{0}=\boldsymbol{0}$.

注　由性质(1)和(2)可得,解的线性组合仍是解.

这表明,若干个解的一切线性组合,可以得到方程组(3.8)的无数个解,但未必是方程组(3.8)的全部解.因而自然会问:会不会有这样的有限个解,它们的一切线性组合,就是方程组(3.8)的全部解?

2. 齐次线性方程组的基础解系

定义 3.5.1　齐次线性方程组(3.8)的一组解 $\boldsymbol{\xi}_1,\boldsymbol{\xi}_2,\cdots,\boldsymbol{\xi}_s$ 满足:

(1) 方程组(3.8)的任意一个解都可以表示成 $\boldsymbol{\xi}_1,\boldsymbol{\xi}_2,\cdots,\boldsymbol{\xi}_s$ 的一个线性组合,

(2) $\boldsymbol{\xi}_1,\boldsymbol{\xi}_2,\cdots,\boldsymbol{\xi}_s$ 线性无关,

则称 $\boldsymbol{\xi}_1,\boldsymbol{\xi}_2,\cdots,\boldsymbol{\xi}_s$ 是方程组(3.8)的一个**基础解系**(fundamental set of solution).

注　条件(1)表明,方程组(3.8)的解集 $\subseteq\left\{\sum\limits_{i=1}^{s}k_i\boldsymbol{\xi}_i \mid k_i\in\mathbf{R}\right\}$,又根据解的性质,$\left\{\sum\limits_{i=1}^{s}k_i\boldsymbol{\xi}_i \mid k_i\in\mathbf{R}\right\}\subseteq$ 方程组(3.8)的解集,从而,方程组(3.8)的解集 $=\left\{\sum\limits_{i=1}^{s}k_i\boldsymbol{\xi}_i \mid k_i\in\mathbf{R}\right\}$,即方程组(3.8)的解集是由 $\boldsymbol{\xi}_1,\boldsymbol{\xi}_2,\cdots,\boldsymbol{\xi}_s$ 线性生成的,故可以称 $\boldsymbol{\xi}_1,\boldsymbol{\xi}_2,\cdots,\boldsymbol{\xi}_s$ 是方程组(3.8)的解集的一组生成元.条件(2)表明,$\boldsymbol{\xi}_1,\boldsymbol{\xi}_2,\cdots,\boldsymbol{\xi}_s$ 在生成方程组(3.8)的解集时,个个都有用,没有多余的解,所以具有"基础"的意义.

显然,齐次线性方程组(3.8)的基础解系,就是方程组(3.8)的全体解向量组的极大无关组,于是只要求出方程组(3.8)的基础解系,作出基础解系的线性组合,就得到方程组(3.8)的全部解.

下面关于基础解系的两个性质是显然的,读者可自行证明.

性质 1 与一个基础解系等价的线性无关的向量组也是一个基础解系.

注 这说明基础解系不唯一.

性质 2 任何两个基础解系都是等价的,从而有相同个数的解.

接下来的主要问题就是,基础解系是否一定存在?若存在,含有多少个解?如何求?

定理 3.5.1 若齐次线性方程组(3.8)有非零解,则它有基础解系,且基础解系含有 $n-r$ 个解向量,其中 r 是齐次线性方程组(3.8)的系数矩阵 $\boldsymbol{A}$ 的秩.

证 齐次线性方程组(3.8)有非零解,于是 $\mathrm{r}(\boldsymbol{A})=r<n$,即 $\boldsymbol{A}$ 中有一个 r 阶的非零子式 D,不妨设 D 位于 $\boldsymbol{A}$ 的左上角,则方程组(3.8)与前 r 个方程组成的方程组同解,取 $x_{r+1},x_{r+2},\cdots,x_n$ 为自由未知量,移到等式右端,得

$$\begin{cases} a_{11}x_1+a_{12}x_2+\cdots+a_{1r}x_r=-a_{1,r+1}x_{r+1}-\cdots-a_{1n}x_n, \\ a_{21}x_1+a_{22}x_2+\cdots+a_{2r}x_r=-a_{2,r+1}x_{r+1}-\cdots-a_{2n}x_n, \\ \qquad\vdots \\ a_{r1}x_1+a_{r2}x_2+\cdots+a_{rr}x_r=-a_{r,r+1}x_{r+1}-\cdots-a_{rn}x_n, \end{cases} \tag{3.17}$$

方程组(3.8)与方程组(3.17)同解.

取自由未知量 $x_{r+1}=c_{r+1},x_{r+2}=c_{r+2},\cdots,x_n=c_n$ 代入式(3.17),由克莱姆法则,可得唯一的 $x_1=c_1,x_2=c_2,\cdots,x_r=c_r$,于是 $\begin{pmatrix} c_1 \\ c_2 \\ \vdots \\ c_r \\ c_{r+1} \\ \vdots \\ c_n \end{pmatrix}$ 是自由未知量取 $c_{r+1},c_{r+2},\cdots,c_n$ 时所得到的方程组(3.8)的唯一解.

现对于自由未知量 $\begin{pmatrix} x_{r+1} \\ x_{r+2} \\ \vdots \\ x_n \end{pmatrix}$ 取如下的 $n-r$ 组数:

$$\begin{pmatrix}1\\0\\\vdots\\0\end{pmatrix},\begin{pmatrix}0\\1\\\vdots\\0\end{pmatrix},\cdots,\begin{pmatrix}0\\0\\\vdots\\1\end{pmatrix},$$

得到相应的解为

$$\boldsymbol{\xi}_1=\begin{pmatrix}c_{11}\\c_{12}\\\vdots\\c_{1r}\\1\\0\\\vdots\\0\end{pmatrix},\boldsymbol{\xi}_2=\begin{pmatrix}c_{21}\\c_{22}\\\vdots\\c_{2r}\\0\\1\\\vdots\\0\end{pmatrix},\cdots,\boldsymbol{\xi}_{n-r}=\begin{pmatrix}c_{n-r,1}\\c_{n-r,2}\\\vdots\\c_{n-r,r}\\0\\0\\\vdots\\1\end{pmatrix}.$$

下证 $\boldsymbol{\xi}_1,\boldsymbol{\xi}_2,\cdots,\boldsymbol{\xi}_{n-r}$ 就是齐次线性方程组(3.8)的一个基础解系.

显然 $\boldsymbol{\xi}_1,\boldsymbol{\xi}_2,\cdots,\boldsymbol{\xi}_{n-r}$ 线性无关(单位向量组的延长向量组). 设 $\boldsymbol{\xi}=\begin{pmatrix}c_1\\c_2\\\vdots\\c_r\\c_{r+1}\\\vdots\\c_n\end{pmatrix}$ 是齐次线性方程组(3.8)的任意一个解,则 $\boldsymbol{\xi}$ 是自由未知量取 c_{r+1}, $c_{r+2},\cdots,c_n$ 所得到的解. 而 $c_{r+1}\boldsymbol{\xi}_1+c_{r+2}\boldsymbol{\xi}_2+\cdots+c_n\boldsymbol{\xi}_{n-r}=\begin{pmatrix}*\\\vdots\\*\\c_{r+1}\\\vdots\\c_n\end{pmatrix}$ 也是自由未知

量取 $c_{r+1},c_{r+2},\cdots,c_n$ 所得到的解,由唯一性,故

$$\boldsymbol{\xi}=c_{r+1}\boldsymbol{\xi}_1+c_{r+2}\boldsymbol{\xi}_2+\cdots+c_n\boldsymbol{\xi}_{n-r},$$

所以 $\boldsymbol{\xi}_1,\boldsymbol{\xi}_2,\cdots,\boldsymbol{\xi}_{n-r}$是齐次线性方程组(3.8)的一个基础解系,从而齐次线性方程组(3.8)的基础解系含有 $n-r$ 个向量.

注 从证明的过程也可以看出,基础解系是不唯一的.

上述证明过程提供了求基础解系的具体方法:

(1) 求出 $\mathrm{r}(\boldsymbol{A})=r$;

(2) 若 $r<n$,在 $\boldsymbol{A}$ 中求非零 r 阶子式 D,解 D 所在的方程组成的齐次线性方程组,以 D 以外的未知量作为自由未知量,再把含有自由未知量的项移到右端;

(3) 自由未知量依次取如下的 $n-r$ 组数:

$$\begin{pmatrix}1\\0\\\vdots\\0\end{pmatrix},\begin{pmatrix}0\\1\\\vdots\\0\end{pmatrix},\cdots,\begin{pmatrix}0\\0\\\vdots\\1\end{pmatrix},$$

求出相应的 $n-r$ 个解,即为一个基础解系.

当 $\mathrm{r}(\boldsymbol{A})<n$ 时,

齐次线性方程组(3.8)的全部解(通解,一般解)
=方程组(3.8)的基础解系的一切线性组合
$=k_1\boldsymbol{\xi}_1+k_2\boldsymbol{\xi}_2+\cdots+k_{n-r}\boldsymbol{\xi}_{n-r}$,

其中 $\boldsymbol{\xi}_1,\boldsymbol{\xi}_2,\cdots,\boldsymbol{\xi}_{n-r}$是方程组(3.8)的一个基础解系,$k_1,k_2,\cdots,k_{n-r}$是任意常数,这就是**齐次线性方程组解的结构**.

【例 3.5.1】 求如下齐次线性方程组的基础解系及通解:

$$\begin{cases}x_1+x_2+x_3+x_4+x_5=0,\\3x_1+2x_2+x_3+x_4-3x_5=0,\\x_2+2x_3+2x_4+6x_5=0,\\5x_1+4x_2+3x_3+3x_4-x_5=0.\end{cases}$$

解 对系数矩阵 $\boldsymbol{A}$ 作初等行变换，

$$\boldsymbol{A}=\begin{pmatrix}1&1&1&1&1\\3&2&1&1&-3\\0&1&2&2&6\\5&4&3&3&-1\end{pmatrix}\rightarrow\begin{pmatrix}1&1&1&1&1\\0&-1&-2&-2&-6\\0&1&2&2&6\\0&-1&-2&-2&-6\end{pmatrix}$$

$$\rightarrow\begin{pmatrix}1&1&1&1&1\\0&-1&-2&-2&-6\\0&0&0&0&0\\0&0&0&0&0\end{pmatrix},$$

$\mathrm{r}(\boldsymbol{A})=2<5$，所以有基础解系.

因 $\begin{vmatrix}1&1\\3&2\end{vmatrix}=-1\neq0$，故以 x_3,x_4,x_5 为自由未知量，

$$\begin{cases}x_1+x_2=-x_3-x_4-x_5,\\3x_1+2x_2=-x_3-x_4+3x_5,\end{cases}\tag{3.18}$$

取 $x_3=1,x_4=x_5=0$，代入式(3.18)，得

$$\begin{cases}x_1+x_2=-1,\\3x_1+2x_2=-1,\end{cases}$$

由克莱姆法则得，$x_1=1,x_2=-2$，故

$$\boldsymbol{\xi}_1=\begin{pmatrix}1\\-2\\1\\0\\0\end{pmatrix}.$$

类似地，取 $x_3=0,x_4=1,x_5=0$，得到 $x_1=1,x_2=-2$，取 $x_3=x_4=0$，$x_5=1$，得到 $x_1=5,x_2=-6$，于是

$$\boldsymbol{\xi}_2=\begin{pmatrix}1\\-2\\0\\1\\0\end{pmatrix},\boldsymbol{\xi}_3=\begin{pmatrix}5\\-6\\0\\0\\1\end{pmatrix},$$

$\boldsymbol{\xi}_1,\boldsymbol{\xi}_2,\boldsymbol{\xi}_3$ 是一个基础解系,所以原方程组的通解为

$$k_1\boldsymbol{\xi}_1+k_2\boldsymbol{\xi}_2+k_3\boldsymbol{\xi}_3=k_1\begin{pmatrix}1\\-2\\1\\0\\0\end{pmatrix}+k_2\begin{pmatrix}1\\-2\\0\\1\\0\end{pmatrix}+k_3\begin{pmatrix}5\\-6\\0\\0\\1\end{pmatrix},$$

其中 k_1,k_2,k_3 是任意常数.

注 1 也可以先由 3.1 节介绍的消元法求出一般解,再按自由未知量的取法求出相应的解,得到基础解系. 如本例中,

$$\boldsymbol{A}\rightarrow\begin{pmatrix}1&1&1&1&1\\0&-1&-2&-2&-6\\0&0&0&0&0\\0&0&0&0&0\end{pmatrix}\rightarrow\begin{pmatrix}1&0&-1&-1&-5\\0&1&2&2&6\\0&0&0&0&0\\0&0&0&0&0\end{pmatrix},$$

于是方程组的一般解为

$$\begin{cases}x_1=x_3+x_4+5x_5,\\x_2=-2x_3-2x_4-6x_5,\end{cases}$$

其中 x_3,x_4,x_5 为自由未知量.

分别取 $\begin{pmatrix}x_3\\x_4\\x_5\end{pmatrix}$ 为 $\begin{pmatrix}1\\0\\0\end{pmatrix},\begin{pmatrix}0\\1\\0\end{pmatrix},\begin{pmatrix}0\\0\\1\end{pmatrix}$,代入一般解,即得基础解系

$$\boldsymbol{\xi}_1=\begin{pmatrix}1\\-2\\1\\0\\0\end{pmatrix},\boldsymbol{\xi}_2=\begin{pmatrix}1\\-2\\0\\1\\0\end{pmatrix},\boldsymbol{\xi}_3=\begin{pmatrix}5\\-6\\0\\0\\1\end{pmatrix}.$$

注 2　在求得一般解后，将它改写成参数形式，进而改写成向量形式，就得到通解. 如本例中，一般解为

$$\begin{cases}x_1=x_3+x_4+5x_5,\\x_2=-2x_3-2x_4-6x_5,\end{cases}$$

令 $x_3=k_1,x_4=k_2,x_5=k_3$，代入得

$$\begin{cases}x_1=k_1+k_2+5k_3,\\x_2=-2k_1-2k_2-6k_3,\\x_3=k_1,\\x_4=k_2,\\x_5=k_3,\end{cases}$$

其中 k_1,k_2,k_3 是参数，再改为向量的形式，即

$$\begin{pmatrix}x_1\\x_2\\x_3\\x_4\\x_5\end{pmatrix}=k_1\begin{pmatrix}1\\-2\\1\\0\\0\end{pmatrix}+k_2\begin{pmatrix}1\\-2\\0\\1\\0\end{pmatrix}+k_3\begin{pmatrix}5\\-6\\0\\0\\1\end{pmatrix}.$$

下面证明 2.6 节中矩阵的秩满足的运算性质(6)：

设 $\boldsymbol{A}$ 是 $s\times n$ 矩阵，$\boldsymbol{B}$ 是 $n\times t$ 矩阵. 若 $\boldsymbol{AB}=\boldsymbol{0}$，则 $\mathrm{r}(\boldsymbol{A})+\mathrm{r}(\boldsymbol{B})\leqslant n$.

证　将 $\boldsymbol{B}$ 按列分块为 $\boldsymbol{B}=(\boldsymbol{b}_1,\boldsymbol{b}_2,\cdots,\boldsymbol{b}_t)$，由 $\boldsymbol{AB}=\boldsymbol{0}$，得

$$\boldsymbol{AB}=\boldsymbol{A}(\boldsymbol{b}_1,\boldsymbol{b}_2,\cdots,\boldsymbol{b}_t)=(\boldsymbol{Ab}_1,\boldsymbol{Ab}_2,\cdots,\boldsymbol{Ab}_t)=(\boldsymbol{0},\boldsymbol{0},\cdots,\boldsymbol{0}),$$

即

$$\boldsymbol{A}\boldsymbol{b}_j=\boldsymbol{0},\quad j=1,2,\cdots,t,$$

可见矩阵 $\boldsymbol{B}$ 的每一列 $\boldsymbol{b}_j\,(j=1,2,\cdots,t)$ 都是方程组 $\boldsymbol{Ax}=\boldsymbol{0}$ 的解，而 $\boldsymbol{Ax}=\boldsymbol{0}$ 的基础解系含有 $n-\mathrm{r}(\boldsymbol{A})$ 个解，即 $\boldsymbol{Ax}=\boldsymbol{0}$ 的任何一组解中至多含 $n-\mathrm{r}(\boldsymbol{A})$ 个线性无关的解，因此

$$\mathrm{r}(\boldsymbol{B})=\mathrm{r}(\boldsymbol{b}_1,\boldsymbol{b}_2,\cdots,\boldsymbol{b}_t)\leqslant n-\mathrm{r}(\boldsymbol{A}),$$

即

$$\mathrm{r}(\boldsymbol{A})+\mathrm{r}(\boldsymbol{B})\leqslant n.$$

3.5.2 非齐次线性方程组解的结构

非齐次线性方程组的一般形式为(3.1)

$$\begin{cases} a_{11}x_1+a_{12}x_2+\cdots+a_{1n}x_n=b_1, \\ a_{21}x_1+a_{22}x_2+\cdots+a_{2n}x_n=b_2, \\ \qquad\qquad\vdots \\ a_{m1}x_1+a_{m2}x_2+\cdots+a_{mn}x_n=b_m, \end{cases}$$

矩阵形式为(3.7)

$$\boldsymbol{Ax}=\boldsymbol{b},$$

其中 $\boldsymbol{A}=(a_{ij})_{mn}$，$\boldsymbol{x}=\begin{pmatrix}x_1\\x_2\\\vdots\\x_n\end{pmatrix}$，$\boldsymbol{b}=\begin{pmatrix}b_1\\b_2\\\vdots\\b_m\end{pmatrix}$.

若 $\boldsymbol{b}=\boldsymbol{0}$，得到的齐次线性方程组

$$\boldsymbol{Ax}=\boldsymbol{0} \tag{3.19}$$

称为式(3.7)的**导出方程组**，简称**导出组**.

式(3.7)的解与式(3.19)的解之间具有如下的关系：

(1) 式(3.7)的两个解之差是式(3.19)的解；

(2) 式(3.7)的一个解与式(3.19)的一个解之和是式(3.7)的解.

证　(1) 设式(3.7)有两个解 $\boldsymbol{\eta}_1,\boldsymbol{\eta}_2$,则

$$\boldsymbol{A}(\boldsymbol{\eta}_1-\boldsymbol{\eta}_2)=\boldsymbol{A}\boldsymbol{\eta}_1-\boldsymbol{A}\boldsymbol{\eta}_2=\boldsymbol{b}-\boldsymbol{b}=\boldsymbol{0},$$

故 $\boldsymbol{\eta}_1-\boldsymbol{\eta}_2$ 是式(3.19)的解.

(2) 设 $\boldsymbol{\eta}$ 是式(3.7)的一个解,$\boldsymbol{\xi}$ 是式(3.19)的一个解,则

$$\boldsymbol{A}\boldsymbol{\eta}=\boldsymbol{b},\quad \boldsymbol{A}\boldsymbol{\xi}=\boldsymbol{0},$$

于是

$$\boldsymbol{A}(\boldsymbol{\eta}+\boldsymbol{\xi})=\boldsymbol{A}\boldsymbol{\eta}+\boldsymbol{A}\boldsymbol{\xi}=\boldsymbol{b}+\boldsymbol{0}=\boldsymbol{b},$$

即 $\boldsymbol{\eta}+\boldsymbol{\xi}$ 是式(3.7)的解.

定理 3.5.2　设 $\boldsymbol{\eta}$ 是式(3.7)的一个解,则式(3.7)的任一个解 $\boldsymbol{\xi}$ 总可以表示成

$$\boldsymbol{\xi}=\boldsymbol{\eta}+\boldsymbol{r}_0,\tag{3.20}$$

其中 $\boldsymbol{r}_0$ 是导出组(3.19)的一个解,且对式(3.7)的任何解 $\boldsymbol{\eta}$,当 $\boldsymbol{r}_0$ 取遍式(3.19)的所有解时,由式(3.20)给出的 $\boldsymbol{\xi}$ 就是式(3.7)的全部解.

证　设 $\boldsymbol{\xi}$ 是式(3.7)的任一个解,则由关系(1),$\boldsymbol{\xi}-\boldsymbol{\eta}$ 是式(3.19)的一个解. 令 $\boldsymbol{r}_0=\boldsymbol{\xi}-\boldsymbol{\eta}$,则 $\boldsymbol{r}_0$ 是式(3.19)的一个解,且 $\boldsymbol{\xi}=\boldsymbol{\eta}+\boldsymbol{r}_0$,故

$$(3.7)\text{的解集}\subseteq\{\boldsymbol{\eta}+\boldsymbol{r}_0\mid \boldsymbol{r}_0\in\text{式}(3.19)\text{的解集}\}.$$

又由关系(2)知,

$$\{\boldsymbol{\eta}+\boldsymbol{r}_0\mid \boldsymbol{r}_0\in(3.19)\text{的解集}\}\subseteq\text{式}(3.7)\text{的解集},$$

合之,得

$$(3.7)\text{的解集}=\{\boldsymbol{\eta}+\boldsymbol{r}_0\mid \boldsymbol{r}_0\in\text{式}(3.19)\text{的解集}\},$$

即对式(3.7)的任何解 $\boldsymbol{\eta}$,当 $\boldsymbol{r}_0$ 取遍式(3.19)的所有解时,可得到式(3.7)的全部解.

注　设 $\boldsymbol{\eta}$ 是式(3.7)的一个解,则

非齐次线性方程组(3.7)的全部解(通解,一般解)

$=\boldsymbol{\eta}+$式(3.19)的全部解(通解,一般解)

$$=\boldsymbol{\eta}+\text{式(3.19)的基础解系的一切线性组合}$$
$$=\boldsymbol{\eta}+(k_1\boldsymbol{\xi}_1+k_2\boldsymbol{\xi}_2+\cdots+k_{n-r}\boldsymbol{\xi}_{n-r}),$$

其中 $\boldsymbol{\xi}_1,\boldsymbol{\xi}_2,\cdots,\boldsymbol{\xi}_{n-r}$ 是式(3.19)的一个基础解系，$k_1,k_2,\cdots,k_{n-r}$ 是任意常数，这就是**非齐次线性方程组解的结构**.

推论 3.5.1 在式(3.7)有解的条件下，式(3.7)有唯一解的充分必要条件是导出组(3.19)只有零解.

证 必要性. 设 $\boldsymbol{\eta}$ 是式(3.7)的唯一解，若导出组(3.19)有非零解 $\boldsymbol{r}_0$，$\boldsymbol{r}_0\neq\boldsymbol{0}$，则由关系(2)，$\boldsymbol{\eta}+\boldsymbol{r}_0$ 是式(3.7)的解，且 $\boldsymbol{\eta}+\boldsymbol{r}_0\neq\boldsymbol{\eta}$，这与式(3.7)有唯一解矛盾，故导出组(3.19)只有零解.

充分性. 因式(3.7)有解，若式(3.7)的解不唯一，设 $\boldsymbol{\eta}_1,\boldsymbol{\eta}_2$ $(\boldsymbol{\eta}_1\neq\boldsymbol{\eta}_2)$ 都是式(3.7)的解，则由关系(1)，$\boldsymbol{\eta}_2-\boldsymbol{\eta}_1$ $(\neq\boldsymbol{0})$ 是导出组(3.19)的一个解，这与导出组(3.19)只有零解矛盾. 故命题得证.

注 式(3.7)有解这个前提条件不能少，否则充分性不成立. 例如，方程组

$$\begin{cases}x_1+x_2=1,\\2x_1+2x_2=3,\\x_1+2x_2=2\end{cases}$$

显然无解，但其导出组

$$\begin{cases}x_1+x_2=0,\\2x_1+2x_2=0,\\x_1+2x_2=0\end{cases}$$

确是只有零解.

【例 3.5.2】 用导出组的基础解系表示如下方程的全部解：

$$\begin{cases}x_1+2x_2-2x_3+3x_4=2,\\2x_1+4x_2-3x_3+4x_4=5,\\5x_1+10x_2-8x_3+11x_4=12.\end{cases}$$

解 对增广矩阵 $(\boldsymbol{A}\vdots\boldsymbol{b})$ 作初等行变换，化为行简化的阶梯形矩阵，

$$(\boldsymbol{A}\vdots\boldsymbol{b})=\left(\begin{array}{cccc:c}1&2&-2&3&2\\2&4&-3&4&5\\5&10&-8&11&12\end{array}\right)\to\left(\begin{array}{cccc:c}1&2&-2&3&2\\0&0&1&-2&1\\0&0&2&-4&2\end{array}\right)$$

$$\to\left(\begin{array}{cccc:c}1&2&-2&3&2\\0&0&1&-2&1\\0&0&0&0&0\end{array}\right)\to\left(\begin{array}{cccc:c}1&2&0&-1&4\\0&0&1&-2&1\\0&0&0&0&0\end{array}\right),$$

于是 $\mathrm{r}(\boldsymbol{A})=\mathrm{r}(\boldsymbol{A}\vdots\boldsymbol{b})=2<4$,故方程组有无穷多解.

令 x_2,x_4 为自由未知量,则原方程组的同解方程组为

$$\begin{cases}x_1=4-2x_2+x_4,\\x_3=1+2x_4,\end{cases}$$

令 $x_2=x_4=0$,得 $x_1=4,x_3=1$,即得原非齐次线性方程组的一个解

$$\boldsymbol{\eta}=\begin{pmatrix}4\\0\\1\\0\end{pmatrix}.$$

对应的导出组的同解方程组为

$$\begin{cases}x_1=-2x_2+x_4,\\x_3=2x_4,\end{cases}$$

令 $x_2=1,x_4=0$,得 $x_1=-2,x_3=0$;令 $x_2=0,x_4=1$,得 $x_1=1,x_3=2$,于是导出组的基础解系为

$$\boldsymbol{\xi}_1=\begin{pmatrix}-2\\1\\0\\0\end{pmatrix},\boldsymbol{\xi}_2=\begin{pmatrix}1\\0\\2\\1\end{pmatrix},$$

所以原方程组的全部解为

$$x=\eta+k_1\xi_1+k_2\xi_2=\begin{pmatrix}4\\0\\1\\0\end{pmatrix}+k_1\begin{pmatrix}-2\\1\\0\\0\end{pmatrix}+k_2\begin{pmatrix}1\\0\\2\\1\end{pmatrix},$$

其中 k_1,k_2 为任意常数.

【例 3.5.3】 已知方程组

$$\begin{cases}x_1+\ x_2-2x_3+3x_4=0,\\2x_1+\ x_2-6x_3+4x_4=-1,\\3x_1+2x_2+px_3+7x_4=-1,\\x_1-\ x_2-6x_3-\ x_4=t,\end{cases}$$

讨论 p,t 的取值,使得方程组有解、无解,并在有解时,用导出组的基础解系表示全部解.

解

$$\overline{A}=\left(\begin{array}{cccc:c}1&1&-2&3&0\\2&1&-6&4&-1\\3&2&p&7&-1\\1&-1&-6&-1&t\end{array}\right)\to\left(\begin{array}{cccc:c}1&1&-2&3&0\\0&-1&-2&-2&-1\\0&-1&p+6&-2&-1\\0&-2&-4&-4&t\end{array}\right)$$

$$\to\left(\begin{array}{cccc:c}1&0&-4&1&-1\\0&1&2&2&1\\0&0&p+8&0&0\\0&0&0&0&t+2\end{array}\right).$$

当 $t+2\neq0$,即 $t\neq-2$ 时,方程组无解;

当 $t+2=0$,即 $t=-2$ 时,方程组有解.

若 $p+8=0$,即 $p=-8$,则方程组的同解方程组为

$$\begin{cases}x_1=-1+4x_3-x_4,\\x_2=1-2x_3-2x_4,\end{cases}$$

令 $x_3=x_4=0$,得一个解为

$$\boldsymbol{\eta}=\begin{pmatrix}-1\\1\\0\\0\end{pmatrix},$$

导出组的同解方程组为

$$\begin{cases}x_1=4x_3-x_4,\\x_2=-2x_3-2x_4,\end{cases}$$

令 $\begin{pmatrix}x_3\\x_4\end{pmatrix}$ 分别取 $\begin{pmatrix}1\\0\end{pmatrix}$, $\begin{pmatrix}0\\1\end{pmatrix}$,可得基础解系

$$\boldsymbol{\xi}_1=\begin{pmatrix}4\\-2\\1\\0\end{pmatrix},\boldsymbol{\xi}_2=\begin{pmatrix}-1\\-2\\0\\1\end{pmatrix},$$

故此时原方程组的全部解为

$$\boldsymbol{x}=\boldsymbol{\eta}+k_1\boldsymbol{\xi}_1+k_2\boldsymbol{\xi}_2=\begin{pmatrix}-1\\1\\0\\0\end{pmatrix}+k_1\begin{pmatrix}4\\-2\\1\\0\end{pmatrix}+k_2\begin{pmatrix}-1\\-2\\0\\1\end{pmatrix},$$

其中 k_1,k_2 为任意常数；

若 $p+8\neq0$,即 $p\neq-8$,则方程组的同解方程组为

$$\begin{cases}x_1=-1-x_4,\\x_2=1-2x_4,\\x_3=0,\end{cases}$$

令 $x_4=k$,则原方程组的全部解为

$$x=\begin{pmatrix}-1\\1\\0\\0\end{pmatrix}+k\begin{pmatrix}-1\\-2\\0\\1\end{pmatrix},$$

其中 k 为任意常数.

习题 3.5

A 组

1. 求下列齐次线性方程组的一个基础解系及通解:

(1) $\begin{cases}2x_1+3x_2-x_3+x_4=0,\\8x_1+12x_2-9x_3+8x_4=0,\\4x_1+6x_2+3x_3-2x_4=0,\\2x_1+3x_2+9x_3-7x_4=0;\end{cases}$

(2) $\begin{cases}2x_1-4x_2+2x_3+7x_4=0,\\3x_1-6x_2+4x_3+3x_4=0,\\5x_1-10x_2+4x_3+25x_4=0;\end{cases}$

(3) $\begin{cases}x_1-2x_2+x_3+x_4-x_5=0,\\2x_1+x_2-x_3-x_4+x_5=0,\\x_1+7x_2-5x_3-5x_4+5x_5=0,\\3x_1-x_2-2x_3+x_4-x_5=0;\end{cases}$

(4) $\begin{cases}3x_1-6x_2-8x_3+x_4-4x_5=0,\\2x_1-4x_2-7x_3-x_4-x_5=0,\\3x_1-6x_2-9x_3-3x_5=0.\end{cases}$

2. 已知 $\boldsymbol{\alpha}_1,\boldsymbol{\alpha}_2,\boldsymbol{\alpha}_3$ 是齐次线性方程组 $\boldsymbol{Ax}=\boldsymbol{0}$ 的一个基础解系,证明 $\boldsymbol{\alpha}_1+\boldsymbol{\alpha}_2,\boldsymbol{\alpha}_2+\boldsymbol{\alpha}_3,\boldsymbol{\alpha}_3+\boldsymbol{\alpha}_1$ 也是该方程组的一个基础解系.

3. 设 n 阶矩阵 $\boldsymbol{A}$ 的各行元素之和均为零,$\mathrm{r}(\boldsymbol{A})=n-1$,求齐次线性方程组 $\boldsymbol{Ax}=\boldsymbol{0}$ 的通解.

4. 设四元非齐次线性方程组 $\boldsymbol{Ax}=\boldsymbol{b}$,系数矩阵 $\boldsymbol{A}$ 的秩为 3,$\boldsymbol{\alpha}_1,\boldsymbol{\alpha}_2,\boldsymbol{\alpha}_3$ 是

它的三个解向量,且

$$\boldsymbol{\alpha}_1+\boldsymbol{\alpha}_2=\begin{pmatrix}1\\1\\0\\2\end{pmatrix},\quad \boldsymbol{\alpha}_2+\boldsymbol{\alpha}_3=\begin{pmatrix}1\\0\\1\\3\end{pmatrix},$$

试求 $\boldsymbol{Ax}=\boldsymbol{b}$ 的通解.

5. 已知 $\boldsymbol{\alpha}_1,\boldsymbol{\alpha}_2$ 是方程组

$$\begin{cases}x_1-x_2-ax_3=3,\\2x_1-3x_3=1,\\-2x_1+ax_2+10x_3=4\end{cases}$$

的两个不同的解,求 a 的值.

6. 已知

$$\boldsymbol{\xi}_1=\begin{pmatrix}-1\\2\\0\end{pmatrix},\boldsymbol{\xi}_2=\begin{pmatrix}-1\\1\\-2\end{pmatrix}$$

是方程组

$$\begin{cases}a_{11}x_1+a_{12}x_2+a_{13}x_3=b_1,\\a_{21}x_1+x_2-x_3=b_2,\\a_{31}x_1+2x_2+x_3=b_3\end{cases}$$

的两个解,求此方程组的通解.

7. 设

$$\boldsymbol{A}=\begin{pmatrix}\lambda&1&1\\0&\lambda-1&0\\1&1&\lambda\end{pmatrix},\boldsymbol{b}=\begin{pmatrix}a\\1\\1\end{pmatrix},$$

已知线性方程组 $\boldsymbol{Ax}=\boldsymbol{b}$ 存在两个不同的解,求:

(1) λ,a 的值;

(2) $\boldsymbol{Ax}=\boldsymbol{b}$ 的通解.

8. 用导出组的基础解系表示下列方程组的全部解：

(1) $\begin{cases}2x_1+6x_2+x_3-3x_4=1,\\ x_1+3x_2+3x_3-2x_4=4,\\ 5x_1+15x_2-7x_4=-1;\end{cases}$

(2) $\begin{cases}x_1+2x_2+4x_3-3x_4=1,\\ 3x_1+5x_2+6x_3-4x_4=2,\\ 4x_1+5x_2-2x_3+3x_4=1,\\ 3x_1+8x_2+24x_3-19x_4=5;\end{cases}$

(3) $\begin{cases}x_1+x_2+x_3+x_4+x_5=2,\\ 3x_1+3x_2+2x_3+x_4=5,\\ x_3+2x_4+3x_5=1,\\ 2x_1+2x_2+x_3-x_5=3.\end{cases}$

9. 设

$$\boldsymbol{A}=\begin{pmatrix}2&1&1&2\\0&1&3&1\\1&a&c&1\end{pmatrix},\boldsymbol{b}=\begin{pmatrix}0\\1\\0\end{pmatrix},\boldsymbol{\eta}=\begin{pmatrix}1\\-1\\1\\-1\end{pmatrix},$$

已知 $\boldsymbol{\eta}$ 是方程组 $\boldsymbol{Ax}=\boldsymbol{b}$ 的一个解，求 $\boldsymbol{Ax}=\boldsymbol{b}$ 的通解.

10. 设 $\boldsymbol{\alpha}_0,\boldsymbol{\alpha}_1,\cdots,\boldsymbol{\alpha}_{n-r}$ 为 $\boldsymbol{Ax}=\boldsymbol{b}(\boldsymbol{b}\neq\boldsymbol{0})$ 的 $n-r+1$ 个线性无关的解向量，$\boldsymbol{A}$ 的秩为 r，证明：$\boldsymbol{\alpha}_1-\boldsymbol{\alpha}_0,\boldsymbol{\alpha}_2-\boldsymbol{\alpha}_0,\cdots,\boldsymbol{\alpha}_{n-r}-\boldsymbol{\alpha}_0$ 是导出组 $\boldsymbol{Ax}=\boldsymbol{0}$ 的基础解系.

B 组

1. 求方程 $nx_1+(n-1)x_2+\cdots+2x_{n-1}+x_n=0$ 的基础解系.

2. 已知

$$\boldsymbol{\alpha}_1=\begin{pmatrix}1\\2\\0\\-2\end{pmatrix},\boldsymbol{\alpha}_2=\begin{pmatrix}-1\\4\\2\\a\end{pmatrix},\boldsymbol{\alpha}_3=\begin{pmatrix}3\\3\\-1\\-6\end{pmatrix}$$

与

$$\boldsymbol{\beta}_1=\begin{pmatrix}1\\5\\1\\-a\end{pmatrix},\boldsymbol{\beta}_2=\begin{pmatrix}1\\8\\2\\-2\end{pmatrix},\boldsymbol{\beta}_3=\begin{pmatrix}-5\\2\\t\\10\end{pmatrix}$$

都是齐次线性方程组 $\boldsymbol{Ax}=\boldsymbol{0}$ 的基础解系，求 a,t 的值.

3. 求一个齐次线性方程组，使它的基础解系是

$$\boldsymbol{\eta}_1=\begin{pmatrix}2\\-1\\1\\1\end{pmatrix},\boldsymbol{\eta}_2=\begin{pmatrix}-1\\2\\4\\7\end{pmatrix}.$$

4. 已知

$$\boldsymbol{\xi}_1=\begin{pmatrix}0\\0\\1\\0\end{pmatrix},\boldsymbol{\xi}_2=\begin{pmatrix}-1\\1\\0\\1\end{pmatrix}$$

是齐次线性方程组（Ⅰ）的基础解系，

$$\boldsymbol{\eta}_1=\begin{pmatrix}0\\1\\1\\0\end{pmatrix},\boldsymbol{\eta}_2=\begin{pmatrix}-1\\2\\2\\1\end{pmatrix}$$

是齐次线性方程组（Ⅱ）的基础解系，求齐次线性方程组（Ⅰ）与（Ⅱ）的公共解.

5. 设3阶矩阵 $\boldsymbol{A}$ 的第一行是 (a,b,c)（a,b,c 不全为零），矩阵

$$\boldsymbol{B}=\begin{pmatrix}1&2&3\\2&4&6\\3&6&k\end{pmatrix}\text{（}k\text{ 为常数）},$$

且 $\boldsymbol{AB}=\boldsymbol{0}$,求线性方程组 $\boldsymbol{Ax}=\boldsymbol{0}$的通解.

6. 设线性方程组

$$\begin{cases} x_1+a_1x_2+a_1^2x_3=a_1^3, \\ x_1+a_2x_2+a_2^2x_3=a_2^3, \\ x_1+a_3x_2+a_3^2x_3=a_3^3, \\ x_1+a_4x_2+a_4^2x_3=a_4^3, \end{cases}$$

(1) 证明:若 a_1,a_2,a_3,a_4 两两不相等,则此线性方程组无解;

(2) 若 $a_1=a_3=k,a_2=a_4=-k(k\neq0)$,且已知 $\boldsymbol{\beta}_1,\boldsymbol{\beta}_2$ 是该方程组的两个解,其中

$$\boldsymbol{\beta}_1=\begin{pmatrix}-1\\1\\1\end{pmatrix},\boldsymbol{\beta}_2=\begin{pmatrix}1\\1\\-1\end{pmatrix},$$

求此方程组的通解.

7. 设 n 阶方阵 $\boldsymbol{A}$ 的行列式为零,$\boldsymbol{A}$ 中某一元素 a_{ki} 的代数余子式 $A_{ki}\neq0$,试证明:$\begin{pmatrix}A_{k1}\\A_{k2}\\\vdots\\A_{kn}\end{pmatrix}$ 是齐次线性方程组 $\boldsymbol{Ax}=\boldsymbol{0}$ 的基础解系.

8. 已知非齐次线性方程组

$$\begin{cases} x_1+x_2+x_3+x_4=-1, \\ 4x_1+3x_2+5x_3-x_4=-1, \\ ax_1+x_2+3x_3+bx_4=1 \end{cases}$$

有三个线性无关的解,

(1) 证明系数矩阵 $\boldsymbol{A}$ 的秩为 2;

(2) 求 a,b 的值和方程组的通解.

9. 设线性方程组

$$\begin{cases} x_1 + \lambda x_2 + \mu x_3 + x_4 = 0, \\ 2x_1 + x_2 + x_3 + 2x_4 = 0, \\ 3x_1 + (2+\lambda)x_2 + (4+\mu)x_3 + 4x_4 = 1, \end{cases}$$

已知 $\begin{pmatrix} 1 \\ -1 \\ 1 \\ -1 \end{pmatrix}$ 是该方程组的一个解，求：

(1) 方程组的全部解，并用对应的导出组的基础解系表示全部解；

(2) 该方程组满足 $x_2 = x_3$ 的全部解.

第 4 章　矩阵的特征值与对角化

矩阵的特征值和特征向量是线性代数的重要概念，在经济理论研究及应用中，在工程技术的许多问题中，在数学里解微分方程组的问题中，都要用到特征值理论.

4.1　向量的内积、长度与正交

4.1.1　向量的内积与长度

在 3.2 节中，我们给出了向量空间 $\mathbf{R}^n$ 的定义，以及其中向量的线性运算. 将其与几何空间作比较，就会发现它们的相同之处是：对于加法、减法和数乘的运算和基本性质都相同，不同之处是几何空间中的向量对长度、夹角能进行度量，因此很自然的想法是：在向量空间 $\mathbf{R}^n$ 中能否也引入度量的概念？

定义 4.1.1　设 $\boldsymbol{\alpha}=\begin{pmatrix}a_1\\a_2\\\vdots\\a_n\end{pmatrix}$，$\boldsymbol{\beta}=\begin{pmatrix}b_1\\b_2\\\vdots\\b_n\end{pmatrix}$ 是 $\mathbf{R}^n$ 中的两个向量，称

$$\boldsymbol{\alpha}^{\mathrm{T}}\boldsymbol{\beta}=(a_1,a_2,\cdots,a_n)\begin{pmatrix}b_1\\b_2\\\vdots\\b_n\end{pmatrix}=a_1b_1+a_2b_2+\cdots+a_nb_n=\sum_{i=1}^{n}a_ib_i$$

为向量 $\boldsymbol{\alpha}$ 与 $\boldsymbol{\beta}$ 的内积(inner product)，记作$(\boldsymbol{\alpha},\boldsymbol{\beta})$.

由定义很容易得到内积的如下性质：

(1) **对称性**　$(\boldsymbol{\alpha},\boldsymbol{\beta})=(\boldsymbol{\beta},\boldsymbol{\alpha})$；

(2) **线性性**　$(k\boldsymbol{\alpha},\boldsymbol{\beta})=k(\boldsymbol{\alpha},\boldsymbol{\beta}),\ \forall k\in\mathbf{R}$；$(\boldsymbol{\alpha}+\boldsymbol{\beta},\boldsymbol{\gamma})=(\boldsymbol{\alpha},\boldsymbol{\gamma})+(\boldsymbol{\beta},\boldsymbol{\gamma})$；

(3) **非负性**　$(\boldsymbol{\alpha},\boldsymbol{\alpha})\geqslant 0$，当且仅当 $\boldsymbol{\alpha}=\mathbf{0}$ 时等号成立.

线性性质可推广到一般的情形：设 $\boldsymbol{\alpha}_1,\boldsymbol{\alpha}_2,\cdots,\boldsymbol{\alpha}_s$ 与 $\boldsymbol{\beta},\boldsymbol{\beta}_1,\boldsymbol{\beta}_2,\cdots,\boldsymbol{\beta}_t$ 为 $\mathbf{R}^n$ 中的向量，$k_1,k_2,\cdots,k_s$ 与 $l_1,l_2,\cdots,l_t$ 为实数，则有

$$\left(\sum_{i=1}^{s}k_i\boldsymbol{\alpha}_i,\boldsymbol{\beta}\right)=\sum_{i=1}^{s}k_i(\boldsymbol{\alpha}_i,\boldsymbol{\beta}),$$

$$\left(\sum_{i=1}^{s}k_i\boldsymbol{\alpha}_i,\sum_{j=1}^{t}l_j\boldsymbol{\beta}_j\right)=\sum_{i=1}^{s}\sum_{j=1}^{t}k_il_j(\boldsymbol{\alpha}_i,\boldsymbol{\beta}_j).$$

定义 4.1.2　设 $\mathbf{R}^n$ 中的向量 $\boldsymbol{\alpha}=\begin{pmatrix}a_1\\a_2\\\vdots\\a_n\end{pmatrix}$，称

$$\sqrt{(\boldsymbol{\alpha},\boldsymbol{\alpha})}=\sqrt{a_1^2+a_2^2+\cdots+a_n^2}$$

为向量 $\boldsymbol{\alpha}$ 的**模**或**长度**(**范数**)(norm)，记作 $\|\boldsymbol{\alpha}\|$.

注　由于 $(\boldsymbol{\alpha},\boldsymbol{\alpha})\geqslant 0$，故 $\sqrt{(\boldsymbol{\alpha},\boldsymbol{\alpha})}$ 有意义，且每一个 $\boldsymbol{\alpha}$，都有唯一的长度. 例如，设 $\boldsymbol{\alpha}=\begin{pmatrix}3\\0\\4\end{pmatrix}$，则 $\|\boldsymbol{\alpha}\|=\sqrt{3^2+0^2+4^2}=5$.

向量的模具有如下性质：

(1) **非负性**　$\|\boldsymbol{\alpha}\|\geqslant 0$，当且仅当 $\boldsymbol{\alpha}=\mathbf{0}$ 时等号成立；

(2) **齐次性**　$\|k\boldsymbol{\alpha}\|=|k|\cdot\|\boldsymbol{\alpha}\|,\ \forall k\in\mathbf{R}$；

(3) **柯西-施瓦兹**(Cauchy-Schwarz)**不等式**

$$|(\boldsymbol{\alpha},\boldsymbol{\beta})|\leqslant\|\boldsymbol{\alpha}\|\cdot\|\boldsymbol{\beta}\|,$$

当且仅当 $\boldsymbol{\alpha},\boldsymbol{\beta}$ 线性相关时，等号成立.

若设 $\boldsymbol{\alpha}=\begin{pmatrix}a_1\\a_2\\\vdots\\a_n\end{pmatrix}$，$\boldsymbol{\beta}=\begin{pmatrix}b_1\\b_2\\\vdots\\b_n\end{pmatrix}$，则柯西-施瓦兹不等式即为

$$\left|\sum_{i=1}^{n}a_ib_i\right|\leqslant\sqrt{\sum_{i=1}^{n}a_i^2}\cdot\sqrt{\sum_{i=1}^{n}b_i^2}.$$

证 若$\boldsymbol{\beta}=\mathbf{0}$,则$(\boldsymbol{\alpha},\boldsymbol{\beta})=0=\|\boldsymbol{\alpha}\|\cdot\|\boldsymbol{\beta}\|$;

若$\boldsymbol{\beta}\neq\mathbf{0}$, $\forall t\in\mathbf{R}$,令 $\boldsymbol{\gamma}=\boldsymbol{\alpha}+t\boldsymbol{\beta}$,则$(\boldsymbol{\gamma},\boldsymbol{\gamma})=(\boldsymbol{\alpha}+t\boldsymbol{\beta},\boldsymbol{\alpha}+t\boldsymbol{\beta})\geqslant0$,即$(\boldsymbol{\alpha},\boldsymbol{\alpha})+2t(\boldsymbol{\alpha},\boldsymbol{\beta})+t^2(\boldsymbol{\beta},\boldsymbol{\beta})\geqslant0$,由$t$的任意性,关于$t$的一元二次方程的判别式

$$\Delta=4(\boldsymbol{\alpha},\boldsymbol{\beta})^2-4(\boldsymbol{\alpha},\boldsymbol{\alpha})(\boldsymbol{\beta},\boldsymbol{\beta})\leqslant0,$$

故$(\boldsymbol{\alpha},\boldsymbol{\beta})^2\leqslant(\boldsymbol{\alpha},\boldsymbol{\alpha})(\boldsymbol{\beta},\boldsymbol{\beta})$,即

$$|(\boldsymbol{\alpha},\boldsymbol{\beta})|\leqslant\|\boldsymbol{\alpha}\|\cdot\|\boldsymbol{\beta}\|.$$

下证等号成立的条件.

若$\boldsymbol{\beta}=\mathbf{0}$,则$\boldsymbol{\alpha},\boldsymbol{\beta}$线性相关,等号显然成立;

若$\boldsymbol{\beta}\neq\mathbf{0}$,且$\boldsymbol{\alpha},\boldsymbol{\beta}$线性相关,可设$\boldsymbol{\alpha}=k\boldsymbol{\beta},k\in\mathbf{R}$,则

$$|(\boldsymbol{\alpha},\boldsymbol{\beta})|=|(k\boldsymbol{\beta},\boldsymbol{\beta})|=|k|\cdot(\boldsymbol{\beta},\boldsymbol{\beta})=|k|\cdot\|\boldsymbol{\beta}\|^2,$$
$$\|\boldsymbol{\alpha}\|\cdot\|\boldsymbol{\beta}\|=\|k\boldsymbol{\beta}\|\cdot\|\boldsymbol{\beta}\|=|k|\cdot\|\boldsymbol{\beta}\|^2,$$

故等号成立.

反之,若等号成立,下证$\boldsymbol{\alpha},\boldsymbol{\beta}$线性相关.

若$\boldsymbol{\beta}=\mathbf{0}$,则$\boldsymbol{\alpha},\boldsymbol{\beta}$显然线性相关;

若$\boldsymbol{\beta}\neq\mathbf{0}$,由$|(\boldsymbol{\alpha},\boldsymbol{\beta})|=\|\boldsymbol{\alpha}\|\cdot\|\boldsymbol{\beta}\|$,可得$4(\boldsymbol{\alpha},\boldsymbol{\beta})^2-4(\boldsymbol{\alpha},\boldsymbol{\alpha})(\boldsymbol{\beta},\boldsymbol{\beta})=0$,从而$\exists t_0\in\mathbf{R}$,使得

$$(\boldsymbol{\alpha},\boldsymbol{\alpha})+2t_0(\boldsymbol{\alpha},\boldsymbol{\beta})+t_0^2(\boldsymbol{\beta},\boldsymbol{\beta})=0,$$

即$(\boldsymbol{\alpha}+t_0\boldsymbol{\beta},\boldsymbol{\alpha}+t_0\boldsymbol{\beta})=0$,故$\boldsymbol{\alpha}+t_0\boldsymbol{\beta}=\mathbf{0}$,所以$\boldsymbol{\alpha},\boldsymbol{\beta}$线性相关.

(4) **三角不等式** $\|\boldsymbol{\alpha}+\boldsymbol{\beta}\|\leqslant\|\boldsymbol{\alpha}\|+\|\boldsymbol{\beta}\|$.

证

$$\begin{aligned}\|\boldsymbol{\alpha}+\boldsymbol{\beta}\|^2&=(\boldsymbol{\alpha}+\boldsymbol{\beta},\boldsymbol{\alpha}+\boldsymbol{\beta})=(\boldsymbol{\alpha},\boldsymbol{\alpha})+2(\boldsymbol{\alpha},\boldsymbol{\beta})+(\boldsymbol{\beta},\boldsymbol{\beta})\\&\leqslant(\boldsymbol{\alpha},\boldsymbol{\alpha})+2\|\boldsymbol{\alpha}\|\cdot\|\boldsymbol{\beta}\|+(\boldsymbol{\beta},\boldsymbol{\beta})\\&=\|\boldsymbol{\alpha}\|^2+2\|\boldsymbol{\alpha}\|\cdot\|\boldsymbol{\beta}\|+\|\boldsymbol{\beta}\|^2\\&=(\|\boldsymbol{\alpha}\|+\|\boldsymbol{\beta}\|)^2,\end{aligned}$$

故 $\|\boldsymbol{\alpha}+\boldsymbol{\beta}\| \leqslant \|\boldsymbol{\alpha}\|+\|\boldsymbol{\beta}\|$.

注　三角不等式可推广为

$$\|\boldsymbol{\alpha}_1+\boldsymbol{\alpha}_2+\cdots+\boldsymbol{\alpha}_s\| \leqslant \|\boldsymbol{\alpha}_1\|+\|\boldsymbol{\alpha}_2\|+\cdots+\|\boldsymbol{\alpha}_s\|.$$

定义 4.1.3　若 $\|\boldsymbol{\alpha}\|=1$，则称向量 $\boldsymbol{\alpha}$ 为**单位向量**(unit vector).

事实上，$\forall \boldsymbol{\alpha} \neq \mathbf{0}$，$\dfrac{\boldsymbol{\alpha}}{\|\boldsymbol{\alpha}\|}$是单位向量，这是因为$\left\|\dfrac{\boldsymbol{\alpha}}{\|\boldsymbol{\alpha}\|}\right\|=\dfrac{\|\boldsymbol{\alpha}\|}{\|\boldsymbol{\alpha}\|}=1$.

注　用$\dfrac{1}{\|\boldsymbol{\alpha}\|}$去乘以 $\boldsymbol{\alpha}$，称为将 $\boldsymbol{\alpha}$ **单位化(单位标准化)**. 例如，$\boldsymbol{\alpha}=\begin{pmatrix}2\\2\\-1\end{pmatrix}$，

$\|\boldsymbol{\alpha}\|=\sqrt{2^2+2^2+(-1)^2}=3$，不是单位向量，将 $\boldsymbol{\alpha}$ 单位化，得

$$\frac{1}{\|\boldsymbol{\alpha}\|}\boldsymbol{\alpha}=\frac{1}{3}\begin{pmatrix}2\\2\\-1\end{pmatrix}.$$

4.1.2　向量的正交

定义 4.1.4　如果两个向量 $\boldsymbol{\alpha}$ 与 $\boldsymbol{\beta}$ 的内积为零，即$(\boldsymbol{\alpha},\boldsymbol{\beta})=0$，则称 $\boldsymbol{\alpha}$ 与 $\boldsymbol{\beta}$ **正交(垂直)**(orthogonal)，记作 $\boldsymbol{\alpha}\perp\boldsymbol{\beta}$.

由定义，向量的正交显然具有如下性质：

(1) 零向量与任意向量正交，即 $\forall \boldsymbol{\alpha}$，$(\mathbf{0},\boldsymbol{\alpha})=0$；

(2) 只有零向量与自身正交，即若$(\boldsymbol{\alpha},\boldsymbol{\alpha})=0$，则 $\boldsymbol{\alpha}=\mathbf{0}$；

(3) $\boldsymbol{\alpha}\perp\boldsymbol{\beta}$ 当且仅当 $\boldsymbol{\beta}\perp\boldsymbol{\alpha}$；

(4) $\boldsymbol{\alpha}\perp\boldsymbol{\beta}$ 当且仅当 $k\boldsymbol{\alpha}\perp\boldsymbol{\beta}$，$k$ 为任意非零常数.

【例 4.1.1】　设 $\boldsymbol{\alpha}_1$，$\boldsymbol{\alpha}_2$ 是 $\mathbf{R}^n$ 中两个非零向量，$\boldsymbol{\beta}=\boldsymbol{\alpha}_2-\dfrac{(\boldsymbol{\alpha}_2,\boldsymbol{\alpha}_1)}{(\boldsymbol{\alpha}_1,\boldsymbol{\alpha}_1)}\boldsymbol{\alpha}_1$，证明：向量 $\boldsymbol{\alpha}_1$ 和 $\boldsymbol{\beta}$ 正交.

证　因为

$$\begin{aligned}(\boldsymbol{\beta},\boldsymbol{\alpha}_1)&=\left(\boldsymbol{\alpha}_2-\frac{(\boldsymbol{\alpha}_2,\boldsymbol{\alpha}_1)}{(\boldsymbol{\alpha}_1,\boldsymbol{\alpha}_1)}\boldsymbol{\alpha}_1,\boldsymbol{\alpha}_1\right)\\&=(\boldsymbol{\alpha}_2,\boldsymbol{\alpha}_1)-\frac{(\boldsymbol{\alpha}_2,\boldsymbol{\alpha}_1)}{(\boldsymbol{\alpha}_1,\boldsymbol{\alpha}_1)}(\boldsymbol{\alpha}_1,\boldsymbol{\alpha}_1)\\&=0,\end{aligned}$$

所以，$\boldsymbol{\alpha}_1$ 和 $\boldsymbol{\beta}$ 正交.

定理 4.1.1(勾股定理) 向量 $\boldsymbol{\alpha}$ 与 $\boldsymbol{\beta}$ 正交，当且仅当

$$\|\boldsymbol{\alpha}+\boldsymbol{\beta}\|^2=\|\boldsymbol{\alpha}\|^2+\|\boldsymbol{\beta}\|^2.$$

证
$$\begin{aligned}\|\boldsymbol{\alpha}+\boldsymbol{\beta}\|^2&=(\boldsymbol{\alpha}+\boldsymbol{\beta},\boldsymbol{\alpha}+\boldsymbol{\beta})=(\boldsymbol{\alpha},\boldsymbol{\alpha})+2(\boldsymbol{\alpha},\boldsymbol{\beta})+(\boldsymbol{\beta},\boldsymbol{\beta})\\&=\|\boldsymbol{\alpha}\|^2+\|\boldsymbol{\beta}\|^2+2(\boldsymbol{\alpha},\boldsymbol{\beta}),\end{aligned}$$

故 $(\boldsymbol{\alpha},\boldsymbol{\beta})=0$ 当且仅当 $\|\boldsymbol{\alpha}+\boldsymbol{\beta}\|^2=\|\boldsymbol{\alpha}\|^2+\|\boldsymbol{\beta}\|^2$，即勾股定理成立.

推论 4.1.1 若向量 $\boldsymbol{\alpha}_1,\boldsymbol{\alpha}_2,\cdots,\boldsymbol{\alpha}_s$ 两两正交，则

$$\|\boldsymbol{\alpha}_1+\boldsymbol{\alpha}_2+\cdots+\boldsymbol{\alpha}_s\|^2=\|\boldsymbol{\alpha}_1\|^2+\|\boldsymbol{\alpha}_2\|^2+\cdots+\|\boldsymbol{\alpha}_s\|^2.$$

证明略.

定义 4.1.5 如果 $\mathbf{R}^n$ 中的一个非零向量组 $\boldsymbol{\alpha}_1,\boldsymbol{\alpha}_2,\cdots,\boldsymbol{\alpha}_s$ 两两正交，则称此向量组为 $\mathbf{R}^n$ 中的一个**正交向量组**(orthogonal vectors). 若它们又都是单位向量，则称为**标准正交向量组**(orthonormal vectors).

由定义 4.1.5 可知：

(1) 含有零向量的向量组一定不是正交向量组，当然，更不可能是标准正交向量组.

(2) 向量组 $\boldsymbol{\alpha}_1,\boldsymbol{\alpha}_2,\cdots,\boldsymbol{\alpha}_s(s>1)$ 是一个正交向量组，即

$$(\boldsymbol{\alpha}_i,\boldsymbol{\alpha}_j)=\begin{cases}0, & i\neq j;\\ \|\boldsymbol{\alpha}_i\|^2>0, & i=j,\end{cases}\quad i,j=1,2,\cdots,s,$$

对于标准正交向量组 $\boldsymbol{\alpha}_1,\boldsymbol{\alpha}_2,\cdots,\boldsymbol{\alpha}_s(s>1)$，则有

$$(\boldsymbol{\alpha}_i,\boldsymbol{\alpha}_j)=\begin{cases}0, i\neq j;\\ 1, i=j,\end{cases}\quad i,j=1,2,\cdots,s.$$

(3) 单个非零向量是一个正交向量组，单个单位向量是一个标准正交向量组.

从几何意义上来看，当 $n=2$ 时，$\mathbf{R}^2$ 上两个正交的非零向量一定不共线，即它们线性无关. 这一结论推广到 n 维向量空间 $\mathbf{R}^n$，同样成立.

定理 4.1.2　若 $\boldsymbol{\alpha}_1,\boldsymbol{\alpha}_2,\cdots,\boldsymbol{\alpha}_s$ 是 $\mathbf{R}^n$ 中一个正交向量组，则该向量组线性无关.

证　若 $s=1$，因 $\boldsymbol{\alpha}_1\neq\mathbf{0}$，故 $\boldsymbol{\alpha}_1$ 线性无关；

若 $s>1$，设 $k_1\boldsymbol{\alpha}_1+k_2\boldsymbol{\alpha}_2+\cdots+k_s\boldsymbol{\alpha}_s=\mathbf{0}$，在等式两边同时用 $\boldsymbol{\alpha}_i$ 作内积，得

$$(\boldsymbol{\alpha}_i,k_1\boldsymbol{\alpha}_1+k_2\boldsymbol{\alpha}_2+\cdots+k_s\boldsymbol{\alpha}_s)=0,$$

即

$$k_1(\boldsymbol{\alpha}_i,\boldsymbol{\alpha}_1)+k_2(\boldsymbol{\alpha}_i,\boldsymbol{\alpha}_2)+\cdots+k_s(\boldsymbol{\alpha}_i,\boldsymbol{\alpha}_s)=0,$$

由于 $(\boldsymbol{\alpha}_i,\boldsymbol{\alpha}_j)=0,i\neq j$，所以 $k_i(\boldsymbol{\alpha}_i,\boldsymbol{\alpha}_i)=0$，而 $(\boldsymbol{\alpha}_i,\boldsymbol{\alpha}_i)\neq0$，故 $k_i=0,i=1,2,\cdots,s$，从而向量组 $\boldsymbol{\alpha}_1,\boldsymbol{\alpha}_2,\cdots,\boldsymbol{\alpha}_s$ 线性无关.

注　定理 4.1.2 的逆命题未必成立，即线性无关的向量组未必是正交向量组. 例如，$\boldsymbol{\alpha}_1=\begin{pmatrix}1\\0\\0\end{pmatrix}$，$\boldsymbol{\alpha}_2=\begin{pmatrix}1\\1\\0\end{pmatrix}$ 线性无关，但不正交.

推论 4.1.2　在 n 维向量空间 $\mathbf{R}^n$ 中，正交向量组所含的向量个数不超过 n.

证　由于 $\mathbf{R}^n$ 中线性无关的向量组所含的向量个数不超过 n，从而立得该推论.

例如，在平面 $\mathbf{R}^2$ 中找不到三个两两垂直的非零向量，空间 $\mathbf{R}^3$ 中找不到四个两两垂直的非零向量.

【例 4.1.2】　已知 $\boldsymbol{\alpha}_1=\begin{pmatrix}1\\1\\1\end{pmatrix}$，$\boldsymbol{\alpha}_2=\begin{pmatrix}1\\1\\-2\end{pmatrix}$，求非零向量 $\boldsymbol{\alpha}_3$，使 $\boldsymbol{\alpha}_1,\boldsymbol{\alpha}_2,\boldsymbol{\alpha}_3$ 成为正交向量组.

解　设 $\boldsymbol{\alpha}_3=\begin{pmatrix}x_1\\x_2\\x_3\end{pmatrix}$，则由 $\boldsymbol{\alpha}_3$ 与 $\boldsymbol{\alpha}_1,\boldsymbol{\alpha}_2$ 均正交，得

$$(\boldsymbol{\alpha}_1,\boldsymbol{\alpha}_3)=x_1+x_2+x_3=0,\quad (\boldsymbol{\alpha}_2,\boldsymbol{\alpha}_3)=x_1+x_2-2x_3=0.$$

设 $\mathbf{A}=\begin{pmatrix}1&1&1\\1&1&-2\end{pmatrix}$，则 $\boldsymbol{\alpha}_3$ 为齐次线性方程组 $\mathbf{A}\boldsymbol{x}=\mathbf{0}$ 的非零解，

$$\boldsymbol{A}=\begin{pmatrix}1&1&1\\1&1&-2\end{pmatrix}\to\begin{pmatrix}1&1&1\\0&0&-3\end{pmatrix}\to\begin{pmatrix}1&1&0\\0&0&1\end{pmatrix},$$

得$\begin{cases}x_1+x_2=0,\\x_3=0,\end{cases}$ 从而有基础解系$\begin{pmatrix}-1\\1\\0\end{pmatrix}$,于是取$\boldsymbol{\alpha}_3=\begin{pmatrix}-1\\1\\0\end{pmatrix}$即为所求.

4.1.3 施密特正交化

虽然线性无关的向量组未必正交,但由一个线性无关的向量组可以“改造”成一个正交向量组,这个过程称为**正交化**.

设$\boldsymbol{\alpha}_1,\boldsymbol{\alpha}_2,\cdots,\boldsymbol{\alpha}_s$是一个线性无关的向量组,

(1) 令$\boldsymbol{\beta}_1=\boldsymbol{\alpha}_1$,

$$\boldsymbol{\beta}_2=\boldsymbol{\alpha}_2-\frac{(\boldsymbol{\alpha}_2,\boldsymbol{\beta}_1)}{(\boldsymbol{\beta}_1,\boldsymbol{\beta}_1)}\boldsymbol{\beta}_1,$$

$$\boldsymbol{\beta}_3=\boldsymbol{\alpha}_3-\frac{(\boldsymbol{\alpha}_3,\boldsymbol{\beta}_1)}{(\boldsymbol{\beta}_1,\boldsymbol{\beta}_1)}\boldsymbol{\beta}_1-\frac{(\boldsymbol{\alpha}_3,\boldsymbol{\beta}_2)}{(\boldsymbol{\beta}_2,\boldsymbol{\beta}_2)}\boldsymbol{\beta}_2,$$

$$\cdots$$

$$\boldsymbol{\beta}_s=\boldsymbol{\alpha}_s-\frac{(\boldsymbol{\alpha}_s,\boldsymbol{\beta}_1)}{(\boldsymbol{\beta}_1,\boldsymbol{\beta}_1)}\boldsymbol{\beta}_1-\frac{(\boldsymbol{\alpha}_s,\boldsymbol{\beta}_2)}{(\boldsymbol{\beta}_2,\boldsymbol{\beta}_2)}\boldsymbol{\beta}_2-\cdots-\frac{(\boldsymbol{\alpha}_s,\boldsymbol{\beta}_{s-1})}{(\boldsymbol{\beta}_{s-1},\boldsymbol{\beta}_{s-1})}\boldsymbol{\beta}_{s-1}.$$

可以验证(略),$\boldsymbol{\beta}_1,\boldsymbol{\beta}_2,\cdots,\boldsymbol{\beta}_s$是一个正交向量组,且$\boldsymbol{\beta}_1,\boldsymbol{\beta}_2,\cdots,\boldsymbol{\beta}_s$与$\boldsymbol{\alpha}_1,\boldsymbol{\alpha}_2,\cdots,\boldsymbol{\alpha}_s$等价.

上述正交化的过程称为**施密特**(Schmidt)**正交化**.

(2) 可以再将$\boldsymbol{\beta}_1,\boldsymbol{\beta}_2,\cdots,\boldsymbol{\beta}_s$单位化,即令

$$\boldsymbol{\gamma}_1=\frac{1}{\|\boldsymbol{\beta}_1\|}\boldsymbol{\beta}_1,\boldsymbol{\gamma}_2=\frac{1}{\|\boldsymbol{\beta}_2\|}\boldsymbol{\beta}_2,\cdots,\boldsymbol{\gamma}_s=\frac{1}{\|\boldsymbol{\beta}_s\|}\boldsymbol{\beta}_s,$$

则$\boldsymbol{\gamma}_1,\boldsymbol{\gamma}_2,\cdots,\boldsymbol{\gamma}_s$是与$\boldsymbol{\alpha}_1,\boldsymbol{\alpha}_2,\cdots,\boldsymbol{\alpha}_s$等价的标准正交向量组.

(1)与(2)的过程称为**施密特标准正交化**.

【例 4.1.3】 设$\boldsymbol{\alpha}_1=\begin{pmatrix}2\\1\\-1\end{pmatrix},\boldsymbol{\alpha}_2=\begin{pmatrix}3\\-1\\1\end{pmatrix},\boldsymbol{\alpha}_3=\begin{pmatrix}-1\\4\\0\end{pmatrix}$,将这组向量标准正交化.

解　先正交化. 令

$$\boldsymbol{\beta}_1=\boldsymbol{\alpha}_1=\begin{pmatrix}2\\1\\-1\end{pmatrix},$$

$$\boldsymbol{\beta}_2=\boldsymbol{\alpha}_2-\frac{(\boldsymbol{\alpha}_2,\boldsymbol{\beta}_1)}{(\boldsymbol{\beta}_1,\boldsymbol{\beta}_1)}\boldsymbol{\beta}_1=\begin{pmatrix}3\\-1\\1\end{pmatrix}-\frac{4}{6}\begin{pmatrix}2\\1\\-1\end{pmatrix}=\frac{5}{3}\begin{pmatrix}1\\-1\\1\end{pmatrix},$$

$$\begin{aligned}\boldsymbol{\beta}_3&=\boldsymbol{\alpha}_3-\frac{(\boldsymbol{\alpha}_3,\boldsymbol{\beta}_1)}{(\boldsymbol{\beta}_1,\boldsymbol{\beta}_1)}\boldsymbol{\beta}_1-\frac{(\boldsymbol{\alpha}_3,\boldsymbol{\beta}_2)}{(\boldsymbol{\beta}_2,\boldsymbol{\beta}_2)}\boldsymbol{\beta}_2\\&=\begin{pmatrix}-1\\4\\0\end{pmatrix}-\frac{2}{6}\begin{pmatrix}2\\1\\-1\end{pmatrix}+\frac{5}{3}\begin{pmatrix}1\\-1\\1\end{pmatrix}=\begin{pmatrix}0\\2\\2\end{pmatrix}.\end{aligned}$$

再将它们单位化. 令

$$\boldsymbol{\gamma}_1=\frac{\boldsymbol{\beta}_1}{\|\boldsymbol{\beta}_1\|}=\frac{1}{\sqrt{6}}\begin{pmatrix}2\\1\\-1\end{pmatrix},$$

$$\boldsymbol{\gamma}_2=\frac{\boldsymbol{\beta}_2}{\|\boldsymbol{\beta}_2\|}=\frac{1}{\sqrt{3}}\begin{pmatrix}1\\-1\\1\end{pmatrix},$$

$$\boldsymbol{\gamma}_3=\frac{\boldsymbol{\beta}_3}{\|\boldsymbol{\beta}_3\|}=\frac{1}{\sqrt{2}}\begin{pmatrix}0\\1\\1\end{pmatrix},$$

则 $\boldsymbol{\gamma}_1,\boldsymbol{\gamma}_2,\boldsymbol{\gamma}_3$ 即为所求的向量组.

【例 4.1.4】　已知 $\boldsymbol{\alpha}_1=\begin{pmatrix}1\\1\\1\end{pmatrix}$,求非零向量 $\boldsymbol{\alpha}_2,\boldsymbol{\alpha}_3$,使 $\boldsymbol{\alpha}_1,\boldsymbol{\alpha}_2,\boldsymbol{\alpha}_3$ 成为正交向量组.

解 设所求的向量为 $\boldsymbol{x}=\begin{pmatrix}x_1\\x_2\\x_3\end{pmatrix}$,则 $\boldsymbol{x}^{\mathrm{T}}\boldsymbol{\alpha}_1=0$,即 $x_1+x_2+x_3=0$,取基础解系

$$\boldsymbol{\beta}_1=\begin{pmatrix}1\\-1\\0\end{pmatrix},\boldsymbol{\beta}_2=\begin{pmatrix}1\\0\\-1\end{pmatrix},$$

将 $\boldsymbol{\beta}_1,\boldsymbol{\beta}_2$ 正交化,令

$$\boldsymbol{\alpha}_2=\boldsymbol{\beta}_1=\begin{pmatrix}1\\-1\\0\end{pmatrix},$$

$$\boldsymbol{\alpha}_3=\boldsymbol{\beta}_2-\frac{(\boldsymbol{\beta}_2,\boldsymbol{\alpha}_2)}{(\boldsymbol{\alpha}_2,\boldsymbol{\alpha}_2)}\boldsymbol{\alpha}_2=\begin{pmatrix}1\\0\\-1\end{pmatrix}-\frac{1}{2}\begin{pmatrix}1\\-1\\0\end{pmatrix}=\begin{pmatrix}\frac{1}{2}\\\frac{1}{2}\\-1\end{pmatrix},$$

则 $\boldsymbol{\alpha}_2,\boldsymbol{\alpha}_3$ 即为所求的向量.

4.1.4 正交矩阵

定义 4.1.6 设 n 阶矩阵 $\boldsymbol{A}$ 满足 $\boldsymbol{A}^{\mathrm{T}}\boldsymbol{A}=\boldsymbol{I}$,则称 $\boldsymbol{A}$ 为**正交矩阵**(orthogonal matrix).

例如,单位矩阵 $\boldsymbol{I}$ 是正交矩阵;$\mathbf{R}^2$ 中两直角坐标系之间的坐标变换矩阵 $\boldsymbol{A}=\begin{pmatrix}\cos\theta & \sin\theta\\-\sin\theta & \cos\theta\end{pmatrix}$(见例 2.1.2)满足 $\boldsymbol{A}^{\mathrm{T}}\boldsymbol{A}=\boldsymbol{I}$,故 $\boldsymbol{A}$ 是一个正交矩阵.

正交矩阵具有如下性质:

(1) 矩阵 $\boldsymbol{A}$ 为正交矩阵的充分必要条件是 $\boldsymbol{A}$ 可逆,且 $\boldsymbol{A}^{-1}=\boldsymbol{A}^{\mathrm{T}}$;

(2) 若 $\boldsymbol{A}$ 为正交矩阵,则 $\boldsymbol{A}\boldsymbol{A}^{\mathrm{T}}=\boldsymbol{I}$;

(3) 若 $\boldsymbol{A}$ 为正交矩阵,则 $|\boldsymbol{A}|=\pm1$;

以上三条性质由定义很容易得出.

(4) 若 $\boldsymbol{A}$ 为正交矩阵，则 $\boldsymbol{A}^{-1}$ 和 $\boldsymbol{A}^*$ 也是正交矩阵；

证　由于 $\boldsymbol{A}$ 是正交矩阵，则由性质(2)，$\boldsymbol{A}\boldsymbol{A}^{\mathrm{T}}=\boldsymbol{I}$，两边同时取逆，得 $(\boldsymbol{A}^{\mathrm{T}})^{-1}\boldsymbol{A}^{-1}=\boldsymbol{I}$，即 $(\boldsymbol{A}^{-1})^{\mathrm{T}}\boldsymbol{A}^{-1}=\boldsymbol{I}$，所以 $\boldsymbol{A}^{-1}$ 是正交矩阵.

$$(\boldsymbol{A}^*)^{\mathrm{T}}\boldsymbol{A}^*=(|\boldsymbol{A}|\boldsymbol{A}^{-1})^{\mathrm{T}}(|\boldsymbol{A}|\boldsymbol{A}^{-1})=|\boldsymbol{A}|^2(\boldsymbol{A}^{-1})^{\mathrm{T}}\boldsymbol{A}^{-1}=|\boldsymbol{A}|^2\boldsymbol{I},$$

由性质(3)知 $|\boldsymbol{A}|=\pm1$，故 $|\boldsymbol{A}|^2=1$，所以 $(\boldsymbol{A}^*)^{\mathrm{T}}\boldsymbol{A}^*=\boldsymbol{I}$，即 $\boldsymbol{A}^*$ 是正交矩阵.

(5) 若 $\boldsymbol{A},\boldsymbol{B}$ 是 n 阶正交矩阵，则 $\boldsymbol{AB}$ 也是正交矩阵.

证　因为 $\boldsymbol{A},\boldsymbol{B}$ 都是正交矩阵，所以 $\boldsymbol{A}^{\mathrm{T}}\boldsymbol{A}=\boldsymbol{I}$，$\boldsymbol{B}^{\mathrm{T}}\boldsymbol{B}=\boldsymbol{I}$，则

$$(\boldsymbol{AB})^{\mathrm{T}}(\boldsymbol{AB})=(\boldsymbol{B}^{\mathrm{T}}\boldsymbol{A}^{\mathrm{T}})(\boldsymbol{AB})=\boldsymbol{B}^{\mathrm{T}}(\boldsymbol{A}^{\mathrm{T}}\boldsymbol{A})\boldsymbol{B}=\boldsymbol{B}^{\mathrm{T}}\boldsymbol{I}\boldsymbol{B}=\boldsymbol{B}^{\mathrm{T}}\boldsymbol{B}=\boldsymbol{I},$$

所以 $\boldsymbol{AB}$ 为正交矩阵.

定理 4.1.3　n 阶矩阵 $\boldsymbol{A}$ 为正交矩阵的充分必要条件是其列(行)向量组是标准正交向量组.

证　设 $\boldsymbol{A}$ 用列向量表示为 $\boldsymbol{A}=(\boldsymbol{\alpha}_1,\boldsymbol{\alpha}_2,\cdots,\boldsymbol{\alpha}_n)$，由于 $\boldsymbol{A}$ 是正交矩阵的充分必要条件是 $\boldsymbol{A}^{\mathrm{T}}\boldsymbol{A}=\boldsymbol{I}$，即

$$\boldsymbol{A}^{\mathrm{T}}\boldsymbol{A}=\begin{pmatrix}\boldsymbol{\alpha}_1^{\mathrm{T}}\\\boldsymbol{\alpha}_2^{\mathrm{T}}\\\vdots\\\boldsymbol{\alpha}_n^{\mathrm{T}}\end{pmatrix}(\boldsymbol{\alpha}_1,\boldsymbol{\alpha}_2,\cdots,\boldsymbol{\alpha}_n)=\begin{pmatrix}\boldsymbol{\alpha}_1^{\mathrm{T}}\boldsymbol{\alpha}_1 & \boldsymbol{\alpha}_1^{\mathrm{T}}\boldsymbol{\alpha}_2 & \cdots & \boldsymbol{\alpha}_1^{\mathrm{T}}\boldsymbol{\alpha}_n\\\boldsymbol{\alpha}_2^{\mathrm{T}}\boldsymbol{\alpha}_1 & \boldsymbol{\alpha}_2^{\mathrm{T}}\boldsymbol{\alpha}_2 & \cdots & \boldsymbol{\alpha}_2^{\mathrm{T}}\boldsymbol{\alpha}_n\\\vdots & \vdots & & \vdots\\\boldsymbol{\alpha}_n^{\mathrm{T}}\boldsymbol{\alpha}_1 & \boldsymbol{\alpha}_n^{\mathrm{T}}\boldsymbol{\alpha}_2 & \cdots & \boldsymbol{\alpha}_n^{\mathrm{T}}\boldsymbol{\alpha}_n\end{pmatrix}=\begin{pmatrix}1 & & & \\ & 1 & & \\ & & \ddots & \\ & & & 1\end{pmatrix},$$

于是，

$$\boldsymbol{\alpha}_i^{\mathrm{T}}\boldsymbol{\alpha}_j=\begin{cases}1, i=j;\\0, i\neq j,\end{cases}\quad i,j=1,2,\cdots,n,$$

即 $\boldsymbol{A}$ 的列向量组是标准正交向量组.

同理可证，$\boldsymbol{A}$ 的行向量组是标准正交向量组.

【例 4.1.5】　已知矩阵 $\boldsymbol{A}=\begin{pmatrix}a & -\frac{3}{7} & \frac{2}{7}\\ b & \frac{6}{7} & c\\ -\frac{3}{7} & \frac{2}{7} & d\end{pmatrix}$ 为正交矩阵，求 a,b,c,d 的值.

解 $\boldsymbol{A}$ 为正交矩阵,则其行(列)向量组为标准正交向量组. 由第一行、第三行分别有

$$a^2+\left(-\frac{3}{7}\right)^2+\left(\frac{2}{7}\right)^2=1,\quad \left(-\frac{3}{7}\right)^2+\left(\frac{2}{7}\right)^2+d^2=1,$$

解之,得 $a=\pm\frac{6}{7}, d=\pm\frac{6}{7}$. 第一行和第三行向量正交,故

$$-\frac{3}{7}a-\frac{3}{7}\cdot\frac{2}{7}+\frac{2}{7}d=0,$$

故 $a=-\frac{6}{7}, d=-\frac{6}{7}$.

同理,由列向量组为标准正交向量组可得,$b=-\frac{2}{7}, c=\frac{3}{7}$.

习题 4.1

A 组

1. 计算下列向量 $\boldsymbol{\alpha}$ 与 $\boldsymbol{\beta}$ 的内积:

(1) $\boldsymbol{\alpha}=\begin{pmatrix}1\\1\\1\end{pmatrix}, \boldsymbol{\beta}=\begin{pmatrix}2\\3\\4\end{pmatrix}$;　　(2) $\boldsymbol{\alpha}=\begin{pmatrix}4\\-1\\0\\2\end{pmatrix}, \boldsymbol{\beta}=\begin{pmatrix}\sqrt{2}\\3\\-1\\-1\end{pmatrix}$.

2. 把下列向量单位化:

(1) $\begin{pmatrix}2\\0\\-1\\3\end{pmatrix}$;　　(2) $\begin{pmatrix}3\\0\\4\\0\end{pmatrix}$.

3. 已知 $\boldsymbol{\alpha}=\begin{pmatrix}1\\2\\-1\end{pmatrix}, \boldsymbol{\beta}=\begin{pmatrix}3\\4\\1\end{pmatrix}$,求与 $\boldsymbol{\alpha},\boldsymbol{\beta}$ 都正交的单位向量.

4. 求与 $\boldsymbol{\alpha}_1=\begin{pmatrix}1\\1\\1\\1\end{pmatrix},\boldsymbol{\alpha}_2=\begin{pmatrix}1\\2\\1\\2\end{pmatrix}$ 都正交的所有向量.

5. 设 $\boldsymbol{\alpha}_1=\begin{pmatrix}1\\-1\\-1\\1\end{pmatrix},\boldsymbol{\alpha}_2=\begin{pmatrix}1\\0\\0\\-1\end{pmatrix}$,求 $\boldsymbol{\alpha}_3,\boldsymbol{\alpha}_4$,使 $\boldsymbol{\alpha}_1,\boldsymbol{\alpha}_2,\boldsymbol{\alpha}_3,\boldsymbol{\alpha}_4$ 为正交向量组.

6. 已知向量 $\boldsymbol{\beta}$ 与 $\boldsymbol{\alpha}_1,\boldsymbol{\alpha}_2,\cdots,\boldsymbol{\alpha}_m$ 都正交,证明:$\boldsymbol{\beta}$ 与 $\boldsymbol{\alpha}_1,\boldsymbol{\alpha}_2,\cdots,\boldsymbol{\alpha}_m$ 的任一线性组合都正交.

7. 将下列向量组标准正交化:

(1) $\boldsymbol{\alpha}_1=\begin{pmatrix}1\\0\\1\end{pmatrix},\boldsymbol{\alpha}_2=\begin{pmatrix}1\\1\\0\end{pmatrix},\boldsymbol{\alpha}_3=\begin{pmatrix}0\\1\\1\end{pmatrix}$;

(2) $\boldsymbol{\alpha}_1=\begin{pmatrix}1\\1\\1\\1\end{pmatrix},\boldsymbol{\alpha}_2=\begin{pmatrix}3\\3\\-1\\-1\end{pmatrix},\boldsymbol{\alpha}_3=\begin{pmatrix}-2\\0\\6\\8\end{pmatrix}$.

8. 判断下列矩阵是否为正交矩阵:

(1) $\begin{pmatrix}\frac{3}{5}&\frac{4}{5}\\\frac{4}{5}&-\frac{3}{5}\end{pmatrix}$;(2) $\begin{pmatrix}1&-\frac{1}{2}&\frac{1}{3}\\-\frac{1}{2}&1&\frac{1}{2}\\\frac{1}{3}&\frac{1}{2}&-1\end{pmatrix}$;(3) $\frac{1}{\sqrt{2}}\begin{pmatrix}1&0&1&0\\1&0&-1&0\\0&1&0&1\\0&-1&0&1\end{pmatrix}$;

(4) $\begin{pmatrix}\boldsymbol{A}&\boldsymbol{0}\\\boldsymbol{0}&\boldsymbol{B}\end{pmatrix}$,其中 $\boldsymbol{A},\boldsymbol{B}$ 均为正交矩阵.

B 组

1. 设 $\boldsymbol{\alpha},\boldsymbol{\beta}$ 为 n 维列向量,$\boldsymbol{A}$ 为 n 阶正交矩阵,证明:

(1) $\|\boldsymbol{A\alpha}\|=\|\boldsymbol{\alpha}\|$;　　(2) $(\boldsymbol{A\alpha},\boldsymbol{A\beta})=(\boldsymbol{\alpha},\boldsymbol{\beta})$.

2. 已知$\boldsymbol{A}=\begin{pmatrix} a_{11} & a_{12} & a_{13} \\ a_{21} & a_{22} & a_{23} \\ a_{31} & a_{32} & a_{33} \end{pmatrix}$为正交矩阵，且$a_{22}=1$，$\boldsymbol{b}=\begin{pmatrix} 0 \\ 2 \\ 0 \end{pmatrix}$，求解线性方程组$\boldsymbol{Ax}=\boldsymbol{b}$.

3. 设$\boldsymbol{A}=(a_{ij})_3$为非零矩阵，且$a_{ij}=A_{ij}$，其中$A_{ij}$是矩阵$\boldsymbol{A}$中元素$a_{ij}$的代数余子式. 证明：$\boldsymbol{A}$为正交矩阵.

4.2 矩阵的特征值与特征向量

在微积分中，设$y=y(x)$，则微分方程$y'=ay$的通解为$y=Ce^{ax}$，其中C为任意常数. 现在要求微分方程组

$$\begin{cases} y'=ay+bz, \\ z'=cy+dz \end{cases}$$

的形如$y=C_1e^{\lambda x}$，$z=C_2e^{\lambda x}$的解. 将它们代入方程组，得

$$\begin{pmatrix} a & b \\ c & d \end{pmatrix}\begin{pmatrix} C_1 \\ C_2 \end{pmatrix}=\lambda\begin{pmatrix} C_1 \\ C_2 \end{pmatrix},$$

即

$$\boldsymbol{A\alpha}=\lambda\boldsymbol{\alpha},$$

其中

$$\boldsymbol{A}=\begin{pmatrix} a & b \\ c & d \end{pmatrix}, \quad \boldsymbol{\alpha}=\begin{pmatrix} C_1 \\ C_2 \end{pmatrix}.$$

要解决这个问题，就需要求满足等式$\boldsymbol{A\alpha}=\lambda\boldsymbol{\alpha}$的数$\lambda$及向量$\boldsymbol{\alpha}$. 这分别就是矩阵的特征值与特征向量.

4.2.1 特征值与特征向量的概念和求法

定义 4.2.1 设$\boldsymbol{A}=(a_{ij})$是n阶方阵，如果存在常数λ和n维非零向量$\boldsymbol{\alpha}$，使得

$$\boldsymbol{A\alpha}=\lambda\boldsymbol{\alpha}, \tag{4.1}$$

则称 λ 为矩阵 $\boldsymbol{A}$ 的一个**特征值**(eigenvalue),$\boldsymbol{\alpha}$ 称为 $\boldsymbol{A}$ 的属于特征值 λ 的**特征向量**(eigenvector).

例如,设 $\boldsymbol{A}=\begin{pmatrix}1&0&0\\0&2&0\\0&0&3\end{pmatrix}$,由于

$$\begin{pmatrix}1&0&0\\0&2&0\\0&0&3\end{pmatrix}\begin{pmatrix}1\\0\\0\end{pmatrix}=1\begin{pmatrix}1\\0\\0\end{pmatrix},\begin{pmatrix}1&0&0\\0&2&0\\0&0&3\end{pmatrix}\begin{pmatrix}0\\1\\0\end{pmatrix}=2\begin{pmatrix}0\\1\\0\end{pmatrix},\begin{pmatrix}1&0&0\\0&2&0\\0&0&3\end{pmatrix}\begin{pmatrix}0\\0\\1\end{pmatrix}=3\begin{pmatrix}0\\0\\1\end{pmatrix},$$

所以 1,2,3 是矩阵 $\boldsymbol{A}$ 的三个特征值,$\boldsymbol{\alpha}_1=\begin{pmatrix}1\\0\\0\end{pmatrix}$,$\boldsymbol{\alpha}_2=\begin{pmatrix}0\\1\\0\end{pmatrix}$,$\boldsymbol{\alpha}_3=\begin{pmatrix}0\\0\\1\end{pmatrix}$是矩阵 $\boldsymbol{A}$ 的分别属于特征值 1,2,3 的特征向量.

式(4.1)又可以写成$(\lambda\boldsymbol{I}-\boldsymbol{A})\boldsymbol{\alpha}=\boldsymbol{0}$,因为$\boldsymbol{\alpha}\neq\boldsymbol{0}$,所以齐次线性方程组

$$(\lambda\boldsymbol{I}-\boldsymbol{A})\boldsymbol{x}=\boldsymbol{0} \tag{4.2}$$

有非零解,从而其系数矩阵的行列式

$$|\lambda\boldsymbol{I}-\boldsymbol{A}|=\begin{vmatrix}\lambda-a_{11}&-a_{12}&\cdots&-a_{1n}\\-a_{21}&\lambda-a_{22}&\cdots&-a_{2n}\\\vdots&\vdots&&\vdots\\-a_{n1}&-a_{n2}&\cdots&\lambda-a_{nn}\end{vmatrix}=0.$$

定义 4.2.2　设 $\boldsymbol{A}=(a_{ij})$是 n 阶方阵,矩阵 $\lambda\boldsymbol{I}-\boldsymbol{A}$ 称为 $\boldsymbol{A}$ 的**特征矩阵**(eigenmatrix),其行列式$|\lambda\boldsymbol{I}-\boldsymbol{A}|$称为 $\boldsymbol{A}$ 的**特征多项式**(eigenpolynomial),记作 $f_{\boldsymbol{A}}(\lambda)$或$f(\lambda)$. $f(\lambda)=|\lambda\boldsymbol{I}-\boldsymbol{A}|=0$ 称为**特征方程**(eigenequation),其在实数域 $\mathbf{R}$ 中的根,称为 $\boldsymbol{A}$ 的**特征根(值)**(eigenroot). 设 λ 是 $\boldsymbol{A}$ 的一个特征值,则齐次线性方程组

$$(\lambda\boldsymbol{I}-\boldsymbol{A})\boldsymbol{x}=\boldsymbol{0}$$

的一个非零解，称为 $\boldsymbol{A}$ 的属于特征值 λ 的一个**特征向量**.

因为

$$\begin{aligned}|\lambda\boldsymbol{I}-\boldsymbol{A}|&=(\lambda-a_{11})(\lambda-a_{22})\cdots(\lambda-a_{nn})+\cdots\\&=\lambda^n-(a_{11}+a_{22}+\cdots+a_{nn})\lambda^{n-1}+\cdots+a_1\lambda+a_0,\end{aligned}$$

从而 $f(\lambda)$ 是一个关于 λ 的 n 次多项式，且

$$f(0)=a_0=|0\boldsymbol{I}-\boldsymbol{A}|=|-\boldsymbol{A}|=(-1)^n|\boldsymbol{A}|.$$

定义 4.2.3 设 $\boldsymbol{A}=(a_{ij})$ 是 n 阶方阵，主对角线上的元素之和称为矩阵 $\boldsymbol{A}$ 的**迹**(trace)，记作 $\mathrm{tr}(\boldsymbol{A})$，即

$$\mathrm{tr}(\boldsymbol{A})=a_{11}+a_{22}+\cdots+a_{nn}.$$

设 $\boldsymbol{A},\boldsymbol{B}$ 均为 n 阶方阵，则迹显然具有如下性质：

(1) $\mathrm{tr}(\boldsymbol{A}+\boldsymbol{B})=\mathrm{tr}(\boldsymbol{A})+\mathrm{tr}(\boldsymbol{B})$；

(2) $\mathrm{tr}(k\boldsymbol{A})=k\,\mathrm{tr}(\boldsymbol{A})$，$k$ 为任意常数.

于是

$$f(\lambda)=\lambda^n-\mathrm{tr}(\boldsymbol{A})\lambda^{n-1}+\cdots+(-1)^n|\boldsymbol{A}|.$$

n 次多项式 $f(\lambda)$ 在复数域 $\mathbf{C}$ 中共有 n 个根(重根按重数记)(本书的讨论范围仅限于实数域)，故 n 阶方阵 $\boldsymbol{A}$ 共有 n 个特征值，设为 $\lambda_1,\lambda_2,\cdots,\lambda_n$，则

$$f(\lambda)=(\lambda-\lambda_1)(\lambda-\lambda_2)\cdots(\lambda-\lambda_n),$$

由方程根与系数的关系，知

$$\begin{aligned}&\lambda_1+\lambda_2+\cdots+\lambda_n=\mathrm{tr}(\boldsymbol{A}),\\&\lambda_1\lambda_2\cdots\lambda_n=(-1)^n(-1)^n|\boldsymbol{A}|=|\boldsymbol{A}|,\end{aligned}$$

由此很容易得到下述定理：

定理 4.2.1 n 阶方阵 $\boldsymbol{A}$ 可逆的充分必要条件是 $\boldsymbol{A}$ 无零特征值.

对于特征值 λ，有 $|\lambda\boldsymbol{I}-\boldsymbol{A}|=0$，故齐次线性方程组(4.2)有非零解，所以，对于特征值 λ，$\boldsymbol{A}$ 必有特征向量. 设 $\begin{pmatrix}x_1\\x_2\\\vdots\\x_n\end{pmatrix}\neq\boldsymbol{0}$ 是 $\boldsymbol{A}$ 的属于特征值 λ 的特征向

量,则有

$$(\lambda\boldsymbol{I}-\boldsymbol{A})\begin{pmatrix}x_1\\x_2\\\vdots\\x_n\end{pmatrix}=\boldsymbol{0}\text{ 或 }\boldsymbol{A}\begin{pmatrix}x_1\\x_2\\\vdots\\x_n\end{pmatrix}=\lambda\begin{pmatrix}x_1\\x_2\\\vdots\\x_n\end{pmatrix}.$$

【例 4.2.1】 设$\boldsymbol{A}=\begin{pmatrix}a&b\\b&a\end{pmatrix}$,$b\neq0$,求矩阵$\boldsymbol{A}$的特征值与特征向量.

解　由

$$|\lambda\boldsymbol{I}-\boldsymbol{A}|=\begin{vmatrix}\lambda-a&-b\\-b&\lambda-a\end{vmatrix}=(\lambda-a)^2-b^2=0,$$

得$\boldsymbol{A}$的特征值为$\lambda_1=a+b$,$\lambda_2=a-b$.

对于特征值$\lambda_1=a+b$,由

$$\lambda_1\boldsymbol{I}-\boldsymbol{A}=(a+b)\begin{pmatrix}1&0\\0&1\end{pmatrix}-\begin{pmatrix}a&b\\b&a\end{pmatrix}=\begin{pmatrix}b&-b\\-b&b\end{pmatrix},$$

得齐次线性方程组

$$\begin{pmatrix}b&-b\\-b&b\end{pmatrix}\begin{pmatrix}x_1\\x_2\end{pmatrix}=\begin{pmatrix}0\\0\end{pmatrix},$$

解之,得基础解系为$\begin{pmatrix}1\\1\end{pmatrix}$,所以$\boldsymbol{A}$的对应于$\lambda_1=a+b$的全部的特征向量为$k\begin{pmatrix}1\\1\end{pmatrix}$,$k\neq0$.

对于特征值$\lambda_2=a-b$,由

$$\lambda_2\boldsymbol{I}-\boldsymbol{A}=(a-b)\begin{pmatrix}1&0\\0&1\end{pmatrix}-\begin{pmatrix}a&b\\b&a\end{pmatrix}=\begin{pmatrix}-b&-b\\-b&-b\end{pmatrix},$$

得齐次线性方程组

$$\begin{pmatrix}-b & -b\\ -b & -b\end{pmatrix}\begin{pmatrix}x_1\\ x_2\end{pmatrix}=\begin{pmatrix}0\\ 0\end{pmatrix},$$

解之,得基础解系为$\begin{pmatrix}1\\ -1\end{pmatrix}$,所以$\boldsymbol{A}$的对应于$\lambda_2=a-b$的全部的特征向量为$k\begin{pmatrix}1\\ -1\end{pmatrix}$,$k\neq0$.

由例4.2.1可以总结出求n阶方阵$\boldsymbol{A}$的特征值与特征向量的步骤如下:

(1) 计算$\boldsymbol{A}$的特征多项式$|\lambda\boldsymbol{I}-\boldsymbol{A}|$;

(2) 求出特征方程$|\lambda\boldsymbol{I}-\boldsymbol{A}|=0$的全部根,即$\boldsymbol{A}$的全部特征值;

(3) 对于$\boldsymbol{A}$的每一个特征值λ,求出对应的齐次线性方程组$(\lambda\boldsymbol{I}-\boldsymbol{A})\boldsymbol{x}=\boldsymbol{0}$的基础解系$\boldsymbol{\xi}_1,\boldsymbol{\xi}_2,\cdots,\boldsymbol{\xi}_k$,则$\boldsymbol{A}$的对应于特征值$\lambda$的全部特征向量为

$$C_1\boldsymbol{\xi}_1+C_2\boldsymbol{\xi}_2+\cdots+C_k\boldsymbol{\xi}_k,$$

其中$C_1,C_2,\cdots,C_k$为不全为零的常数.

【例4.2.2】 设$\boldsymbol{A}=\begin{pmatrix}1 & 2 & 2\\ 2 & 1 & 2\\ 2 & 2 & 1\end{pmatrix}$,求$\boldsymbol{A}$的特征值与特征向量.

解 $\boldsymbol{A}$的特征多项式

$$|\lambda\boldsymbol{I}-\boldsymbol{A}|=\begin{vmatrix}\lambda-1 & -2 & -2\\ -2 & \lambda-1 & -2\\ -2 & -2 & \lambda-1\end{vmatrix}=\begin{vmatrix}\lambda+1 & -\lambda-1 & 0\\ -2 & \lambda-1 & -2\\ 0 & -\lambda-1 & \lambda+1\end{vmatrix}$$

$$=(\lambda+1)^2\begin{vmatrix}1 & -1 & 0\\ -2 & \lambda-1 & -2\\ 0 & -1 & 1\end{vmatrix}=(\lambda+1)^2(\lambda-5),$$

故$\boldsymbol{A}$的特征值为$\lambda_1=\lambda_2=-1,\lambda_3=5$.

对于特征值$\lambda_1=\lambda_2=-1$,解齐次线性方程组$(-\boldsymbol{I}-\boldsymbol{A})\boldsymbol{x}=\boldsymbol{0}$,由于

$$(-\boldsymbol{I}-\boldsymbol{A})=\begin{pmatrix}-2 & -2 & -2\\ -2 & -2 & -2\\ -2 & -2 & -2\end{pmatrix}\to\begin{pmatrix}-2 & -2 & -2\\ 0 & 0 & 0\\ 0 & 0 & 0\end{pmatrix}\to\begin{pmatrix}1 & 1 & 1\\ 0 & 0 & 0\\ 0 & 0 & 0\end{pmatrix},$$

故基础解系为

$$\boldsymbol{\xi}_1=\begin{pmatrix}-1\\1\\0\end{pmatrix},\boldsymbol{\xi}_2=\begin{pmatrix}-1\\0\\1\end{pmatrix},$$

所以 $\boldsymbol{A}$ 的属于特征值 $\lambda_1=\lambda_2=-1$ 的全部特征向量为

$$C_1\boldsymbol{\xi}_1+C_2\boldsymbol{\xi}_2=C_1\begin{pmatrix}-1\\1\\0\end{pmatrix}+C_2\begin{pmatrix}-1\\0\\1\end{pmatrix},$$

其中 C_1,C_2 为不全为零的常数.

对于特征值 $\lambda_3=5$，解齐次线性方程组 $(5\boldsymbol{I}-\boldsymbol{A})\boldsymbol{x}=\boldsymbol{0}$，由于

$$(5\boldsymbol{I}-\boldsymbol{A})=\begin{pmatrix}4&-2&-2\\-2&4&-2\\-2&-2&4\end{pmatrix}\to\begin{pmatrix}0&6&-6\\-2&4&-2\\0&-6&6\end{pmatrix}\to\begin{pmatrix}-2&4&-2\\0&6&-6\\0&-6&6\end{pmatrix}$$

$$\to\begin{pmatrix}1&-2&1\\0&1&-1\\0&0&0\end{pmatrix}\to\begin{pmatrix}1&0&-1\\0&1&-1\\0&0&0\end{pmatrix},$$

故基础解系为

$$\boldsymbol{\xi}_3=\begin{pmatrix}1\\1\\1\end{pmatrix},$$

所以 $\boldsymbol{A}$ 的属于特征值 $\lambda_3=5$ 的全部特征向量为

$$C_3\boldsymbol{\xi}_3=C_3\begin{pmatrix}1\\1\\1\end{pmatrix},$$

其中 C_3 为不为零的常数.

【例 4.2.3】 设 $A=\begin{pmatrix}-1&1&0\\-4&3&0\\1&0&2\end{pmatrix}$，求 A 的特征值与特征向量.

解 A 的特征多项式为

$$|\lambda I-A|=\begin{vmatrix}\lambda+1&-1&0\\4&\lambda-3&0\\-1&0&\lambda-2\end{vmatrix}=(\lambda-2)(\lambda-1)^2,$$

故 A 的特征值为 $\lambda_1=2,\lambda_2=\lambda_3=1$.

对于 $\lambda_1=2$，解齐次线性方程组 $(2I-A)x=0$，由于

$$(2I-A)=\begin{pmatrix}3&-1&0\\4&-1&0\\-1&0&0\end{pmatrix}\to\begin{pmatrix}1&0&0\\0&1&0\\0&0&0\end{pmatrix},$$

得基础解系为 $\xi_1=\begin{pmatrix}0\\0\\1\end{pmatrix}$，所以 A 的属于特征值 $\lambda_1=2$ 的全部特征向量为

$$C_1\xi_1=C_1\begin{pmatrix}0\\0\\1\end{pmatrix},$$

其中 C_1 为不为零的常数.

对于 $\lambda_2=\lambda_3=1$，解齐次线性方程组 $(I-A)x=0$，由于

$$(I-A)=\begin{pmatrix}2&-1&0\\4&-2&0\\-1&0&-1\end{pmatrix}\to\begin{pmatrix}1&0&1\\0&1&2\\0&0&0\end{pmatrix},$$

得基础解系为 $\xi_2=\begin{pmatrix}-1\\-2\\1\end{pmatrix}$，所以 A 的属于特征值 $\lambda_2=\lambda_3=1$ 的全部特征向量为

$$C_2\boldsymbol{\xi}_2=C_2\begin{pmatrix}-1\\-2\\1\end{pmatrix},$$

其中 C_2 为不为零的常数.

【例 4.2.4】 求 n 阶数量矩阵 $\boldsymbol{A}=\begin{pmatrix}a&&&\\&a&&\\&&\ddots&\\&&&a\end{pmatrix}$ 的特征值与特征向量.

解　因为

$$|\lambda\boldsymbol{I}-\boldsymbol{A}|=\begin{vmatrix}\lambda-a&&&\\&\lambda-a&&\\&&\ddots&\\&&&\lambda-a\end{vmatrix}=(\lambda-a)^n,$$

所以,$\boldsymbol{A}$ 有 n 重特征值 $\lambda_1=\lambda_2=\cdots=\lambda_n=a$.

$\lambda=a$ 所对应的齐次线性方程组为 $(a\boldsymbol{I}-\boldsymbol{A})\boldsymbol{x}=\boldsymbol{0}$,其系数矩阵是零矩阵,所以任意 n 个线性无关的向量都是它的基础解系,取单位向量组

$$\boldsymbol{\varepsilon}_1=\begin{pmatrix}1\\0\\0\\\vdots\\0\end{pmatrix},\boldsymbol{\varepsilon}_2=\begin{pmatrix}0\\1\\0\\\vdots\\0\end{pmatrix},\cdots,\boldsymbol{\varepsilon}_n=\begin{pmatrix}0\\0\\0\\\vdots\\1\end{pmatrix}$$

作为基础解系,于是 $\boldsymbol{A}$ 的全部特征向量为

$$C_1\boldsymbol{\varepsilon}_1+C_2\boldsymbol{\varepsilon}_2+\cdots+C_n\boldsymbol{\varepsilon}_n=\begin{pmatrix}C_1\\C_2\\\vdots\\C_n\end{pmatrix},$$

其中 $C_1,C_2,\cdots,C_n$ 为不全为零的常数.

4.2.2 特征值与特征向量的性质

性质 1 矩阵 $\boldsymbol{A}$ 的每一个特征向量只能属于一个特征值.

证 设 $\boldsymbol{\alpha}$ 是矩阵 $\boldsymbol{A}$ 的属于特征值 λ 的特征向量,同时也是属于特征值 μ 的特征向量,且 $\lambda\neq\mu$,则 $\boldsymbol{A\alpha}=\lambda\boldsymbol{\alpha}$,$\boldsymbol{A\alpha}=\mu\boldsymbol{\alpha}$,从而 $\lambda\boldsymbol{\alpha}=\mu\boldsymbol{\alpha}$,$(\lambda-\mu)\boldsymbol{\alpha}=\boldsymbol{0}$,而 $\boldsymbol{\alpha}\neq\boldsymbol{0}$,故 $\lambda-\mu=0$,即 $\lambda=\mu$,矛盾.

性质 2 设 $\boldsymbol{\xi},\boldsymbol{\eta}$ 是矩阵 $\boldsymbol{A}$ 的属于特征值 λ 的特征向量,则

(1) 若 $k\neq0$,则 $k\boldsymbol{\xi}$ 也是属于 λ 的特征向量;

(2) 若 $\boldsymbol{\xi}+\boldsymbol{\eta}\neq\boldsymbol{0}$,则 $\boldsymbol{\xi}+\boldsymbol{\eta}$ 也是属于 λ 的特征向量.

证 (1) 由条件,$\boldsymbol{A\xi}=\lambda\boldsymbol{\xi}$,从而 $k\boldsymbol{A\xi}=k\lambda\boldsymbol{\xi}$,即 $\boldsymbol{A}(k\boldsymbol{\xi})=\lambda(k\boldsymbol{\xi})$,命题得证.

(2) $\boldsymbol{A\xi}+\boldsymbol{A\eta}=\lambda\boldsymbol{\xi}+\lambda\boldsymbol{\eta}$,即 $\boldsymbol{A}(\boldsymbol{\xi}+\boldsymbol{\eta})=\lambda(\boldsymbol{\xi}+\boldsymbol{\eta})$,命题得证.

性质 2 可以推广为:矩阵 $\boldsymbol{A}$ 的属于特征值 λ 的特征向量的非零线性组合也是属于 λ 的特征向量.

【例 4.2.5】 设 λ 是 n 阶矩阵 $\boldsymbol{A}$ 的一个特征值,证明:

(1) λ^2 是 $\boldsymbol{A}^2$ 的一个特征值;

(2) 若 $\boldsymbol{A}$ 可逆,则 $\dfrac{1}{\lambda}$ 是 $\boldsymbol{A}^{-1}$ 的一个特征值,$\dfrac{|\boldsymbol{A}|}{\lambda}$ 是 $\boldsymbol{A}^*$ 的一个特征值;

(3) $k-\lambda$ 是 $k\boldsymbol{I}-\boldsymbol{A}$ 的一个特征值,其中 k 为常数.

证 (1) 由 λ 是 $\boldsymbol{A}$ 的一个特征值,故存在 n 维列向量 $\boldsymbol{\alpha}\neq\boldsymbol{0}$,使得 $\boldsymbol{A\alpha}=\lambda\boldsymbol{\alpha}$. 两边同时左乘 $\boldsymbol{A}$,得 $\boldsymbol{A}^2\boldsymbol{\alpha}=\lambda\boldsymbol{A\alpha}=\lambda^2\boldsymbol{\alpha}$,这表明 λ^2 是 $\boldsymbol{A}^2$ 的一个特征值.

(2) 在 $\boldsymbol{A\alpha}=\lambda\boldsymbol{\alpha}$ 两边同时左乘 $\boldsymbol{A}^{-1}$,得 $\boldsymbol{\alpha}=\lambda\boldsymbol{A}^{-1}\boldsymbol{\alpha}$,因为 $\boldsymbol{\alpha}\neq\boldsymbol{0}$,所以 $\lambda\neq0$,故 $\boldsymbol{A}^{-1}\boldsymbol{\alpha}=\dfrac{1}{\lambda}\boldsymbol{\alpha}$,这表明 $\dfrac{1}{\lambda}$ 是 $\boldsymbol{A}^{-1}$ 的一个特征值.

在 $\boldsymbol{A\alpha}=\lambda\boldsymbol{\alpha}$ 两边同时左乘 $\boldsymbol{A}^*$,得 $\boldsymbol{A}^*\boldsymbol{A\alpha}=\lambda\boldsymbol{A}^*\boldsymbol{\alpha}$,即 $|\boldsymbol{A}|\boldsymbol{\alpha}=\lambda\boldsymbol{A}^*\boldsymbol{\alpha}$. 因为 $|\boldsymbol{A}|\neq0$,$\boldsymbol{\alpha}\neq\boldsymbol{0}$,从而 $\lambda\neq0$,所以 $\boldsymbol{A}^*\boldsymbol{\alpha}=\dfrac{|\boldsymbol{A}|}{\lambda}\boldsymbol{\alpha}$,即 $\dfrac{|\boldsymbol{A}|}{\lambda}$ 是 $\boldsymbol{A}^*$ 的一个特征值.

(3) 因为 $\boldsymbol{A\alpha}=\lambda\boldsymbol{\alpha}$,故 $k\boldsymbol{\alpha}-\boldsymbol{A\alpha}=k\boldsymbol{\alpha}-\lambda\boldsymbol{\alpha}$,即 $(k\boldsymbol{I}-\boldsymbol{A})\boldsymbol{\alpha}=(k-\lambda)\boldsymbol{\alpha}$,故 $k-\lambda$ 是 $k\boldsymbol{I}-\boldsymbol{A}$ 的一个特征值.

由例 4.2.5 的启迪,即可得到下面的结论:

性质 3 设 λ 是矩阵 $\boldsymbol{A}$ 的特征值,$\boldsymbol{\alpha}$ 是属于特征值 λ 的特征向量,$\varphi(\lambda)$ 是多项式,则

$$\varphi(\boldsymbol{A})\boldsymbol{\alpha}=\varphi(\lambda)\boldsymbol{\alpha}.$$

【例 4.2.6】 已知 3 阶矩阵 $\boldsymbol{A}$ 的特征值为 $-1,1,2$，求矩阵 $\boldsymbol{A}^2-2\boldsymbol{I}+\boldsymbol{A}^*$ 的特征值.

解 因为 $\boldsymbol{A}$ 的特征值为 $-1,1,2$，所以 $|\boldsymbol{A}|=(-1)\times1\times2=-2$，故 $\boldsymbol{A}$ 可逆.

因为 $\boldsymbol{A}^*=|\boldsymbol{A}|\boldsymbol{A}^{-1}=-2\boldsymbol{A}^{-1}$，所以 $\boldsymbol{A}^2-2\boldsymbol{I}+\boldsymbol{A}^*=\boldsymbol{A}^2-2\boldsymbol{I}-2\boldsymbol{A}^{-1}$.

设矩阵 $\boldsymbol{A}$ 的特征值为 λ，属于特征值 λ 的特征向量为 $\boldsymbol{\alpha}$，则 $\boldsymbol{A\alpha}=\lambda\boldsymbol{\alpha}$. 由性质 3 知，$\boldsymbol{A}^2\boldsymbol{\alpha}=\lambda^2\boldsymbol{\alpha}$，$-2\boldsymbol{I\alpha}=-2\boldsymbol{\alpha}$，$-2\boldsymbol{A}^{-1}\boldsymbol{\alpha}=-\dfrac{2}{\lambda}\boldsymbol{\alpha}$，从而 $(\boldsymbol{A}^2-2\boldsymbol{I}-2\boldsymbol{A}^{-1})\boldsymbol{\alpha}=\left(\lambda^2-2-\dfrac{2}{\lambda}\right)\boldsymbol{\alpha}$，因此，所求的三个特征值为

$$\left(\lambda^2-2-\frac{2}{\lambda}\right)\bigg|_{\lambda=-1}=1,\left(\lambda^2-2-\frac{2}{\lambda}\right)\bigg|_{\lambda=1}=-3,\left(\lambda^2-2-\frac{2}{\lambda}\right)\bigg|_{\lambda=2}=1.$$

【例 4.2.7】 设 3 阶矩阵 $\boldsymbol{A}$ 的特征值为 $1,2,3$，求 $|4\boldsymbol{A}-\boldsymbol{I}|$，$|9\boldsymbol{A}^{-1}-2\boldsymbol{A}^*|$.

解 因为 $|\boldsymbol{A}|=1\times2\times3=6$，所以 $4\boldsymbol{A}-\boldsymbol{I}$ 的三个特征值分别为

$$4\times1-1=3,\quad 4\times2-1=7,\quad 4\times3-1=11.$$

于是，

$$|4\boldsymbol{A}-\boldsymbol{I}|=3\times7\times11=231,$$

$$\begin{aligned}|9\boldsymbol{A}^{-1}-2\boldsymbol{A}^*|&=|9\boldsymbol{A}^{-1}-2|\boldsymbol{A}|\boldsymbol{A}^{-1}|=|(9-12)\boldsymbol{A}^{-1}|\\&=(-3)^3|\boldsymbol{A}^{-1}|=-27\times\frac{1}{6}=-\frac{9}{2}.\end{aligned}$$

定理 4.2.2 矩阵 $\boldsymbol{A}$ 与 $\boldsymbol{A}^{\mathrm{T}}$ 有相同的特征值.

证 因为 $(\lambda\boldsymbol{I}-\boldsymbol{A})^{\mathrm{T}}=\lambda\boldsymbol{I}-\boldsymbol{A}^{\mathrm{T}}$，所以 $|\lambda\boldsymbol{I}-\boldsymbol{A}^{\mathrm{T}}|=|(\lambda\boldsymbol{I}-\boldsymbol{A})^{\mathrm{T}}|=|\lambda\boldsymbol{I}-\boldsymbol{A}|$，即 $\boldsymbol{A}$ 与 $\boldsymbol{A}^{\mathrm{T}}$ 有相同的特征多项式，从而有相同的特征值.

定理 4.2.3 设 $\boldsymbol{\alpha}_1,\boldsymbol{\alpha}_2,\cdots,\boldsymbol{\alpha}_m$ 是 n 阶矩阵 $\boldsymbol{A}$ 的分别属于 m 个互不相同的特征值 $\lambda_1,\lambda_2,\cdots,\lambda_m$ 的特征向量，则 $\boldsymbol{\alpha}_1,\boldsymbol{\alpha}_2,\cdots,\boldsymbol{\alpha}_m$ 线性无关.

证 用数学归纳法.

当 $m=1$ 时，$\boldsymbol{A\alpha}_1=\lambda_1\boldsymbol{\alpha}_1$，由于 $\boldsymbol{\alpha}_1\neq\boldsymbol{0}$，所以 $\boldsymbol{\alpha}_1$ 线性无关.

归纳假设定理对$(m-1)$成立，下证对m也成立.

事实上，若

$$k_1\boldsymbol{\alpha}_1+k_2\boldsymbol{\alpha}_2+\cdots+k_m\boldsymbol{\alpha}_m=\mathbf{0}, \tag{4.3}$$

以矩阵$\boldsymbol{A}$左乘式(4.3)两端，得

$$\boldsymbol{A}(k_1\boldsymbol{\alpha}_1+k_2\boldsymbol{\alpha}_2+\cdots+k_m\boldsymbol{\alpha}_m)=\mathbf{0},$$

即

$$k_1\boldsymbol{A}\boldsymbol{\alpha}_1+k_2\boldsymbol{A}\boldsymbol{\alpha}_2+\cdots+k_m\boldsymbol{A}\boldsymbol{\alpha}_m=\mathbf{0},$$

将$\boldsymbol{A}\boldsymbol{\alpha}_i=\lambda_i\boldsymbol{\alpha}_i, i=1,2,\cdots,m$代入，得

$$k_1\lambda_1\boldsymbol{\alpha}_1+k_2\lambda_2\boldsymbol{\alpha}_2+\cdots+k_m\lambda_m\boldsymbol{\alpha}_m=\mathbf{0}. \tag{4.4}$$

以λ_m同乘以式(4.3)两端，得

$$k_1\lambda_m\boldsymbol{\alpha}_1+k_2\lambda_m\boldsymbol{\alpha}_2+\cdots+k_m\lambda_m\boldsymbol{\alpha}_m=\mathbf{0}, \tag{4.5}$$

将式(4.4)与式(4.5)相减，得

$$k_1(\lambda_1-\lambda_m)\boldsymbol{\alpha}_1+k_2(\lambda_2-\lambda_m)\boldsymbol{\alpha}_2+\cdots+k_{m-1}(\lambda_{m-1}-\lambda_m)\boldsymbol{\alpha}_{m-1}=\mathbf{0},$$

由于$\boldsymbol{\alpha}_1,\boldsymbol{\alpha}_2,\cdots,\boldsymbol{\alpha}_{m-1}$线性无关，故$k_i(\lambda_i-\lambda_m)=0, i=1,2,\cdots,m-1, \lambda_i-\lambda_m\neq 0, i=1,2,\cdots,m-1$，所以$k_i=0, i=1,2,\cdots,m-1$，代入式(4.3)，得$k_m\boldsymbol{\alpha}_m=\mathbf{0}$，而$\boldsymbol{\alpha}_m\neq\mathbf{0}$，故$k_m=0$，所以$\boldsymbol{\alpha}_1,\boldsymbol{\alpha}_2,\cdots,\boldsymbol{\alpha}_m$线性无关.

注 定理4.2.3的逆命题不成立，即线性无关的特征向量未必属于不同的特征值. 例如，例4.2.2中，线性无关的特征向量$\boldsymbol{\xi}_1=\begin{pmatrix}-1\\1\\0\end{pmatrix}$与$\boldsymbol{\xi}_2=\begin{pmatrix}-1\\0\\1\end{pmatrix}$都是属于特征值$\lambda=-1$的特征向量.

定理 4.2.4(哈密尔顿-凯莱(Hamilton-Caylay)定理)

设n阶方阵$\boldsymbol{A}$的特征多项式

$$f(\lambda)=|\lambda\boldsymbol{I}-\boldsymbol{A}|=\lambda^n+a_{n-1}\lambda^{n-1}+\cdots+a_1\lambda+a_0,$$

则
$$f(\boldsymbol{A})=\boldsymbol{A}^n+a_{n-1}\boldsymbol{A}^{n-1}+\cdots+a_1\boldsymbol{A}+a_0\boldsymbol{I}=\mathbf{0}.$$

证明略.

注　定理 4.2.4 也可以叙述为:矩阵 $\boldsymbol{A}$ 是其特征多项式 $f(\lambda)$ 的根.

【例 4.2.8】　设 n 阶矩阵 $\boldsymbol{A}$ 的特征值全为零,证明 $\boldsymbol{A}^n=\boldsymbol{0}$.

证　由于 $\boldsymbol{A}$ 的特征值全为零,所以

$$f(\lambda)=(\lambda-\lambda_1)(\lambda-\lambda_2)\cdots(\lambda-\lambda_n)=\lambda^n,$$

由定理 4.2.4 知,$\boldsymbol{A}^n=\boldsymbol{0}$.

习题 4.2

A 组

1. 已知矩阵 $\boldsymbol{A}=\begin{pmatrix}2&-1&2\\5&a&3\\-1&b&-2\end{pmatrix}$ 有一个特征向量 $\boldsymbol{\alpha}_1=\begin{pmatrix}1\\1\\-1\end{pmatrix}$,求常数 a,b 的值以及对应的 $\boldsymbol{A}$ 的特征值 λ_1.

2. 设 3 阶矩阵 $\boldsymbol{A}$ 的三个特征值为 1,2,3,对应的特征向量分别为 $\boldsymbol{\alpha}_1=\begin{pmatrix}1\\-2\\-1\end{pmatrix}$,$\boldsymbol{\alpha}_2=\begin{pmatrix}1\\-1\\1\end{pmatrix}$,$\boldsymbol{\alpha}_3=\begin{pmatrix}1\\0\\1\end{pmatrix}$,向量 $\boldsymbol{\beta}=\boldsymbol{\alpha}_3-3\boldsymbol{\alpha}_2$,求 $\boldsymbol{A}^3\boldsymbol{\beta}$.

3. 设 $\boldsymbol{A}$ 为 2 阶矩阵,$\boldsymbol{\alpha}_1,\boldsymbol{\alpha}_2$ 为线性无关的 2 维列向量,$\boldsymbol{A}\boldsymbol{\alpha}_1=\boldsymbol{0}$,$\boldsymbol{A}\boldsymbol{\alpha}_2=2\boldsymbol{\alpha}_1+\boldsymbol{\alpha}_2$,求 $\boldsymbol{A}$ 的非零特征值.

4. 求下列矩阵的特征值与特征向量:

(1) $\begin{pmatrix}1&0\\-2&-3\end{pmatrix}$;　　(2) $\begin{pmatrix}0&-2&-2\\2&2&-2\\-2&-2&2\end{pmatrix}$;

(3) $\begin{pmatrix}-1&1&1\\1&-1&1\\1&1&-1\end{pmatrix}$;　　(4) $\begin{pmatrix}1&0&-1\\0&4&0\\-1&0&1\end{pmatrix}$.

5. 设矩阵 $\boldsymbol{A}=\begin{pmatrix}1&-1&0\\2&x&0\\4&2&1\end{pmatrix}$,已知 $\boldsymbol{A}$ 有特征值 $\lambda_1=1,\lambda_2=2$,求 x 的值和

$\boldsymbol{A}$ 的另一个特征值λ_3.

6. 如果 n 阶矩阵 $\boldsymbol{A}$ 满足 $\boldsymbol{A}^2=\boldsymbol{A}$,则称 $\boldsymbol{A}$ 为**幂等矩阵**. 试证：幂等矩阵的特征值只能是 0 或 1.

7. 设 3 阶矩阵 $\boldsymbol{A}$ 满足 $\boldsymbol{A}^2-5\boldsymbol{A}+6\boldsymbol{I}=\boldsymbol{0}$,且 $|\boldsymbol{A}|=12$,试求 $\boldsymbol{A}$ 的特征值.

8. 设 4 阶方阵 $\boldsymbol{A}$ 满足 $|3\boldsymbol{I}+\boldsymbol{A}|=0,\boldsymbol{A}\boldsymbol{A}^{\mathrm{T}}=2I,|\boldsymbol{A}|<0$,求方阵 $\boldsymbol{A}$ 的伴随矩阵 $\boldsymbol{A}^*$ 的一个特征值.

9. 设 $\boldsymbol{A}$ 为 4 阶方阵,$\boldsymbol{A}^*$ 的特征值为 $1,-2,2,2$,求 $|2\boldsymbol{A}^3-5\boldsymbol{A}+\boldsymbol{I}|$.

10. 设 $\boldsymbol{A}$ 为 3 阶方阵,满足 $|\boldsymbol{I}+\boldsymbol{A}|=|\boldsymbol{A}-2\boldsymbol{I}|=|3\boldsymbol{I}-\boldsymbol{A}|=0$,求 $|\boldsymbol{A}^*|$.

B 组

1. 设 $\boldsymbol{A}$ 为 n 阶正交矩阵,$|\boldsymbol{A}|=-1$,证明：-1 是 $\boldsymbol{A}$ 的一个特征值.

2. 设 $\boldsymbol{\alpha}=\begin{pmatrix}a_1\\a_2\\\vdots\\a_n\end{pmatrix},\boldsymbol{\beta}=\begin{pmatrix}b_1\\b_2\\\vdots\\b_n\end{pmatrix}$ 都是非零向量,且满足 $\boldsymbol{\alpha}^{\mathrm{T}}\boldsymbol{\beta}=0$,设 n 阶方阵 $\boldsymbol{A}=\boldsymbol{\alpha}\boldsymbol{\beta}^{\mathrm{T}}$,求：

(1) $\boldsymbol{A}^2$;(2) $\boldsymbol{A}$ 的特征值与特征向量.

3. 设矩阵 $\boldsymbol{A}=\begin{pmatrix}a&-1&c\\5&b&3\\1-c&0&-a\end{pmatrix}$,其行列式 $|\boldsymbol{A}|=-1$,又 $\boldsymbol{A}^*$ 有一个特征值为 λ_0,属于 λ_0 的一个特征向量为 $\boldsymbol{\alpha}=\begin{pmatrix}-1\\-1\\1\end{pmatrix}$,求 a,b,c 和 λ_0 的值.

4. 设矩阵 $\boldsymbol{A}=\begin{pmatrix}2&1&1\\1&2&1\\1&1&2\end{pmatrix}$,若 $\boldsymbol{\alpha}=\begin{pmatrix}1\\k\\1\end{pmatrix}$ 是 $\boldsymbol{A}^{-1}$ 的特征向量,求常数 k 以及 $\boldsymbol{\alpha}$ 所对应的特征值.

5. 设 3 阶矩阵 $\boldsymbol{A}$ 的特征值为 $\lambda_1=-1,\lambda_2=1,\lambda_3=3$,对应的特征向量分别为 $\boldsymbol{\alpha}_1=\begin{pmatrix}1\\-1\\0\end{pmatrix},\boldsymbol{\alpha}_2=\begin{pmatrix}1\\-1\\1\end{pmatrix},\boldsymbol{\alpha}_3=\begin{pmatrix}0\\1\\-1\end{pmatrix}$,向量 $\boldsymbol{\beta}=\begin{pmatrix}3\\-2\\0\end{pmatrix}$.

(1) 试将 $\boldsymbol{\beta}$ 用 $\boldsymbol{\alpha}_1,\boldsymbol{\alpha}_2,\boldsymbol{\alpha}_3$ 线性表示；

(2) 求 $\boldsymbol{A}^n\boldsymbol{\beta}$($n$ 为正整数).

6. 已知 3 阶方阵 $\boldsymbol{A}$ 的特征值为 $-1,0,1$，对应的特征向量分别为 $\boldsymbol{\alpha}_1=\begin{pmatrix}a\\a+3\\a+2\end{pmatrix}$，$\boldsymbol{\alpha}_2=\begin{pmatrix}a-2\\-1\\a+1\end{pmatrix}$，$\boldsymbol{\alpha}_3=\begin{pmatrix}1\\2a\\-1\end{pmatrix}$，且 $\begin{vmatrix}a&-5&8\\0&a+1&8\\0&3a+3&25\end{vmatrix}=0$，试确定参数 a 的值，并求矩阵 $\boldsymbol{A}$.

4.3　矩阵的相似与对角化

对于给定的 n 阶矩阵 $\boldsymbol{A}$，如何求一个可逆矩阵 $\boldsymbol{P}$，使得 $\boldsymbol{P}^{-1}\boldsymbol{AP}$ 具有简单的形式，这就是相似变换化简的问题. 对角矩阵是一类最简单的矩阵，将矩阵 $\boldsymbol{A}$ 经过相似变换化简成对角矩阵，这就是矩阵的相似对角化问题，这一问题在工程技术、最优控制等领域有着广泛的应用.

4.3.1　矩阵相似的概念与性质

定义 4.3.1　设 $\boldsymbol{A},\boldsymbol{B}$ 为 n 阶矩阵，如果存在 n 阶可逆矩阵 $\boldsymbol{P}$，使得 $\boldsymbol{P}^{-1}\boldsymbol{AP}=\boldsymbol{B}$，则称矩阵 $\boldsymbol{A}$ 与 $\boldsymbol{B}$ **相似**(similar)，记作 $\boldsymbol{A}\sim\boldsymbol{B}$.

注　矩阵 $\boldsymbol{A}$ 与 $\boldsymbol{B}$ 等价是指 $\boldsymbol{A}$ 经过有限次的初等变换可以化为 $\boldsymbol{B}$，或者存在可逆矩阵 $\boldsymbol{P},\boldsymbol{Q}$，使得 $\boldsymbol{PAQ}=\boldsymbol{B}$，故若 $\boldsymbol{A}$ 与 $\boldsymbol{B}$ 相似，则必有 $\boldsymbol{A}$ 与 $\boldsymbol{B}$ 等价.

定理 4.3.1　矩阵的相似是一种等价关系，即满足：

(1) **自反性**　对任意矩阵 $\boldsymbol{A}$，$\boldsymbol{A}\sim\boldsymbol{A}$；

(2) **对称性**　若 $\boldsymbol{A}\sim\boldsymbol{B}$，则 $\boldsymbol{B}\sim\boldsymbol{A}$；

(3) **传递性**　若 $\boldsymbol{A}\sim\boldsymbol{B}$，$\boldsymbol{B}\sim\boldsymbol{C}$，则 $\boldsymbol{A}\sim\boldsymbol{C}$.

证明由相似的定义很容易得到.

定理 4.3.2　设 n 阶矩阵 $\boldsymbol{A}$ 与 $\boldsymbol{B}$ 相似，则

(1) $\boldsymbol{A}$ 与 $\boldsymbol{B}$ 有相同的特征多项式；

(2) $\boldsymbol{A}$ 与 $\boldsymbol{B}$ 有相同的秩；

(3) $\boldsymbol{A}^{\mathrm{T}}\sim\boldsymbol{B}^{\mathrm{T}}$；

(4) 当 $\boldsymbol{A}$ 可逆时，$\boldsymbol{A}^{-1}\sim\boldsymbol{B}^{-1}$；

(5) 设 $f(x)$ 为多项式，则 $f(\boldsymbol{A})\sim f(\boldsymbol{B})$.

证 (1) 因为 $\boldsymbol{A}\sim\boldsymbol{B}$，故存在可逆矩阵 $\boldsymbol{P}$，使得 $\boldsymbol{P}^{-1}\boldsymbol{A}\boldsymbol{P}=\boldsymbol{B}$.

$$
\begin{aligned}
|\lambda\boldsymbol{I}-\boldsymbol{B}| &= |\lambda\boldsymbol{I}-\boldsymbol{P}^{-1}\boldsymbol{A}\boldsymbol{P}| = |\lambda\boldsymbol{P}^{-1}\boldsymbol{I}\boldsymbol{P}-\boldsymbol{P}^{-1}\boldsymbol{A}\boldsymbol{P}| \\
&= |\boldsymbol{P}^{-1}(\lambda\boldsymbol{I}-\boldsymbol{A})\boldsymbol{P}| \\
&= |\boldsymbol{P}^{-1}|\cdot|\lambda\boldsymbol{I}-\boldsymbol{A}|\cdot|\boldsymbol{P}| \\
&= |\lambda\boldsymbol{I}-\boldsymbol{A}|,
\end{aligned}
$$

故 $\boldsymbol{A}$ 与 $\boldsymbol{B}$ 有相同的特征多项式.

(2) 因为 $\boldsymbol{A}\sim\boldsymbol{B}$，从而 $\boldsymbol{A}$ 与 $\boldsymbol{B}$ 等价，所以 $\mathrm{r}(\boldsymbol{A})=\mathrm{r}(\boldsymbol{B})$.

(3) 在等式 $\boldsymbol{P}^{-1}\boldsymbol{A}\boldsymbol{P}=\boldsymbol{B}$ 两端同时转置，得 $(\boldsymbol{P}^{-1}\boldsymbol{A}\boldsymbol{P})^{\mathrm{T}}=\boldsymbol{B}^{\mathrm{T}}$，即 $\boldsymbol{P}^{\mathrm{T}}\boldsymbol{A}^{\mathrm{T}}(\boldsymbol{P}^{-1})^{\mathrm{T}}=\boldsymbol{B}^{\mathrm{T}}$，令 $\boldsymbol{Q}=(\boldsymbol{P}^{-1})^{\mathrm{T}}$，则存在可逆矩阵 $\boldsymbol{Q}$，使得 $\boldsymbol{Q}^{-1}\boldsymbol{A}^{\mathrm{T}}\boldsymbol{Q}=\boldsymbol{B}^{\mathrm{T}}$，从而 $\boldsymbol{A}^{\mathrm{T}}\sim\boldsymbol{B}^{\mathrm{T}}$.

(4) 在等式 $\boldsymbol{P}^{-1}\boldsymbol{A}\boldsymbol{P}=\boldsymbol{B}$ 两端同时取逆，得 $(\boldsymbol{P}^{-1}\boldsymbol{A}\boldsymbol{P})^{-1}=\boldsymbol{B}^{-1}$，即 $\boldsymbol{P}^{-1}\boldsymbol{A}^{-1}\boldsymbol{P}=\boldsymbol{B}^{-1}$，从而 $\boldsymbol{A}^{-1}\sim\boldsymbol{B}^{-1}$.

(5) 设 $f(x)=a_0+a_1x+a_2x^2+\cdots+a_sx^s=\sum\limits_{i=0}^{s}a_ix^i$，由于 $\boldsymbol{P}^{-1}\boldsymbol{A}\boldsymbol{P}=\boldsymbol{B}$，故

$$
\begin{aligned}
\boldsymbol{P}^{-1}f(\boldsymbol{A})\boldsymbol{P} &= \boldsymbol{P}^{-1}\Big(\sum_{i=0}^{s}a_i\boldsymbol{A}^i\Big)\boldsymbol{P} = \sum_{i=0}^{s}a_i\boldsymbol{P}^{-1}\boldsymbol{A}^i\boldsymbol{P} \\
&= \sum_{i=0}^{s}a_i\,(\boldsymbol{P}^{-1}\boldsymbol{A}\boldsymbol{P})^i = \sum_{i=0}^{s}a_i\boldsymbol{B}^i = f(\boldsymbol{B}),
\end{aligned}
$$

从而 $f(\boldsymbol{A})\sim f(\boldsymbol{B})$.

推论 4.3.1 设 n 阶矩阵 $\boldsymbol{A}$ 与 $\boldsymbol{B}$ 相似，则

(1) $\boldsymbol{A}$ 与 $\boldsymbol{B}$ 有相同的特征值、迹和行列式；

(2) 当 $\boldsymbol{A}$ 可逆时，$\boldsymbol{A}^*\sim\boldsymbol{B}^*$.

证 (1) 因为 $\boldsymbol{A}$ 与 $\boldsymbol{B}$ 有相同的特征多项式，从而有相同的特征值. 设相同的特征值为 $\lambda_1,\lambda_2,\cdots,\lambda_n$，则

$$
\begin{aligned}
\mathrm{tr}(\boldsymbol{A}) &= \lambda_1+\lambda_2+\cdots+\lambda_n=\mathrm{tr}(\boldsymbol{B}), \\
|\boldsymbol{A}| &= \lambda_1\lambda_2\cdots\lambda_n=|\boldsymbol{B}|.
\end{aligned}
$$

(2) 因为

$$\boldsymbol{P}^{-1}\boldsymbol{A}^{-1}\boldsymbol{P}=\boldsymbol{B}^{-1},\quad \boldsymbol{A}^{*}=|\boldsymbol{A}|\boldsymbol{A}^{-1},\quad \boldsymbol{B}^{*}=|\boldsymbol{B}|\boldsymbol{B}^{-1},\quad |\boldsymbol{A}|=|\boldsymbol{B}|,$$

故

$$\boldsymbol{P}^{-1}\boldsymbol{A}^{*}\boldsymbol{P}=\boldsymbol{P}^{-1}\left(|\boldsymbol{A}|\boldsymbol{A}^{-1}\right)\boldsymbol{P}=|\boldsymbol{A}|(\boldsymbol{P}^{-1}\boldsymbol{A}^{-1}\boldsymbol{P})=|\boldsymbol{A}|\boldsymbol{B}^{-1}=|\boldsymbol{B}|\boldsymbol{B}^{-1}=\boldsymbol{B}^{*},$$

从而$\boldsymbol{A}^{*}\sim\boldsymbol{B}^{*}$.

注　定理4.3.2和推论4.3.1的逆命题不成立.例如,设$\boldsymbol{A}=\boldsymbol{I}=\begin{pmatrix}1&0\\0&1\end{pmatrix}$,$\boldsymbol{B}=\begin{pmatrix}1&1\\0&1\end{pmatrix}$,则

$$|\lambda\boldsymbol{I}-\boldsymbol{A}|=(\lambda-1)^2,\quad |\lambda\boldsymbol{I}-\boldsymbol{B}|=(\lambda-1)^2,$$
$$\mathrm{r}(\boldsymbol{A})=\mathrm{r}(\boldsymbol{B})=2,\quad |\boldsymbol{A}|=|\boldsymbol{B}|=1,\quad \mathrm{tr}(\boldsymbol{A})=\mathrm{tr}(\boldsymbol{B})=2,$$

但与单位矩阵$\boldsymbol{A}$相似的矩阵$\boldsymbol{P}^{-1}\boldsymbol{A}\boldsymbol{P}$只能是$\boldsymbol{A}$自身,故$\boldsymbol{A}$与$\boldsymbol{B}$不相似.

【例4.3.1】　已知矩阵$\boldsymbol{A}=\begin{pmatrix}2&-1&4\\0&a&7\\0&0&3\end{pmatrix}$与$\boldsymbol{B}=\begin{pmatrix}1&0&0\\0&2&0\\0&0&b\end{pmatrix}$相似,求$a,b$的值.

解　由$\boldsymbol{A}$与$\boldsymbol{B}$相似,可得

$$\begin{cases}\mathrm{tr}(\boldsymbol{A})=\mathrm{tr}(\boldsymbol{B}),\\|\boldsymbol{A}|=|\boldsymbol{B}|,\end{cases}$$

即

$$\begin{cases}2+a+3=1+2+b,\\6a=2b,\end{cases}$$

解之,得

$$\begin{cases}a=1,\\b=3.\end{cases}$$

4.3.2 矩阵可相似对角化的条件

定义 4.3.2 设 $\boldsymbol{A}$ 为 n 阶矩阵，若存在 n 阶可逆矩阵 $\boldsymbol{P}$，使得 $\boldsymbol{P}^{-1}\boldsymbol{A}\boldsymbol{P}=\boldsymbol{\Lambda}$，其中

$$\boldsymbol{\Lambda}=\begin{pmatrix}\lambda_1 & & & \\ & \lambda_2 & & \\ & & \ddots & \\ & & & \lambda_n\end{pmatrix},$$

则称矩阵 $\boldsymbol{A}$ **可相似对角化**(similar diagonalization)，简称 $\boldsymbol{A}$ **可对角化**. 矩阵 $\boldsymbol{\Lambda}$ 称为 $\boldsymbol{A}$ 的**相似对角矩阵**(similarity diagonalization matrix)，$\boldsymbol{P}$ 称为 $\boldsymbol{A}$ 的**相似变换矩阵**(similarity transformation matrix).

换言之，矩阵 $\boldsymbol{A}$ 可相似对角化即矩阵 $\boldsymbol{A}$ 可与一个对角矩阵相似.

定理 4.3.3 n 阶矩阵 $\boldsymbol{A}$ 可相似对角化的充分必要条件是 $\boldsymbol{A}$ 有 n 个线性无关的特征向量.

证 **必要性.** 设 n 阶矩阵 $\boldsymbol{A}$ 可相似对角化，即存在可逆矩阵 $\boldsymbol{P}$，使得

$$\boldsymbol{P}^{-1}\boldsymbol{A}\boldsymbol{P}=\boldsymbol{\Lambda}=\begin{pmatrix}\lambda_1 & & & \\ & \lambda_2 & & \\ & & \ddots & \\ & & & \lambda_n\end{pmatrix}.$$

设 $\boldsymbol{P}=(\boldsymbol{\alpha}_1,\boldsymbol{\alpha}_2,\cdots,\boldsymbol{\alpha}_n)$，因 $\boldsymbol{P}$ 可逆，故 $\boldsymbol{P}$ 的列向量组 $\boldsymbol{\alpha}_1,\boldsymbol{\alpha}_2,\cdots,\boldsymbol{\alpha}_n$ 线性无关，所以

$$\boldsymbol{A}\boldsymbol{P}=\boldsymbol{A}(\boldsymbol{\alpha}_1,\boldsymbol{\alpha}_2,\cdots,\boldsymbol{\alpha}_n)=\boldsymbol{P}\boldsymbol{\Lambda}=(\boldsymbol{\alpha}_1,\boldsymbol{\alpha}_2,\cdots,\boldsymbol{\alpha}_n)\begin{pmatrix}\lambda_1 & & & \\ & \lambda_2 & & \\ & & \ddots & \\ & & & \lambda_n\end{pmatrix},$$

即

$$(\boldsymbol{A}\boldsymbol{\alpha}_1,\boldsymbol{A}\boldsymbol{\alpha}_2,\cdots,\boldsymbol{A}\boldsymbol{\alpha}_n)=(\lambda_1\boldsymbol{\alpha}_1,\lambda_2\boldsymbol{\alpha}_2,\cdots,\lambda_n\boldsymbol{\alpha}_n),$$

从而 $\boldsymbol{A}\boldsymbol{\alpha}_i=\lambda_i\boldsymbol{\alpha}_i, i=1,2,\cdots,n$，这表明 $\boldsymbol{\alpha}_i$ 是属于特征值 λ_i 的特征向量，故 $\boldsymbol{A}$ 有 n 个线性无关的特征向量.

充分性.　设 $\boldsymbol{A}$ 有 n 个线性无关的特征向量 $\boldsymbol{\alpha}_1,\boldsymbol{\alpha}_2,\cdots,\boldsymbol{\alpha}_n$，它们对应的特征值为 $\lambda_1,\lambda_2,\cdots,\lambda_n$，即 $\boldsymbol{A}\boldsymbol{\alpha}_i=\lambda_i\boldsymbol{\alpha}_i, i=1,2,\cdots,n$.

设矩阵 $\boldsymbol{P}=(\boldsymbol{\alpha}_1,\boldsymbol{\alpha}_2,\cdots,\boldsymbol{\alpha}_n)$，则 $\boldsymbol{P}$ 可逆，且

$$
\begin{aligned}
\boldsymbol{AP}&=\boldsymbol{A}(\boldsymbol{\alpha}_1,\boldsymbol{\alpha}_2,\cdots,\boldsymbol{\alpha}_n)=(\boldsymbol{A}\boldsymbol{\alpha}_1,\boldsymbol{A}\boldsymbol{\alpha}_2,\cdots,\boldsymbol{A}\boldsymbol{\alpha}_n)\\
&=(\lambda_1\boldsymbol{\alpha}_1,\lambda_2\boldsymbol{\alpha}_2,\cdots,\lambda_n\boldsymbol{\alpha}_n)\\
&=(\boldsymbol{\alpha}_1,\boldsymbol{\alpha}_2,\cdots,\boldsymbol{\alpha}_n)\begin{pmatrix}\lambda_1 & & & \\ & \lambda_2 & & \\ & & \ddots & \\ & & & \lambda_n\end{pmatrix}=\boldsymbol{P\Lambda},
\end{aligned}
$$

即

$$
\boldsymbol{P}^{-1}\boldsymbol{AP}=\boldsymbol{\Lambda}=\begin{pmatrix}\lambda_1 & & & \\ & \lambda_2 & & \\ & & \ddots & \\ & & & \lambda_n\end{pmatrix},
$$

从而 $\boldsymbol{A}$ 可相似对角化.

注　从证明的过程可以发现，相似对角矩阵 $\boldsymbol{\Lambda}$ 的主对角元即为 $\boldsymbol{A}$ 的特征值.

推论 4.3.2　若 n 阶矩阵 $\boldsymbol{A}$ 有 n 个不同的特征值，则 $\boldsymbol{A}$ 可相似对角化.

证　由定理 4.2.3 知，$\boldsymbol{A}$ 的 n 个不同的特征值对应的特征向量线性无关，故由定理 4.3.3，推论得证.

注　有 n 个不同的特征值仅仅是 n 阶矩阵 $\boldsymbol{A}$ 可相似对角化的充分条件，非必要条件. 例如，n 阶单位矩阵 $\boldsymbol{I}_n=\begin{pmatrix}1 & & & \\ & 1 & & \\ & & \ddots & \\ & & & 1\end{pmatrix}$，显然可以相似对角化，但 $\boldsymbol{I}$ 仅有 1 个 n 重的特征值.

定理 4.3.4　n 阶矩阵 $\boldsymbol{A}$ 可相似对角化的充分必要条件是对于 $\boldsymbol{A}$ 的每一个 n_i 重特征值 λ_i，都有 $\mathrm{r}(\lambda_i\boldsymbol{I}-\boldsymbol{A})=n-n_i$. 换言之，即对 $\boldsymbol{A}$ 的每一个 n_i 重特征值 λ_i，有 n_i 个线性无关的特征向量.

证明略.

例如，$\boldsymbol{A}=\begin{pmatrix}2 & -1\\0 & 2\end{pmatrix}$，因 $\boldsymbol{A}$ 的特征值为 2(2 重)，但 $\mathrm{r}(2\boldsymbol{I}-\boldsymbol{A})=1\neq 2-2$，故 $\boldsymbol{A}$ 不能相似对角化.

根据定理 4.3.4，可以总结出将 n 阶矩阵 $\boldsymbol{A}$ 相似对角化的具体步骤：

(1) 求出 $\boldsymbol{A}$ 的全部特征值，设不同的特征值为 $\lambda_1,\lambda_2,\cdots,\lambda_k$，相应的重数为 $n_1,n_2,\cdots,n_k$，且 $\sum\limits_{i=1}^{k}n_i=n$；

(2) 对每一个特征值 λ_i，如果 $\mathrm{r}(\lambda_i\boldsymbol{I}-\boldsymbol{A})=n-n_i$，则 $\boldsymbol{A}$ 可相似对角化；

(3) 求每一个特征值 λ_i 对应的齐次线性方程组 $(\lambda_i\boldsymbol{I}-\boldsymbol{A})\boldsymbol{x}=\boldsymbol{0}$ 的基础解系 $\boldsymbol{\alpha}_{i1},\boldsymbol{\alpha}_{i2},\cdots,\boldsymbol{\alpha}_{in_i}$，其为 $\boldsymbol{A}$ 的属于特征值 λ_i 的 n_i 个线性无关的特征向量，$i=1,2,\cdots,k$，这些特征向量合起来，$\boldsymbol{\alpha}_{11},\cdots,\boldsymbol{\alpha}_{1n_1},\boldsymbol{\alpha}_{21},\cdots,\boldsymbol{\alpha}_{2n_2},\cdots,\boldsymbol{\alpha}_{k1},\cdots,\boldsymbol{\alpha}_{kn_k}$，构成 $\boldsymbol{A}$ 的 n 个线性无关的特征向量. 令 $\boldsymbol{P}=(\boldsymbol{\alpha}_{11},\cdots,\boldsymbol{\alpha}_{1n_1},\boldsymbol{\alpha}_{21},\cdots,\boldsymbol{\alpha}_{2n_2},\cdots,\boldsymbol{\alpha}_{k1},\cdots,\boldsymbol{\alpha}_{kn_k})$，则 $\boldsymbol{P}$ 可逆，且 $\boldsymbol{P}^{-1}\boldsymbol{AP}=\boldsymbol{\Lambda}$，其中

$$\boldsymbol{\Lambda}=\begin{pmatrix}\overbrace{\lambda_1 \quad \ddots \quad \lambda_1}^{n_1\text{个}} & & & & \\ & \overbrace{\lambda_2 \quad \ddots \quad \lambda_2}^{n_2\text{个}} & & \\ & & \ddots & \\ & & & \overbrace{\lambda_k \quad \ddots \quad \lambda_k}^{n_k\text{个}}\end{pmatrix}.$$

注　将步骤(3)中的特征向量按不同次序排列，可得到不同的可逆矩阵 $\boldsymbol{P}$，其对应的对角矩阵 $\boldsymbol{\Lambda}$ 中对角元的排列次序应与 $\boldsymbol{P}$ 的列向量的排列次序相对应.

【例 4.3.2】　设 $\boldsymbol{A}=\begin{pmatrix}1&2&2\\2&1&2\\2&2&1\end{pmatrix}$，判断 $\boldsymbol{A}$ 是否可以相似对角化？若可以，求出相似变换矩阵和相似对角矩阵.

解　由例 4.2.2 知，$\boldsymbol{A}$ 的特征值为 $\lambda_1=\lambda_2=-1,\lambda_3=5$.

当 $\lambda_1=\lambda_2=-1$ 时，考察齐次线性方程组 $(-\boldsymbol{I}-\boldsymbol{A})\boldsymbol{x}=\boldsymbol{0}$，$\mathrm{r}(-\boldsymbol{I}-\boldsymbol{A})=3-2=1$，此时基础解系为 $\boldsymbol{\alpha}_1=\begin{pmatrix}-1\\1\\0\end{pmatrix}$，$\boldsymbol{\alpha}_2=\begin{pmatrix}-1\\0\\1\end{pmatrix}$.

当 $\lambda_3=5$ 时，考察齐次线性方程组 $(5\boldsymbol{I}-\boldsymbol{A})\boldsymbol{x}=\boldsymbol{0}$，$\mathrm{r}(5\boldsymbol{I}-\boldsymbol{A})=3-1=2$，此时基础解系为 $\boldsymbol{\alpha}_3=\begin{pmatrix}1\\1\\1\end{pmatrix}$，因此 $\boldsymbol{A}$ 可以相似对角化. 令

$$\boldsymbol{P}=(\boldsymbol{\alpha}_1,\boldsymbol{\alpha}_2,\boldsymbol{\alpha}_3)=\begin{pmatrix}-1&-1&1\\1&0&1\\0&1&1\end{pmatrix},$$

则 $\boldsymbol{P}$ 即为相似变换矩阵，相似对角矩阵 $\boldsymbol{\Lambda}=\begin{pmatrix}-1&&\\&-1&\\&&5\end{pmatrix}$.

【例 4.3.3】　已知 3 阶矩阵 $\boldsymbol{A}$ 的三个特征值为 1,1,2，对应的特征向量分别为 $\boldsymbol{\alpha}_1=\begin{pmatrix}1\\2\\1\end{pmatrix}$，$\boldsymbol{\alpha}_2=\begin{pmatrix}1\\1\\0\end{pmatrix}$，$\boldsymbol{\alpha}_3=\begin{pmatrix}2\\0\\-1\end{pmatrix}$，求矩阵 $\boldsymbol{A}$ 及 $\boldsymbol{A}^{10}$.

解　令 $\boldsymbol{P}=(\boldsymbol{\alpha}_1,\boldsymbol{\alpha}_2,\boldsymbol{\alpha}_3)=\begin{pmatrix}1&1&2\\2&1&0\\1&0&-1\end{pmatrix}$，$\boldsymbol{\Lambda}=\begin{pmatrix}1&&\\&1&\\&&2\end{pmatrix}$.

由$|\boldsymbol{P}|\neq 0$,知$\boldsymbol{\alpha}_1,\boldsymbol{\alpha}_2,\boldsymbol{\alpha}_3$线性无关,故$\boldsymbol{A}$有三个线性无关的特征向量,从而$\boldsymbol{A}$可以相似对角化,且$\boldsymbol{P}^{-1}\boldsymbol{A}\boldsymbol{P}=\boldsymbol{\Lambda}$.

可以算出$\boldsymbol{P}^{-1}=\begin{pmatrix}1&-1&2\\-2&3&-4\\1&-1&1\end{pmatrix}$,故

$$\begin{aligned}\boldsymbol{A}&=\boldsymbol{P}\boldsymbol{\Lambda}\boldsymbol{P}^{-1}\\&=\begin{pmatrix}1&1&2\\2&1&0\\1&0&-1\end{pmatrix}\begin{pmatrix}1&&\\&1&\\&&2\end{pmatrix}\begin{pmatrix}1&-1&2\\-2&3&-4\\1&-1&1\end{pmatrix}\\&=\begin{pmatrix}3&-2&2\\0&1&0\\-1&1&0\end{pmatrix}.\end{aligned}$$

$$\begin{aligned}\boldsymbol{A}^{10}&=(\boldsymbol{P}\boldsymbol{\Lambda}\boldsymbol{P}^{-1})^{10}=\boldsymbol{P}\boldsymbol{\Lambda}^{10}\boldsymbol{P}^{-1}\\&=\begin{pmatrix}1&1&2\\2&1&0\\1&0&-1\end{pmatrix}\begin{pmatrix}1^{10}&&\\&1^{10}&\\&&2^{10}\end{pmatrix}\begin{pmatrix}1&-1&2\\-2&3&-4\\1&-1&1\end{pmatrix}\\&=\begin{pmatrix}2047&-2046&2046\\0&1&0\\-1023&1023&-1022\end{pmatrix}.\end{aligned}$$

习题 4.3

A 组

1. 设$\boldsymbol{A}$可逆,证明$\boldsymbol{AB}$与$\boldsymbol{BA}$相似.

2. 若4阶矩阵$\boldsymbol{A}$与$\boldsymbol{B}$相似,矩阵$\boldsymbol{A}$的特征值为$\frac{1}{2},\frac{1}{3},\frac{1}{4},\frac{1}{5}$,求行列式$|\boldsymbol{B}^{-1}-\boldsymbol{I}|$.

3. 判断下列矩阵 $\boldsymbol{A}$ 能否相似对角化？若能，求出对应的相似变换矩阵与相似对角矩阵：

(1) $\begin{pmatrix} 2 & -1 & 2 \\ 5 & -3 & 3 \\ -1 & 0 & -2 \end{pmatrix}$；　(2) $\begin{pmatrix} 0 & 1 & 0 \\ 0 & 0 & 1 \\ -6 & -11 & -6 \end{pmatrix}$；

(3) $\begin{pmatrix} 3 & 2 & 2 \\ 2 & 3 & 2 \\ 2 & 2 & 3 \end{pmatrix}$；　(4) $\begin{pmatrix} 1 & 1 & 1 & 1 \\ 1 & 1 & -1 & -1 \\ 1 & -1 & 1 & -1 \\ 1 & -1 & -1 & 1 \end{pmatrix}$.

4. 设 $\boldsymbol{A}=\begin{pmatrix} 1 & -1 & 1 \\ 2 & 4 & -2 \\ -3 & -3 & a \end{pmatrix}$，$\boldsymbol{B}=\begin{pmatrix} 2 & & \\ & 2 & \\ & & b \end{pmatrix}$，且 $\boldsymbol{A}\sim\boldsymbol{B}$，求：

(1) a,b 的值；

(2) 求可逆矩阵 $\boldsymbol{P}$，使得 $\boldsymbol{P}^{-1}\boldsymbol{A}\boldsymbol{P}=\boldsymbol{B}$.

5. 设矩阵 $\boldsymbol{A}=\begin{pmatrix} 2 & 0 & 1 \\ 3 & 1 & x \\ 4 & 0 & 5 \end{pmatrix}$ 可以相似对角化，求 x.

6. 已知 $\boldsymbol{\alpha}=\begin{pmatrix} 1 \\ 1 \\ -1 \end{pmatrix}$ 是矩阵 $\boldsymbol{A}=\begin{pmatrix} 2 & -1 & 2 \\ 5 & a & 3 \\ -1 & b & -2 \end{pmatrix}$ 的一个特征向量，

(1) 试求 a,b 的值及 $\boldsymbol{\alpha}$ 所属的特征值 λ；

(2) 问 $\boldsymbol{A}$ 能否相似对角化？说明理由.

7. 设矩阵 $\boldsymbol{A}=\begin{pmatrix} 1 & -1 & 1 \\ x & 4 & y \\ -3 & -3 & 5 \end{pmatrix}$，已知 $\boldsymbol{A}$ 有三个线性无关的特征向量，$\lambda=2$ 是 $\boldsymbol{A}$ 的 2 重特征值，试求可逆矩阵 $\boldsymbol{P}$，使得 $\boldsymbol{P}^{-1}\boldsymbol{A}\boldsymbol{P}$ 为对角矩阵.

8. 已知 $\boldsymbol{A}\boldsymbol{\alpha}_i=i\boldsymbol{\alpha}_i$，$i=1,2,3$，其中 $\boldsymbol{\alpha}_1=\begin{pmatrix} 1 \\ 2 \\ 2 \end{pmatrix}$，$\boldsymbol{\alpha}_2=\begin{pmatrix} 2 \\ -2 \\ 1 \end{pmatrix}$，$\boldsymbol{\alpha}_3=\begin{pmatrix} -2 \\ -1 \\ 2 \end{pmatrix}$，求矩阵 $\boldsymbol{A}$.

9. 设 $\boldsymbol{A}=\begin{pmatrix}1 & -1\\ -2 & 0\end{pmatrix}$，求 $\boldsymbol{A}^{99}$.

10. 已知 $\boldsymbol{A}=\begin{pmatrix}-1 & 1 & 0\\ -2 & 2 & 0\\ 4 & x & 1\end{pmatrix}$ 能相似对角化，求 $\boldsymbol{A}^n$.

B组

1. 设 $\boldsymbol{A}$ 是 n 阶非零矩阵，若存在正整数 k，使得 $\boldsymbol{A}^k=\boldsymbol{0}$，证明矩阵 $\boldsymbol{A}$ 不能相似对角化.

2. 设 2 阶矩阵 $\boldsymbol{A}$ 的行列式为负数，证明 $\boldsymbol{A}$ 可以相似对角化.

3. 设 $\boldsymbol{A}$ 为 3 阶矩阵，$\boldsymbol{\alpha}_1,\boldsymbol{\alpha}_2,\boldsymbol{\alpha}_3$ 是线性无关的 3 维向量，且满足 $\boldsymbol{A\alpha}_1=\boldsymbol{\alpha}_1+\boldsymbol{\alpha}_2+\boldsymbol{\alpha}_3$，$\boldsymbol{A\alpha}_2=2\boldsymbol{\alpha}_2+\boldsymbol{\alpha}_3$，$\boldsymbol{A\alpha}_3=2\boldsymbol{\alpha}_2+3\boldsymbol{\alpha}_3$，试求：

(1) 矩阵 $\boldsymbol{B}$，使得 $\boldsymbol{A}(\boldsymbol{\alpha}_1,\boldsymbol{\alpha}_2,\boldsymbol{\alpha}_3)=(\boldsymbol{\alpha}_1,\boldsymbol{\alpha}_2,\boldsymbol{\alpha}_3)\boldsymbol{B}$；

(2) 矩阵 $\boldsymbol{A}$ 的特征值；

(3) 可逆矩阵 $\boldsymbol{P}$，使得 $\boldsymbol{P}^{-1}\boldsymbol{AP}$ 为对角矩阵.

4. 已知 3 阶矩阵 $\boldsymbol{A}$ 与 3 维向量 $\boldsymbol{\alpha}$，使得向量组 $\boldsymbol{\alpha},\boldsymbol{A\alpha},\boldsymbol{A}^2\boldsymbol{\alpha}$ 线性无关，且 $\boldsymbol{A}^3\boldsymbol{\alpha}=3\boldsymbol{A\alpha}-2\boldsymbol{A}^2\boldsymbol{\alpha}$，

(1) 记 $\boldsymbol{P}=(\boldsymbol{\alpha},\boldsymbol{A\alpha},\boldsymbol{A}^2\boldsymbol{\alpha})$，求 3 阶矩阵 $\boldsymbol{B}$，使得 $\boldsymbol{A}=\boldsymbol{PBP}^{-1}$；

(2) 计算行列式 $|\boldsymbol{A}+\boldsymbol{I}|$.

5. 设矩阵 $\boldsymbol{A}=\begin{pmatrix}1 & 0 & 2\\ 0 & 1 & 4\\ a+5 & -a-2 & 2a\end{pmatrix}$，问 $\boldsymbol{A}$ 能否相似对角化？

6. 已知线性方程组

$$\begin{cases}x_1+2x_2+x_3=3,\\ 2x_1+(a+4)x_2-5x_3=6,\\ -x_1-2x_2+ax_3=-3\end{cases}$$

有无穷多解，$\boldsymbol{A}$ 是 3 阶矩阵，且 $\begin{pmatrix}1\\ 2a\\ -1\end{pmatrix}$，$\begin{pmatrix}a\\ a+3\\ a+2\end{pmatrix}$，$\begin{pmatrix}a-2\\ -1\\ a+1\end{pmatrix}$ 分别是 $\boldsymbol{A}$ 的属于特征

值 1，−1，0 的三个特征向量，求矩阵 $\boldsymbol{A}$.

7. 设 n 阶方阵 $\boldsymbol{A}$ 满足 $\boldsymbol{A}^2-3\boldsymbol{A}+2\boldsymbol{I}=\boldsymbol{0}$，证明 $\boldsymbol{A}$ 可以相似对角化.

8. 设矩阵 $\boldsymbol{A}=\begin{pmatrix}1 & 2 & -3\\ -1 & 4 & -3\\ 1 & a & 5\end{pmatrix}$ 的特征方程有一个 2 重根，求 a 的值，并讨论 $\boldsymbol{A}$ 可否相似对角化.

4.4 实对称矩阵的相似对角化

由上一节我们知道，并非所有的 n 阶矩阵都可以相似对角化，但是有一类矩阵总可以相似对角化，这就是实数域上的对称矩阵，简称**实对称矩阵**（real symmetric matrix）.

4.4.1 实对称矩阵的特征值与特征向量

定理 4.4.1 实对称矩阵的特征值全是实数.

证明略.

定理 4.4.2 实对称矩阵的属于不同特征值的特征向量相互正交.

证 设 $\boldsymbol{A}$ 为 n 阶实对称矩阵，λ_1,λ_2 为 $\boldsymbol{A}$ 的两个不同的特征值，$\boldsymbol{\alpha}_1,\boldsymbol{\alpha}_2$ 分别为属于特征值 λ_1,λ_2 的特征向量，即有 $\boldsymbol{A\alpha}_1=\lambda_1\boldsymbol{\alpha}_1,\boldsymbol{A\alpha}_2=\lambda_2\boldsymbol{\alpha}_2,\boldsymbol{\alpha}_1,\boldsymbol{\alpha}_2\neq\boldsymbol{0}$，于是

$$\boldsymbol{\alpha}_2^{\mathrm{T}}\boldsymbol{A\alpha}_1=\lambda_1\boldsymbol{\alpha}_2^{\mathrm{T}}\boldsymbol{\alpha}_1,\quad \boldsymbol{\alpha}_1^{\mathrm{T}}\boldsymbol{A\alpha}_2=\lambda_2\boldsymbol{\alpha}_1^{\mathrm{T}}\boldsymbol{\alpha}_2,$$

又因为

$$\boldsymbol{\alpha}_2^{\mathrm{T}}\boldsymbol{A\alpha}_1=(\boldsymbol{\alpha}_2^{\mathrm{T}}\boldsymbol{A\alpha}_1)^{\mathrm{T}}=\boldsymbol{\alpha}_1^{\mathrm{T}}\boldsymbol{A}^{\mathrm{T}}\boldsymbol{\alpha}_2=\boldsymbol{\alpha}_1^{\mathrm{T}}\boldsymbol{A\alpha}_2,$$

故

$$\lambda_1\boldsymbol{\alpha}_2^{\mathrm{T}}\boldsymbol{\alpha}_1=\lambda_2\boldsymbol{\alpha}_1^{\mathrm{T}}\boldsymbol{\alpha}_2,$$

而 $\lambda_1\neq\lambda_2$，故 $\boldsymbol{\alpha}_2^{\mathrm{T}}\boldsymbol{\alpha}_1=\boldsymbol{\alpha}_1^{\mathrm{T}}\boldsymbol{\alpha}_2=0$，所以 $\boldsymbol{\alpha}_1$ 与 $\boldsymbol{\alpha}_2$ 正交.

注 由定理 4.4.2，当实对称矩阵 $\boldsymbol{A}$ 有不同的特征值 λ_1 和 λ_2 时，$\boldsymbol{A}$ 的属于 λ_1 的任一特征向量 $\boldsymbol{\alpha}$，与 $\boldsymbol{A}$ 的属于 λ_2 的所有特征向量都正交，从而 $\boldsymbol{\alpha}$ 与 $\boldsymbol{A}$

的属于特征值 λ_2 的特征向量的线性组合也正交.

定理 4.4.3 实对称矩阵的 n_i 重特征值恰好有 n_i 个属于此特征值的线性无关的特征向量.

证明略.

注 由定理 4.4.1 和 4.4.3 可知,实对称矩阵在实数域上一定可以相似对角化.

4.4.2 实对称矩阵的相似对角化

定理 4.4.4 设 $\boldsymbol{A}$ 为 n 阶实对称矩阵,则存在 n 阶正交矩阵 $\boldsymbol{P}$,使得 $\boldsymbol{P}^{-1}\boldsymbol{A}\boldsymbol{P}$ 为对角矩阵.

证明略.

注 由于 $\boldsymbol{P}$ 是正交矩阵,故 $\boldsymbol{P}^{-1}=\boldsymbol{P}^{\mathrm{T}}$,从而 $\boldsymbol{P}^{-1}\boldsymbol{A}\boldsymbol{P}=\boldsymbol{P}^{\mathrm{T}}\boldsymbol{A}\boldsymbol{P}$,其中的对角矩阵 $\boldsymbol{\Lambda}=\begin{pmatrix}\lambda_1 & & & \\ & \lambda_2 & & \\ & & \ddots & \\ & & & \lambda_n\end{pmatrix}$,$\lambda_1,\lambda_2,\cdots,\lambda_n$ 是 $\boldsymbol{A}$ 的全部特征值.

【例 4.4.1】 设 $\boldsymbol{A}=\begin{pmatrix}2 & 1 & 1\\ 1 & 2 & 1\\ 1 & 1 & 2\end{pmatrix}$,求正交矩阵 $\boldsymbol{P}$,使得 $\boldsymbol{P}^{-1}\boldsymbol{A}\boldsymbol{P}$ 为对角矩阵.

解 $\boldsymbol{A}$ 的特征多项式为

$$|\lambda\boldsymbol{I}-\boldsymbol{A}|=\begin{vmatrix}\lambda-2 & -1 & -1\\ -1 & \lambda-2 & -1\\ -1 & -1 & \lambda-2\end{vmatrix}=(\lambda-1)^2(\lambda-4),$$

于是 $\boldsymbol{A}$ 的特征值为 $\lambda_1=\lambda_2=1,\lambda_3=4$.

对于 $\lambda_1=\lambda_2=1$,解齐次线性方程组 $(\boldsymbol{I}-\boldsymbol{A})\boldsymbol{x}=\boldsymbol{0}$,由于

$$\boldsymbol{I}-\boldsymbol{A}=\begin{pmatrix}-1 & -1 & -1\\ -1 & -1 & -1\\ -1 & -1 & -1\end{pmatrix}\rightarrow\begin{pmatrix}1 & 1 & 1\\ 0 & 0 & 0\\ 0 & 0 & 0\end{pmatrix},$$

所以 $\boldsymbol{A}$ 的属于特征值 1 的特征向量为

$$\boldsymbol{\alpha}_1=\begin{pmatrix}-1\\1\\0\end{pmatrix},\boldsymbol{\alpha}_2=\begin{pmatrix}-1\\0\\1\end{pmatrix},$$

利用施密特标准正交化方法，令

$$\boldsymbol{\beta}_1=\begin{pmatrix}-1\\1\\0\end{pmatrix},$$

$$\boldsymbol{\beta}_2=\boldsymbol{\alpha}_2-\frac{(\boldsymbol{\alpha}_2,\boldsymbol{\beta}_1)}{(\boldsymbol{\beta}_1,\boldsymbol{\beta}_1)}\boldsymbol{\beta}_1=\begin{pmatrix}-1\\0\\1\end{pmatrix}-\frac{1}{2}\begin{pmatrix}-1\\1\\0\end{pmatrix}=\begin{pmatrix}-\frac{1}{2}\\-\frac{1}{2}\\1\end{pmatrix},$$

再单位化，得

$$\boldsymbol{\gamma}_1=\begin{pmatrix}-\frac{1}{\sqrt{2}}\\\frac{1}{\sqrt{2}}\\0\end{pmatrix},\boldsymbol{\gamma}_2=\begin{pmatrix}-\frac{1}{\sqrt{6}}\\-\frac{1}{\sqrt{6}}\\\frac{2}{\sqrt{6}}\end{pmatrix}.$$

对于 $\lambda_3=4$，解齐次线性方程组 $(4\boldsymbol{I}-\boldsymbol{A})\boldsymbol{x}=\boldsymbol{0}$，由于

$$4\boldsymbol{I}-\boldsymbol{A}=\begin{pmatrix}2&-1&-1\\-1&2&-1\\-1&-1&2\end{pmatrix}\to\begin{pmatrix}0&-3&3\\0&3&-3\\-1&-1&2\end{pmatrix}$$
$$\to\begin{pmatrix}0&0&0\\0&1&-1\\-1&-1&2\end{pmatrix}\to\begin{pmatrix}1&0&-1\\0&1&-1\\0&0&0\end{pmatrix},$$

所以 $\boldsymbol{A}$ 的属于特征值 4 的特征向量为 $\boldsymbol{\alpha}_3=\begin{pmatrix}1\\1\\1\end{pmatrix}$，将其单位化，得

$$\boldsymbol{\gamma}_3=\begin{pmatrix}\frac{1}{\sqrt{3}}\\\frac{1}{\sqrt{3}}\\\frac{1}{\sqrt{3}}\end{pmatrix},$$

以 $\boldsymbol{\gamma}_1,\boldsymbol{\gamma}_2,\boldsymbol{\gamma}_3$ 为列向量作矩阵 $\boldsymbol{P}=\begin{pmatrix}-\frac{1}{\sqrt{2}} & -\frac{1}{\sqrt{6}} & \frac{1}{\sqrt{3}}\\\frac{1}{\sqrt{2}} & -\frac{1}{\sqrt{6}} & \frac{1}{\sqrt{3}}\\0 & \frac{2}{\sqrt{6}} & \frac{1}{\sqrt{3}}\end{pmatrix}$，则 $\boldsymbol{P}$ 即为所求的正交矩阵，使得

$$\boldsymbol{P}^{-1}\boldsymbol{AP}=\begin{pmatrix}1 & & \\ & 1 & \\ & & 4\end{pmatrix}.$$

【例 4.4.2】 设 $\boldsymbol{A}=\begin{pmatrix}1 & -2 & 0\\-2 & 2 & -2\\0 & -2 & 3\end{pmatrix}$，求正交矩阵 $\boldsymbol{P}$，使得 $\boldsymbol{P}^{\mathrm{T}}\boldsymbol{AP}$ 为对角矩阵.

解　$\boldsymbol{A}$ 的特征多项式为

$$|\lambda\boldsymbol{I}-\boldsymbol{A}|=\begin{vmatrix}\lambda-1 & 2 & 0\\2 & \lambda-2 & 2\\0 & 2 & \lambda-3\end{vmatrix}=(\lambda+1)(\lambda-2)(\lambda-5),$$

于是 $\boldsymbol{A}$ 的特征值为 $\lambda_1=-1,\lambda_2=2,\lambda_3=5$.

对于 $\lambda_1=-1$，解齐次线性方程组 $(-\boldsymbol{I}-\boldsymbol{A})\boldsymbol{x}=\boldsymbol{0}$，得特征向量 $\boldsymbol{\alpha}_1=\begin{pmatrix}2\\2\\1\end{pmatrix}$，

对于 $\lambda_2=2$，解齐次线性方程组 $(2\boldsymbol{I}-\boldsymbol{A})\boldsymbol{x}=\boldsymbol{0}$，得特征向量 $\boldsymbol{\alpha}_2=\begin{pmatrix}2\\-1\\-2\end{pmatrix}$，对于 $\lambda_3=5$，解齐次线性方程组 $(5\boldsymbol{I}-\boldsymbol{A})\boldsymbol{x}=\boldsymbol{0}$，得特征向量 $\boldsymbol{\alpha}_3=\begin{pmatrix}1\\-2\\2\end{pmatrix}$.

由于 $\boldsymbol{\alpha}_1,\boldsymbol{\alpha}_2,\boldsymbol{\alpha}_3$ 是属于不同特征值的特征向量，已是正交的，故只需单位化，得

$$\boldsymbol{\beta}_1=\frac{1}{\|\boldsymbol{\alpha}_1\|}\boldsymbol{\alpha}_1=\begin{pmatrix}\frac{2}{3}\\\frac{2}{3}\\\frac{1}{3}\end{pmatrix},\boldsymbol{\beta}_2=\frac{1}{\|\boldsymbol{\alpha}_2\|}\boldsymbol{\alpha}_2=\begin{pmatrix}\frac{2}{3}\\-\frac{1}{3}\\-\frac{2}{3}\end{pmatrix},\boldsymbol{\beta}_3=\frac{1}{\|\boldsymbol{\alpha}_3\|}\boldsymbol{\alpha}_3=\begin{pmatrix}\frac{1}{3}\\-\frac{2}{3}\\\frac{2}{3}\end{pmatrix}.$$

令 $\boldsymbol{P}=(\boldsymbol{\beta}_1,\boldsymbol{\beta}_2,\boldsymbol{\beta}_3)=\begin{pmatrix}\frac{2}{3}&\frac{2}{3}&\frac{1}{3}\\\frac{2}{3}&-\frac{1}{3}&-\frac{2}{3}\\\frac{1}{3}&-\frac{2}{3}&\frac{2}{3}\end{pmatrix}$，则 $\boldsymbol{P}$ 即为所求的正交矩阵，

$$\boldsymbol{P}^{\mathrm{T}}\boldsymbol{A}\boldsymbol{P}=\begin{pmatrix}-1&&\\&2&\\&&5\end{pmatrix}.$$

【例 4.4.3】 设 3 阶实对称矩阵 $\boldsymbol{A}$ 的特征值为 1,2,3，属于特征值 1,2 的特征向量分别是

$$\boldsymbol{\alpha}_1=\begin{pmatrix}-1\\-1\\1\end{pmatrix},\boldsymbol{\alpha}_2=\begin{pmatrix}1\\-2\\-1\end{pmatrix},$$

求：(1) 属于特征值 3 的特征向量；(2) 矩阵 $\boldsymbol{A}$.

解 (1) 设属于 3 的特征向量为 $\boldsymbol{\alpha}_3=\begin{pmatrix}x_1\\x_2\\x_3\end{pmatrix}$，则实对称矩阵 $\boldsymbol{A}$ 的属于不同特征值的特征向量正交，故 $\boldsymbol{\alpha}_1^{\mathrm{T}}\boldsymbol{\alpha}_3=0,\boldsymbol{\alpha}_2^{\mathrm{T}}\boldsymbol{\alpha}_3=0$，即

$$\begin{cases}-x_1-\ x_2+x_3=0,\\ \ \ x_1-2x_2-x_3=0,\end{cases}$$

解之，得基础解系为 $\begin{pmatrix}1\\0\\1\end{pmatrix}$，于是 $\boldsymbol{A}$ 的属于特征值 3 的特征向量为 $k\begin{pmatrix}1\\0\\1\end{pmatrix}$，其中 k 为非零常数.

(2) 实对称矩阵 $\boldsymbol{A}$ 一定可以相似对角化，令 $\boldsymbol{\Lambda}=\begin{pmatrix}1&&\\&2&\\&&3\end{pmatrix}$，$\boldsymbol{P}=\begin{pmatrix}-1&1&1\\-1&-2&0\\1&-1&1\end{pmatrix}$，则 $\boldsymbol{A}=\boldsymbol{P\Lambda P}^{-1}$，可求出 $\boldsymbol{P}^{-1}=\begin{pmatrix}-\frac{1}{3}&-\frac{1}{3}&\frac{1}{3}\\\frac{1}{6}&-\frac{1}{3}&-\frac{1}{6}\\\frac{1}{2}&0&\frac{1}{2}\end{pmatrix}$，代入得

$$\boldsymbol{A}=\begin{pmatrix}-1&1&1\\-1&-2&0\\1&-1&1\end{pmatrix}\begin{pmatrix}1&&\\&2&\\&&3\end{pmatrix}\begin{pmatrix}-\frac{1}{3}&-\frac{1}{3}&\frac{1}{3}\\\frac{1}{6}&-\frac{1}{3}&-\frac{1}{6}\\\frac{1}{2}&0&\frac{1}{2}\end{pmatrix}$$

$$=\frac{1}{6}\begin{pmatrix}13&-2&5\\-2&10&2\\5&2&13\end{pmatrix}.$$

注 在例 4.4.3 中，由于 $\boldsymbol{A}$ 是实对称矩阵，故存在正交矩阵 $\boldsymbol{Q}$，使得 $\boldsymbol{Q}^{-1}\boldsymbol{AQ}=\boldsymbol{Q}^{\mathrm{T}}\boldsymbol{AQ}=\boldsymbol{\Lambda}$，因此将 $\boldsymbol{\alpha}_1,\boldsymbol{\alpha}_2,\boldsymbol{\alpha}_3$ 单位化，得

$$\boldsymbol{\beta}_1=\begin{pmatrix}-\frac{1}{\sqrt{3}}\\-\frac{1}{\sqrt{3}}\\\frac{1}{\sqrt{3}}\end{pmatrix},\boldsymbol{\beta}_2=\begin{pmatrix}\frac{1}{\sqrt{6}}\\-\frac{2}{\sqrt{6}}\\-\frac{1}{\sqrt{6}}\end{pmatrix},\boldsymbol{\beta}_3=\begin{pmatrix}\frac{1}{\sqrt{2}}\\0\\\frac{1}{\sqrt{2}}\end{pmatrix},$$

令

$$\boldsymbol{Q}=\begin{pmatrix}-\frac{1}{\sqrt{3}}&\frac{1}{\sqrt{6}}&\frac{1}{\sqrt{2}}\\-\frac{1}{\sqrt{3}}&-\frac{2}{\sqrt{6}}&0\\\frac{1}{\sqrt{3}}&-\frac{1}{\sqrt{6}}&\frac{1}{\sqrt{2}}\end{pmatrix},$$

则

$$\boldsymbol{A}=\boldsymbol{Q}\boldsymbol{\Lambda}\boldsymbol{Q}^{-1}=\boldsymbol{Q}\boldsymbol{\Lambda}\boldsymbol{Q}^{\mathrm{T}}=\frac{1}{6}\begin{pmatrix}13&-2&5\\-2&10&2\\5&2&13\end{pmatrix},$$

这样就可避免原例中的求逆运算.

【例 4.4.4】 设 3 阶实对称矩阵 $\boldsymbol{A}$ 满足 $\boldsymbol{A}^2-2\boldsymbol{A}=\boldsymbol{0}$，且 $r(\boldsymbol{A})=2$，求 $\boldsymbol{A}$ 的全部特征值.

解 设 λ 是 $\boldsymbol{A}$ 的特征值，对应的特征向量为 $\boldsymbol{\alpha}(\boldsymbol{\alpha}\neq\boldsymbol{0})$，则 $\boldsymbol{A}\boldsymbol{\alpha}=\lambda\boldsymbol{\alpha}$，$\boldsymbol{A}^2\boldsymbol{\alpha}=\lambda^2\boldsymbol{\alpha}$，于是 $(\boldsymbol{A}^2-2\boldsymbol{A})\boldsymbol{\alpha}=(\lambda^2-2\lambda)\boldsymbol{\alpha}=\boldsymbol{0}$，从而 $\lambda^2-2\lambda=0$，所以 λ 的取值只能是 0 或 2.

又因为 $\boldsymbol{A}$ 是实对称矩阵，必可对角化，即存在可逆矩阵 $\boldsymbol{P}$，使得

$$\boldsymbol{P}^{-1}\boldsymbol{A}\boldsymbol{P}=\boldsymbol{\Lambda}=\begin{pmatrix}\lambda_1&&\\&\lambda_2&\\&&\lambda_3\end{pmatrix},$$

$\mathrm{r}(\boldsymbol{A})=\mathrm{r}(\boldsymbol{\Lambda})=2$,所以 $\boldsymbol{A}$ 有一个特征值 0,且为单根,故 $\boldsymbol{A}$ 的全部特征值为 $\lambda_1=0,\lambda_2=\lambda_3=2$.

习题 4.4

A 组

1. 设矩阵 $\boldsymbol{A}=\begin{pmatrix}1 & -1 & 0\\ -1 & \sqrt{2} & 2\\ 0 & 2 & \sqrt{3}\end{pmatrix}$,$\boldsymbol{B}=\begin{pmatrix}0 & 1 & 2\\ 0 & -1 & 3\\ 0 & 0 & 1\end{pmatrix}$,$\boldsymbol{C}=\begin{pmatrix}-1 & 1 & 2\\ 0 & -1 & 1\\ 0 & 0 & 1\end{pmatrix}$,

$\boldsymbol{D}=\begin{pmatrix}1 & -1 & 1\\ 0 & 3 & -1\\ 0 & 0 & 1\end{pmatrix}$,试判断其中哪些能与对角矩阵相似,哪些不能?并说明理由.

2. 求正交矩阵 $\boldsymbol{P}$,使得 $\boldsymbol{P}^{-1}\boldsymbol{AP}$ 为对角矩阵:

(1) $\boldsymbol{A}=\begin{pmatrix}0 & 1 & -1\\ 1 & 0 & 1\\ -1 & 1 & 0\end{pmatrix}$;　　(2) $\boldsymbol{A}=\begin{pmatrix}2 & 1 & 0\\ 1 & 3 & 1\\ 0 & 1 & 2\end{pmatrix}$.

3. 设 3 阶实对称矩阵 $\boldsymbol{A}$ 的全部特征值为 $\lambda_1=1,\lambda_2=\lambda_3=-1$,属于 λ_1 的特征向量 $\boldsymbol{\xi}=\begin{pmatrix}1\\ 2\\ -2\end{pmatrix}$,求矩阵 $\boldsymbol{A}$.

4. 设 3 阶实对称矩阵 $\boldsymbol{A}$ 的秩为 2,$\lambda_1=\lambda_2=6$ 是 $\boldsymbol{A}$ 的 2 重特征值.若

$$\boldsymbol{\alpha}_1=\begin{pmatrix}1\\ 1\\ 0\end{pmatrix},\boldsymbol{\alpha}_2=\begin{pmatrix}2\\ 1\\ 1\end{pmatrix},\boldsymbol{\alpha}_3=\begin{pmatrix}-1\\ 2\\ -3\end{pmatrix}$$

都是 $\boldsymbol{A}$ 的属于特征值 6 的特征向量,求:

(1) $\boldsymbol{A}$ 的另一个特征值及对应的特征向量;

(2) 矩阵 $\boldsymbol{A}$.

5. 设 $\boldsymbol{A}$ 是 3 阶实对称矩阵，$\boldsymbol{A}$ 的特征值是 6，−6，0，其中 $\lambda=6$ 与 $\lambda=0$ 的特征向量分别为 $\begin{pmatrix}1\\a\\1\end{pmatrix}$ 及 $\begin{pmatrix}a\\a+1\\1\end{pmatrix}$，求矩阵 $\boldsymbol{A}$.

6. 已知矩阵 $\boldsymbol{A}=\begin{pmatrix}2&0&0\\0&3&a\\0&a&3\end{pmatrix}$ 有特征值 $\lambda=5$，求 a 的值，并当 $a>0$ 时，求正交矩阵$\boldsymbol{Q}$，使得 $\boldsymbol{Q}^{-1}\boldsymbol{A}\boldsymbol{Q}$ 为对角矩阵.

7. 设 $\boldsymbol{A}=\begin{pmatrix}0&-1&4\\-1&3&a\\4&a&0\end{pmatrix}$，正交矩阵 $\boldsymbol{Q}$ 使得 $\boldsymbol{Q}^{\mathrm{T}}\boldsymbol{A}\boldsymbol{Q}$ 为对角矩阵，若 $\boldsymbol{Q}$ 的第一列为 $\begin{pmatrix}\frac{1}{\sqrt{6}}\\\frac{2}{\sqrt{6}}\\\frac{1}{\sqrt{6}}\end{pmatrix}$，求 a，$\boldsymbol{Q}$.

8. 设矩阵 $\boldsymbol{A}=\begin{pmatrix}1&1&a\\1&a&1\\a&1&1\end{pmatrix}$，$\boldsymbol{\beta}=\begin{pmatrix}1\\1\\-2\end{pmatrix}$，已知线性方程组 $\boldsymbol{A}\boldsymbol{x}=\boldsymbol{\beta}$ 有解但不唯一，试求：

(1) a 的值；

(2) 正交矩阵 $\boldsymbol{Q}$，使得 $\boldsymbol{Q}^{\mathrm{T}}\boldsymbol{A}\boldsymbol{Q}$ 为对角矩阵.

B 组

1. 判断下列每组的两个矩阵是否相似，并说明理由：

(1) $\boldsymbol{A}_1=\begin{pmatrix}3&&\\&3&\\&&3\end{pmatrix}$，$\boldsymbol{B}_1=\begin{pmatrix}3&1&0\\0&3&1\\0&0&3\end{pmatrix}$；

(2) $\boldsymbol{A}_2=\begin{pmatrix}1&&\\&1&\\&&2\end{pmatrix}$, $\boldsymbol{B}_2=\begin{pmatrix}1&0&1\\0&1&0\\0&0&2\end{pmatrix}$;

(3) $\boldsymbol{A}_3=\begin{pmatrix}2&1&0\\0&5&1\\0&0&3\end{pmatrix}$, $\boldsymbol{B}_3=\begin{pmatrix}3&0&0\\0&5&0\\2&1&2\end{pmatrix}$;

(4) $\boldsymbol{A}_4=\begin{pmatrix}1&1&1\\1&1&1\\1&1&1\end{pmatrix}$, $\boldsymbol{B}_4=\begin{pmatrix}3&0&0\\0&0&0\\0&0&0\end{pmatrix}$.

2. 证明:实对称的正交矩阵的特征值必为 1 或 -1.

3. 设 n 阶实对称矩阵 $\boldsymbol{A}$ 满足 $\boldsymbol{A}^2=\boldsymbol{A}$,且 $\mathrm{r}(\boldsymbol{A})=r$,求 $|5\boldsymbol{I}-\boldsymbol{A}|$.

4. 设 $\boldsymbol{A}$ 是 3 阶实对称矩阵,且满足 $\boldsymbol{A}^2-2\boldsymbol{A}=\boldsymbol{0}$,已知 $\mathrm{r}(\boldsymbol{A})=2$, $\boldsymbol{\xi}=\begin{pmatrix}1\\0\\1\end{pmatrix}$ 是齐次线性方程组 $\boldsymbol{Ax}=\boldsymbol{0}$ 的一个解向量,求 $\boldsymbol{A}$.

5. 设 $\boldsymbol{A}$ 为 3 阶实对称矩阵,$\boldsymbol{A}$ 的秩为 2,且 $\boldsymbol{A}\begin{pmatrix}1&1\\0&0\\-1&1\end{pmatrix}=\begin{pmatrix}-1&1\\0&0\\1&1\end{pmatrix}$,求:

(1) $\boldsymbol{A}$ 的所有特征值与特征向量;

(2) 矩阵 $\boldsymbol{A}$.

6. 设 3 阶实对称矩阵 $\boldsymbol{A}$ 的全部特征值为 $\lambda_1=1, \lambda_2=2, \lambda_3=-2$, $\boldsymbol{\alpha}_1=\begin{pmatrix}1\\-1\\1\end{pmatrix}$ 是属于 λ_1 的一个特征向量,记 $\boldsymbol{B}=\boldsymbol{A}^5-4\boldsymbol{A}^3+\boldsymbol{I}$.

(1) 验证 $\boldsymbol{\alpha}_1$ 是矩阵 $\boldsymbol{B}$ 的特征向量,并求 $\boldsymbol{B}$ 的全部特征值与特征向量;

(2) 求矩阵 $\boldsymbol{B}$.

7. 已知 $\boldsymbol{\alpha}_1=\begin{pmatrix}1\\2\\1\end{pmatrix}$, $\boldsymbol{\alpha}_2=\begin{pmatrix}1\\1\\a\end{pmatrix}$ 分别为 3 阶实对称不可逆矩阵 $\boldsymbol{A}$ 的属于特征

值$\boldsymbol{\lambda}_1=1,\lambda_2=-1$的特征向量. 若$\boldsymbol{\beta}=\begin{pmatrix}8\\0\\10\end{pmatrix}$,求$\boldsymbol{A}^2\boldsymbol{\beta}$.

8. 设$\boldsymbol{A}$是3阶实对称矩阵,$\boldsymbol{A}$的特征值是$\lambda_1=1,\lambda_2=2,\lambda_3=-1$,且$\boldsymbol{\alpha}_1=\begin{pmatrix}1\\a+1\\2\end{pmatrix}$,$\boldsymbol{\alpha}_2=\begin{pmatrix}a-1\\-a\\1\end{pmatrix}$分别是属于$\lambda_1,\lambda_2$的特征向量,$\boldsymbol{A}^*$有特征值$\lambda_0$,所对应的特征向量为$\boldsymbol{\beta}_0=\begin{pmatrix}2\\-5a\\2a+1\end{pmatrix}$,求$a$及$\lambda_0$的值.

9. 设3阶实对称矩阵$\boldsymbol{A}$的特征值为$0,1,1$,$\boldsymbol{\alpha}_1=\begin{pmatrix}1\\a\\0\end{pmatrix}$,$\boldsymbol{\alpha}_2=\begin{pmatrix}1\\-1\\a\end{pmatrix}$是$\boldsymbol{A}$的两个不同的特征向量,且$\boldsymbol{A}(\boldsymbol{\alpha}_1+\boldsymbol{\alpha}_2)=\boldsymbol{\alpha}_2$,求:

(1) a的值;

(2) 方程$\boldsymbol{Ax}=\boldsymbol{\alpha}_2$的通解;

(3) 矩阵$\boldsymbol{A}$;

(4) 正交矩阵$\boldsymbol{Q}$,使得$\boldsymbol{Q}^{\mathrm{T}}\boldsymbol{AQ}$为对角矩阵.

第 5 章 二次型

二次型理论源于解析几何中二次曲线(曲面)的讨论.设中心在原点的有心二次曲线的一般方程为

$$ax^2+2bxy+cy^2=f, \tag{5.1}$$

它表示的是椭圆还是双曲线?作坐标旋转变换

$$\begin{cases}x=x'\cos\theta-y'\sin\theta,\\ y=x'\sin\theta+y'\cos\theta,\end{cases}$$

选取适当的 θ,可将方程(5.1)中的乘积项消去,得到标准方程

$$a'x'^2+c'y'^2=f,$$

通过此标准形,可以识别二次曲线的类型,进而研究曲线的性质.

从代数学的角度看,这一问题就是通过线性变换将二次齐次多项式化简为仅有平方项的形式.

其他学科也会遇到类似的问题,将其一般化,作更广泛(变量个数更多,系数更一般)的讨论,这就是二次型的一般理论.

5.1 二次型及其矩阵

5.1.1 二次型的概念与矩阵表示

定义 5.1.1 含有 n 个变量 $x_1,x_2,\cdots,x_n$ 的二次齐次多项式

$$\begin{aligned}f(x_1,x_2,\cdots,x_n)=\ & a_{11}x_1^2+2a_{12}x_1x_2+2a_{13}x_1x_3+\cdots+2a_{1n}x_1x_n+\\ & a_{22}x_2^2+2a_{23}x_2x_3+\cdots+2a_{2n}x_2x_n+\\ & \cdots+\\ & a_{nn}x_n^2\end{aligned}$$

$$= \sum_{i=1}^{n} a_{ii}x_i^2 + 2\sum_{1\leqslant i<j\leqslant n} a_{ij}x_ix_j \tag{5.2}$$

称为 **n 元二次型**，简称**二次型**(quadratic form).

注　若二次型的系数 a_{ij} 都取自实数域，则称为**实数域上的二次型**，简称**实二次型**. 本书仅讨论实二次型.

二次型 $f(x_1,x_2,\cdots,x_n)$ 也可以看成 $x_1,x_2,\cdots,x_n$ 的函数，当取 $x_1=c_1$，$x_2=c_2,\cdots,x_n=c_n$ 代入，相应的函数值 $f(c_1,c_2,\cdots,c_n)$ 称为该**二次型的值**.

若取 $a_{ij}=a_{ji}\ (i<j)$，则

$$2a_{ij}x_ix_j = a_{ij}x_ix_j + a_{ji}x_jx_i,$$

于是式(5.2)可表示为

$$\begin{aligned} f(x_1,x_2,\cdots,x_n) = {} & a_{11}x_1^2 + a_{12}x_1x_2 + \cdots + a_{1n}x_1x_n + \\ & a_{21}x_2x_1 + a_{22}x_2^2 + \cdots + a_{2n}x_2x_n + \\ & \cdots + \\ & a_{n1}x_nx_1 + a_{n2}x_nx_2 + \cdots + a_{nn}x_n^2 \\ = {} & \sum_{i=1}^{n}\sum_{j=1}^{n} a_{ij}x_ix_j. \end{aligned} \tag{5.3}$$

令 $\boldsymbol{A}=\begin{pmatrix} a_{11} & a_{12} & \cdots & a_{1n} \\ a_{21} & a_{22} & \cdots & a_{2n} \\ \vdots & \vdots & & \vdots \\ a_{n1} & a_{n2} & \cdots & a_{nn} \end{pmatrix}$，$\boldsymbol{x}=\begin{pmatrix} x_1 \\ x_2 \\ \vdots \\ x_n \end{pmatrix}$，则二次型(5.3)可表示为

$$f(x_1,x_2,\cdots,x_n)=(x_1,x_2,\cdots,x_n)\begin{pmatrix} a_{11} & a_{12} & \cdots & a_{1n} \\ a_{21} & a_{22} & \cdots & a_{2n} \\ \vdots & \vdots & & \vdots \\ a_{n1} & a_{n2} & \cdots & a_{nn} \end{pmatrix}\begin{pmatrix} x_1 \\ x_2 \\ \vdots \\ x_n \end{pmatrix},$$

即

$$f(\boldsymbol{x})=\boldsymbol{x}^{\mathrm{T}}\boldsymbol{A}\boldsymbol{x},$$

这就是二次型的矩阵表示，其中 $\boldsymbol{A}$ 称为**二次型的矩阵**，它是一个实对称矩阵，

矩阵 $\boldsymbol{A}$ 的秩也称为该**二次型的秩**. 显然,每一个二次型 $f(x_1,x_2,\cdots,x_n)$ 都对应一个实对称矩阵 $\boldsymbol{A}$,反之,每一个实对称矩阵 $\boldsymbol{A}$ 也都可确定一个二次型.

例如,二次型 $f(x_1,x_2,x_3)=x_1^2+2x_2^2+3x_3^2+2x_1x_2-4x_1x_3+2x_2x_3$ 的矩阵是

$$\boldsymbol{A}=\begin{pmatrix}1 & 1 & -2\\ 1 & 2 & 1\\ -2 & 1 & 3\end{pmatrix},$$

是一个对称矩阵,反之,$\boldsymbol{A}$ 所对应的二次型为

$$\begin{aligned}f(x_1,x_2,x_3)=\boldsymbol{x}^{\mathrm{T}}\boldsymbol{A}\boldsymbol{x}&=(x_1,x_2,x_3)\begin{pmatrix}1 & 1 & -2\\ 1 & 2 & 1\\ -2 & 1 & 3\end{pmatrix}\begin{pmatrix}x_1\\ x_2\\ x_3\end{pmatrix}\\ &=x_1^2+2x_2^2+3x_3^2+2x_1x_2-4x_1x_3+2x_2x_3.\end{aligned}$$

【例 5.1.1】 求二次型 $f(x_1,x_2,x_3)=(x_1,x_2,x_3)\begin{pmatrix}1 & 0 & 1\\ 2 & 4 & 1\\ 0 & 3 & -2\end{pmatrix}\begin{pmatrix}x_1\\ x_2\\ x_3\end{pmatrix}$ 的矩阵,并求此二次型的秩.

解 由于 $\begin{pmatrix}1 & 0 & 1\\ 2 & 4 & 1\\ 0 & 3 & -2\end{pmatrix}$ 不是对称矩阵,故不是二次型 $f(x_1,x_2,x_3)$ 的矩阵. 将二次型展开,得

$$\begin{aligned}f(x_1,x_2,x_3)&=(x_1+2x_2,4x_2+3x_3,x_1+x_2-2x_3)\begin{pmatrix}x_1\\ x_2\\ x_3\end{pmatrix}\\ &=x_1^2+4x_2^2-2x_3^2+2x_1x_2+x_1x_3+4x_2x_3\\ &=(x_1,x_2,x_3)\begin{pmatrix}1 & 1 & \frac{1}{2}\\ 1 & 4 & 2\\ \frac{1}{2} & 2 & -2\end{pmatrix}\begin{pmatrix}x_1\\ x_2\\ x_3\end{pmatrix},\end{aligned}$$

所以二次型的矩阵为

$$A=\begin{pmatrix}1 & 1 & \frac{1}{2}\\ 1 & 4 & 2\\ \frac{1}{2} & 2 & -2\end{pmatrix}.$$

因为 $r(A)=3$,故二次型的秩也为3.

5.1.2　线性变(替)换

定义 5.1.2　设有两组变量 $x_1,x_2,\cdots,x_n$ 和 $y_1,y_2,\cdots,y_n$,称

$$\begin{cases}x_1=c_{11}y_1+c_{12}y_2+\cdots+c_{1n}y_n,\\ x_2=c_{21}y_1+c_{22}y_2+\cdots+c_{2n}y_n,\\ \vdots\\ x_n=c_{n1}y_1+c_{n2}y_2+\cdots+c_{nn}y_n\end{cases}\tag{5.4}$$

为从 $x_1,x_2,\cdots,x_n$ 到 $y_1,y_2,\cdots,y_n$ 的一个**线性变(替)换**(linear replacement).

线性变换(5.4)的矩阵形式为

$$\begin{pmatrix}x_1\\ x_2\\ \vdots\\ x_n\end{pmatrix}=\begin{pmatrix}c_{11} & c_{12} & \cdots & c_{1n}\\ c_{21} & c_{22} & \cdots & c_{2n}\\ \vdots & \vdots & & \vdots\\ c_{n1} & c_{n2} & \cdots & c_{nn}\end{pmatrix}\begin{pmatrix}y_1\\ y_2\\ \vdots\\ y_n\end{pmatrix},$$

或者

$$\boldsymbol{x}=\boldsymbol{C}\boldsymbol{y},$$

其中 $\boldsymbol{x}=\begin{pmatrix}x_1\\ x_2\\ \vdots\\ x_n\end{pmatrix},\boldsymbol{y}=\begin{pmatrix}y_1\\ y_2\\ \vdots\\ y_n\end{pmatrix},\boldsymbol{C}=\begin{pmatrix}c_{11} & c_{12} & \cdots & c_{1n}\\ c_{21} & c_{22} & \cdots & c_{2n}\\ \vdots & \vdots & & \vdots\\ c_{n1} & c_{n2} & \cdots & c_{nn}\end{pmatrix}$.

矩阵 $\boldsymbol{C}=(c_{ij})_n$ 称为**线性变换的矩阵**,若 $\boldsymbol{C}$ 为可逆矩阵,则称 $\boldsymbol{x}=\boldsymbol{C}\boldsymbol{y}$ 为**可逆线性变换**或**非退化线性变换**,若 $\boldsymbol{C}$ 为正交矩阵,则称 $\boldsymbol{x}=\boldsymbol{C}\boldsymbol{y}$ 为**正交线性变换**.

线性变换可以将一个二次型变为另一个二次型. 例如, 二次型 $f(x_1,x_2,\cdots,x_n)$经过线性变换$\boldsymbol{x}=\boldsymbol{C}\boldsymbol{y}$变成$g(y_1,y_2,\cdots,y_n)$, 倘若$|\boldsymbol{C}|\neq 0$,则二次型$g(y_1,y_2,\cdots,y_n)$又可经过线性变换$\boldsymbol{y}=\boldsymbol{C}^{-1}\boldsymbol{x}$变为$f(x_1,x_2,\cdots,x_n)$.

对二次型先作线性变换$\boldsymbol{x}=\boldsymbol{C}_1\boldsymbol{y}$,再作线性变换$\boldsymbol{y}=\boldsymbol{C}_2\boldsymbol{z}$,则相当于作了线性变换$\boldsymbol{x}=\boldsymbol{C}_1\boldsymbol{C}_2\boldsymbol{z}$.

定义 5.1.3 若二次型$f(x_1,x_2,\cdots,x_n)$经过可逆线性变换$\boldsymbol{x}=\boldsymbol{C}\boldsymbol{y}$变成二次型$g(y_1,y_2,\cdots,y_n)$,则称$f(x_1,x_2,\cdots,x_n)$与$g(y_1,y_2,\cdots,y_n)$**合同**(congruent).

5.1.3 矩阵的合同

定义 5.1.4 设$\boldsymbol{A},\boldsymbol{B}$为$n$阶方阵,若存在可逆矩阵$\boldsymbol{C}$,使得$\boldsymbol{C}^{\mathrm{T}}\boldsymbol{A}\boldsymbol{C}=\boldsymbol{B}$,则称$\boldsymbol{A}$与$\boldsymbol{B}$**合同**,或$\boldsymbol{A}$**合同于**$\boldsymbol{B}$.

由定义,易得矩阵的合同具有如下性质:

(1) 合同是一个等价关系,即满足:

自反性 任一个方阵$\boldsymbol{A}$,$\boldsymbol{A}$与$\boldsymbol{A}$合同;

对称性 如果$\boldsymbol{A}$与$\boldsymbol{B}$合同,则$\boldsymbol{B}$与$\boldsymbol{A}$合同;

传递性 如果$\boldsymbol{A}$与$\boldsymbol{B}$合同,$\boldsymbol{B}$与$\boldsymbol{C}$合同,则$\boldsymbol{A}$与$\boldsymbol{C}$合同.

(2) 若矩阵$\boldsymbol{A}$与$\boldsymbol{B}$合同,则$\boldsymbol{A}$与$\boldsymbol{B}$等价,从而秩相同;

(3) 若矩阵$\boldsymbol{A}$与$\boldsymbol{B}$合同,则$\boldsymbol{A}$是对称矩阵,当且仅当$\boldsymbol{B}$也是对称矩阵.

证 因$\boldsymbol{A}$与$\boldsymbol{B}$合同,设$\boldsymbol{C}^{\mathrm{T}}\boldsymbol{A}\boldsymbol{C}=\boldsymbol{B}$,若$\boldsymbol{A}$对称,则

$$\boldsymbol{B}^{\mathrm{T}}=(\boldsymbol{C}^{\mathrm{T}}\boldsymbol{A}\boldsymbol{C})^{\mathrm{T}}=\boldsymbol{C}^{\mathrm{T}}\boldsymbol{A}^{\mathrm{T}}\boldsymbol{C}=\boldsymbol{C}^{\mathrm{T}}\boldsymbol{A}\boldsymbol{C}=\boldsymbol{B},$$

从而$\boldsymbol{B}$也对称,又由合同的对称性知,反之亦然.

定理 5.1.1 二次型$f(\boldsymbol{x})=\boldsymbol{x}^{\mathrm{T}}\boldsymbol{A}\boldsymbol{x}\ (\boldsymbol{A}^{\mathrm{T}}=\boldsymbol{A})$与$g(\boldsymbol{y})=\boldsymbol{y}^{\mathrm{T}}\boldsymbol{B}\boldsymbol{y}\ (\boldsymbol{B}^{\mathrm{T}}=\boldsymbol{B})$合同的充分必要条件是$\boldsymbol{A}$与$\boldsymbol{B}$合同.

证 设$f(\boldsymbol{x})=\boldsymbol{x}^{\mathrm{T}}\boldsymbol{A}\boldsymbol{x}$与$g(\boldsymbol{y})=\boldsymbol{y}^{\mathrm{T}}\boldsymbol{B}\boldsymbol{y}$合同,则存在可逆的线性变换$\boldsymbol{x}=\boldsymbol{C}\boldsymbol{y}$,使得$f(\boldsymbol{x})$变为$g(\boldsymbol{y})$,即

$$f(\boldsymbol{x})=\boldsymbol{x}^{\mathrm{T}}\boldsymbol{A}\boldsymbol{x}=(\boldsymbol{C}\boldsymbol{y})^{\mathrm{T}}\boldsymbol{A}(\boldsymbol{C}\boldsymbol{y})=\boldsymbol{y}^{\mathrm{T}}(\boldsymbol{C}^{\mathrm{T}}\boldsymbol{A}\boldsymbol{C})\boldsymbol{y}=\boldsymbol{y}^{\mathrm{T}}\boldsymbol{B}\boldsymbol{y},$$

且$\boldsymbol{C}^{\mathrm{T}}\boldsymbol{A}\boldsymbol{C}$也是对称矩阵,从而$\boldsymbol{C}^{\mathrm{T}}\boldsymbol{A}\boldsymbol{C}=\boldsymbol{B}$,即$\boldsymbol{A}$与$\boldsymbol{B}$合同.

反之,若 $\boldsymbol{A}$ 与 $\boldsymbol{B}$ 合同,则存在可逆矩阵 $\boldsymbol{C}$,使得 $\boldsymbol{C}^{\mathrm{T}}\boldsymbol{A}\boldsymbol{C}=\boldsymbol{B}$,令 $\boldsymbol{x}=\boldsymbol{C}\boldsymbol{y}$,则

$$f(\boldsymbol{x})=\boldsymbol{x}^{\mathrm{T}}\boldsymbol{A}\boldsymbol{x}=(\boldsymbol{C}\boldsymbol{y})^{\mathrm{T}}\boldsymbol{A}(\boldsymbol{C}\boldsymbol{y})=\boldsymbol{y}^{\mathrm{T}}(\boldsymbol{C}^{\mathrm{T}}\boldsymbol{A}\boldsymbol{C})\boldsymbol{y}=\boldsymbol{y}^{\mathrm{T}}\boldsymbol{B}\boldsymbol{y}=g(\boldsymbol{y}),$$

从而 $f(\boldsymbol{x})$与 $g(\boldsymbol{y})$合同.

习题 5.1

A 组

1. 写出下列二次型的矩阵,并求二次型的秩:

(1) $f(x_1,x_2,x_3)=x_1^2-2x_2^2+3x_3^2-4x_1x_2+5x_2x_3$;

(2) $f(x_1,x_2,x_3,x_4)=x_1^2+x_2^2+x_3^2+x_4^2+2x_1x_2+2x_1x_3+2x_1x_4+2x_2x_3+2x_2x_4+2x_3x_4$.

2. 写出下列实对称矩阵对应的二次型:

(1) $\boldsymbol{A}=\begin{pmatrix}0 & -1 & 1\\ -1 & 3 & 2\\ 1 & 2 & 2\end{pmatrix}$;

(2) $\boldsymbol{A}=\begin{pmatrix}1 & 3 & 3 & \cdots & 3\\ 3 & 2 & 3 & \cdots & 3\\ 3 & 3 & 3 & \cdots & 3\\ \vdots & \vdots & \vdots & & \vdots\\ 3 & 3 & 3 & \cdots & n\end{pmatrix}$.

3. 求下列二次型的秩:

(1) $f=\boldsymbol{x}^{\mathrm{T}}\begin{pmatrix}1 & 1 & 2\\ 1 & 1 & 1\\ 0 & 1 & 1\end{pmatrix}\boldsymbol{x}$;

(2) $f=\boldsymbol{x}^{\mathrm{T}}\begin{pmatrix}1 & 1 & 4\\ 1 & 2 & 1\\ 0 & 1 & 1\end{pmatrix}\boldsymbol{x}$;

(3) $f=(x_1+x_2)^2+(x_2-x_3)^2+(x_3+x_1)^2$.

4. 设二次型 $f(x_1,x_2,x_3)=x_1^2+2x_2^2-x_3^2+4x_1x_2-4x_1x_3-4x_2x_3$，作下列线性变换，求新的二次型：

(1) $\boldsymbol{x}=\begin{pmatrix}1 & -2 & 2\\ 0 & 1 & 0\\ 0 & 0 & 1\end{pmatrix}\boldsymbol{y}$； (2) $\begin{cases}x_1=y_1-2y_2,\\ x_2=y_2+y_3,\\ x_3=y_3.\end{cases}$

B 组

1. 设 $\boldsymbol{A}$ 与 $\boldsymbol{B}$ 为实对称矩阵，证明：若 $\boldsymbol{A}$ 与 $\boldsymbol{B}$ 相似，则 $\boldsymbol{A}$ 与 $\boldsymbol{B}$ 合同，反之不成立.

2. 设 $\boldsymbol{A},\boldsymbol{B},\boldsymbol{C},\boldsymbol{D}$ 均为 n 阶对称矩阵，且 $\boldsymbol{A}$ 与 $\boldsymbol{B}$ 合同，$\boldsymbol{C}$ 与 $\boldsymbol{D}$ 合同，证明 $\begin{pmatrix}\boldsymbol{A} & \boldsymbol{0}\\ \boldsymbol{0} & \boldsymbol{C}\end{pmatrix}$ 与 $\begin{pmatrix}\boldsymbol{B} & \boldsymbol{0}\\ \boldsymbol{0} & \boldsymbol{D}\end{pmatrix}$ 合同.

5.2 二次型的标准形

5.2.1 配方法

定义 5.2.1 设二次型 $f(x_1,x_2,\cdots,x_n)$，若经过可逆线性变换变为如下形式：

$$d_1y_1^2+d_2y_2^2+\cdots+d_ny_n^2,$$

称这样的二次型为 $f(x_1,x_2,\cdots,x_n)$ 的一个**标准形**(canonical form).

定理 5.2.1 任一个二次型都可经过可逆线性变换变成标准形.

对 x_i 的个数作数学归纳法即可得到该定理的证明. 这里从略.

下面举例介绍用**配方法**化二次型为标准形的步骤.

【例 5.2.1】 用可逆线性变换将二次型

$$f(x_1,x_2,x_3)=x_1^2+2x_2^2-x_3^2+4x_1x_2-4x_1x_3-4x_2x_3$$

化成标准形，并求所作的变换.

解 先将二次型中含 x_1 的项配方，得

$$
\begin{aligned}
f(x_1,x_2,x_3)&=(x_1^2+4x_1x_2-4x_1x_3)+2x_2^2-x_3^2-4x_2x_3\\
&=(x_1+2x_2-2x_3)^2-4x_2^2-4x_3^2+8x_2x_3+2x_2^2-x_3^2-4x_2x_3\\
&=(x_1+2x_2-2x_3)^2-2x_2^2-5x_3^2+4x_2x_3.
\end{aligned}
$$

再对后面含 x_2 的项配方，得

$$
\begin{aligned}
f(x_1,x_2,x_3)&=(x_1+2x_2-2x_3)^2-2(x_2^2-2x_2x_3)-5x_3^2\\
&=(x_1+2x_2-2x_3)^2-2[(x_2-x_3)^2-x_3^2]-5x_3^2\\
&=(x_1+2x_2-2x_3)^2-2(x_2-x_3)^2-3x_3^2.
\end{aligned}
$$

令 $\begin{cases}y_1=x_1+2x_2-2x_3,\\ y_2=x_2-x_3,\\ y_3=x_3,\end{cases}$ 即 $\begin{cases}x_1=y_1-2y_2,\\ x_2=y_2+y_3,\\ x_3=y_3,\end{cases}$ 这是一个可逆的线性变换，对应的矩阵为

$$
\boldsymbol{C}=\begin{pmatrix}1&-2&0\\0&1&1\\0&0&1\end{pmatrix},|\boldsymbol{C}|\neq0,
$$

在可逆线性变换 $\boldsymbol{x}=\boldsymbol{C}\boldsymbol{y}$ 之下，二次型化为标准形

$$
f=y_1^2-2y_2^2-3y_3^2.
$$

注　上述的配方法必须是依次配方，才能保证所作的线性变换是可逆的，从而得到标准形，否则不能保证是可逆的线性变换. 例如，

$$
\begin{aligned}
f(x_1,x_2,x_3)&=2x_1^2+2x_2^2+2x_3^2+2x_1x_2+2x_1x_3-2x_2x_3\\
&=(x_1^2+2x_1x_2+x_2^2)+(x_1^2+2x_1x_3+x_3^2)+(x_2^2-2x_2x_3+x_3^2)\\
&=(x_1+x_2)^2+(x_1+x_3)^2+(x_2-x_3)^2,
\end{aligned}
$$

若令 $\begin{cases}y_1=x_1+x_2,\\ y_2=x_1+x_3,\\ y_3=x_2-x_3,\end{cases}$ 则显然可以将二次型化为 $f=y_1^2+y_2^2+y_3^2$，但因为 $\begin{vmatrix}1&1&0\\1&0&1\\0&1&-1\end{vmatrix}=0$，所以作的线性变换不可逆.

正确的做法应该是

$$\begin{aligned}f(x_1,x_2,x_3)&=2(x_1^2+x_1x_2+x_1x_3)+2x_2^2+2x_3^2-2x_2x_3\\&=2\left(x_1+\frac{1}{2}x_2+\frac{1}{2}x_3\right)^2-\frac{1}{2}x_2^2-\frac{1}{2}x_3^2-x_2x_3+2x_2^2+2x_3^2-2x_2x_3\\&=2\left(x_1+\frac{1}{2}x_2+\frac{1}{2}x_3\right)^2+\frac{3}{2}x_2^2+\frac{3}{2}x_3^2-3x_2x_3\\&=2\left(x_1+\frac{1}{2}x_2+\frac{1}{2}x_3\right)^2+\frac{3}{2}(x_2^2-2x_2x_3+x_3^2)\\&=2\left(x_1+\frac{1}{2}x_2+\frac{1}{2}x_3\right)^2+\frac{3}{2}(x_2-x_3)^2,\end{aligned}$$

令$\begin{cases}y_1=x_1+\dfrac{1}{2}x_2+\dfrac{1}{2}x_3,\\y_2=x_2-x_3,\\y_3=x_3,\end{cases}$ 则

$$f=2y_1^2+\frac{3}{2}y_2^2.$$

【例 5.2.2】 用可逆线性变换化二次型

$$f(x_1,x_2,x_3)=2x_1x_2-6x_2x_3+2x_1x_3$$

为标准形,并求所作的可逆线性变换.

解 令

$$\begin{cases}x_1=y_1+y_2,\\x_2=y_1-y_2,\\x_3=y_3,\end{cases}$$

即

$$\boldsymbol{C}_1=\begin{pmatrix}1&1&0\\1&-1&0\\0&0&1\end{pmatrix},|\boldsymbol{C}_1|\neq0,$$

在可逆线性变换 $\boldsymbol{x}=\boldsymbol{C}_1\boldsymbol{y}$ 之下,

$$\begin{aligned}f(x_1,x_2,x_3)&=2(y_1+y_2)(y_1-y_2)-6(y_1-y_2)y_3+2(y_1+y_2)y_3\\&=2y_1^2-2y_2^2-6y_1y_3+6y_2y_3+2y_1y_3+2y_2y_3\\&=2y_1^2-2y_2^2-4y_1y_3+8y_2y_3\\&=2(y_1^2-2y_1y_3)-2y_2^2+8y_2y_3\\&=2[(y_1-y_3)^2-y_3^2]-2y_2^2+8y_2y_3\\&=2(y_1-y_3)^2-2(y_2^2-4y_2y_3)-2y_3^2\\&=2(y_1-y_3)^2-2(y_2-2y_3)^2+6y_3^2,\end{aligned}$$

令$\begin{cases}z_1=y_1-y_3,\\z_2=y_2-2y_3,\\z_3=y_3,\end{cases}$即$\begin{cases}y_1=z_1+z_3,\\y_2=z_2+2z_3,\\y_3=z_3,\end{cases}$对应的矩阵为

$$\boldsymbol{C}_2=\begin{pmatrix}1&0&1\\0&1&2\\0&0&1\end{pmatrix},|\boldsymbol{C}_2|\neq0,$$

则在可逆线性变换 $\boldsymbol{y}=\boldsymbol{C}_2\boldsymbol{z}$ 之下,二次型变为

$$f=2z_1^2-2z_2^2+6z_3^2,$$

所作的可逆线性变换为 $\boldsymbol{x}=\boldsymbol{C}_1\boldsymbol{C}_2\boldsymbol{z},|\boldsymbol{C}_1\boldsymbol{C}_2|\neq0$,其中

$$\boldsymbol{C}_1\boldsymbol{C}_2=\begin{pmatrix}1&1&0\\1&-1&0\\0&0&1\end{pmatrix}\begin{pmatrix}1&0&1\\0&1&2\\0&0&1\end{pmatrix}=\begin{pmatrix}1&1&3\\1&-1&-1\\0&0&1\end{pmatrix}.$$

注　标准形一般不是唯一的,与所作的可逆线性变换有关.例如例 5.2.2 中,可以验证,如果作可逆线性变换

$$\boldsymbol{x}=\begin{pmatrix}1&-\frac{1}{2}&1\\1&\frac{1}{2}&-\frac{1}{3}\\0&0&\frac{1}{3}\end{pmatrix}\boldsymbol{y},$$

则二次型变为 $f=2y_1^2-\frac{1}{2}y_2^2+\frac{2}{3}y_3^2$.

设二次型 $f(x_1,x_2,\cdots,x_n)$ 经过可逆线性变换 $\boldsymbol{x}=\boldsymbol{C}\boldsymbol{y}$，$|\boldsymbol{C}|\neq 0$，变为标准形 $g(y_1,y_2,\cdots,y_n)$，用矩阵形式即

$$\begin{aligned} f(x_1,x_2,\cdots,x_n)&=\boldsymbol{x}^{\mathrm{T}}\boldsymbol{A}\boldsymbol{x}=(\boldsymbol{C}\boldsymbol{y})^{\mathrm{T}}\boldsymbol{A}(\boldsymbol{C}\boldsymbol{y})=\boldsymbol{y}^{\mathrm{T}}\boldsymbol{C}^{\mathrm{T}}\boldsymbol{A}\boldsymbol{C}\boldsymbol{y}\\ &=\boldsymbol{y}^{\mathrm{T}}\boldsymbol{\Lambda}\boldsymbol{y}=g(y_1,y_2,\cdots,y_n), \end{aligned}$$

于是 $\boldsymbol{C}^{\mathrm{T}}\boldsymbol{A}\boldsymbol{C}=\boldsymbol{\Lambda}$ 为对角矩阵，所以定理 5.2.1 用矩阵形式即得如下定理.

定理 5.2.2 任一个实对称矩阵都与一个对角矩阵合同.

5.2.2 正交变换法

二次型的矩阵是一个实对称矩阵，由 4.4 节知实对称矩阵必可对角化，将此结论应用于二次型，即

定理 5.2.3 任一个二次型 $f=\boldsymbol{x}^{\mathrm{T}}\boldsymbol{A}\boldsymbol{x}$，都可经过正交变换 $\boldsymbol{x}=\boldsymbol{P}\boldsymbol{y}$ 化为标准形

$$f=\lambda_1 y_1^2+\lambda_2 y_2^2+\cdots+\lambda_n y_n^2=\boldsymbol{y}^{\mathrm{T}}\begin{pmatrix}\lambda_1 & & & \\ & \lambda_2 & & \\ & & \ddots & \\ & & & \lambda_n\end{pmatrix}\boldsymbol{y},$$

其中 $\lambda_1,\lambda_2,\cdots,\lambda_n$ 为 $\boldsymbol{A}$ 的特征值.

【例 5.2.3】 用正交变换将二次型

$$f(x_1,x_2,x_3)=2x_1^2+2x_2^2+2x_3^2+2x_1x_2+2x_1x_3+2x_2x_3$$

化为标准形，并求所作的正交变换.

解 二次型的矩阵为

$$\boldsymbol{A}=\begin{pmatrix}2 & 1 & 1\\ 1 & 2 & 1\\ 1 & 1 & 2\end{pmatrix},$$

由例 4.4.1 知，$\boldsymbol{A}$ 的特征值为 $\lambda_1=\lambda_2=1,\lambda_3=4$，存在正交矩阵

$$P=\begin{pmatrix}-\frac{1}{\sqrt{2}} & -\frac{1}{\sqrt{6}} & \frac{1}{\sqrt{3}}\\ \frac{1}{\sqrt{2}} & -\frac{1}{\sqrt{6}} & \frac{1}{\sqrt{3}}\\ 0 & \frac{2}{\sqrt{6}} & \frac{1}{\sqrt{3}}\end{pmatrix},$$

使得

$$\boldsymbol{P}^{\mathrm{T}}\boldsymbol{A}\boldsymbol{P}=\begin{pmatrix}1 & & \\ & 1 & \\ & & 4\end{pmatrix},$$

于是,存在正交变换 $\boldsymbol{x}=\boldsymbol{P}\boldsymbol{y}$,将二次型化为标准形

$$f=y_1^2+y_2^2+4y_3^2.$$

习题 5.2

A 组

1. 用配方法将下列二次型化为标准形,并求所作的线性变换:

(1) $f(x_1,x_2,x_3)=x_1^2-3x_2^2+4x_3^2-2x_1x_2+2x_1x_3-6x_2x_3$;

(2) $f(x_1,x_2,x_3)=x_1x_2+x_1x_3+2x_2x_3$;

(3) $f(x_1,x_2,x_3)=2x_1^2-x_2^2-x_3^2-4x_1x_2+4x_1x_3+8x_2x_3$.

2. 用正交变换法将下列二次型化为标准形,并求所作的线性变换:

(1) $f(x_1,x_2,x_3)=2x_1^2+3x_2^2+x_3^2+4x_1x_2-4x_1x_3$;

(2) $f(x_1,x_2,x_3)=2x_1x_2-2x_2x_3$;

(3) $f(x_1,x_2,x_3)=x_1^2+x_2^2+x_3^2+6x_1x_2+6x_1x_3+6x_2x_3$.

3. 已知 $\boldsymbol{A}=\begin{pmatrix}1 & 0 & 1\\ 0 & 1 & 1\\ -1 & 0 & a\\ 0 & a & -1\end{pmatrix}$,二次型 $f(x_1,x_2,x_3)=\boldsymbol{x}^{\mathrm{T}}(\boldsymbol{A}^{\mathrm{T}}\boldsymbol{A})\boldsymbol{x}$ 的秩为 2,求:

(1) 实数 a 的值；

(2) 正交变换 $\boldsymbol{x}=\boldsymbol{P}\boldsymbol{y}$，将 f 化为标准形.

4. 设二次型 $f(x_1,x_2,x_3)=\boldsymbol{x}^{\mathrm{T}}\boldsymbol{A}\boldsymbol{x}=ax_1^2+2x_2^2-2x_3^2+2bx_1x_3\ (b>0)$，$\boldsymbol{A}$ 的特征值之和为 1，特征值之积为 -12，

(1) 求 a,b 的值；

(2) 利用正交变换将二次型 f 化为标准形，并求所作的正交变换.

5. 设二次型 $f(x_1,x_2,x_3)=x_1^2+x_2^2+x_3^2+2\alpha x_1x_2+2\beta x_2x_3+2x_1x_3$，经过正交变换 $\boldsymbol{x}=\boldsymbol{P}\boldsymbol{y}$ 化成 $f=y_2^2+2y_3^2$，求常数 α,β.

6. 已知二次型 $f(x_1,x_2,x_3)=2x_1^2+3x_2^2+3x_3^2+2ax_2x_3\ (a>0)$，通过正交变换 $\boldsymbol{x}=\boldsymbol{P}\boldsymbol{y}$ 化成标准形 $f=y_1^2+2y_2^2+5y_3^2$，求参数 a 及矩阵 $\boldsymbol{P}$.

B 组

1. 设二次型 $f(x_1,x_2,x_3)=\boldsymbol{x}^{\mathrm{T}}\boldsymbol{A}\boldsymbol{x}$ 的秩为 1，$\boldsymbol{A}$ 的各行元素之和为 3，求 f 在正交变换 $\boldsymbol{x}=\boldsymbol{P}\boldsymbol{y}$ 下的标准形.

2. 若二次曲面的方程 $x^2+3y^2+z^2+2axy+2xz+2yz=4$ 经过正交变换化为 $y_1^2+4z_1^2=4$，求参数 a 的值.

3. 已知 $\boldsymbol{\alpha}=\begin{pmatrix}1\\-2\\2\end{pmatrix}$ 是二次型 $f=\boldsymbol{x}^{\mathrm{T}}\boldsymbol{A}\boldsymbol{x}=ax_1^2+4x_2^2+bx_3^2-4x_1x_2+4x_1x_3-8x_2x_3$ 的矩阵 $\boldsymbol{A}$ 的特征向量，用正交变换化二次型为标准形，并写出所作的变换.

5.3 二次型的规范形与正定性

5.3.1 惯性定理与二次型的规范形

有了合同的概念后，所有的二次型都可以按照合同进行分类，同一类的二次型的矩阵都是等价的，因而秩相同. 那么反过来，具有相同的秩的二次型是否是属于同一合同类的呢？

设二次型 $f(x_1,x_2,\cdots,x_n)$ 的秩为 r，可逆线性变换 $\boldsymbol{x}=\boldsymbol{C}_1\boldsymbol{y}$，$|\boldsymbol{C}_1|\neq 0$ 将

二次型变为标准形

$$d_1y_1^2+d_2y_2^2+\cdots+d_py_p^2-d_{p+1}y_{p+1}^2-\cdots-d_ry_r^2, \tag{5.5}$$

其中 $d_i>0, i=1,2,\cdots,r$.

再令 $\begin{cases} y_1=\dfrac{1}{\sqrt{d_1}}z_1, \\ \quad\vdots \\ y_r=\dfrac{1}{\sqrt{d_r}}z_r, \\ y_{r+1}=z_{r+1}, \\ \quad\vdots \\ y_n=z_n, \end{cases}$ 即 $C_2=\begin{pmatrix} \frac{1}{\sqrt{d_1}} & & & & & \\ & \ddots & & & & \\ & & \frac{1}{\sqrt{d_r}} & & & \\ & & & 1 & & \\ & & & & \ddots & \\ & & & & & 1 \end{pmatrix}$,

则在线性变换 $\boldsymbol{y}=\boldsymbol{C}_2\boldsymbol{z}, |\boldsymbol{C}_2|\neq 0$ 之下,标准形(5.5)又变为

$$z_1^2+z_2^2+\cdots+z_p^2-z_{p+1}^2-\cdots-z_r^2. \tag{5.6}$$

定义 5.3.1 设二次型 $f(x_1,x_2,\cdots,x_n)$ 的秩为 r,经过可逆线性变换将二次型变为形如式(5.6)的标准形,称这个标准形为二次型 $f(x_1,x_2,\cdots,x_n)$ 的**规范标准形**,简称**规范形**.

注 规范形首先也是一个标准形,特点是系数都为 1 或 -1,且系数为 1 的项排在系数为 -1 的项的前面.

要确定一个二次型的规范形,需要确定两个数:二次型的秩 r,系数为 1 的项数 p.

定理 5.3.1(惯性定理) 任意一个二次型,都可以经过适当的可逆线性变换变成规范形,且这个规范形是唯一的.

证明略.

注 惯性定理说明,规范形的 r 和 p 都是由二次型唯一确定的.

定义 5.3.2 规范标准形中的 p 称为二次型的**正惯性指数**(positive inertia index),$r-p$ 称为二次型的**负惯性指数**(negative inertia index),正惯性指数与负惯性指数之差 $p-(r-p)=2p-r$ 称为二次型的**符号差**.

可逆线性变换前后的两个二次型是合同的,因此,定理 5.3.1 的矩阵形式为:

定理 5.3.2 任一个秩为 r 的实对称矩阵 $\boldsymbol{A}$ 必合同于对角矩阵

$$\begin{pmatrix}1&&&&&&&&&\\&1&&&&&&&&\\&&\ddots&&&&&&&\\&&&1&&&&&&\\&&&&-1&&&&&\\&&&&&\ddots&&&&\\&&&&&&-1&&&\\&&&&&&&0&&\\&&&&&&&&\ddots&\\&&&&&&&&&0\end{pmatrix}=\begin{pmatrix}\boldsymbol{I}_p&&\\&-\boldsymbol{I}_{r-p}&\\&&\boldsymbol{0}\end{pmatrix},$$

其中 p 对应称为矩阵 $\boldsymbol{A}$ 的正惯性指数.

推论 5.3.1 两个二次型合同的充分必要条件是它们有相同的秩与正惯性指数.

注 这就回答了本小节开始提出的问题,秩相同的二次型可以再按正惯性指数进行分类,组成二次型的合同类.

推论 5.3.1 的矩阵形式为:

推论 5.3.2 两个 n 阶的实对称矩阵合同的充分必要条件是它们有相同的秩与正惯性指数.

【例 5.3.1】 求例 5.2.2 中二次型的规范形,并求正、负惯性指数.

解 由例 5.2.2 知,二次型 $f(x_1,x_2,x_3)=2x_1x_2-6x_2x_3+2x_1x_3$ 的标准形为 $f=2z_1^2-2z_2^2+6z_3^2$.

令

$$\begin{cases}z_1=\dfrac{1}{\sqrt{2}}\omega_1,\\z_2=\dfrac{1}{\sqrt{2}}\omega_3,\\z_3=\dfrac{1}{\sqrt{6}}\omega_2,\end{cases}$$

则经过可逆线性变换 $z=\begin{pmatrix}\frac{1}{\sqrt{2}} & 0 & 0\\ 0 & 0 & \frac{1}{\sqrt{2}}\\ 0 & \frac{1}{\sqrt{6}} & 0\end{pmatrix}\boldsymbol{\omega}$ 之后，得二次型的规范形

$$f=\omega_1^2+\omega_2^2-\omega_3^2,$$

其正惯性指数为2，负惯性指数为1.

5.3.2　正定二次型与正定矩阵

定义 5.3.3　设二次型 $f(x_1,x_2,\cdots,x_n)=\boldsymbol{x}^{\mathrm{T}}\boldsymbol{A}\boldsymbol{x}$，对于任意一组不全为零的数 $c_1,c_2,\cdots,c_n$，若 $f(c_1,c_2,\cdots,c_n)>0$，称 $f(x_1,x_2,\cdots,x_n)$ 为**正定二次型**(positive definite quadratic form)；若 $f(c_1,c_2,\cdots,c_n)<0$，称 $f(x_1,x_2,\cdots,x_n)$ 为**负定二次型**(negative definite quadratic form)；若 $f(c_1,c_2,\cdots,c_n)\geqslant 0$，称 $f(x_1,x_2,\cdots,x_n)$ 为**半正定二次型**；若 $f(c_1,c_2,\cdots,c_n)\leqslant 0$，称 $f(x_1,x_2,\cdots,x_n)$ 为**半负定二次型**；若 $f(x_1,x_2,\cdots,x_n)$ 既不是半正定二次型，又不是半负定二次型，称为**不定二次型**.

注　正定二次型首先是半正定二次型，负定二次型首先是半负定二次型，于是二次型可分为三类：半正定二次型、半负定二次型和不定二次型，这称为二次型的**有定性**.

例如，二次型 $f(x_1,x_2,\cdots,x_n)=x_1^2+x_2^2+\cdots+x_n^2$ 是正定的；

$f(x_1,x_2,\cdots,x_n)=x_1^2+x_2^2+\cdots+x_r^2,r<n$ 不是正定的，但是半正定的，因为若取 $x_1=x_2=\cdots=x_r=0,x_{r+1},\cdots,x_n$ 不全为零，则 $f(0,0,\cdots,0,c_{r+1},\cdots,c_n)=c_1^2+c_2^2+\cdots+c_r^2=0$；

$f(x_1,x_2,\cdots,x_n)=x_1^2+x_2^2+\cdots+x_p^2-x_{p+1}^2-\cdots-x_r^2,0<p<r$ 是不定的，因为若取 $x_1=k_1,x_2=k_2,\cdots,x_p=k_p,k_1,k_2,\cdots,k_p$ 不全为零，$x_{p+1}=x_{p+2}=\cdots=x_n=0$，则 $f(k_1,k_2,\cdots,k_p,0,\cdots,0)=k_1^2+k_2^2+\cdots+k_p^2>0$，所以 f 不是半负定的，若取 $x_1=x_2=\cdots=x_p=0,x_{p+1}=k_{p+1},x_{p+2}=k_{p+2},\cdots,x_r=k_r,k_{p+1},k_{p+2},\cdots,k_r$ 不全为零，$x_{r+1}=x_{r+2}=\cdots=x_n=0$，则 $f(0,\cdots,0,k_{p+1},k_{p+2},\cdots,k_r,0,\cdots,0)=-k_{p+1}^2-k_{p+2}^2-\cdots-k_r^2<0$，所以 f 不是半正定的，从而 f

是不定的.

定理 5.3.3 二次型 $f(x_1,x_2,\cdots,x_n)=d_1x_1^2+d_2x_2^2+\cdots+d_nx_n^2$ 是正定二次型的充分必要条件是 $d_i>0,i=1,2,\cdots,n$.

证 充分性显然,下证必要性.

因二次型 f 正定,取不全为零的数 $x_1=\cdots=x_{i-1}=0,x_i=1,x_{i+1}=\cdots=x_n=0$,则 $f(0,\cdots,0,1,0,\cdots,0)=d_i>0,i=1,2,\cdots,n$,必要性得证.

定理 5.3.4 可逆线性变换保持二次型的有定性不变.

证明略.

定理 5.3.5 二次型 $f(x_1,x_2,\cdots,x_n)$是正定二次型的充分必要条件是它的正惯性指数为 n.

证 设二次型 $f(x_1,x_2,\cdots,x_n)$经过可逆线性变换化为标准形 $d_1y_1^2+d_2y_2^2+\cdots+d_ny_n^2$. 由定理 5.3.4 知,$f$ 正定当且仅当标准形 $d_1y_1^2+d_2y_2^2+\cdots+d_ny_n^2$ 正定,而又由定理 5.3.3 知,当且仅当 $d_i>0,i=1,2,\cdots,n$,即 f 的正惯性指数为 n.

由定理 5.3.5 显然可推出下列推论(证明略):

推论 5.3.3 二次型 $f(x_1,x_2,\cdots,x_n)$是正定二次型当且仅当它的规范形为 $y_1^2+y_2^2+\cdots+y_n^2$.

推论 5.3.4 二次型 $f(x_1,x_2,\cdots,x_n)$是正定二次型当且仅当它的矩阵与单位矩阵合同.

推论 5.3.5 二次型 $f(x_1,x_2,\cdots,x_n)$是负定二次型当且仅当它的规范形为 $-y_1^2-y_2^2-\cdots-y_n^2$.

推论 5.3.6 二次型 $f(x_1,x_2,\cdots,x_n)$是负定二次型当且仅当它的负惯性指数为 n.

与二次型的有定性理论对应的可得到矩阵的有定性理论:

定义 5.3.4 设 n 阶实对称矩阵 $\boldsymbol{A}$,若 $\boldsymbol{A}$ 对应的二次型 $\boldsymbol{x}^{\mathrm{T}}\boldsymbol{A}\boldsymbol{x}$ 是正定二次型,则称 $\boldsymbol{A}$ 为**正定矩阵**.

定理 5.3.6 实对称矩阵 $\boldsymbol{A}$ 是正定矩阵,当且仅当 $\boldsymbol{A}$ 与单位矩阵 $\boldsymbol{I}$ 合同,即存在可逆矩阵 $\boldsymbol{C}$,使得 $\boldsymbol{C}^{\mathrm{T}}\boldsymbol{I}\boldsymbol{C}=\boldsymbol{A}$,即 $\boldsymbol{A}=\boldsymbol{C}^{\mathrm{T}}\boldsymbol{C}$.

定理 5.3.7 n 阶实对称矩阵 $\boldsymbol{A}$ 是正定矩阵,当且仅当 $\boldsymbol{A}$ 的 n 个特征值

全大于零.

证 由实二次型的性质知,存在正交变换 $\boldsymbol{x}=\boldsymbol{P}\boldsymbol{y}$,将二次型 $f=\boldsymbol{x}^{\mathrm{T}}\boldsymbol{A}\boldsymbol{x}$ 化为 $\lambda_1 y_1^2+\lambda_2 y_2^2+\cdots+\lambda_n y_n^2$,$\lambda_i(i=1,2,\cdots,n)$ 为 $\boldsymbol{A}$ 的特征值,故由定理 5.3.3 知,$\lambda_i>0,i=1,2,\cdots,n$,反之亦然.

正定矩阵具有如下性质:

(1) 若 $\boldsymbol{A}$ 是正定矩阵,则 $|\boldsymbol{A}|>0$;

(2) 若 $\boldsymbol{A}$ 是正定矩阵,则 $k\boldsymbol{A}(k>0)$,$\boldsymbol{A}^{-1}$,$\boldsymbol{A}^*$,$\boldsymbol{A}^{\mathrm{T}}$ 均为正定矩阵;

(3) 设 $\boldsymbol{A},\boldsymbol{B}$ 是同阶的正定矩阵,则 $\boldsymbol{A}+\boldsymbol{B}$ 也是正定矩阵.

上述性质的证明留作课后习题,请读者自行完成.

定义 5.3.5 设 n 阶矩阵 $\boldsymbol{A}=(a_{ij})_n$,$|\boldsymbol{A}|$ 的子式

$$|\boldsymbol{A}_k|=\begin{vmatrix} a_{11} & a_{12} & \cdots & a_{1k} \\ a_{21} & a_{22} & \cdots & a_{2k} \\ \vdots & \vdots & & \vdots \\ a_{k1} & a_{k2} & \cdots & a_{kk} \end{vmatrix},k=1,2,\cdots,n,$$

称为 $\boldsymbol{A}$ 的 k 阶顺序主子式.

定理 5.3.8 n 阶实对称矩阵 $\boldsymbol{A}$ 是正定矩阵,当且仅当 $\boldsymbol{A}$ 的一切顺序主子式都大于零,即

$$|a_{11}|>0,\begin{vmatrix} a_{11} & a_{12} \\ a_{21} & a_{22} \end{vmatrix}>0,\cdots,\begin{vmatrix} a_{11} & a_{12} & \cdots & a_{1n} \\ a_{21} & a_{22} & \cdots & a_{2n} \\ \vdots & \vdots & & \vdots \\ a_{n1} & a_{n2} & \cdots & a_{nn} \end{vmatrix}>0.$$

证明略.

【例 5.3.2】 求二次型 $f(x_1,x_2,x_3)=5x_1^2+4x_1x_2-2x_1x_3+x_2^2-2x_2x_3+tx_3^2$ 中的参数 t,使得二次型是正定的.

解 二次型的矩阵

$$\boldsymbol{A}=\begin{pmatrix} 5 & 2 & -1 \\ 2 & 1 & -1 \\ -1 & -1 & t \end{pmatrix},$$

二次型是正定的，则 $\boldsymbol{A}$ 的三个顺序主子式都大于零，于是

$$\begin{vmatrix} 5 & 2 & -1 \\ 2 & 1 & -1 \\ -1 & -1 & t \end{vmatrix} > 0,$$

解之，得 $t>2$.

【例 5.3.3】 求二次型 $f(x_1,x_2,x_3)=2x_1^2+5x_2^2+5x_3^2+4x_1x_2-4x_1x_3-8x_2x_3$ 在限制条件 $\boldsymbol{x}^{\mathrm{T}}\boldsymbol{x}=1$ 下的最大值.

解 二次型 f 的矩阵为

$$\boldsymbol{A}=\begin{pmatrix} 2 & 2 & -2 \\ 2 & 5 & -4 \\ -2 & -4 & 5 \end{pmatrix},$$

可求出 $\boldsymbol{A}$ 的特征值为 $\lambda_1=\lambda_2=1,\lambda_3=10$.

存在正交变换 $\boldsymbol{x}=\boldsymbol{P}\boldsymbol{y}$，化二次型 $\boldsymbol{x}^{\mathrm{T}}\boldsymbol{A}\boldsymbol{x}$ 为标准形 $y_1^2+y_2^2+10y_3^2$，于是

$$\boldsymbol{x}^{\mathrm{T}}\boldsymbol{A}\boldsymbol{x}=y_1^2+y_2^2+10y_3^2\leqslant 10(y_1^2+y_2^2+y_3^2)=10\boldsymbol{y}^{\mathrm{T}}\boldsymbol{y},$$

而 $\boldsymbol{P}$ 是正交矩阵，故 $\boldsymbol{P}^{\mathrm{T}}\boldsymbol{P}=\boldsymbol{I}$，所以

$$\boldsymbol{y}^{\mathrm{T}}\boldsymbol{y}=\boldsymbol{y}^{\mathrm{T}}\boldsymbol{P}^{\mathrm{T}}\boldsymbol{P}\boldsymbol{y}=(\boldsymbol{P}\boldsymbol{y})^{\mathrm{T}}(\boldsymbol{P}\boldsymbol{y})=\boldsymbol{x}^{\mathrm{T}}\boldsymbol{x},$$

当 $\boldsymbol{x}^{\mathrm{T}}\boldsymbol{x}=1$ 时，$\boldsymbol{y}^{\mathrm{T}}\boldsymbol{y}=1$，故 $\boldsymbol{x}^{\mathrm{T}}\boldsymbol{A}\boldsymbol{x}$ 的最大值为 10.

【*例 5.3.4】 讨论形如

$$ax^2+2bxy+cy^2=1\,(ac-b^2\neq 0)$$

的方程所表示的二次曲线问题.

解 令

$$\boldsymbol{A}=\begin{pmatrix} a & b \\ b & c \end{pmatrix},\boldsymbol{x}=\begin{pmatrix} x \\ y \end{pmatrix},$$

则二次曲线的方程可表示为 $\boldsymbol{x}^{\mathrm{T}}\boldsymbol{A}\boldsymbol{x}=1$.

设矩阵 $\boldsymbol{A}$ 的特征值为 λ_1,λ_2，因 $ac-b^2\neq0$，故 λ_1,λ_2 都不为零. 设对应的单位特征向量为 $\boldsymbol{\alpha}_1,\boldsymbol{\alpha}_2$，令

$$\boldsymbol{P}=(\boldsymbol{\alpha}_1,\boldsymbol{\alpha}_2),\boldsymbol{y}=\begin{pmatrix}x'\\y'\end{pmatrix},$$

则正交变换 $\boldsymbol{x}=\boldsymbol{P}\boldsymbol{y}$ 把二次型 $\boldsymbol{x}^{\mathrm{T}}\boldsymbol{A}\boldsymbol{x}$ 化为标准形 $\lambda_1x'^2+\lambda_2y'^2$，即曲线方程可化为 $\lambda_1x'^2+\lambda_2y'^2=1$.

由此可得：

(1) 当 $\lambda_1>0,\lambda_2>0$，即二次型 $\boldsymbol{x}^{\mathrm{T}}\boldsymbol{A}\boldsymbol{x}$ 为正定时，方程表示椭圆；

(2) 当 $\lambda_1\lambda_2<0$，即二次型 $\boldsymbol{x}^{\mathrm{T}}\boldsymbol{A}\boldsymbol{x}$ 为不定时，方程表示双曲线；

(3) 当 $\lambda_1<0,\lambda_2<0$，即二次型 $\boldsymbol{x}^{\mathrm{T}}\boldsymbol{A}\boldsymbol{x}$ 为负定时，方程不表示任何曲线.

当方程表示椭圆或双曲线时，其两条半轴长分别为 $\dfrac{1}{\sqrt{|\lambda_1|}},\dfrac{1}{\sqrt{|\lambda_2|}}$.

在标准位置上的椭圆或双曲线以两条坐标轴为对称轴(主轴)，在两坐标轴上分别取单位向量

$$\boldsymbol{e}_1=\begin{pmatrix}1\\0\end{pmatrix},\boldsymbol{e}_2=\begin{pmatrix}0\\1\end{pmatrix},$$

设 $\boldsymbol{\alpha}_1=\begin{pmatrix}a_{11}\\a_{21}\end{pmatrix},\boldsymbol{\alpha}_2=\begin{pmatrix}a_{12}\\a_{22}\end{pmatrix},\boldsymbol{P}=\begin{pmatrix}a_{11}&a_{12}\\a_{21}&a_{22}\end{pmatrix}$，于是

$$\boldsymbol{e}_1'=\boldsymbol{P}^{\mathrm{T}}\boldsymbol{e}_1=\begin{pmatrix}a_{11}&a_{21}\\a_{12}&a_{22}\end{pmatrix}\begin{pmatrix}1\\0\end{pmatrix}=\begin{pmatrix}a_{11}\\a_{12}\end{pmatrix},$$

$$\boldsymbol{e}_2'=\boldsymbol{P}^{\mathrm{T}}\boldsymbol{e}_2=\begin{pmatrix}a_{11}&a_{21}\\a_{12}&a_{22}\end{pmatrix}\begin{pmatrix}0\\1\end{pmatrix}=\begin{pmatrix}a_{21}\\a_{22}\end{pmatrix}.$$

由于 $\boldsymbol{P}$ 为正交矩阵，所以不难证明 $\boldsymbol{e}_1',\boldsymbol{e}_2'$ 是正交的单位向量且与 $\boldsymbol{\alpha}_1,\boldsymbol{\alpha}_2$ 等价，而 $\boldsymbol{e}_1',\boldsymbol{e}_2'$ 为二次曲线在新坐标系中的对称轴，即 $\boldsymbol{\alpha}_1,\boldsymbol{\alpha}_2$ 为二次曲线在新坐标系中的对称轴.

习题 5.3

A 组

1. 写出习题 5.2A 组第 1 题各二次型的规范形和正惯性指数.

2. 判断下列二次型是否为正定二次型：

(1) $f(x_1,x_2,x_3)=6x_1^2+5x_2^2+7x_3^2-4x_1x_2+4x_1x_3$；

(2) $f(x_1,x_2,x_3)=-2x_1^2-6x_2^2-4x_3^2+2x_1x_2+2x_1x_3$.

3. 若二次型 $f(x_1,x_2,x_3)=2x_1^2+x_2^2+x_3^2+2x_1x_2+tx_2x_3$ 是正定二次型,求 t 的取值范围.

4. 设二次型 $f(x_1,x_2,x_3)=ax_1^2+ax_2^2+(a-1)x_3^2+2x_1x_3-2x_2x_3$,

(1) 求二次型 f 的矩阵的所有特征值;

(2) 若二次型的规范形为 $y_1^2+y_2^2$,求 a 的值.

5. 用正交变换化二次型 $f(x_1,x_2,x_3)=x_1^2+3x_2^2+x_3^2+2x_1x_2+2x_1x_3+2x_2x_3$ 为标准形,写出所作的正交变换,并判断 f 是否为正定二次型.

6. 已知齐次线性方程组

$$\begin{cases}(a+3)x_1+x_2+2x_3=0,\\ 2ax_1+(a-1)x_2+x_3=0,\\ (a-3)x_1-3x_2+ax_3=0\end{cases}$$

有非零解,且 $\boldsymbol{A}=\begin{pmatrix}3&1&2\\1&a&-2\\2&-2&9\end{pmatrix}$ 是正定矩阵,求 a 的值,并求当 $\boldsymbol{x}^{\mathrm{T}}\boldsymbol{x}=2$ 时,$\boldsymbol{x}^{\mathrm{T}}\boldsymbol{A}\boldsymbol{x}$ 的最大值.

7. 已知 $\begin{pmatrix}1\\-1\\0\end{pmatrix}$ 是二次型 $f(x_1,x_2,x_3)=\boldsymbol{x}^{\mathrm{T}}\boldsymbol{A}\boldsymbol{x}=ax_1^2+x_3^2-2x_1x_2+2x_1x_3+2bx_2x_3$ 的矩阵 $\boldsymbol{A}$ 的特征向量,求在条件 $\boldsymbol{x}^{\mathrm{T}}\boldsymbol{x}=\sqrt{3}$ 下 $\boldsymbol{x}^{\mathrm{T}}\boldsymbol{A}\boldsymbol{x}$ 的最大值.

8. 设 $\boldsymbol{A}$ 是五阶实对称矩阵,$\boldsymbol{A}^2=\boldsymbol{A}$,且 $\mathrm{r}(\boldsymbol{A})=3$,

(1) 求 $\boldsymbol{A}$ 的全部特征值;

(2) 欲使 $\boldsymbol{A}-k\boldsymbol{I}$ 为正定矩阵,求 k 的取值范围.

9. 设 $\boldsymbol{A}$ 是 $m\times n$ 矩阵,$\boldsymbol{I}$ 为 n 阶单位矩阵,设 $\boldsymbol{B}=\lambda\boldsymbol{I}+\boldsymbol{A}^{\mathrm{T}}\boldsymbol{A}$,证明:当 $\lambda>0$ 时,$\boldsymbol{B}$ 为正定矩阵.

B 组

1. 若二次型 $f(x_1,x_2,x_3)=(x_1+ax_2-2x_3)^2+(2x_2+3x_3)^2+(x_1+3x_2+ax_3)^2$ 是正定二次型,求 a 要满足的条件.

2. 证明 5.3.2 小节中正定矩阵具有的性质.

3. 设矩阵 $\boldsymbol{A}=\begin{pmatrix}1&0&1\\0&2&0\\1&0&1\end{pmatrix}$,矩阵 $\boldsymbol{B}=(k\boldsymbol{I}+\boldsymbol{A})^2$,其中 k 为实数,求对角矩阵 $\boldsymbol{\Lambda}$,使得 $\boldsymbol{B}$ 与 $\boldsymbol{\Lambda}$ 相似,并求当 k 为何值时,$\boldsymbol{B}$ 为正定矩阵.

4. 设 $\boldsymbol{A}$ 为 n 阶实对称矩阵,$\mathrm{r}(\boldsymbol{A})=n$,$A_{ij}$ 是 $\boldsymbol{A}=(a_{ij})_n$ 中元素 a_{ij} 的代数余子式,二次型

$$f(x_1,x_2,\cdots,x_n)=\sum_{i=1}^{n}\sum_{j=1}^{n}\frac{A_{ij}}{|\boldsymbol{A}|}x_ix_j,$$

(1) 记 $\boldsymbol{x}=\begin{pmatrix}x_1\\x_2\\\vdots\\x_n\end{pmatrix}$,把 $f(x_1,x_2,\cdots,x_n)$ 写成矩阵形式,并证明二次型的矩阵为 $\boldsymbol{A}^{-1}$;

(2) 二次型 $g(\boldsymbol{x})=\boldsymbol{x}^{\mathrm{T}}\boldsymbol{A}\boldsymbol{x}$ 与 $f(\boldsymbol{x})$ 的规范形是否相同?说明理由.

5. 已知二次型 $f(x_1,x_2,x_3)=\boldsymbol{x}^{\mathrm{T}}\boldsymbol{A}\boldsymbol{x}$ 在正交变换 $\boldsymbol{x}=\boldsymbol{Q}\boldsymbol{y}$ 下的标准形为 $y_1^2+y_2^2$,且 $\boldsymbol{Q}$ 的第 3 列为 $\begin{pmatrix}\frac{\sqrt{2}}{2}\\0\\\frac{\sqrt{2}}{2}\end{pmatrix}$,

(1) 求矩阵 $\boldsymbol{A}$;

(2) 证明矩阵 $\boldsymbol{A}+\boldsymbol{I}$ 为正定矩阵.

6. 设 $\boldsymbol{D}=\begin{pmatrix}\boldsymbol{A} & \boldsymbol{C}\\ \boldsymbol{C}^{\mathrm{T}} & \boldsymbol{B}\end{pmatrix}$ 为正定矩阵，其中 $\boldsymbol{A},\boldsymbol{B}$ 分别为 m 阶，n 阶实对称矩阵，$\boldsymbol{C}$ 为 $m\times n$ 矩阵，

(1) 求 $\boldsymbol{P}^{\mathrm{T}}\boldsymbol{D}\boldsymbol{P}$，其中 $\boldsymbol{P}=\begin{pmatrix}\boldsymbol{I}_m & -\boldsymbol{A}^{-1}\boldsymbol{C}\\ \boldsymbol{0} & \boldsymbol{I}_n\end{pmatrix}$；

(2) 利用(1)的结果判断矩阵 $\boldsymbol{B}-\boldsymbol{C}^{\mathrm{T}}\boldsymbol{A}^{-1}\boldsymbol{C}$ 是否为正定矩阵，并证明你的结论.

附录　连加号“$\sum$”

一、连加号“$\sum$”

在数学中常将若干数连加的式子

$$a_1+a_2+\cdots+a_n$$

简记为

$$\sum_{i=1}^{n}a_i,$$

“$\sum$”称为连加号，a_i 表示一般项，连加号上下的写法表示 i 的取值从 1 到 n.

连加号“$\sum$”满足如下性质：

(1) $\sum\limits_{i=1}^{n}a_i=\sum\limits_{i=1}^{k}a_i+\sum\limits_{i=k+1}^{n}a_i\ (1<k<n)$；

(2) $\sum\limits_{i=1}^{n}(a_i+b_i)=\sum\limits_{i=1}^{n}a_i+\sum\limits_{i=1}^{n}b_i$；

(3) $\sum\limits_{i=1}^{n}ka_i=k\sum\limits_{i=1}^{n}a_i$（$k$ 为任意常数）；

(4) $\sum\limits_{i=1}^{n}k=nk$.

二、二重和号

有时，连加的数可以用两个指标来编号. 例如，要表示如下的数之和：

$$\begin{matrix} a_{11} & a_{12} & \cdots & a_{1n} \\ a_{21} & a_{22} & \cdots & a_{2n} \\ \vdots & \vdots & & \vdots \\ a_{m1} & a_{m2} & \cdots & a_{mn} \end{matrix}$$

设它们的和为 S.

（1）先按行相加，

$$\begin{aligned} S= & (a_{11}+a_{12}+\cdots+a_{1n})+ \\ & (a_{21}+a_{22}+\cdots+a_{2n})+ \\ & \cdots+ \\ & (a_{m1}+a_{m2}+\cdots+a_{mn}) \\ = & b_1+b_2+\cdots+b_m+ \\ = & \sum_{i=1}^{m} b_i \\ = & \sum_{i=1}^{m}\left(\sum_{j=1}^{n} a_{ij}\right) \\ = & \sum_{i=1}^{m}\sum_{j=1}^{n} a_{ij}. \end{aligned}$$

（2）先按列相加，

$$S=\begin{pmatrix} a_{11} \\ + \\ a_{21} \\ + \\ \vdots \\ + \\ a_{m1} \end{pmatrix}+\begin{pmatrix} a_{12} \\ + \\ a_{22} \\ + \\ \vdots \\ + \\ a_{m2} \end{pmatrix}+\cdots+\begin{pmatrix} a_{1n} \\ + \\ a_{2n} \\ + \\ \vdots \\ + \\ a_{mn} \end{pmatrix}$$

$$\begin{aligned} & =c_1+c_2+\cdots+c_n \\ & =\sum_{j=1}^{n} c_j \\ & =\sum_{j=1}^{n}\left(\sum_{i=1}^{m} a_{ij}\right) \\ & =\sum_{j=1}^{n}\sum_{i=1}^{m} a_{ij}. \end{aligned}$$

由此,显然可得到二重和号的如下性质:

$$\sum_{i=1}^{m}\sum_{j=1}^{n}a_{ij}=\sum_{j=1}^{n}\sum_{i=1}^{m}a_{ij}.$$

注　具有两个指标的部分数相加，而这些指标具有一定条件，这些数的和也可用“$\sum$”表示，只要将条件写在“$\sum$”之下. 例如，

$$a_{13}+a_{22}+a_{31}=\sum_{i+j=4}a_{ij}.$$

（3）先按对角线相加，

$$\begin{aligned}S&=a_{11}+(a_{12}+a_{21})+(a_{13}+a_{22}+a_{31})+\cdots+a_{mn}\\&=d_2+d_3+d_4+\cdots+d_{m+n}\\&=\sum_{t=2}^{m+n}d_t\\&=\sum_{t=2}^{m+n}\left(\sum_{i+j=t}a_{ij}\right)\\&=\sum_{t=2}^{m+n}\sum_{i+j=t}a_{ij}.\end{aligned}$$

三、对所有排列求和

例如，和式 $a_{123}+a_{132}+a_{213}+a_{231}+a_{312}+a_{321}$ 可以简记为 $\sum\limits_{j_1j_2j_3}a_{j_1j_2j_3}$，其中 $j_1j_2j_3$ 是 3 级排列 123 全部可能的排列.

部分习题参考答案

习题 1.1

A 组

1. (1) 11；　(2) 9；　(3) x^2+xy-y^2；　(4) 0；　(5) 25；　(6) 54；
(7) $-2(x^3+y^3)$；　(8) $2x^3-6x^2+6$.

2. (1) $a=-3$；　(2) $x=2$ 或 -4.

3. $a\neq-\frac{1}{2}$ 且 $b\neq0$.

4. $-2<a<2$.

5. (1) $x_1=5,x_2=2$；　(2) $x_1=\frac{5}{6},x_2=-\frac{1}{6}$.

6. (1) $x_1=2,x_2=-3,x_3=1$；　(2) $x=1,y=0,z=1$.

B 组

1. 证明略

习题 1.2

A 组

1. (1) 7,奇；　(2) 11,奇；　(3) 12,偶；　(4) 36,偶.

2. $12345\xrightarrow{(1,5)}52341\xrightarrow{(5,2)}25341\xrightarrow{(4,3)}25431$. 对换步骤不是唯一的.

3. (1) $i=1,j=5$；　(2) $i=3,j=6$.

4. $a_{11}a_{23}a_{34}a_{42}, a_{12}a_{23}a_{31}a_{44}, a_{14}a_{23}a_{32}a_{41}$.

5. 正号,负号.

6. $i=1,j=2$.

7. $-1,1$.

8. (1) 1； (2) 1； (3) x^5+y^5； (4) 2018!； (5) $(-1)^{\frac{n(n-1)}{2}}n!$；
(6) $(-1)^{n-1}n!$； (7) $(-1)^{\frac{(n-1)(n-2)}{2}}n!$.

B 组

1. $\frac{n(n-1)}{2}-k$. 提示：在排列 $x_1x_2\cdots x_n$ 和排列 $x_nx_{n-1}\cdots x_1$ 中任选一对数 x_i,x_j，则只在一个排列中构成逆序，从而在 n 个数中任选两个数 C_n^2，两个排列逆序数总和即 $C_n^2=\frac{n(n-1)}{2}$.

2. 证明略.

3. (1) 1； (2) $-(a_{11}+a_{22}+a_{33}+a_{44})$； (3) $F(0)=\begin{vmatrix} a_{11} & a_{12} & a_{13} & a_{14} \\ a_{21} & a_{22} & a_{23} & a_{24} \\ a_{31} & a_{32} & a_{33} & a_{34} \\ a_{41} & a_{42} & a_{43} & a_{44} \end{vmatrix}$.

习题 1.3

A 组

1. $-6m$.
2. (1) 2000； (2) 0； (3) -1800； (4) -9； (5) 0； (6) x^2y^2.
3. 提示：利用 1984 等的 10 进制展开式.
4. 证明略.
5. $-3(x-1)(x+1)(x-2)(x+2)$.

B 组

1. -2.
2. 0.
3. 0. 提示：由根与系数的关系知，$\alpha+\beta+\gamma=0$.
4. $x=0$ 或 1.
5. (1) $\lambda=1$ 或 -1(二重根)； (2) $\lambda=12,15,18$.
6. $x=0,1,\cdots,n-2$. 提示：观察行列式发现，当 $x=0,1,\cdots,n-2$ 时，$D_n=0$. 又因 D_n 是一个 $n-1$ 次多项式，最多有 $n-1$ 个根，故解为 $x=0,1,\cdots,n-2$.
7. (1) -170； (2) $-a_1b_4\sum_{i=1}^{3}(a_ib_{i+1}-a_{i+1}b_i)$； (3) 0； (4) $(-1)^{n-1}(n-1)x^n$.
8. 提示：利用罗尔定理.

习题 1.4

A 组

1. -4.

2. 4.

3. 5,0.

4. 略.

5. (1) $2(y-x)(z-x)(z-y)$； (2) $a_2a_3a_4\left(a_1-\sum_{i=2}^{4}\frac{1}{a_i}\right)$； (3) 1；

(4) $(a_2a_3-b_2b_3)(a_1a_4-b_1b_4)$； (5) 0； (6) -10； (7) $xyzuv$；

(8) $a_1a_2\cdots a_n+(-1)^{n+1}b_1b_2\cdots b_n$.

6. 证明略.

B 组

1. $x=y=z=0$.

2. (1) 12； (2) -240； (3) 12； (4) $n!(n-1)!(n-2)!\cdots 2!1!$.

习题 1.5

A 组

1. (1) 1； (2) a^n-a^{n-2}； (3) $(-2)^{n-1}$； (4) $n!$； (5) $6(n-3)!$； (6) 0.

2. (1) $(-1)^{n-1}(n-1)!\frac{n(n+1)}{2}$； (2) $\prod_{k=1}^{n}x_k\left(x_0-\sum_{i=1}^{n}\frac{1}{x_i}\right)$；

(3) $\left(1+\sum_{j=1}^{n}\frac{a_j}{b_j}\right)b_1b_2\cdots b_n$； (4) $1+\sum_{i=1}^{n}x_i^2$.

B 组

1. (1) $\left(x+\sum_{i=1}^{n}a_i\right)\prod_{i=1}^{n}(x-a_i)$； (2) $(-1)^{n+1}(n-1)\cdot 2^{n-2}$；

(3) $\left(\prod_{i=1}^{n}a_i\right)\cdot\left(1+\sum_{i=1}^{n}\frac{i}{a_i}\right)$.

2. 0.

3. (1) $n!(n-1)!\cdots 2!1!$；

(2) $-(a+b+c+d)(b-a)(c-a)(d-a)(c-b)(d-b)(d-c)$；

(3) $(a_1a_2\cdots a_n)^{n-1}\prod\limits_{1\leqslant j<i\leqslant n}\left(\dfrac{b_i}{a_i}-\dfrac{b_j}{a_j}\right)$. 提示：将 D_n 的第 j 列提取公因子 $a_j^{n-1}(j=1,2,\cdots,n)$，即可将 D_n 化为范德蒙德行列式.

4. (1) $a_{n-1}x^{n-1}+a_{n-2}x^{n-2}+\cdots+a_1x+a_0$； (2) $a(a+x)^n$； (3) $(a^2-b^2)^n$.

提示：将行列式按第一行展开得递推公式.

5. 提示：运用数学归纳法.

习题 1.6

A 组

1. (1) $x=1,y=0,z=1$； (2) $x_1=1,x_2=2,x_3=1,x_4=-1$；

(3) $x_1=\dfrac{15}{31},x_2=-\dfrac{7}{31},x_3=\dfrac{3}{31},x_4=-\dfrac{1}{31}$； (4) $x_1=x_2=x_3=x_4=0$.

2. $f(x)=2x^2-4x+3$.

3. $\begin{vmatrix} x & y & z & 1 \\ 1 & 1 & 2 & 1 \\ 3 & -2 & 0 & 1 \\ 0 & 5 & -5 & 1 \end{vmatrix}$.

4. $k\neq 4,-1$.

5. $\lambda\neq 1,-2$. $x_1=-\dfrac{\lambda+1}{\lambda+2},x_2=\dfrac{1}{\lambda+2},x_3=\dfrac{(\lambda+1)^2}{\lambda+2}$.

6. $\lambda=1$ 或 $\dfrac{9}{4}$.

7. $a\neq 1,-4$.

B 组

1. 当 a,b,c 各不相等时，方程组有唯一解. $x_1=a,x_2=b,x_3=c$.

2. $\lambda=3$ 或 0.

3. $a=0$ 或 $-\dfrac{n(n+1)}{2}$.

4. $8-x-2x^2+x^3$.

5. $x_1=1,x_2=\cdots=x_n=0$. 提示：系数行列式是范德蒙德行列式.

6. 提示：设系数行列式为 D，则 $D\cdot D^{\mathrm{T}}=D^2>0$，故 $D\neq 0$.

习题 2.2

A 组

1. (1) $\begin{pmatrix} 0 & 4 \\ 2 & 2 \end{pmatrix}$； (2) $\begin{pmatrix} 1 & -6 & 6 & -2 \\ -3 & 3 & 0 & -7 \end{pmatrix}$； (3) $\begin{pmatrix} -51 \\ 31 \\ -36 \end{pmatrix}$； (4) $\begin{pmatrix} 3 & -11 \\ 14 & -2 \\ 19 & -4 \end{pmatrix}$.

2. $\begin{pmatrix} \frac{29}{2} & \frac{1}{2} & -8 \\ -\frac{7}{2} & -3 & 4 \\ \frac{3}{2} & \frac{9}{2} & 8 \end{pmatrix}$.

3. (1) 14； (2) $\begin{pmatrix} 4 & -2 & 6 \\ -2 & 1 & -3 \\ 6 & -3 & 9 \end{pmatrix}$； (3) $\begin{pmatrix} -10 & 10 \\ -16 & -8 \\ 29 & 37 \end{pmatrix}$； (4) $\begin{pmatrix} 6 & -4 \\ 27 & -18 \end{pmatrix}$；

(5) $(-7 \quad -2 \quad 1)$； (6) $\begin{pmatrix} 48 & 52 & -54 \\ -48 & -52 & 54 \end{pmatrix}$.

4. (1) -1701； (2) 252； (3) 63^2.

5. $-\frac{3}{16}$.

6. 2.

7. $\frac{1}{2}$.

8. 证明略.

9. $\begin{pmatrix} x_{11} & x_{12} \\ 0 & x_{11}+3x_{12} \end{pmatrix}$.

10. 证明略.

11. (1) $\begin{pmatrix} -1 & -5 \\ 10 & 14 \end{pmatrix}$； (2) $\begin{pmatrix} 1 & 1 \\ 0 & 0 \end{pmatrix}$； (3) $\begin{pmatrix} a^n & & \\ & b^n & \\ & & c^n \end{pmatrix}$； (4) $\begin{pmatrix} 1 & 3 & 6 \\ 0 & 1 & 3 \\ 0 & 0 & 1 \end{pmatrix}$.

12. $\boldsymbol{A}^n=\begin{pmatrix} 1 & n\lambda \\ 0 & 1 \end{pmatrix}$.

13. $\begin{bmatrix} \frac{1}{2} & -\frac{\sqrt{3}}{2} \\ \frac{\sqrt{3}}{2} & \frac{1}{2} \end{bmatrix}$.

14. 证明略.

15. (1) $\begin{pmatrix} 6 & 33 \\ -11 & 50 \end{pmatrix}$; (2) $\begin{bmatrix} -13 & 4 & -17 \\ 3 & -5 & 5 \\ -12 & 3 & -17 \end{bmatrix}$.

16. $\boldsymbol{A}^{\mathrm{T}} = \begin{bmatrix} 0 & 2 \\ 3 & -1 \\ 4 & 0 \end{bmatrix}$, $\boldsymbol{B}^{\mathrm{T}} = \begin{pmatrix} 6 & 2 & 1 \\ 0 & -5 & 3 \end{pmatrix}$, $(\boldsymbol{AB})^{\mathrm{T}} = \begin{pmatrix} 10 & 10 \\ -3 & 5 \end{pmatrix}$,

$(\boldsymbol{ABC})^{\mathrm{T}} = \begin{pmatrix} -12 & 20 \\ 33 & 25 \end{pmatrix}$.

17. 证明略.

18. (1) $\begin{bmatrix} a^2+b^2+c^2+d^2 & & & \\ & a^2+b^2+c^2+d^2 & & \\ & & a^2+b^2+c^2+d^2 & \\ & & & a^2+b^2+c^2+d^2 \end{bmatrix}$;

(2) $(a^2+b^2+c^2+d^2)^2$. 提示: $|\boldsymbol{AA}^{\mathrm{T}}| = |\boldsymbol{A}| \cdot |\boldsymbol{A}^{\mathrm{T}}| = |\boldsymbol{A}| \cdot |\boldsymbol{A}| = |\boldsymbol{A}|^2 = (a^2+b^2+c^2+d^2)^4$,故$|\boldsymbol{A}| = (a^2+b^2+c^2+d^2)^2$.

19. $\begin{bmatrix} 4 & 2 & 0 \\ 8 & 4 & 0 \\ 12 & 6 & 0 \end{bmatrix}$.

B 组

1. 提示:由 $\boldsymbol{AB}=\boldsymbol{A}+\boldsymbol{B}$ 知,$(\boldsymbol{A}-\boldsymbol{I})(\boldsymbol{B}-\boldsymbol{I})=\boldsymbol{I}$,故$(\boldsymbol{B}-\boldsymbol{I})(\boldsymbol{A}-\boldsymbol{I})=\boldsymbol{I}$,即 $\boldsymbol{BA}=\boldsymbol{A}+\boldsymbol{B}$,从而 $\boldsymbol{AB}=\boldsymbol{BA}$.

2. $\boldsymbol{I}+(2^n-1)\boldsymbol{A}$.

3. (1) $\begin{bmatrix} 1 & 0 & n \\ 0 & 1 & 0 \\ 0 & 0 & 1 \end{bmatrix}$;

(2) $\begin{bmatrix} 1 & n & \frac{n(n-1)}{2} \\ 0 & 1 & n \\ 0 & 0 & 1 \end{bmatrix}$. 提示:$\boldsymbol{A}^n = \left[\boldsymbol{I} + \begin{bmatrix} 0 & 1 & 0 \\ 0 & 0 & 1 \\ 0 & 0 & 0 \end{bmatrix}\right]^n$.

4. (1) $2\boldsymbol{I}$;　(2) $\begin{pmatrix}-10 & 4\\-24 & 10\end{pmatrix}, 2^{2n}\boldsymbol{I}, 2^{2n}\begin{pmatrix}-10 & 4\\-24 & 10\end{pmatrix}$.

5. $14(n-1)\begin{pmatrix}1 & 2 & 3\\2 & 4 & 6\\3 & 6 & 9\end{pmatrix}$. 提示：$\boldsymbol{A}=\begin{pmatrix}1\\2\\3\end{pmatrix}(1\quad 2\quad 3)$，则

$$\boldsymbol{A}^n=\begin{pmatrix}1\\2\\3\end{pmatrix}(1\quad 2\quad 3)\begin{pmatrix}1\\2\\3\end{pmatrix}(1\quad 2\quad 3)\cdots\begin{pmatrix}1\\2\\3\end{pmatrix}(1\quad 2\quad 3)$$

$$=\begin{pmatrix}1\\2\\3\end{pmatrix}\cdot 14(n-1)(1\quad 2\quad 3)=14(n-1)\begin{pmatrix}1\\2\\3\end{pmatrix}(1\quad 2\quad 3)=14(n-1)\begin{pmatrix}1 & 2 & 3\\2 & 4 & 6\\3 & 6 & 9\end{pmatrix}.$$

6. $\begin{pmatrix}1 & \frac{1}{2} & \frac{1}{3} & \frac{1}{4}\\ 2 & 1 & \frac{2}{3} & \frac{1}{2}\\ 3 & \frac{3}{2} & 1 & \frac{3}{4}\\ 4 & 2 & \frac{4}{3} & 1\end{pmatrix}, 4, 4^{n-1}\boldsymbol{A}$.

7. (1) $\begin{pmatrix}1 & 0\\0 & 1\end{pmatrix}$;　(2) $\begin{pmatrix}\cos n\theta & -\sin n\theta\\ \sin n\theta & \cos n\theta\end{pmatrix}$.

习题 2.3

A 组

1. (1) $\begin{pmatrix}\frac{1}{6} & \frac{1}{9}\\ \frac{1}{3} & -\frac{1}{9}\end{pmatrix}$;　(2) $\frac{1}{ad-bc}\begin{pmatrix}d & -b\\-c & a\end{pmatrix}$;　(3) $\begin{pmatrix}1 & -2 & 1\\0 & 1 & -2\\0 & 0 & 1\end{pmatrix}$;

(4) $\begin{pmatrix}\frac{1}{9} & -\frac{1}{9} & \frac{4}{9}\\ \frac{7}{9} & \frac{2}{9} & -\frac{8}{9}\\ -\frac{2}{9} & \frac{2}{9} & \frac{1}{9}\end{pmatrix}$;　(5) $\begin{pmatrix}1 & -2 & 1 & 0\\0 & 1 & -2 & 1\\0 & 0 & 1 & -2\\0 & 0 & 0 & 1\end{pmatrix}$;

(6) $\begin{pmatrix} \frac{1}{a_1} & & & \\ & \frac{1}{a_2} & & \\ & & \ddots & \\ & & & \frac{1}{a_n} \end{pmatrix}$.

2. $k\neq 0$, $\begin{pmatrix} 1 & 0 & 0 \\ 0 & \frac{1}{k} & 0 \\ -1 & \frac{1}{k} & 1 \end{pmatrix}$.

3. (1) $\begin{pmatrix} -9 & -8 & -2 \\ -10 & -9 & -2 \\ 13 & 11 & 3 \end{pmatrix}$； (2) $\begin{pmatrix} -1 & 7 & 4 \\ 2 & -9 & -6 \\ 2 & -7 & -5 \end{pmatrix}$.

4. $\frac{1}{3}\begin{pmatrix} 4 & -3 \\ 13 & -9 \\ -2 & 2 \end{pmatrix}$.

5. $\begin{pmatrix} 3 & 2 & 2 \\ 2 & 3 & -2 \\ 2 & -2 & 3 \end{pmatrix}$.

6. $\begin{pmatrix} 3 & & \\ & 2 & \\ & & 1 \end{pmatrix}$.

7. $\frac{1}{24}\boldsymbol{A}$.

8. 证明略.

9. 证明略.

10. $\frac{8}{3}, 9, -2187, -243$.

11. $(\boldsymbol{A}-\boldsymbol{I})^{-1}=\boldsymbol{A}+3\boldsymbol{I}, (\boldsymbol{A}+3\boldsymbol{I})^{-1}=\boldsymbol{A}-\boldsymbol{I}$.

12. (1) $x_1=1, x_2=2, x_3=3$； (2) $x_1=\frac{2}{3}, x_2=-\frac{1}{6}, x_3=0$.

B 组

1. 证明略.

2. (1) 证明略. (2) $\begin{pmatrix} 0 & 2 & 0 \\ -1 & -1 & 0 \\ 0 & 0 & -2 \end{pmatrix}$.

3. $\begin{pmatrix} 1 & 0 & 0 \\ 3 & -1 & 0 \\ 6 & -3 & 1 \end{pmatrix}$. 提示:

$$\begin{aligned} \boldsymbol{I}+\boldsymbol{B} &= \boldsymbol{I}+(\boldsymbol{A}+\boldsymbol{I})^{-1}(\boldsymbol{A}-\boldsymbol{I}) \\ &= (\boldsymbol{A}+\boldsymbol{I})^{-1}(\boldsymbol{A}+\boldsymbol{I})+(\boldsymbol{A}+\boldsymbol{I})^{-1}(\boldsymbol{A}-\boldsymbol{I}) \\ &= (\boldsymbol{A}+\boldsymbol{I})^{-1}[\boldsymbol{A}+\boldsymbol{I}+\boldsymbol{A}-\boldsymbol{I}] \\ &= 2(\boldsymbol{A}+\boldsymbol{I})^{-1}\boldsymbol{A}, \end{aligned}$$

所以,

$$(\boldsymbol{I}+\boldsymbol{B})^{-1}=\frac{1}{2}\boldsymbol{A}^{-1}(\boldsymbol{A}+\boldsymbol{I}).$$

4. $\begin{pmatrix} 1 & -1+2^n & 1-3\cdot 2^n \\ 2-2\cdot 2^n & -2+3\cdot 2^n & 2-2\cdot 2^n \\ 2-2\cdot 2^n & -2+2\cdot 2^n & 2+2^n \end{pmatrix}$.

习题 2.4

A 组

1. (1) $\begin{pmatrix} 4 & 2 & -9 & 4 \\ 12 & 6 & 1 & 2 \\ -13 & -1 & 7 & 3 \end{pmatrix}$; (2) $\begin{pmatrix} -14 & -5 & -6 \\ 4 & -10 & 11 \\ 0 & 5 & 7 \end{pmatrix}$; (3) $\begin{pmatrix} a^2 & & & \\ & a^2 & & \\ & & b^2 & \\ & & & b^2 \end{pmatrix}$;

(4) $\begin{pmatrix} 5 & 1 & 23 & -10 \\ 7 & -1 & -2 & 5 \\ 0 & 0 & -7 & -19 \\ 0 & 0 & 1 & 5 \end{pmatrix}$; (5) $\begin{pmatrix} 1 & -1 & 4 & -1 \\ 0 & 2 & -1 & 0 \\ 13 & 8 & -8 & 9 \\ -11 & 17 & 41 & 27 \end{pmatrix}$; (6) $\begin{pmatrix} 1 & 1 & 1 & 1 & 0 \\ 0 & 0 & 0 & 0 & 1 \\ 4 & 1 & 1 & 1 & 1 \\ 0 & 3 & 0 & 0 & 2 \\ 1 & 1 & 4 & 1 & -1 \end{pmatrix}$.

2. 证明略.

3. (1) $\begin{pmatrix} \boldsymbol{A}^{-1} & -\boldsymbol{A}^{-1}\boldsymbol{C}\boldsymbol{B}^{-1} \\ \boldsymbol{0} & \boldsymbol{B}^{-1} \end{pmatrix}$; (2) $\begin{pmatrix} -\boldsymbol{B}^{-1}\boldsymbol{C}\boldsymbol{A}^{-1} & \boldsymbol{B}^{-1} \\ \boldsymbol{A}^{-1} & \boldsymbol{0} \end{pmatrix}$;

(3) $\begin{pmatrix} \mathbf{0} & \boldsymbol{B}^{-1} \\ \boldsymbol{A}^{-1} & -\boldsymbol{A}^{-1}\boldsymbol{C}\boldsymbol{B}^{-1} \end{pmatrix}$； (4) $\begin{pmatrix} \mathbf{0} & \boldsymbol{B}^{-1} \\ \boldsymbol{A}^{-1} & \mathbf{0} \end{pmatrix}$.

4. (1) $\begin{pmatrix} 1 & -2 & 1 & 0 \\ 0 & 1 & -2 & 1 \\ 0 & 0 & 1 & -2 \\ 0 & 0 & 0 & 1 \end{pmatrix}$； (2) $\begin{pmatrix} \frac{49}{54} & -\frac{4}{27} & \frac{1}{3} & -\frac{1}{6} \\ \frac{1}{2} & 0 & 0 & \frac{1}{2} \\ \frac{4}{9} & \frac{1}{9} & 0 & 0 \\ -\frac{1}{9} & \frac{2}{9} & 0 & 0 \end{pmatrix}$；

(3) $\begin{pmatrix} 0 & 0 & 0 & -\frac{1}{3} \\ 0 & 0 & \frac{1}{2} & \frac{2}{3} \\ -\frac{1}{27} & \frac{2}{9} & \frac{8}{27} & \frac{23}{81} \\ -\frac{5}{27} & \frac{1}{9} & \frac{13}{27} & \frac{34}{81} \end{pmatrix}$； (4) $\begin{pmatrix} 0 & 0 & -2 & 1 & 0 \\ 0 & 0 & -\frac{13}{2} & 3 & -\frac{1}{2} \\ 0 & 0 & -16 & 7 & -1 \\ 5 & -2 & 0 & 0 & 0 \\ -2 & 1 & 0 & 0 & 0 \end{pmatrix}$；

(5) $\begin{pmatrix} 0 & 0 & \cdots & 0 & \frac{1}{a_n} \\ \frac{1}{a_1} & 0 & \cdots & 0 & 0 \\ 0 & \frac{1}{a_2} & \cdots & 0 & 0 \\ \vdots & \vdots & & \vdots & \vdots \\ 0 & 0 & \cdots & \frac{1}{a_{n-1}} & 0 \end{pmatrix}$.

5. 证明略.

6. (1) −24； (2) 96； (3) 77； (4) 16.

B 组

1. $(-1)^{n-1}n\,!$，$\dfrac{(-1)^{n-1}}{n\,!}\boldsymbol{A}$.

2. 6^8，$\begin{pmatrix} 1^n & & & & \\ & 2^n & & & \\ & & 3^n & & \\ & & & 1 & n \\ & & & 0 & 1 \end{pmatrix}$，$\begin{pmatrix} 1 & & & & \\ & \frac{1}{2} & & & \\ & & \frac{1}{3} & & \\ & & & 1 & -1 \\ & & & 0 & 1 \end{pmatrix}$，未写出的元全是零.

3. $\begin{pmatrix} -\frac{2}{5} & \frac{3}{5} & & & & & \\ -\frac{1}{5} & \frac{4}{5} & & & & & \\ & & 1 & & & & \\ & & & 1 & & & \\ & & & & 1 & & \\ & & & & & -\frac{3}{11} & \frac{1}{11} \\ & & & & & \frac{5}{11} & \frac{2}{11} \end{pmatrix}$，未写出的元全是零.

4. $\begin{pmatrix} 2^{n-1} & 2^{n-1} & 0 & 0 \\ 2^{n-1} & 2^{n-1} & 0 & 0 \\ 0 & 0 & 1 & 0 \\ 0 & 0 & n & 1 \end{pmatrix}$.

习题 2.5

A 组

1. $\boldsymbol{P}_2\boldsymbol{P}_1\boldsymbol{A}=\boldsymbol{B}$，其中 $\boldsymbol{P}_1=\begin{pmatrix} 1 & 0 & 0 \\ 0 & 1 & 0 \\ 1 & 0 & 1 \end{pmatrix}$，$\boldsymbol{P}_2=\begin{pmatrix} 0 & 1 & 0 \\ 1 & 0 & 0 \\ 0 & 0 & 1 \end{pmatrix}$.

2. (1) $\begin{pmatrix} 1 & 0 & 0 & 0 \\ 0 & 1 & 0 & 0 \\ 0 & 0 & 1 & 0 \end{pmatrix}$；　(2) $\begin{pmatrix} 1 & 0 & 0 & 0 \\ 0 & 1 & 0 & 0 \\ 0 & 0 & 1 & 0 \\ 0 & 0 & 0 & 1 \end{pmatrix}$；

(3) $\begin{pmatrix}1&0&0&0&0\\0&1&0&0&0\\0&0&0&0&0\\0&0&0&0&0\end{pmatrix}$；　(4) $\begin{pmatrix}1&0&0&0&0\\0&1&0&0&0\\0&0&1&0&0\\0&0&0&0&0\end{pmatrix}$.

3. (1) $\begin{pmatrix}2&-1&1\\4&-2&1\\-\frac{3}{2}&1&-\frac{1}{2}\end{pmatrix}$；(2) $\begin{pmatrix}6&3&4\\4&2&3\\9&4&6\end{pmatrix}$；(3) $\begin{pmatrix}\frac{1}{9}&-\frac{1}{9}&\frac{4}{9}\\\frac{7}{9}&\frac{2}{9}&-\frac{8}{9}\\-\frac{2}{9}&\frac{2}{9}&\frac{1}{9}\end{pmatrix}$；

(4) 不可逆；(5) $\begin{pmatrix}1&-2&1&0\\0&1&-2&1\\0&0&1&-2\\0&0&0&1\end{pmatrix}$；(6) 不可逆.

4. (1) $\begin{pmatrix}15&17\\7&8\\-3&-4\end{pmatrix}$；(2) $\begin{pmatrix}1&2&3\\4&5&6\\7&8&9\end{pmatrix}$；(3) $\begin{pmatrix}1\\2\\3\end{pmatrix}$.

5. $\begin{pmatrix}3&6\\-4&1\\3&-2\end{pmatrix}$.

6. $\begin{pmatrix}\frac{1}{2}&-\frac{3}{2}&-\frac{5}{2}\\\frac{1}{2}&\frac{3}{2}&\frac{1}{2}\\0&1&2\end{pmatrix}$.

7. $\begin{pmatrix}6&-4&-3\\-1&1&1\\-1&2&2\end{pmatrix}$.

B 组

1. $\begin{pmatrix}4&5&6\\1&2&3\\7&8&9\end{pmatrix}$.

提示:矩阵$\begin{pmatrix}1&2&3\\4&5&6\\7&8&9\end{pmatrix}$左乘 2017 个初等矩阵$\begin{pmatrix}0&1&0\\1&0&0\\0&0&1\end{pmatrix}$,右乘 2018 个初等矩阵$\begin{pmatrix}0&0&1\\0&1&0\\1&0&0\end{pmatrix}$,相当于作一次初等行变换,将矩阵的第一行与第二行交换.

2. $\begin{pmatrix}\frac{1}{4}&\frac{1}{4}&0\\0&\frac{1}{4}&\frac{1}{4}\\\frac{1}{4}&0&\frac{1}{4}\end{pmatrix}$.

提示:$(\boldsymbol{A}^*-2\boldsymbol{I})\boldsymbol{X}=\boldsymbol{A}^{-1}$,$\boldsymbol{X}=(\boldsymbol{A}^*-2\boldsymbol{I})^{-1}\boldsymbol{A}^{-1}=[\boldsymbol{A}(\boldsymbol{A}^*-2\boldsymbol{I})]^{-1}=[|\boldsymbol{A}|\boldsymbol{I}-2\boldsymbol{A}]^{-1}$.

3. $\begin{pmatrix}1&0&0&0\\-2&1&0&0\\1&-2&1&0\\0&1&-2&1\end{pmatrix}$.

提示:$\boldsymbol{X}=(\boldsymbol{C}^{\mathrm{T}})^{-1}[(\boldsymbol{I}-\boldsymbol{C}^{-1}\boldsymbol{B})^{\mathrm{T}}]^{-1}=[(\boldsymbol{I}-\boldsymbol{C}^{-1}\boldsymbol{B})^{\mathrm{T}}\boldsymbol{C}^{\mathrm{T}}]^{-1}$

$=[(\boldsymbol{C}(\boldsymbol{I}-\boldsymbol{C}^{-1}\boldsymbol{B}))^{\mathrm{T}}]^{-1}=[(\boldsymbol{C}-\boldsymbol{B})^{\mathrm{T}}]^{-1}$.

习题 2.6

A 组

1. (1) 2; (2) 2; (3) 3; (4) 5.

2. 2.

3. $\lambda=5,\mu=1$.

4. $\frac{4}{5}$.

5. 当 $a\neq1$ 且 $a\neq-2$ 时,$\mathrm{r}(\boldsymbol{A})=3$;

当 $a=1$ 时,$\mathrm{r}(\boldsymbol{A})=1$;

当 $a=-2$ 时,$\mathrm{r}(\boldsymbol{A})=2$.

B 组

1. 证明略.

2. 证明略.

3. 证明略.

习题 3.1

A 组

1. (1) $x_1=\frac{1}{2}, x_2=-\frac{1}{3}, x_3=\frac{1}{4}$;　(2) 无解;

(3) $\begin{cases} x_1=-\frac{3}{2}C_1-\frac{1}{10}C_2, \\ x_2=C_1, \\ x_3=\frac{4}{5}C_2, \\ x_4=C_2 \end{cases}$ 其中 C_1, C_2 为任意常数;

(4) $\begin{cases} x_1=-3C, \\ x_2=-C+4, \\ x_3=C \end{cases}$ 其中 C 为任意常数;

(5) $\begin{cases} x_1=\frac{4}{3}C, \\ x_2=-3C, \\ x_3=\frac{4}{3}C, \\ x_4=C \end{cases}$ 其中 C 为任意常数;

(6) $x_1=-1, x_2=2, x_3=0$.

2. $a=5$, $\begin{cases} x_1=\frac{4}{5}-\frac{1}{5}C_1-\frac{6}{5}C_2, \\ x_2=\frac{3}{5}+\frac{3}{5}C_1-\frac{7}{5}C_2, \\ x_3=C_1, \\ x_4=C_2 \end{cases}$ 其中 C_1, C_2 为任意常数.

3. 当 $\lambda=-\frac{4}{5}$ 时,无解;

当 $\lambda\neq-\frac{4}{5}$ 且 $\lambda\neq1$ 时,有唯一解;

当 $\lambda=1$ 时，有无穷多解，$\begin{cases}x_1=1,\\x_2=-1+C,\\x_3=C\end{cases}$ 其中 C 为任意常数.

4. 当 $\lambda\neq-2$ 且 $\lambda\neq1$ 时，无解；

当 $\lambda=1$ 时，有无穷多解，$\begin{cases}x_1=1+C,\\x_2=C,\\x_3=C\end{cases}$ 其中 C 为任意常数；

当 $\lambda=-2$ 时，有无穷多解，$\begin{cases}x_1=2+C,\\x_2=2+C,\\x_3=C\end{cases}$ 其中 C 为任意常数.

5. 当 $b\neq-2$ 时，无解；

当 $b=-2$ 且 $a=-8$ 时，解为 $\begin{cases}x_1=-1+4C_1-C_2,\\x_2=1-2C_1-2C_2,\\x_3=C_1,\\x_4=C_2\end{cases}$ 其中 C_1,C_2 为任意常数；

当 $b=-2$ 且 $a\neq-8$ 时，解为 $\begin{cases}x_1=-1-C,\\x_2=1-2C,\\x_3=0,\\x_4=C\end{cases}$ 其中 C 为任意常数.

6. 当 $a=1$ 时，公共解为 $\begin{cases}x_1=-C,\\x_2=0,\\x_3=C\end{cases}$ 其中 C 为任意常数；

当 $a=2$ 时，公共解为 $x_1=0,x_2=1,x_3=-1$.

B 组

1. 证明略.

2. 证明略.

习题 3. 2

A 组

1. $\begin{pmatrix}-3\\2\\0\\-4\end{pmatrix}$；$\begin{pmatrix}13\\-10\\2\\25\end{pmatrix}$.

2. $\begin{pmatrix}10\\-4\\3\\7\end{pmatrix}$.

3. $k=-14,\lambda=\dfrac{3}{2},\mu=0$.

4. (1) 能，$\boldsymbol{\beta}=-\boldsymbol{\alpha}_1-2\boldsymbol{\alpha}_2+4\boldsymbol{\alpha}_3$； (2) 不能； (3) 能，$\boldsymbol{\beta}=2\boldsymbol{\alpha}_1-\boldsymbol{\alpha}_2+\boldsymbol{\alpha}_3$；

(4) 能，$\boldsymbol{\beta}=\boldsymbol{\alpha}_1+2\boldsymbol{\alpha}_2+3\boldsymbol{\alpha}_3-\boldsymbol{\alpha}_4$；

(5) 能，$\boldsymbol{\beta}=(4+2C)\boldsymbol{\alpha}_1+C\boldsymbol{\alpha}_2+2\boldsymbol{\alpha}_3$，其中 C 为任意常数.

5. (1) $a\neq-4$； (2) $a=-4,3b-c\neq1$；

(3) $a=-4$ 且 $3b-c=1,\boldsymbol{\beta}=t\boldsymbol{\alpha}_1-(2t+b+1)\boldsymbol{\alpha}_2+(2b+1)\boldsymbol{\alpha}_3$，其中 t 为任意常数.

6. (1) $\lambda\neq0$ 且 $\lambda\neq-3$； (2) $\lambda=-3$；

(3) $\lambda=0,\boldsymbol{\beta}=(-C_1-C_2)\boldsymbol{\alpha}_1+C_1\boldsymbol{\alpha}_2+C_2\boldsymbol{\alpha}_3$，其中 C_1,C_2 为任意常数.

7. (1) $a=-1,b\neq0$；

(2) $a\neq-1,\boldsymbol{\beta}=-\dfrac{2b}{a+1}\boldsymbol{\alpha}_1+\dfrac{a+b+1}{a+1}\boldsymbol{\alpha}_2+\dfrac{b}{a+1}\boldsymbol{\alpha}_3+0\cdot\boldsymbol{\alpha}_4$.

8. $\boldsymbol{\alpha}_1=\dfrac{\boldsymbol{\beta}_1+\boldsymbol{\beta}_2}{2},\boldsymbol{\alpha}_2=\dfrac{\boldsymbol{\beta}_2+\boldsymbol{\beta}_3}{2},\boldsymbol{\alpha}_3=\dfrac{\boldsymbol{\beta}_1+\boldsymbol{\beta}_3}{2}$.

9. $\boldsymbol{\gamma}_1=4\boldsymbol{\alpha}_1+4\boldsymbol{\alpha}_2-17\boldsymbol{\alpha}_3,\boldsymbol{\gamma}_2=23\boldsymbol{\alpha}_2-7\boldsymbol{\alpha}_3$.

10. 证明略.

11. 证明略.

12. 证明略.

B 组

1. (1) 能；

(2) 不能. 用反证法，否则 $\boldsymbol{\beta}$ 可由 $\boldsymbol{\alpha}_1,\boldsymbol{\alpha}_2,\cdots,\boldsymbol{\alpha}_{m-1}$ 线性表示，与题设条件矛盾.

2. $a=1$.

3. $a=5$, $\begin{cases}\boldsymbol{\beta}_1=2\boldsymbol{\alpha}_1+4\boldsymbol{\alpha}_2-\boldsymbol{\alpha}_3,\\ \boldsymbol{\beta}_2=\boldsymbol{\alpha}_1+2\boldsymbol{\alpha}_2,\\ \boldsymbol{\beta}_3=5\boldsymbol{\alpha}_1+10\boldsymbol{\alpha}_2-2\boldsymbol{\alpha}_3.\end{cases}$

4. $a\neq-1$;$a=-1$.

习题 3.3

A 组

1. (1) 线性相关; (2) 线性无关; (3) 线性相关; (4) 线性相关.

2. 当 $k=-4$ 或 $k=\dfrac{3}{2}$ 时,线性相关;当 $k\neq-4$ 且 $k\neq\dfrac{3}{2}$ 时,线性无关.

3. (1) $t\neq3$; (2) $t=3$,$\boldsymbol{\alpha}_3=\boldsymbol{\alpha}_1+\boldsymbol{\alpha}_2$.

4. 证明略.

5. (1) $t=1$; (2) $t\neq14$.

6. $mn\neq1$.

7. 证明略.

8. (1) 向量组 A 线性无关,向量组 B 线性无关;

(2) 向量组 A 线性无关,向量组 B 线性无关;

(3) 向量组 A 线性相关,向量组 B 线性相关.

B 组

1. 线性无关. 提示:$|\boldsymbol{A}|=|\boldsymbol{\alpha}_1,\boldsymbol{\alpha}_2,\cdots,\boldsymbol{\alpha}_r|$ 是范德蒙行列式,故 $|\boldsymbol{A}|\neq0$,故 $\boldsymbol{\alpha}_1,\boldsymbol{\alpha}_2,\cdots,\boldsymbol{\alpha}_r$ 线性无关.

2. 提示:设 $k_1\boldsymbol{\alpha}_1+k_2\boldsymbol{\alpha}_2+\cdots+k_m\boldsymbol{\alpha}_m=\mathbf{0}$,设 $k_1,k_2,\cdots,k_m$ 从右向左第一个不为零的数为 k_i,显然 $i\neq1$,否则 $k_1\boldsymbol{\alpha}_1=\mathbf{0}$,则 $\boldsymbol{\alpha}_1\neq\mathbf{0}$ 与题设矛盾,于是 $k_1\boldsymbol{\alpha}_1+k_2\boldsymbol{\alpha}_2+\cdots+k_i\boldsymbol{\alpha}_i=\mathbf{0}$,$\boldsymbol{\alpha}_i=-\dfrac{1}{k_i}(k_1\boldsymbol{\alpha}_1+k_2\boldsymbol{\alpha}_2+\cdots+k_{i-1}\boldsymbol{\alpha}_{i-1})$,$\boldsymbol{\alpha}_i$ 可由 $\boldsymbol{\alpha}_1,\boldsymbol{\alpha}_2,\cdots,\boldsymbol{\alpha}_{i-1}$ 线性表示,与题设矛盾,因此 $k_1,k_2,\cdots,k_m$ 全为零.

3. 提示:$\mathrm{r}(\boldsymbol{B})\leqslant n$,$\mathrm{r}(\boldsymbol{B})\geqslant\mathrm{r}(\boldsymbol{AB})=\mathrm{r}(\boldsymbol{I})=n$,故 $\mathrm{r}(\boldsymbol{B})=n$,所以 $\boldsymbol{B}$ 的列向量组线性无关.

4. 提示:设 $k_1\boldsymbol{\beta}_1+k_2\boldsymbol{\beta}_2+\cdots+k_t\boldsymbol{\beta}_t=\mathbf{0}$,则 $k_1(\boldsymbol{\alpha}_2+\boldsymbol{\alpha}_3+\cdots+\boldsymbol{\alpha}_t)+k_2(\boldsymbol{\alpha}_1+\boldsymbol{\alpha}_3+\cdots+\boldsymbol{\alpha}_t)+\cdots+k_t(\boldsymbol{\alpha}_1+\boldsymbol{\alpha}_2+\cdots+\boldsymbol{\alpha}_{t-1})=\mathbf{0}$,即 $(k_2+k_3+\cdots+k_t)\boldsymbol{\alpha}_1+(k_1+k_3+\cdots+k_t)\boldsymbol{\alpha}_2+\cdots+(k_1+k_2+\cdots+k_{t-1})\boldsymbol{\alpha}_t=\mathbf{0}$,于是

$$\begin{cases}k_2+k_3+\cdots+k_t=0,\\k_1+k_3+\cdots+k_t=0,\\\quad\vdots\\k_1+k_2+\cdots+k_{t-1}=0,\end{cases}$$

解之得，$k_1=k_2=\cdots=k_t=0$.

5. 提示：设 $m_1\boldsymbol{\alpha}+m_2\boldsymbol{A\alpha}+\cdots+m_k\boldsymbol{A}^{k-1}\boldsymbol{\alpha}=\boldsymbol{0}$，两端左乘 $\boldsymbol{A}^{k-1}$，则 $m_1=0$，于是 $m_2\boldsymbol{A\alpha}+\cdots+m_k\boldsymbol{A}^{k-1}\boldsymbol{\alpha}=\boldsymbol{0}$，两端左乘 $\boldsymbol{A}^{k-2}$，则 $m_2=0$，依次类推得 $m_1=m_2=\cdots=m_k=0$.

习题 3.4

A 组

1. (1) 2； (2) 3； (3) 2； (4) 2.

2. (1) 秩为 2，$\boldsymbol{\alpha}_1,\boldsymbol{\alpha}_2$ 是一个极大无关组，$\boldsymbol{\alpha}_3=-\frac{1}{2}\boldsymbol{\alpha}_1-\frac{5}{2}\boldsymbol{\alpha}_2$，$\boldsymbol{\alpha}_4=2\boldsymbol{\alpha}_1-\boldsymbol{\alpha}_2$；

(2) 秩为 3，$\boldsymbol{\alpha}_1,\boldsymbol{\alpha}_2,\boldsymbol{\alpha}_4$ 是一个极大无关组，$\boldsymbol{\alpha}_3=\frac{2}{3}\boldsymbol{\alpha}_1+\frac{1}{3}\boldsymbol{\alpha}_2$，$\boldsymbol{\alpha}_5=-\frac{7}{18}\boldsymbol{\alpha}_1+\frac{8}{9}\boldsymbol{\alpha}_2-\frac{1}{6}\boldsymbol{\alpha}_4$；

(3) 秩为 3，$\boldsymbol{\alpha}_1,\boldsymbol{\alpha}_2,\boldsymbol{\alpha}_3$ 是一个极大无关组，$\boldsymbol{\alpha}_4=\frac{2}{3}\boldsymbol{\alpha}_1+\frac{1}{3}\boldsymbol{\alpha}_2+\boldsymbol{\alpha}_3$，$\boldsymbol{\alpha}_5=-\frac{1}{3}\boldsymbol{\alpha}_1+\frac{1}{3}\boldsymbol{\alpha}_2$；

(4) 秩为 2，$\boldsymbol{\alpha}_1,\boldsymbol{\alpha}_2$ 是一个极大无关组，$\boldsymbol{\alpha}_3=-\boldsymbol{\alpha}_1+2\boldsymbol{\alpha}_2$，$\boldsymbol{\alpha}_4=-\boldsymbol{\alpha}_1+\boldsymbol{\alpha}_2$.

3. $t=3$.

4. $a=15$，$b=5$.

5. $t=3$ 时，秩为 2，$\boldsymbol{\alpha}_1,\boldsymbol{\alpha}_2$ 是一个极大无关组；
   $t\neq3$ 时，秩为 3，$\boldsymbol{\alpha}_1,\boldsymbol{\alpha}_2,\boldsymbol{\alpha}_3$ 是一个极大无关组.

6. $a=0$ 或 $a=-10$.
   $a=0$ 时，$\boldsymbol{\alpha}_1$ 是一个极大无关组，$\boldsymbol{\alpha}_2=2\boldsymbol{\alpha}_1$，$\boldsymbol{\alpha}_3=3\boldsymbol{\alpha}_1$，$\boldsymbol{\alpha}_4=4\boldsymbol{\alpha}_1$；
   $a=-10$ 时，$\boldsymbol{\alpha}_2,\boldsymbol{\alpha}_3,\boldsymbol{\alpha}_4$ 是一个极大无关组，$\boldsymbol{\alpha}_1=-\boldsymbol{\alpha}_2-\boldsymbol{\alpha}_3-\boldsymbol{\alpha}_4$.

B 组

1. 提示：设 $\boldsymbol{\alpha}_1,\boldsymbol{\alpha}_2,\cdots,\boldsymbol{\alpha}_s$ 的极大无关组为 $\boldsymbol{\alpha}_1,\boldsymbol{\alpha}_2,\cdots,\boldsymbol{\alpha}_r$，则 $\boldsymbol{\alpha}_1,\boldsymbol{\alpha}_2,\cdots,\boldsymbol{\alpha}_r$ 也是 $\boldsymbol{\alpha}_1,\boldsymbol{\alpha}_2,\cdots,\boldsymbol{\alpha}_s,\boldsymbol{\beta}$ 的极大无关组，从而 $\boldsymbol{\beta}$ 可以由向量组 $\boldsymbol{\alpha}_1,\boldsymbol{\alpha}_2,\cdots,\boldsymbol{\alpha}_r$ 线性表示，从而也可以由向量组 $\boldsymbol{\alpha}_1,\boldsymbol{\alpha}_2,\cdots,\boldsymbol{\alpha}_s$ 线性表示.

2. 提示：向量组（Ⅰ）线性无关，向量组（Ⅱ）线性相关，从而 $\boldsymbol{\alpha}_4$ 可以由 $\boldsymbol{\alpha}_1,\boldsymbol{\alpha}_2,\boldsymbol{\alpha}_3$ 线性

表示，设 $\boldsymbol{\alpha}_4=k_1\boldsymbol{\alpha}_1+k_2\boldsymbol{\alpha}_2+k_3\boldsymbol{\alpha}_3$，则

$$(\boldsymbol{\alpha}_1,\boldsymbol{\alpha}_2,\boldsymbol{\alpha}_3,\boldsymbol{\alpha}_5-\boldsymbol{\alpha}_4)=(\boldsymbol{\alpha}_1,\boldsymbol{\alpha}_2,\boldsymbol{\alpha}_3,\boldsymbol{\alpha}_5-k_1\boldsymbol{\alpha}_1-k_2\boldsymbol{\alpha}_2-k_3\boldsymbol{\alpha}_3)\rightarrow(\boldsymbol{\alpha}_1,\boldsymbol{\alpha}_2,\boldsymbol{\alpha}_3,\boldsymbol{\alpha}_5),$$

所以 $\mathrm{r}(\boldsymbol{\alpha}_1,\boldsymbol{\alpha}_2,\boldsymbol{\alpha}_3,\boldsymbol{\alpha}_5-\boldsymbol{\alpha}_4)=\mathrm{r}(\boldsymbol{\alpha}_1,\boldsymbol{\alpha}_2,\boldsymbol{\alpha}_3,\boldsymbol{\alpha}_5)=4$.

3. 证明略.

4. 提示：设 A 的极大无关组为（Ⅰ）：$\boldsymbol{\alpha}_1,\boldsymbol{\alpha}_2,\cdots,\boldsymbol{\alpha}_r$，$B$ 的极大无关组是（Ⅱ）：$\boldsymbol{\beta}_1,\boldsymbol{\beta}_2,\cdots,\boldsymbol{\beta}_r$，向量组 A 可以由 B 线性表示，从而由等价的传递性，向量组（Ⅰ）可以由（Ⅱ）线性表示. 另外，向量组 $\boldsymbol{\alpha}_1,\boldsymbol{\alpha}_2,\cdots,\boldsymbol{\alpha}_r,\boldsymbol{\beta}_1,\boldsymbol{\beta}_2,\cdots,\boldsymbol{\beta}_r$ 的秩也是 r（$\boldsymbol{\beta}_1,\boldsymbol{\beta}_2,\cdots,\boldsymbol{\beta}_r$ 是极大无关组），且 $\boldsymbol{\alpha}_1,\boldsymbol{\alpha}_2,\cdots,\boldsymbol{\alpha}_r$ 线性无关，从而也是该向量组的极大无关组，所以 $\boldsymbol{\beta}_1,\boldsymbol{\beta}_2,\cdots,\boldsymbol{\beta}_r$ 也可以由 $\boldsymbol{\alpha}_1,\boldsymbol{\alpha}_2,\cdots,\boldsymbol{\alpha}_r$ 线性表示，故（Ⅰ）与（Ⅱ）等价，即 A 与 B 等价.

习题 3.5

A 组

1. (1) $\boldsymbol{\xi}_1=\begin{pmatrix}-\frac{3}{2}\\1\\0\\0\end{pmatrix},\boldsymbol{\xi}_2=\begin{pmatrix}-\frac{1}{10}\\0\\\frac{4}{5}\\1\end{pmatrix}$. $\boldsymbol{x}=k_1\begin{pmatrix}-\frac{3}{2}\\1\\0\\0\end{pmatrix}+k_2\begin{pmatrix}-\frac{1}{10}\\0\\\frac{4}{5}\\1\end{pmatrix}$，其中 k_1,k_2 为任意常数.

(2) $\boldsymbol{\xi}_1=\begin{pmatrix}2\\1\\0\\0\end{pmatrix},\boldsymbol{\xi}_2=\begin{pmatrix}-22\\0\\15\\2\end{pmatrix}$. $\boldsymbol{x}=k_1\begin{pmatrix}2\\1\\0\\0\end{pmatrix}+k_2\begin{pmatrix}-22\\0\\15\\2\end{pmatrix}$，其中 k_1,k_2 为任意常数.

(3) $\boldsymbol{\xi}=\begin{pmatrix}0\\0\\0\\1\\1\end{pmatrix}$. $\boldsymbol{x}=k\begin{pmatrix}0\\0\\0\\1\\1\end{pmatrix}$，其中 k 为任意常数.

(4) $\boldsymbol{\xi}_1=\begin{pmatrix}2\\1\\0\\0\\0\end{pmatrix},\boldsymbol{\xi}_2=\begin{pmatrix}-3\\0\\-1\\1\\0\end{pmatrix},\boldsymbol{\xi}_3=\begin{pmatrix}4\\0\\1\\0\\1\end{pmatrix}$. $\boldsymbol{x}=k_1\begin{pmatrix}2\\1\\0\\0\\0\end{pmatrix}+k_2\begin{pmatrix}-3\\0\\-1\\1\\0\end{pmatrix}+k_3\begin{pmatrix}4\\0\\1\\0\\1\end{pmatrix}$，其中 k_1,k_2,k_3 为

任意常数.

2. 证明略.

3. $k\begin{pmatrix}1\\1\\\vdots\\1\end{pmatrix}$,其中 k 为任意常数.

4. $\boldsymbol{x}=\begin{pmatrix}\frac{1}{2}\\\frac{1}{2}\\0\\1\end{pmatrix}+k\begin{pmatrix}0\\-1\\1\\1\end{pmatrix}$,其中 k 为任意常数.

5. $a=-2$.

6. $\boldsymbol{x}=\begin{pmatrix}-1\\2\\0\end{pmatrix}+k\begin{pmatrix}0\\1\\2\end{pmatrix}$,其中 k 为任意常数.

7. (1) $\lambda=-1,a=-2$;

(2) $\boldsymbol{x}=\begin{pmatrix}\frac{3}{2}\\-\frac{1}{2}\\0\end{pmatrix}+k\begin{pmatrix}1\\0\\1\end{pmatrix}$,其中 k 为任意常数.

8. (1) $\boldsymbol{x}=\begin{pmatrix}-\frac{1}{5}\\0\\\frac{7}{5}\\0\end{pmatrix}+k_1\begin{pmatrix}-3\\1\\0\\0\end{pmatrix}+k_2\begin{pmatrix}\frac{7}{5}\\0\\\frac{1}{5}\\1\end{pmatrix}$,其中 k_1,k_2 为任意常数;

(2) $\boldsymbol{x}=\begin{pmatrix}-1\\1\\0\\0\end{pmatrix}+k_1\begin{pmatrix}8\\-6\\1\\0\end{pmatrix}+k_2\begin{pmatrix}-7\\5\\0\\1\end{pmatrix}$,其中 k_1,k_2 为任意常数;

(3) $\boldsymbol{x}=\begin{pmatrix}1\\0\\1\\0\\0\end{pmatrix}+k_1\begin{pmatrix}-1\\1\\0\\0\\0\end{pmatrix}+k_2\begin{pmatrix}1\\0\\-2\\1\\0\end{pmatrix}+k_3\begin{pmatrix}2\\0\\-3\\0\\1\end{pmatrix}$，其中 k_1,k_2,k_3 为任意常数.

9. 当 $a=c=\frac{1}{2}$ 时，通解为 $\boldsymbol{x}=\begin{pmatrix}-\frac{1}{2}\\1\\0\\0\end{pmatrix}+k_1\begin{pmatrix}1\\-3\\1\\0\end{pmatrix}+k_2\begin{pmatrix}-1\\-2\\0\\2\end{pmatrix}$，其中 k_1,k_2 为任意常数；

当 $a=c\neq\frac{1}{2}$ 时，通解为 $\boldsymbol{x}=\begin{pmatrix}0\\-\frac{1}{2}\\\frac{1}{2}\\0\end{pmatrix}+k\begin{pmatrix}-2\\1\\-1\\2\end{pmatrix}$，其中 k 为任意常数.

10. 提示：$\boldsymbol{Ax}=\boldsymbol{0}$ 的基础解系含有 $n-r$ 个解，且由解的性质，$\boldsymbol{\alpha}_1-\boldsymbol{\alpha}_0,\boldsymbol{\alpha}_2-\boldsymbol{\alpha}_0,\cdots,\boldsymbol{\alpha}_{n-r}-\boldsymbol{\alpha}_0$ 是 $\boldsymbol{Ax}=\boldsymbol{0}$ 的解，故只需证它们线性无关，由线性无关的定义即可得证.

B 组

1. $k_1\begin{pmatrix}1\\0\\\vdots\\0\\-n\end{pmatrix}+k_2\begin{pmatrix}0\\1\\\vdots\\0\\-n+1\end{pmatrix}+\cdots+k_{n-1}\begin{pmatrix}0\\0\\\vdots\\1\\-2\end{pmatrix}$，其中 $k_1,k_2,\cdots,k_{n-1}$ 为任意常数.

2. $a\neq2,t=4$.

提示：$\boldsymbol{\alpha}_1,\boldsymbol{\alpha}_2,\boldsymbol{\alpha}_3$ 与 $\boldsymbol{\beta}_1,\boldsymbol{\beta}_2,\boldsymbol{\beta}_3$ 均线性无关，且等价，$\mathrm{r}(\boldsymbol{\alpha}_1,\boldsymbol{\alpha}_2,\boldsymbol{\alpha}_3)=\mathrm{r}(\boldsymbol{\beta}_1,\boldsymbol{\beta}_2,\boldsymbol{\beta}_3)$.

3. $\begin{cases}2x_1+3x_2-x_3=0,\\3x_1+5x_2-x_4=0.\end{cases}$

提示：由 $\boldsymbol{A}(\boldsymbol{\eta}_1,\boldsymbol{\eta}_2)=\boldsymbol{0}$ 有 $(\boldsymbol{\eta}_1,\boldsymbol{\eta}_2)^{\mathrm{T}}\boldsymbol{A}^{\mathrm{T}}=\boldsymbol{0}$，故 $\begin{pmatrix}\boldsymbol{\eta}_1^{\mathrm{T}}\\\boldsymbol{\eta}_2^{\mathrm{T}}\end{pmatrix}\boldsymbol{x}=\boldsymbol{0}$ 的解就是 $\boldsymbol{A}^{\mathrm{T}}$ 的列向量，即 $\boldsymbol{A}$ 的行向量.

4. $\boldsymbol{x}=k\begin{pmatrix}-1\\1\\1\\1\end{pmatrix}$,其中 k 为任意常数.

提示:设公共解为 $\boldsymbol{\gamma}$,则 $\boldsymbol{\gamma}=c_1\boldsymbol{\xi}_1+c_2\boldsymbol{\xi}_2=d_1\boldsymbol{\eta}_1+d_2\boldsymbol{\eta}_2$,解齐次线性方程组 $c_1\boldsymbol{\xi}_1+c_2\boldsymbol{\xi}_2-d_1\boldsymbol{\eta}_1-d_2\boldsymbol{\eta}_2=\boldsymbol{0}$ 即得.

5. 当 $k\neq 9$ 时,通解为 $\boldsymbol{x}=k_1\begin{pmatrix}1\\2\\3\end{pmatrix}+k_2\begin{pmatrix}3\\6\\k\end{pmatrix}$,其中 k_1,k_2 为任意常数;

当 $k=9$ 时,若 $\mathrm{r}(\boldsymbol{A})=2$,则通解为 $\boldsymbol{x}=k_1\begin{pmatrix}1\\2\\3\end{pmatrix}$,$k_1$ 为任意常数;

若 $\mathrm{r}(\boldsymbol{A})=1$,不妨设 $a\neq 0$,则通解为 $\boldsymbol{x}=k_1\begin{pmatrix}-\frac{b}{a}\\1\\0\end{pmatrix}+k_2\begin{pmatrix}-\frac{c}{a}\\0\\1\end{pmatrix}$,其中 k_1,k_2 为任意常数.

6. (1) 提示:由于 $|\overline{\boldsymbol{A}}|\neq 0$,所以 $\mathrm{r}(\overline{\boldsymbol{A}})=4$,而 $\mathrm{r}(\boldsymbol{A})\leqslant 3$,所以 $\mathrm{r}(\boldsymbol{A})\neq\mathrm{r}(\overline{\boldsymbol{A}})$,因此方程组无解;

(2) $\boldsymbol{x}=\begin{pmatrix}-1\\1\\1\end{pmatrix}+C\begin{pmatrix}2\\0\\-2\end{pmatrix}$,其中 C 为任意常数.

7. 提示:由 $|\boldsymbol{A}|=0$,所以 $\boldsymbol{A}\boldsymbol{A}^*=|\boldsymbol{A}|\boldsymbol{I}=\boldsymbol{0}$,即 $\boldsymbol{A}^*$ 的每一列都是 $\boldsymbol{Ax}=\boldsymbol{0}$ 的解. 又因 $A_{ki}\neq 0$,故 $\mathrm{r}(\boldsymbol{A})=n-1$,所以 $\boldsymbol{Ax}=\boldsymbol{0}$ 的基础解系含有一个解向量,即 $\begin{pmatrix}A_{k1}\\A_{k2}\\\vdots\\A_{kn}\end{pmatrix}\neq\boldsymbol{0}$ 是 $\boldsymbol{Ax}=\boldsymbol{0}$ 的一个基础解系.

8. (1) 提示:设 $\boldsymbol{\alpha}_1,\boldsymbol{\alpha}_2,\boldsymbol{\alpha}_3$ 是三个线性无关的解,则 $\boldsymbol{\alpha}_1-\boldsymbol{\alpha}_2,\boldsymbol{\alpha}_1-\boldsymbol{\alpha}_3$ 是 $\boldsymbol{Ax}=\boldsymbol{0}$ 的两个线性无关的解,所以 $4-\mathrm{r}(\boldsymbol{A})\geqslant 2$,$\mathrm{r}(\boldsymbol{A})\leqslant 2$. 又由前两个方程知 $\mathrm{r}(\boldsymbol{A})\geqslant 2$,故 $\mathrm{r}(\boldsymbol{A})=2$;

(2) $\boldsymbol{x}=\begin{pmatrix}2\\-3\\0\\0\end{pmatrix}+k_1\begin{pmatrix}-2\\1\\1\\0\end{pmatrix}+k_2\begin{pmatrix}4\\-5\\0\\1\end{pmatrix}$,其中 k_1,k_2 为任意常数.

9. (1) 当 $\lambda\neq\frac{1}{2}$ 时，全部解为 $\begin{pmatrix}0\\-\frac{1}{2}\\\frac{1}{2}\\0\end{pmatrix}+k\begin{pmatrix}-2\\1\\-1\\2\end{pmatrix}$，其中 k 为任意常数；

当 $\lambda=\frac{1}{2}$ 时，全部解为 $\begin{pmatrix}-\frac{1}{2}\\1\\0\\0\end{pmatrix}+k_1\begin{pmatrix}1\\-3\\1\\0\end{pmatrix}+k_2\begin{pmatrix}-1\\-2\\0\\2\end{pmatrix}$，其中 k_1,k_2 为任意常数；

(2) 当 $\lambda\neq\frac{1}{2}$ 时，全部解为 $\begin{pmatrix}-1\\0\\0\\1\end{pmatrix}$；

当 $\lambda=\frac{1}{2}$ 时，全部解为 $\begin{pmatrix}-\frac{1}{4}\\\frac{1}{4}\\\frac{1}{4}\\0\end{pmatrix}+k_2\begin{pmatrix}-\frac{3}{2}\\-\frac{1}{2}\\-\frac{1}{2}\\2\end{pmatrix}$，其中 k_2 为任意常数，或者全部解为

$\begin{pmatrix}-1\\0\\0\\1\end{pmatrix}+k_1\begin{pmatrix}3\\1\\1\\-4\end{pmatrix}$，其中 k_1 为任意常数.

习题 4.1

A 组

1. (1) 9； (2) $4\sqrt{2}-5$.

2. (1) $\frac{1}{\sqrt{14}}\begin{pmatrix}2\\0\\-1\\3\end{pmatrix}$； (2) $\frac{1}{5}\begin{pmatrix}3\\0\\4\\0\end{pmatrix}$.

3. $\pm\frac{1}{\sqrt{14}}\begin{pmatrix}-3\\2\\1\end{pmatrix}$.

4. $k_1\begin{pmatrix}-1\\0\\1\\0\end{pmatrix}+k_2\begin{pmatrix}0\\-1\\0\\1\end{pmatrix}$,其中 k_1,k_2 为任意实数.

5. $\boldsymbol{\alpha}_3=\begin{pmatrix}0\\-1\\1\\0\end{pmatrix},\boldsymbol{\alpha}_4=\begin{pmatrix}1\\1\\1\\1\end{pmatrix}$.

6. 证明略.

7. (1) $\boldsymbol{\gamma}_1=\frac{1}{\sqrt{2}}\begin{pmatrix}1\\0\\1\end{pmatrix},\boldsymbol{\gamma}_2=\frac{1}{\sqrt{6}}\begin{pmatrix}1\\2\\-1\end{pmatrix},\boldsymbol{\gamma}_3=\frac{1}{\sqrt{3}}\begin{pmatrix}-1\\1\\1\end{pmatrix}$;

(2) $\boldsymbol{\gamma}_1=\frac{1}{2}\begin{pmatrix}1\\1\\1\\1\end{pmatrix},\boldsymbol{\gamma}_2=\frac{1}{2}\begin{pmatrix}-1\\-1\\1\\1\end{pmatrix},\boldsymbol{\gamma}_3=\frac{1}{2}\begin{pmatrix}-1\\1\\-1\\1\end{pmatrix}$.

8. (1) 是; (2) 不是; (3) 是; (4) 是.

B 组

1. 提示:(1) $\|\boldsymbol{A\alpha}\|^2=(\boldsymbol{A\alpha})^{\mathrm{T}}(\boldsymbol{A\alpha})=\boldsymbol{\alpha}^{\mathrm{T}}\boldsymbol{A}^{\mathrm{T}}\boldsymbol{A\alpha}=\boldsymbol{\alpha}^{\mathrm{T}}\boldsymbol{\alpha}=\|\boldsymbol{\alpha}\|^2$;

(2) $(\boldsymbol{A\alpha},\boldsymbol{A\beta})=(\boldsymbol{A\beta})^{\mathrm{T}}(\boldsymbol{A\alpha})=\boldsymbol{\beta}^{\mathrm{T}}\boldsymbol{A}^{\mathrm{T}}\boldsymbol{A\alpha}=\boldsymbol{\beta}^{\mathrm{T}}\boldsymbol{\alpha}=(\boldsymbol{\alpha},\boldsymbol{\beta})$.

2. $\boldsymbol{x}=\begin{pmatrix}0\\2\\0\end{pmatrix}$.

3. 证明略.

习题 4.2

A 组

1. $a=-3,b=0,\lambda_1=-1$.

2. $\begin{pmatrix}3\\24\\3\end{pmatrix}$.

3. 1(其对应的特征向量为 $\boldsymbol{A\alpha}_2$).

4. (1) 特征值为 $\lambda_1=1,\lambda_2=-3$.

属于特征值 1 的全部特征向量为 $k_1\begin{pmatrix}-2\\1\end{pmatrix}$,其中 k_1 为不为零的常数,

属于特征值−3 的全部特征向量为 $k_2\begin{pmatrix}0\\1\end{pmatrix}$,其中 k_2 为不为零的常数;

(2) 特征值为 $\lambda_1=4,\lambda_2=\lambda_3=0$.

属于特征值 4 的全部特征向量为 $k_1\begin{pmatrix}0\\-1\\1\end{pmatrix}$,其中 k_1 为不为零的常数,

属于特征值 0 的全部特征向量为 $k_2\begin{pmatrix}2\\-1\\1\end{pmatrix}$,其中 k_2 为不为零的常数;

(3) 特征值为 $\lambda_1=1,\lambda_2=\lambda_3=-2$.

属于特征值 1 的全部特征向量为 $k_1\begin{pmatrix}1\\1\\1\end{pmatrix}$,其中 k_1 为不为零的常数,

属于特征值−2 的全部特征向量为 $k_2\begin{pmatrix}1\\-1\\0\end{pmatrix}+k_3\begin{pmatrix}1\\0\\-1\end{pmatrix}$,其中 k_2,k_3 为不全为零的常数;

(4) 特征值为 $\lambda_1=4,\lambda_2=2,\lambda_3=0$.

属于特征值 4 的全部特征向量为 $k_1\begin{pmatrix}0\\1\\0\end{pmatrix}$,其中 k_1 为不为零的常数,

属于特征值 2 的全部特征向量为 $k_2\begin{pmatrix}-1\\0\\1\end{pmatrix}$,其中 k_2 为不为零的常数,

属于特征值 0 的全部特征向量为 $k_3\begin{pmatrix}1\\0\\1\end{pmatrix}$,其中 k_3 为不为零的常数.

5. $x=4,\lambda_3=3$.
6. 证明略.
7. $\lambda_1=\lambda_2=2,\lambda_3=3$.
8. $\frac{4}{3}$.
9. 160.
10. 36.

B 组

1. 证明略.
2. (1) $\boldsymbol{A}^2=\boldsymbol{0}$;

(2) $\boldsymbol{A}$ 的特征值全为 0,属于特征值 0 的全部特征向量为

$$k_1\begin{pmatrix}-\frac{b_2}{b_1}\\1\\0\\\vdots\\0\end{pmatrix}+k_2\begin{pmatrix}-\frac{b_3}{b_1}\\0\\1\\\vdots\\0\end{pmatrix}+\cdots+k_{n-1}\begin{pmatrix}-\frac{b_n}{b_1}\\0\\0\\\vdots\\1\end{pmatrix}$$,其中 $k_1,k_2,\cdots,k_{n-1}$ 为不全为零的常数.

3. $a=c=2,b=-3,\lambda_0=1$.
4. 当 $k=1$ 时,$\lambda=\frac{1}{4}$;当 $k=-2$ 时,$\lambda=1$.
5. (1) $\boldsymbol{\beta}=2\boldsymbol{\alpha}_1+\boldsymbol{\alpha}_2+\boldsymbol{\alpha}_3$;

(2) $\boldsymbol{A}^n\boldsymbol{\beta}=\begin{pmatrix}2(-1)^n+1\\2(-1)^{n+1}+3^n-1\\1-3^n\end{pmatrix}$.

6. $a=0,\boldsymbol{A}=\begin{pmatrix}-5&4&-6\\3&-3&3\\7&-6&8\end{pmatrix}$.

提示:因为 $\boldsymbol{A}(\boldsymbol{\alpha}_1,\boldsymbol{\alpha}_2,\boldsymbol{\alpha}_3)=(-\boldsymbol{\alpha}_1,\boldsymbol{0},\boldsymbol{\alpha}_3)$,所以 $\boldsymbol{A}=(-\boldsymbol{\alpha}_1,\boldsymbol{0},\boldsymbol{\alpha}_3)(\boldsymbol{\alpha}_1,\boldsymbol{\alpha}_2,\boldsymbol{\alpha}_3)^{-1}$.

习题 4.3

A 组

1. 证明略.

2. 24.

3. (1) 不能；

(2) 能，$\boldsymbol{P}=\begin{pmatrix}1 & 1 & 1\\ -1 & -2 & -3\\ 1 & 4 & 9\end{pmatrix}$，$\boldsymbol{\Lambda}=\begin{pmatrix}-1 & & \\ & -2 & \\ & & -3\end{pmatrix}$；

(3) 能，$\boldsymbol{P}=\begin{pmatrix}-1 & -1 & 1\\ 1 & 0 & 1\\ 0 & 1 & 1\end{pmatrix}$，$\boldsymbol{\Lambda}=\begin{pmatrix}1 & & \\ & 1 & \\ & & 7\end{pmatrix}$；

(4) 能，$\boldsymbol{P}=\begin{pmatrix}1 & 1 & 1 & -1\\ 1 & 0 & 0 & 1\\ 0 & 1 & 0 & 1\\ 0 & 0 & 1 & 1\end{pmatrix}$，$\boldsymbol{\Lambda}=\begin{pmatrix}2 & & & \\ & 2 & & \\ & & 2 & \\ & & & -2\end{pmatrix}$.

4. (1) $a=5, b=6$；

(2) $\boldsymbol{P}=\begin{pmatrix}-1 & 1 & 1\\ 1 & 0 & -2\\ 0 & 1 & 3\end{pmatrix}$.

5. 3.

6. (1) $a=-3, b=0, \lambda=-1$； (2) 不能.

7. $\boldsymbol{P}=\begin{pmatrix}-1 & 1 & 1\\ 1 & 0 & -2\\ 0 & 1 & 3\end{pmatrix}$.

8. $\begin{pmatrix}\frac{7}{3} & 0 & -\frac{2}{3}\\ 0 & \frac{5}{3} & -\frac{2}{3}\\ -\frac{2}{3} & -\frac{2}{3} & 2\end{pmatrix}$.

9. $\begin{pmatrix} \frac{1}{3}(2^{100}-1) & -\frac{1}{3}(2^{99}+1) \\ -\frac{1}{3}(2^{100}+2) & \frac{1}{3}(2^{99}-2) \end{pmatrix}$.

10. $\begin{pmatrix} -1 & 1 & 0 \\ -2 & 2 & 0 \\ 4 & -2 & 1 \end{pmatrix}$.

B 组

1. 证明略.

2. 提示:可证明 $\boldsymbol{A}$ 有两个不同的特征值.

3. (1) $\boldsymbol{B}=\begin{pmatrix} 1 & 0 & 0 \\ 1 & 2 & 2 \\ 1 & 1 & 3 \end{pmatrix}$; (2) $\lambda_1=\lambda_2=1, \lambda_3=4$;

(3) $\boldsymbol{P}=(-\boldsymbol{\alpha}_1+\boldsymbol{\alpha}_2, -2\boldsymbol{\alpha}_1+\boldsymbol{\alpha}_3, \boldsymbol{\alpha}_2+\boldsymbol{\alpha}_3)$.

4. (1) $\boldsymbol{B}=\begin{pmatrix} 0 & 0 & 0 \\ 1 & 0 & 3 \\ 0 & 1 & -2 \end{pmatrix}$; (2) -4.

5. 当 $a\neq 1, \frac{3}{2}$ 时,$\boldsymbol{A}$ 可以相似对角化.

6. $\boldsymbol{A}=\begin{pmatrix} -5 & 4 & -6 \\ 3 & -3 & 3 \\ 7 & -6 & 8 \end{pmatrix}$.

7. 提示:证明 $\boldsymbol{A}$ 有 n 个线性无关的特征向量即可. $\boldsymbol{A}$ 的特征值为 $\lambda_1=2, \lambda_2=1$,设 $(2\boldsymbol{I}-\boldsymbol{A})\boldsymbol{x}=\boldsymbol{0}$ 的线性无关的解个数为 r_1,$(\boldsymbol{I}-\boldsymbol{A})\boldsymbol{x}=\boldsymbol{0}$ 的线性无关的解个数为 r_2,由 $\mathrm{r}(2\boldsymbol{I}-\boldsymbol{A})+\mathrm{r}(\boldsymbol{I}-\boldsymbol{A})=n$ 得,$r_1+r_2=n-\mathrm{r}(2\boldsymbol{I}-\boldsymbol{A})+n-\mathrm{r}(\boldsymbol{I}-\boldsymbol{A})=n$,得证.

8. 当 $a=-2$ 时,$\boldsymbol{A}$ 可以相似对角化;

当 $a=-\frac{2}{3}$ 时,$\boldsymbol{A}$ 不可以相似对角化.

习题 4.4

A 组

1. $\boldsymbol{A}$ 与 $\boldsymbol{B}$ 可以,$\boldsymbol{C}$ 与 $\boldsymbol{D}$ 不可以.

2. (1) $\begin{pmatrix} \frac{1}{\sqrt{2}} & \frac{1}{\sqrt{6}} & \frac{1}{\sqrt{3}} \\ \frac{1}{\sqrt{2}} & -\frac{1}{\sqrt{6}} & -\frac{1}{\sqrt{3}} \\ 0 & -\frac{2}{\sqrt{6}} & \frac{1}{\sqrt{3}} \end{pmatrix}$； (2) $\begin{pmatrix} \frac{1}{\sqrt{3}} & \frac{1}{\sqrt{2}} & \frac{1}{\sqrt{6}} \\ -\frac{1}{\sqrt{3}} & 0 & \frac{2}{\sqrt{6}} \\ \frac{1}{\sqrt{3}} & -\frac{1}{\sqrt{2}} & \frac{1}{\sqrt{6}} \end{pmatrix}$.

3. $\frac{1}{9}\begin{pmatrix} -7 & 4 & -4 \\ 4 & -1 & -8 \\ -4 & -8 & -1 \end{pmatrix}$.

4. (1) $\lambda_3=0, k\boldsymbol{\alpha}=k\begin{pmatrix} -1 \\ 1 \\ 1 \end{pmatrix}$, k 为非零常数； (2) $\begin{pmatrix} 4 & 2 & 2 \\ 2 & 4 & -2 \\ 2 & -2 & 4 \end{pmatrix}$.

5. $\begin{pmatrix} 1 & -4 & 1 \\ -4 & -2 & -4 \\ 1 & -4 & 1 \end{pmatrix}$.

6. $a=\pm 2, \boldsymbol{Q}=\begin{pmatrix} 0 & 1 & 0 \\ \frac{1}{\sqrt{2}} & 0 & \frac{1}{\sqrt{2}} \\ -\frac{1}{\sqrt{2}} & 0 & \frac{1}{\sqrt{2}} \end{pmatrix}$.

7. $a=-1, \boldsymbol{Q}=\begin{pmatrix} \frac{1}{\sqrt{6}} & \frac{1}{\sqrt{3}} & -\frac{1}{\sqrt{2}} \\ \frac{2}{\sqrt{6}} & -\frac{1}{\sqrt{3}} & 0 \\ \frac{1}{\sqrt{6}} & \frac{1}{\sqrt{3}} & \frac{1}{\sqrt{2}} \end{pmatrix}$.

8. (1) $a=-2$；

(2) $\begin{pmatrix} \frac{1}{\sqrt{3}} & \frac{1}{\sqrt{6}} & \frac{1}{\sqrt{2}} \\ \frac{1}{\sqrt{3}} & -\frac{2}{\sqrt{6}} & 0 \\ \frac{1}{\sqrt{3}} & \frac{1}{\sqrt{6}} & -\frac{1}{\sqrt{2}} \end{pmatrix}$.

B 组

1. (1) 不相似； (2) 相似； (3) 相似； (4) 相似.

2. 证明略.

3. $4^r \cdot 5^{n-r}$.

4. $\begin{pmatrix} 1 & 0 & -1 \\ 0 & 2 & 0 \\ -1 & 0 & 1 \end{pmatrix}$.

5. (1) $\lambda_1=0,\lambda_2=-1,\lambda_3=1$.

属于 0 的特征向量为 $k_1\begin{pmatrix}0\\1\\0\end{pmatrix}$，$k_1$ 为不为零的常数，

属于-1的特征向量为 $k_2\begin{pmatrix}1\\0\\-1\end{pmatrix}$，$k_2$ 为不为零的常数，

属于 1 的特征向量为 $k_3\begin{pmatrix}1\\0\\1\end{pmatrix}$，$k_3$ 为不为零的常数；

(2) $\begin{pmatrix} 0 & 0 & 1 \\ 0 & 0 & 0 \\ 1 & 0 & 0 \end{pmatrix}$.

6. (1) $\mu_1=-2,\mu_2=\mu_3=1$.

属于-2的特征向量为 $k_1\boldsymbol{\alpha}_1=k_1\begin{pmatrix}1\\-1\\1\end{pmatrix}$，$k_1$ 为不为零的常数，

属于 1 的特征向量为 $k_2\begin{pmatrix}1\\1\\0\end{pmatrix}+k_3\begin{pmatrix}-1\\0\\1\end{pmatrix}$，$k_2,k_3$ 为不全为零的常数；

(2) $\boldsymbol{B}=\begin{pmatrix} 0 & 1 & -1 \\ 1 & 0 & 1 \\ -1 & 1 & 0 \end{pmatrix}$.

7. $\begin{pmatrix}1\\4\\9\end{pmatrix}$. 提示：可求出 $\boldsymbol{A}$ 的另一个特征值 $\lambda_3=0$，求出属于 λ_3 的特征向量 $\boldsymbol{\alpha}_3$，将 $\boldsymbol{\beta}$ 写成 $\boldsymbol{\alpha}_1,\boldsymbol{\alpha}_2,\boldsymbol{\alpha}_3$ 的线性组合.

8. $a=-1,\lambda_0=2$.

9. (1) $a=1$;

(2) $\boldsymbol{x}=\boldsymbol{\alpha}_2+k\boldsymbol{\alpha}_1=\begin{pmatrix}1\\-1\\1\end{pmatrix}+k\begin{pmatrix}1\\1\\0\end{pmatrix}$，$k$ 为任意常数；

(3) $\boldsymbol{A}=\begin{pmatrix}\frac{1}{2} & -\frac{1}{2} & 0\\ -\frac{1}{2} & \frac{1}{2} & 0\\ 0 & 0 & 1\end{pmatrix}$；

(4) $\boldsymbol{Q}=\begin{pmatrix}\frac{1}{\sqrt{2}} & \frac{1}{\sqrt{3}} & -\frac{1}{\sqrt{6}}\\ \frac{1}{\sqrt{2}} & -\frac{1}{\sqrt{3}} & \frac{1}{\sqrt{6}}\\ 0 & \frac{1}{\sqrt{3}} & \frac{2}{\sqrt{6}}\end{pmatrix}$.

习题 5.1

A 组

1. (1) $\begin{pmatrix}1 & -2 & 0\\ -2 & -2 & \frac{5}{2}\\ 0 & \frac{5}{2} & 3\end{pmatrix}$，秩为 3；

(2) $\begin{pmatrix}1&1&1&1\\1&1&1&1\\1&1&1&1\\1&1&1&1\end{pmatrix}$，秩为 1.

2. (1) $f(x_1,x_2,x_3)=3x_2^2+2x_3^2-2x_1x_2+2x_1x_3+4x_2x_3$；

(2) $f(x_1,x_2,\cdots,x_n)=\sum\limits_{i=1}^{n}ix_i^2+6\sum\limits_{1\leqslant i<j\leqslant n}x_ix_j$.

3. (1) 秩为 3； (2) 秩为 3； (3) 秩为 2.

4. (1) $f(y_1,y_2,y_3)=y_1^2-2y_2^2-5y_3^2+4y_2y_3$；

(2) $f(y_1,y_2,y_3)=y_1^2-2y_2^2-3y_3^2$.

B 组

1. 提示:例如 $\boldsymbol{A}=\begin{pmatrix}1&0\\0&2\end{pmatrix}$,$\boldsymbol{B}=\begin{pmatrix}1&0\\0&1\end{pmatrix}$都是实对称矩阵,取 $\boldsymbol{C}=\begin{pmatrix}1&0\\0&\frac{1}{\sqrt{2}}\end{pmatrix}$,则 $\boldsymbol{C}^{\mathrm{T}}\boldsymbol{A}\boldsymbol{C}=\boldsymbol{B}$,$\boldsymbol{A}$ 与 $\boldsymbol{B}$ 合同,但任意可逆矩阵 $\boldsymbol{P}$,$\boldsymbol{P}^{-1}\boldsymbol{B}\boldsymbol{P}=\boldsymbol{I}\neq\boldsymbol{A}$,故 $\boldsymbol{A}$ 与 $\boldsymbol{B}$ 不相似.

2. 提示:设存在可逆矩阵 $\boldsymbol{P},\boldsymbol{Q}$,使得 $\boldsymbol{P}^{\mathrm{T}}\boldsymbol{A}\boldsymbol{P}=\boldsymbol{B}$,$\boldsymbol{Q}^{\mathrm{T}}\boldsymbol{C}\boldsymbol{Q}=\boldsymbol{D}$,则存在可逆矩阵$\begin{pmatrix}\boldsymbol{P}&\boldsymbol{0}\\\boldsymbol{0}&\boldsymbol{Q}\end{pmatrix}$,使得$\begin{pmatrix}\boldsymbol{P}&\boldsymbol{0}\\\boldsymbol{0}&\boldsymbol{Q}\end{pmatrix}^{\mathrm{T}}\begin{pmatrix}\boldsymbol{A}&\boldsymbol{0}\\\boldsymbol{0}&\boldsymbol{C}\end{pmatrix}\begin{pmatrix}\boldsymbol{P}&\boldsymbol{0}\\\boldsymbol{0}&\boldsymbol{Q}\end{pmatrix}=\begin{pmatrix}\boldsymbol{B}&\boldsymbol{0}\\\boldsymbol{0}&\boldsymbol{D}\end{pmatrix}$.

习题 5.2

A 组

1. (1) $f=y_1^2-y_2^2+4y_3^2$, $\quad\boldsymbol{x}=\begin{pmatrix}1&\frac{1}{2}&-\frac{3}{2}\\0&\frac{1}{2}&-\frac{1}{2}\\0&0&1\end{pmatrix}\boldsymbol{y}$;

(2) $f=y_1^2-y_2^2-2y_3^2$, $\quad\boldsymbol{x}=\begin{pmatrix}1&1&-2\\1&-1&-1\\0&0&1\end{pmatrix}\boldsymbol{y}$;

(3) $f=2y_1^2-3y_2^2+9y_3^2$, $\quad\boldsymbol{x}=\begin{pmatrix}1&1&1\\0&1&2\\0&0&1\end{pmatrix}\boldsymbol{y}$.

2. (1) $f=5y_1^2+2y_2^2-y_3^2$, $\quad\boldsymbol{x}=\begin{pmatrix}\frac{2}{3}&\frac{1}{3}&\frac{2}{3}\\\frac{2}{3}&-\frac{2}{3}&-\frac{1}{3}\\-\frac{1}{3}&-\frac{2}{3}&\frac{2}{3}\end{pmatrix}\boldsymbol{y}$;

(2) $f=\sqrt{2}y_2^2-\sqrt{2}y_3^2$， $\boldsymbol{x}=\begin{pmatrix}\frac{1}{\sqrt{2}} & -\frac{1}{2} & -\frac{1}{2}\\ 0 & -\frac{1}{\sqrt{2}} & \frac{1}{\sqrt{2}}\\ \frac{1}{\sqrt{2}} & \frac{1}{2} & \frac{1}{2}\end{pmatrix}\boldsymbol{y}$；

(3) $f=-2y_1^2-2y_2^2+7y_3^2$， $\boldsymbol{x}=\begin{pmatrix}-\frac{1}{\sqrt{2}} & -\frac{1}{\sqrt{6}} & \frac{1}{\sqrt{3}}\\ \frac{1}{\sqrt{2}} & -\frac{1}{\sqrt{6}} & \frac{1}{\sqrt{3}}\\ 0 & \frac{2}{\sqrt{6}} & \frac{1}{\sqrt{3}}\end{pmatrix}\boldsymbol{y}$.

3. (1) $a=-1$. 提示：$\mathrm{r}(\boldsymbol{A})=2$；

(2) $f=2y_2^2+6y_3^2$， $\boldsymbol{x}=\begin{pmatrix}-\frac{1}{\sqrt{3}} & -\frac{1}{\sqrt{2}} & \frac{1}{\sqrt{6}}\\ -\frac{1}{\sqrt{3}} & \frac{1}{\sqrt{2}} & \frac{1}{\sqrt{6}}\\ \frac{1}{\sqrt{3}} & 0 & \frac{2}{\sqrt{6}}\end{pmatrix}\boldsymbol{y}$.

4. (1) $a=1, b=2$；

(2) $f=2y_1^2+2y_2^2-3y_3^2$， $\boldsymbol{x}=\begin{pmatrix}\frac{2}{\sqrt{5}} & 0 & \frac{1}{\sqrt{5}}\\ 0 & 1 & 0\\ \frac{1}{\sqrt{5}} & 0 & -\frac{2}{\sqrt{5}}\end{pmatrix}\boldsymbol{y}$.

5. $\boldsymbol{\alpha}=\boldsymbol{\beta}=\boldsymbol{0}$. 提示：正交变换前后的两个二次型的矩阵相似，故有相同的特征值.

6. $a=2, \boldsymbol{P}=\begin{pmatrix}0 & 1 & 0\\ \frac{1}{\sqrt{2}} & 0 & \frac{1}{\sqrt{2}}\\ -\frac{1}{\sqrt{2}} & 0 & \frac{1}{\sqrt{2}}\end{pmatrix}$.

B 组

1. $f=3y_1^2$. 提示：3 是 $\boldsymbol{A}$ 的一个特征值.

2. $a=1$.

3. $f=9y_3^2$, $x=\begin{pmatrix} \frac{2}{\sqrt{5}} & -\frac{2}{3\sqrt{5}} & \frac{1}{3} \\ \frac{1}{\sqrt{5}} & \frac{4}{3\sqrt{5}} & -\frac{2}{3} \\ 0 & \frac{5}{3\sqrt{5}} & \frac{2}{3} \end{pmatrix}y$.

习题 5.3

A 组

1. (1) $f=y_1^2+y_2^2-y_3^2$, $p=2$;

(2) $f=y_1^2-y_2^2-y_3^2$, $p=1$;

(3) $f=y_1^2+y_2^2-y_3^2$, $p=2$.

2. (1) 是； (2) 否.

3. $-\sqrt{2}<t<\sqrt{2}$.

4. (1) $\lambda_1=a$, $\lambda_2=a-2$, $\lambda_3=a+1$； (2) $a=2$.

5. $f=y_2^2+4y_3^2$, $x=\begin{pmatrix} -\frac{1}{\sqrt{2}} & \frac{1}{\sqrt{3}} & \frac{1}{\sqrt{6}} \\ 0 & -\frac{1}{\sqrt{3}} & \frac{2}{\sqrt{6}} \\ \frac{1}{\sqrt{2}} & \frac{1}{\sqrt{3}} & \frac{1}{\sqrt{6}} \end{pmatrix}y$, f 不是正定二次型.

6. $a=3,20$.

7. 3.

8. (1) $\lambda_1=\lambda_2=\lambda_3=1$, $\lambda_4=\lambda_5=0$； (2) $k<0$.

9. 提示：先证 $\boldsymbol{B}$ 为对称矩阵，再证对 $\forall\, x\neq\mathbf{0}$，都有 $x^{\mathrm{T}}\boldsymbol{B}x>0$.

B 组

1. $a\neq1$.

2. 证明略.

3. $\boldsymbol{\Lambda}=\begin{pmatrix} (k+2)^2 & & \\ & (k+2)^2 & \\ & & k^2 \end{pmatrix}$, $k\neq-2$ 且 $k\neq0$.

4. (1) $f(x)=(x_1,x_2,\cdots,x_n)\dfrac{1}{|\boldsymbol{A}|}\begin{pmatrix}A_{11} & A_{21} & \cdots & A_{n1}\\ A_{12} & A_{22} & \cdots & A_{n2}\\ \vdots & \vdots & & \vdots\\ A_{1n} & A_{2n} & \cdots & A_{nn}\end{pmatrix}\begin{pmatrix}x_1\\ x_2\\ \vdots\\ x_n\end{pmatrix}$;

(2) 因为$(\boldsymbol{A}^{-1})^{\mathrm{T}}\boldsymbol{A}\boldsymbol{A}^{-1}=(\boldsymbol{A}^{\mathrm{T}})^{-1}\boldsymbol{I}=\boldsymbol{A}^{-1}$,所以 $\boldsymbol{A}$ 与 $\boldsymbol{A}^{-1}$ 合同,从而 $g(\boldsymbol{x})=\boldsymbol{x}^{\mathrm{T}}\boldsymbol{A}\boldsymbol{x}$ 与 $f(\boldsymbol{x})$有相同的规范形.

5. (1) $\begin{pmatrix}\frac{1}{2} & 0 & -\frac{1}{2}\\ 0 & 1 & 0\\ -\frac{1}{2} & 0 & \frac{1}{2}\end{pmatrix}$;

(2) 提示:$\boldsymbol{A}+\boldsymbol{I}$ 对称,特征值均大于零,故是正定矩阵.

6. (1) $\boldsymbol{P}^{\mathrm{T}}\boldsymbol{D}\boldsymbol{P}=\begin{pmatrix}\boldsymbol{A} & \boldsymbol{0}\\ \boldsymbol{0} & \boldsymbol{B}-\boldsymbol{C}^{\mathrm{T}}\boldsymbol{A}^{-1}\boldsymbol{C}\end{pmatrix}$;

(2) 提示:由于 $\boldsymbol{P}^{\mathrm{T}}\boldsymbol{D}\boldsymbol{P}$ 与 $\boldsymbol{D}$ 合同,故是正定矩阵,于是,对 $\boldsymbol{x}=\boldsymbol{0}$, $\forall\, \boldsymbol{y}\neq\boldsymbol{0}$,

$(\boldsymbol{x}^{\mathrm{T}},\boldsymbol{y}^{\mathrm{T}})\begin{pmatrix}\boldsymbol{A} & \boldsymbol{0}\\ \boldsymbol{0} & \boldsymbol{B}-\boldsymbol{C}^{\mathrm{T}}\boldsymbol{A}^{-1}\boldsymbol{C}\end{pmatrix}\begin{pmatrix}\boldsymbol{x}\\ \boldsymbol{y}\end{pmatrix}=\boldsymbol{y}^{\mathrm{T}}(\boldsymbol{B}-\boldsymbol{C}^{\mathrm{T}}\boldsymbol{A}^{-1}\boldsymbol{C})\boldsymbol{y}>0$,故 $\boldsymbol{B}-\boldsymbol{C}^{\mathrm{T}}\boldsymbol{A}^{-1}\boldsymbol{C}$ 正定.